凝煉知識品味閱讀

圖解系列

五南圖書出版公司 印行

電化學

吳永富、林律吟 / 著

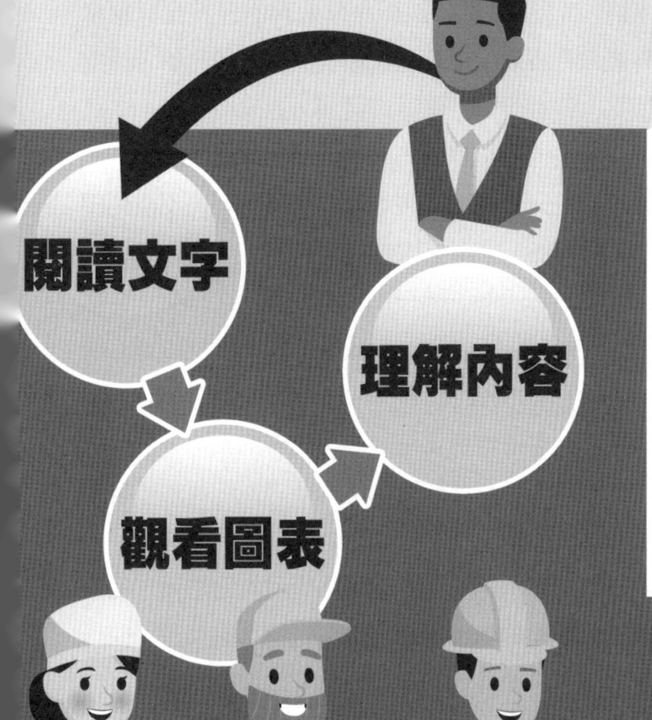

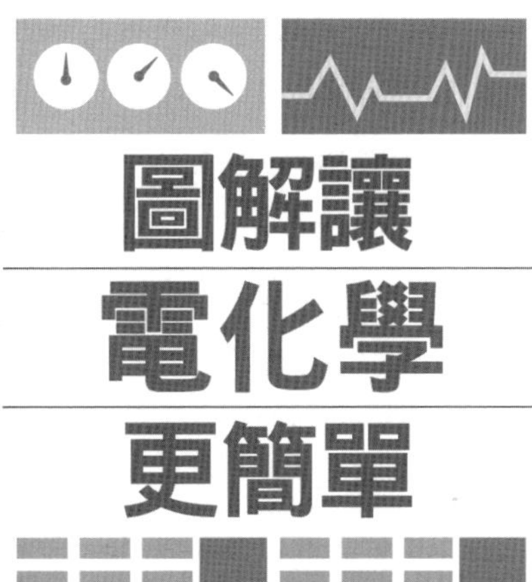

自序1

十八世紀末，一件蛙腿抖動的意外開啓了電化學的研究，追根究柢的伏打掌握了電化學現象的本質，站在伏打肩膀上的戴維則發現了諸多元素，但是他更重大的發現卻是一位書店裝訂工送來的演講筆記。後來這份筆記的整理者謙和且深遠地衝擊了人類文明，他整合了化學、電學和磁學，爲後世的電力與通訊鋪上軌道。愛因斯坦的書房中，長期懸掛著他的畫像，表彰後世的崇敬；英國的西敏寺內，牛頓的墓地旁，原本也爲他留下一塊地，但他婉拒此般殊榮，僅向妻子言及，他以前只是鐵匠的兒子和書店的學徒，以後在墓碑上不需任何尊稱，只要刻上麥克·法拉第。

法拉第最受人推崇的表現包括他的洞察能力、實證能力與推廣能力，儘管沒有深厚的學理基底，但仍可自建體系，產生創見。他對科學教育的普及化貢獻卓著，透過定期系列演講，展示科學研究成果，拉近人類與自然的距離。筆者謹遵前人的步伐，期望透過本書的撰寫，將電化學的沿革與發展、原理與應用、工具與方法，採取類似塗鴉的圖解型式，仿造傳統課堂的講桌黑板，描繪電化學的內涵，闡釋電化學的因果。每一單元搭配一張簡圖，視覺化地組織內容，不僅期望讀者能快速理解，也希冀讀者能延伸視野，終而見樹也見林。

本書承襲了分別著重於電化學之原理、分析和應用的國外巨著，包括 Newman 與 Thomas-Alyea 撰寫的《Electrochemical Systems》、Bard 與 Faulkner 撰寫的《Electrochemical Methods》、Pletcher 與 Walsh 撰寫的《Industrial Electrochemistry》。在有限的篇幅下，本書整合了上述三本巨著的精華，並且引入近期的研究方法與成果，相信書中內容能涵蓋開天闢地的伏打電池與現已普及的鋰離子電池，闡述之中發展出的材料科學、熱力學、動力學和分析化學。

在大學的講堂中，主要傳授求知方法和學理架構，本書參照前人的思維，從伽凡尼的猜想，到伏打的思辨，再進入戴維的應用，終而邁入法拉第的深化，期盼讀者從中獲益。另因科技演進刺激了今日的我們，必須思考永續發展的議題，在聯合國提出的 17 項永續發展目標（SDGs）中，至少有 5 項關聯到電化學，故期勉未來投入相關研究的讀者，除了追求眞理、提升效能，也應利用電化學技術，促進環境永續。愛因斯坦早已提及：「關心人類和我們的命運，始終是所有科技努力的目標，在你的圖表與方程式中，永遠不要忘記這一點。」謹獻芻言共勉。

作者 吳永富

2023 年 10 月

自序2

綜觀衆多訪間出版的電化學書籍，大致可分爲三種類型，包含電化學原理、電化學工業和電化學分析。於書籍當中作者已針對此三種面相提出解說，有效推動了電化學的教學和發展。總結來說，電化學的理論面涉及材料科學、熱力學、動力學和輸送現象。而電化學的應用面則包含化學工業、材料工業、機械工業、電子工業、環境工程和生醫工程等領域。另外，在實際應用電化學技術時，亦需整合程序設計和電腦輔助工程。因此，現代的研發工作無論是在實驗室或產業界進行，皆需使用精密的儀器和對應的分析方法，才能深入探究議題並且有效提升產能。

有鑑於此，本書於第一個核心當中，將會闡述電化學理論。首先將探討電極和電解液的界面，再深入研究界面的電子轉移過程，以及控制此過程的因素和方法。藉由掌握電化學基本原理，才能進入應用面的深入探討。本書於第二個核心當中，將會介紹電化學的分析方法。工欲善其事，必先利其器。唯有充分認識與運用實驗工具，並加以執行分析測試，才能找出解決問題的途徑以擴展技術應用的前景。現代電化學方法已廣泛應用於多個領域，本書於第三個核心中，將逐一介紹電化學技術的應用。相信透過實際案例的介紹，可更容易驗證電化學原理的實用性。然而，礙於篇幅，本書主要目標仍設定於閱後快速掌握電化學的入門概念，並進一步簡化前述的原理、分析與應用，以精要地羅列成本書的第二到第四章。除了上述介紹的內容之外，爲了讓讀者能更清楚電化學歷史沿革和未來發展，本書的第一章和第五章亦提供相關說明，希冀讀者閱後能描繪電化學發展的輪廓與藍圖，並由此開創新局。

回想本人初次接觸電化學，是在就讀台大化工系大學三年級進行專題研究時，之後於求學與工作生涯發展中，電化學與本人的關係更爲密不可分。身爲電化學研究領域的學者，除了平時鑽研與教授電化學相關課程，也逐漸萌生推廣電化學的動機。藉由本次機會撰寫一本整合電化學知識的專書，希冀能分享本人有限的所知所學，提供讀者相關知識與經驗，共同利用電化學解決現今社會面臨的諸多挑戰，例如能源、資源、汙染、氣候和健康問題。善用電化學技術可在諸多議題中發揮關鍵作用，例如藉由能源轉換與儲存、資源再利用、金屬防蝕、環境保護和生醫感測等方式，研發出解決問題的有效方法。總結而言，預先理解基本原理和分析方法至關重要，希冀本書能作爲讀者應對挑戰與推陳出新的堅固基石。

作者 林律吟

2023 年 10 月

CONTENTS 目錄

第一章　緒論

第二章　電化學原理

第三章　電化學分析

第四章 電化學應用

第1章
緒論

本章將說明電化學的發展歷史、專業術語和關鍵材料，並簡述電化學所牽涉的基本原理和應用技術，以及未來發展。

1-1 近代物理化學史

近代科學理論如何發展成形？

電化學是跨越電磁學、化學與材料科學的學術，但在人類科學發展史中，電磁學的起步較化學早，而材料科學則最晚成型。追溯至1550年代，時值文藝復興後期，英國伊莉莎白一世的御醫William Gilbert花了多年時間探究磁學和電學，由於這些開創性研究，使他被封為「磁學之父」，這是電磁學發展過程載於史冊的第一頁。到了1663年，德國物理學家Otto von Guericke製作出靜電產生器，由一顆連接搖柄的硫磺球構成，轉動的硫磺球與襯墊發生摩擦後，可使球體帶電，將帶電的羽毛懸浮於空中，這些探討靜止電荷的研究被歸類為靜電學（electrostatics）。在1773年，Charles du Fay經實驗發現，各種材料被摩擦後，有些相斥有些卻相吸，因而推測電荷可分為兩種，並提出電流體理論，認為摩擦會使電流體分離。約至1750年，Benjamin Franklin（富蘭克林）則提出電流體可從一物體轉移到另一物體的假說，獲得電流體者將帶正電，失去者則帶負電。待20世紀後，原子物理發展成熟，才得知富蘭克林指涉的電流體應為電子或離子。

1753年，John Conton進一步發現物體未經接觸，也可導致電荷分離或帶電，此現象稱為感應（induction）。因此在1786年，Bennet製造出金箔驗電器，用以檢驗物質是否帶電，此裝置後來也轉為離子輻射偵測器。1766年，發現氧元素的Priestley（卜利士力）預測電荷之間的吸引力會類似萬有引力定律，後來在1785年，Charles-Augustin de Coulomb（庫倫）藉由實驗，提出描述靜電力的庫倫定律，這是電學史上首次透過嚴謹方法得到定量的結果。

早期的化學約起源自17世紀，以Robert Boyle（波以耳）為代表人物，他所著作的《懷疑派的化學家》為後世的化學實驗與理論奠定基礎。進入18世紀，Antoine-Laurent de Lavoisier（拉瓦節），提出了元素的定義，於1789年發表一個包含33個元素的列表，並將過往偏重定性的研究轉為定量。Alessandro Volta（伏打）則從電學的研究切入化學，成功發明了可以提供穩定電能的化學電池，影響後世深遠。更完整的原子理論與元素列表則在19世紀被提出，分別來自John Dalton（道耳頓）和Dmitri Mendeleev（門得列夫）的貢獻。然而，19世紀的原子論缺乏佐證，要等到20世紀建立了量子力學且發展出精密儀器之後，才被普世接受。量子力學是描寫微觀物質的物理學，可作為原子物理學和材料科學之基礎，由波耳、海森堡、薛丁格等多位學者共同建立，後續依此發展出價鍵理論、分子軌域理論、配位場理論。另一方面，量子力學理論促進科學家了解金屬、半導體與介電質的特性，也導致電化學和光電化學技術的蓬勃發展。

近代物理化學發展史

靜磁學

16th B.C.

William Gilbert demonstrating the magnet before Elizabeth I, 1598

靜電學

17～18th B.C.

Electrostatic generator by Granger

電化學
—電池
—電解水
—電鍍

Late 18th B.C.

Italian physicist Alessandro Volta showing his battery to French emperor Napoleon Bonaparte in the early 19th century

電磁學
熱力學
電化學
—熱電技術
—電池技術
—冶金技術

19th B.C.

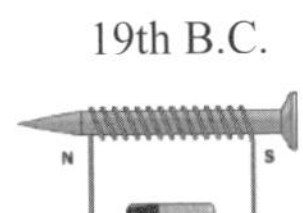

Faraday's experiment showing induction between coils of wire

量子力學
化學動力學
材料科學

20th B.C.

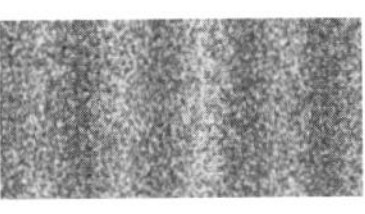

$$\Delta x \Delta p \le \frac{\hbar}{2}$$

Heisenberg's Uncertainty Principle

1-2 電化學之起源

電化學技術從何起源？

在 1780 年代，Luigi Galvani 解剖青蛙時偶然發現蛙腿的肌肉收縮，促使他提出生物體存有神經電流物質（nerveo-electrical substance）的構想。他的見解在表面上述說著生物現象，實則架起電學與化學之間的橋樑，所以隨著此篇論文被發表，電化學的研究興趣已悄聲點燃。Galvani 認爲動物體內存在動物電（animal electricity），必須透過金屬探針來活化，有別於自然界的閃電或機械式的摩擦起電。然而，Alessandro Volta 卻不贊成此假說，他另從金屬材料的角度切入，因而在 1799 年製作出伏打電堆（Voltaic pile），是史上第一個連續產生電流的裝置，之後不僅公開展示此電池，還解釋了 Galvani 觀察到的蛙腿肌肉收縮，僅來自於兩種不同金屬的偶然連接。

在 Volta 之後的時代，科學家們因爲擁有了產生電流的工具，隨即開始思考電流對物質的作用，例如 William Nicholson 和 Anthony Carlisle 使用電流來分解水，發現在兩個電極上不但會產生酸和鹼，還出現了氣體，後來才得知是氫氣和氧氣。從 1807 年起，Humphry Davy 進行了鉀和鈉的電解製備，後續還發現了鋇、鍶、鈣、硼等元素，成爲史上發現最多元素的化學家。

在電化學發展的初期，研究者分別投入三項問題。第一個是電流對物質的作用爲何？在 19 世紀初期便獲得解決，例如水的分解或金屬的提煉；第二個是電能的來源爲何？Volta 認爲不同的金屬接觸後，其一會帶正電，另一會帶負電，兩者會產生電位差，而整個電池類似永動機，但實驗結果否定了這種理論，直到化學理論逐漸被建立，才認爲電能來自於化學反應；第三個則是電流如何通過溶液，必須從固體導電現象中尋找線索，德國的 Georg Ohm 受到熱傳送原理的啓發，認爲電流是電的驅動力除以阻力，後稱爲 Ohm 定律。Michael Faraday 則提出電流通過金屬與溶液的界面後，會產生離子的理論，並且引進了陰極、陽極、陰離子、陽離子和電解液等現代術語；尤其在 1832 年，Faraday 甚至提出了兩項關鍵的電解定律。此後，有更多研究者持續投入電解液導電現象的研究，其中具有重要貢獻的是瑞典的 Svante Arrhenius，他在 1884 年發表《電解質導電性的研究》，敘述溶質電離的理論，亦即各種電解質在水中會以不同的程度分開成陰陽離子，數年後得到學術界的認同。另一個里程碑則來自德國的 Hermann von Helmholtz，他在 1853 年提出了電極與溶液接觸界面的電雙層理論，對於電極如何影響電解液發表了初步的想法。但電解液的理論直至 20 世紀後依然在發展，例如 1923 年 Peter Debye 和 Erich Hückel 提出了稀薄電解質溶液的理論，促進了電化學實驗的發展；丹麥的 Johannes Nicolaus Brønsted 和英國的 Thomas Martin Lowry 也在同年提出酸鹼溶液論，認爲交換質子可形成共軛酸鹼，強化了電解液的理論。

早期的電化學發展

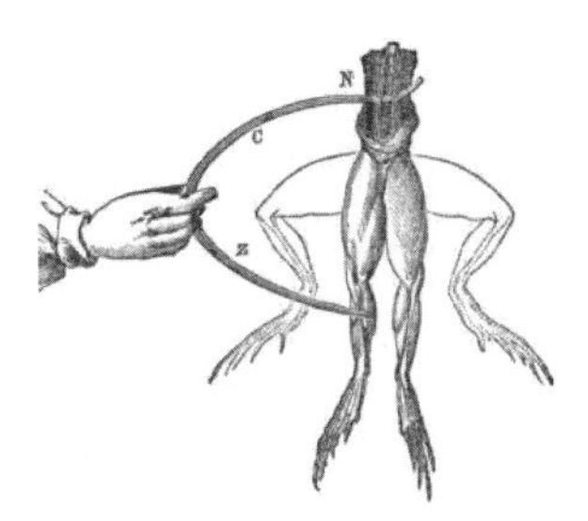

蛙腿實驗：動物電

Luigi Galvani

Alessandro Volta

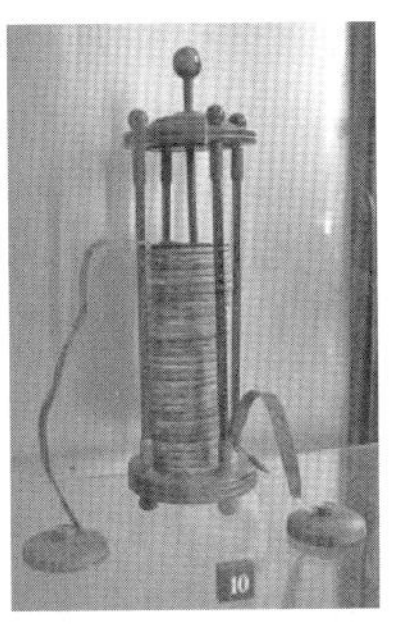

伏打電堆：化學電源

電與物質

Humphry Davy
電解分離元素
（K, Na, Ba, Sr, Ca...）

電的來源

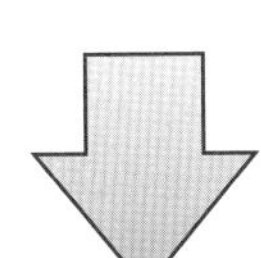

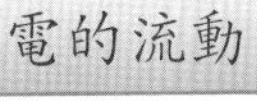

Georg Ohm
電子導體理論

Svante Arrhenius
離子導體理論

Michael Faraday

電解定律
電化學術語

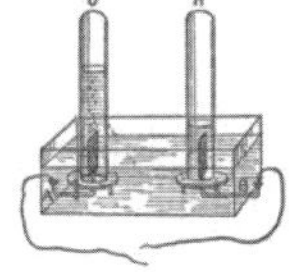

資料來源：維基百科、法拉第的蠟燭科學（台灣商務）

1-3 電化學理論之發展

電化學與能量有何關聯？

19 世紀的科學有兩大突破，分別爲電磁學和熱力學，前者已和電化學有極爲密切的關係，而後者的本質相關於能量，因此也能緊密連結電化學。熱學起源於熱現象的研究，隨著力學的進展，科學家將熱連結到其他形式的能量，例如 Julius Robert von Mayer 在 1841 年提出熱是機械能的一種可能形式，且進一步推廣到不同形式能量之間的轉化，從而歸納出能量守恆的特性。

於 1850 年，Rudolf Clausius 提出了熱力學第一定律的數學式，明確指出能量的轉換與守恆。Clausius 研究 Carnot 的可逆熱力學循環時，發現只有一部分熱量可以轉化成機械能，其餘熱量僅從高溫熱源傳遞到低溫物體，這兩部分熱量和產生的功符合某種關係，於是在 1854 年發表了熱力學第二定律，並且引入熵（entropy）的觀念。到了 1870 年代，美國科學家 Josiah Willard Gibbs 提出一種結合焓（enthalpy）與熵的新能量概念，稱爲 Gibbs 自由能。另一方面，Hermann von Helmholtz 也發表過相似的 Helmholtz 自由能，並在 1882 年推導出電池可逆電動勢（electromotive force）與最大對外作功的關係式，其中的最大作功正是 Gibbs 自由能的變化值，使學術界開始接受 Gibbs 倡導的自由能。但在當時，科學界仍不清楚電池如何產生電動勢，直到 Walther Hermann Nernst 發表其研究成果，才逐漸釐清此議題。

Nernst 於 1887 年進入 Ostwald 的實驗室工作，著手研究不同物質的界面問題，他認同 Arrhenius 的電離理論，開始探討濃度不同的兩溶液之間的界面現象，例如陽離子的擴散速率快於陰離子，則會使界面的一側帶正電，另一側帶負電，進而形成電雙層，電雙層內建立的電場會阻止後續的擴散而達到穩定態，因此可以求得液體界面間的電位差。接著 Nernst 再思索固體與溶液之間的界面，想像金屬溶解進入溶液時存在一種溶解壓力，相比於溶液中已存在的離子滲透壓，兩者之壓差將促使固體溶解或離子結晶，並形成電雙層，當溶解與結晶達成平衡時，即可求出界面電位差。儘管上述這兩類界面電位差都無法經由實驗測量，但若選取一個適當的參考點，電化學反應在特定狀態下的電位仍可估計，此參考點之一例是今日採用的標準氫電極，所估計之公式即爲 Nernst 方程式。自此，電化學的熱力學理論已被確立，所以吸引了更多研究者投入此領域。在 Nernst 奠定的熱力學基礎上，比利時科學家 Marcel Pourbaix 研究了衆多元素的電位對酸鹼值（pH）之關係，繪製成 Pourbaix 圖，用來表達電化學系統的相平衡，簡單且實用，在材料科學、分析化學、或地質科學等領域都曾被採用，是當時電化學熱力學發展的極致。但尊崇熱力學的研究者所抱持的想法是電極反應皆可逆，且 Nernst 方程式可以計算任何狀態的電極電位，但實驗結果卻常不符，使研究者感到困擾。

電化學熱力學之發展

熱學　　力學

熱力學

Rudolf Clausius

- 熱力學第一定律
- 熱力學第二定律
- Gibbs 自由能

Josiah Willard Gibbs

電池電動勢

Walther Nernst

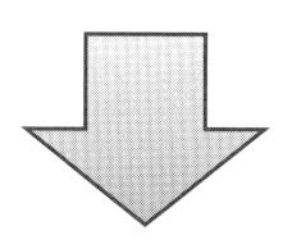

Nernst 方程式

Marcel Pourbaix

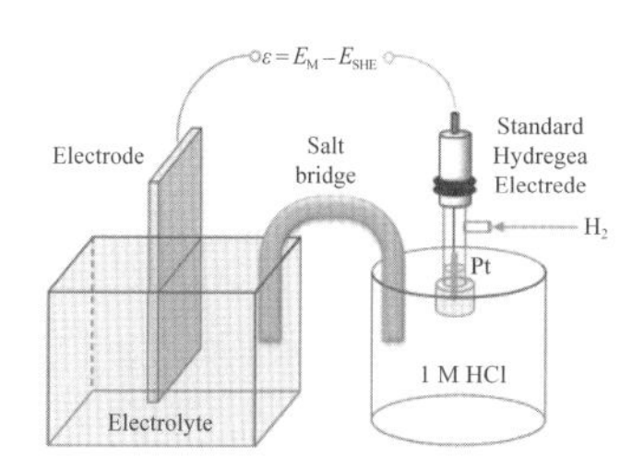

Poubaix 圖

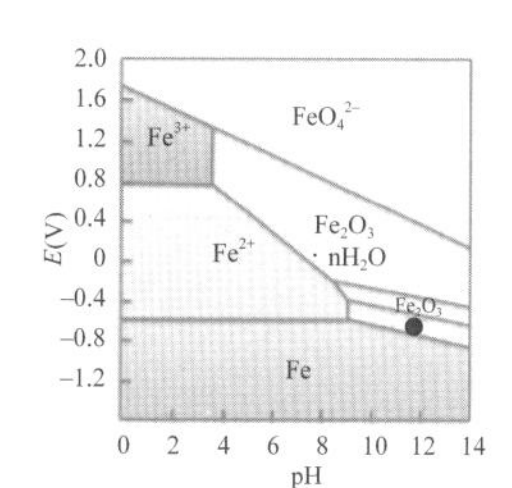

1-4 電化學之後續進展

20世紀的電化學有何突破？

任何進行中的電化學反應皆偏離平衡狀態，熱力學無法預測其速率。因而在 1905 年，Julius Tafel 首先探索了產氫反應中，電極偏離平衡之程度如何影響反應速率，這種偏離現象稱爲極化（polarization），而偏離的程度使用電極電位對平衡電位的差額來表示，稱爲過電位（overpotential）。Tafel 從實驗結果推測了過電位對電流密度之關係，成爲史上第一個電化學動力學模型，後稱爲 Tafel 方程式。在 1924 年，John Alfred Valentine Butler 首先推導了電化學反應速率的公式，討論過電位對反應速率的影響，但 Tafel 和 Butler 的成果並未獲得重視。直到 1930 年代，蘇聯科學家 Alexander Naumovich Frumkin 從化學動力學的角度進行大量研究，探討了電極界面的效應，終在析氫程序和電雙層結構的研究中得到重要成果。Frumkin 引入電雙層的零電點來描述金屬，解決了 Volta 對於電動勢的疑惑，而且他認爲電雙層結構極爲重要，包括電極表面附近的濃度分布和電極反應的活化能，這些因素最終成爲現代電化學理論的基石。電雙層的理論歷經 19 世紀的 Helmholtz、1910 年代的 Louis Georges Gouy 和 David Leonard Chapman，以及 20 年代的 Otto Stern，逐步成型且明朗，若非 Frumkin 對電雙層加以應用，電極動力學的發展仍將停滯不前。1952 年，Frumkin 完成了《電極程序動力學》，這本重要著作引領大量學者投入電化學領域，使電化學技術在 60 年代進展快速。

在 20 世紀，最重要的物理進展當屬相對論與量子力學，從後者還發展出量子化學。至 1960 年代，Revaz Dogonadze 等人首先建立了質子轉移反應的量子模型，Rudolph Arthur Marcus 則發展出電子轉移模型，雙雙揭露了電化學反應的本質。此外，Heinz Gerischer 則建立了半導體與溶液界面的電子轉移模型，對於光電化學領域有卓越貢獻。

20 世紀的電化學還有一項重要突破，此進展出現在實驗技術與器具。在 1922 年，捷克科學家 Jaroslav Heyrovský 發明了極譜法（polarography），且採用滴汞電極（dropping mercury electrode，常簡稱爲 DME）或懸汞電極（hanging mercury drop electrode，簡稱爲 HMDE）來進行電化學分析實驗，因爲汞滴具有寬廣的陰極反應範圍，以及易於更新表面的特性。從電化學分析得到的結果是施加電位和回應電流的組合，常稱爲伏安法（voltammetry），極譜法是早期伏安法的代表案例，到了 50 年代，由於電子工業興起，測量儀器進步迅速，暫態測量、線性或循環電位掃描、交流阻抗分析、旋轉電極系統，皆已發展成熟，被大量應用於電化學研究。70 年代後，更引進各類光譜技術，包括紫外光－可見光光譜、紅外光光譜或 Raman 光譜分析，可偵測分子等級的訊息。進入 80 年代，則出現了顯微技術，例如掃描式穿隧顯微鏡或原子力學顯微鏡等，可偵測原子等級的訊息。這些工具或方法都帶領電化學科技快速進展，並拓寬了電化學的應用範圍，成爲尖端學門。

電化學發展之重要事紀

年代	人物	事件
1780	Galvani	解剖實驗中以現蛙腿有電流通過而抖動的現象
1799	Volta	製作出伏打電池
1801	Ritter	觀察到熱電現象
1807	Davy	電解製備出鉀和鈉
1826	Ohm	提出金屬材料的歐姆定律
1832	Faraday	提出電解定律
1836	Daniell	使用素陶隔板製作出 Daniell 電池
1839	Grove	製作出氣體電池，是燃料電池的前身
1853	Helmholtz	提出電極與電解液界面的電雙層理論
1884	Arrhenius	發表溶質電離理論
1886	Leclanché	發明碳鋅電池，後來被改製成乾電池
1886	Hérout Hall	提出電解製備純鋁的方法
1888	Nernst	提出 Nernst 方程式
1905	Tafel	研究析氫反應的極化現象，提出 Tafel 方程式
1922	Heyrovsý	發明極譜法
1923	Debye Hückel	提出了稀薄電解液的理論
1924	Butler	提出電化學動力學方程式
1952	Frumkin	發表重要的電極動力學著作
1960s	Dogonadze	建立質子轉換反應的量子模型
1960s	Marcus	建立電子轉移模型

1-5 電化學之術語

現代電化學之專業術語從何而來？

Volta 在 1799 年製作出伏打電堆，可以連續產生電流，當時被稱爲「伏打電」，不同於摩擦產生的靜電，當時學者認爲伏打電也有別於電鰻釋放的「動物電」。1801 年，Ritter 又發現了不同溫度的金屬之間會傳遞「熱電」。投入電磁現象研究的 Faraday，又發現了變動的磁場可產生「磁電」。他認爲這些「電」應該具有相同的根源，也擁有相同的性質，例如磁針偏轉、電解、發熱等。接著他著手定量的實驗，利用電解水的原理設計一種電量計，測量產生氣體之體積，可以量化「電」，從中得到電量正比於反應產量的關係，後稱爲 Faraday 第一電解定律。由此實驗，證明了各種電的來源都擁有一致的效果。然而，當時對於原子和分子的認識尚未明朗，也沒有氧化數或價數的概念，Faraday 經由實驗結果提出了電化學當量的概念，說明電解程序的反應物與生成物之間的比例關係，成爲 Faraday 第二電解定律。時至今日，這兩個電解定律都可以整合至化學計量的理論中。

19 世紀的科學仍承襲牛頓力學，使用力的概念解釋科學現象。對於電解反應，科學家也認爲有一種力量作用在金屬，使金屬通電後可以分解，因而使用 pole 稱呼電解系統中的兩個金屬，以表示吸引與排斥的現象。但 Faraday 觀察到某些電解反應並非發生在金屬上，而且生成物並非被排斥出來，而是產生出來，因此認爲 pole 的命名不夠理想。爲了能更合適地表達電解現象，他諮詢了哲學家 William Whewell，自希臘文中尋找靈感，Whewell 提議採用 electrode，作爲發生電解反應的兩個位置之名稱。爲了進一步區分這兩個位置，再定義 anode 與 cathode 這兩個字，分別代表發生氧化反應的陽極和發生還原反應的陰極。

以電解水爲例，傳統的 pole 是指放入水中的金屬，然而實際的反應物是水，若欲精確呈現電解反應的內涵，應該定義一個新名詞，將附著在金屬表面上的水也包含進去，因而使用了 electrode，因爲 pole 僅表達了電流的入口與出口，但 electrode 能夠表示出反應區。至於陰極與陽極的差別，Faraday 類比了地磁，用朝東與朝西的兩種方向來區別陰陽極，因而創造出 anode 與 cathode 這兩個字。另由於電解水後，可以分解成氫氣與氧氣，因而使用希臘文中具有分離意義的 lysis，命名此現象爲 electrolysis，翻譯爲電解；經由通電而解開的物質則稱爲 electrolyte，翻譯爲電解質。這些中文的翻譯皆源自於日文。

同時，Faraday 認爲電解後有帶電產物，且會因爲通電而移動，因而借鑒希臘文中的走動，命名爲 ion，翻譯爲離子。對於帶負電的離子，也從希臘文中選用表達增加的字根，定爲 anion，翻譯爲陰離子；對於帶正電的離子，則選取表達減少的字根，定爲 cation，翻譯爲陽離子。這些名稱後來皆被 Arrhenius 引用於電離理論之中，他認爲陰陽離子不僅可從電解程序產生，即使沒有電流通過時，電解質溶液也應該含有離子，所以溶液相中牽涉的化學反應將會是離子參與的反應。

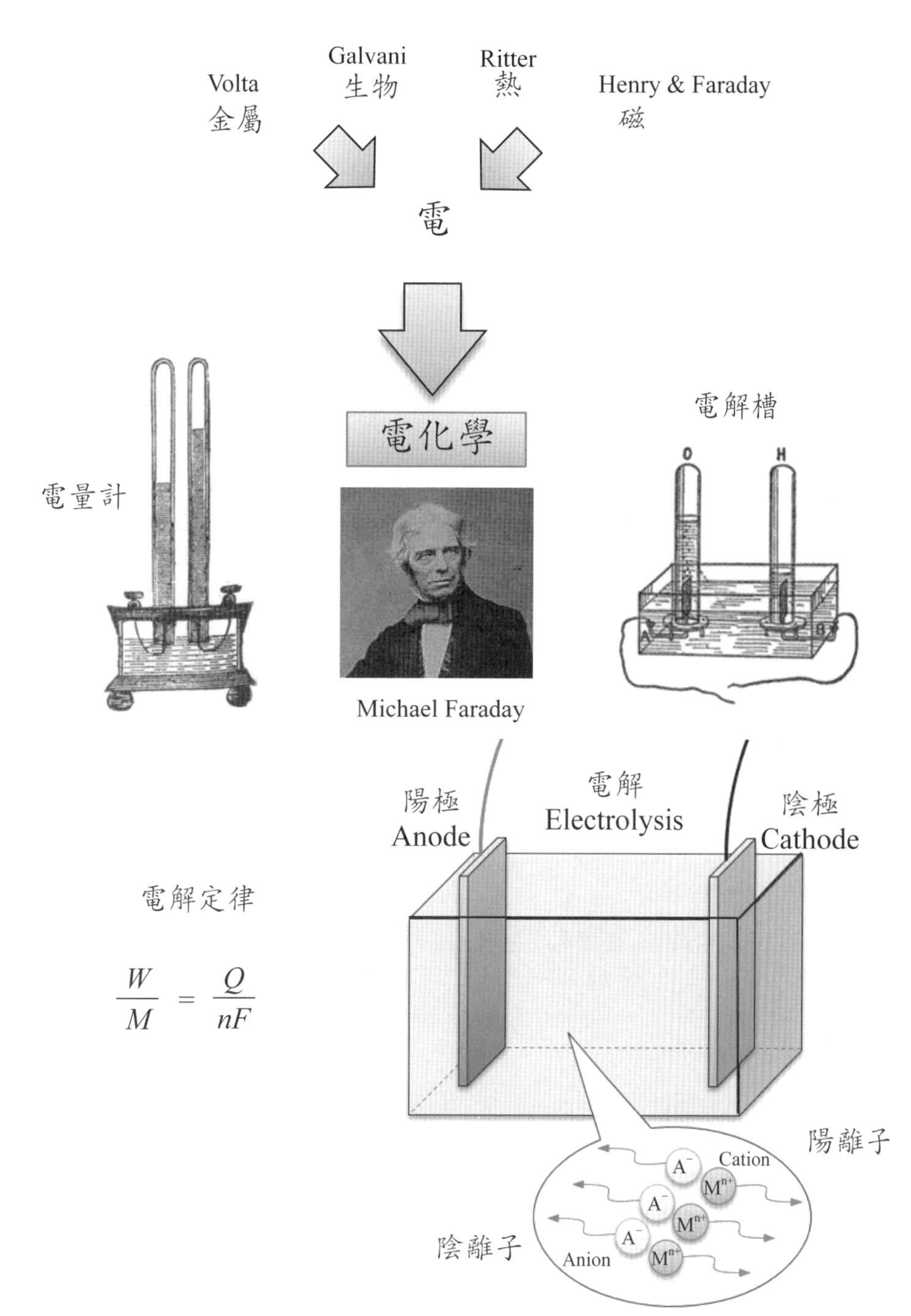

資料來源：維基百科、法拉第的蠟燭科學（台灣商務）

1-6 氧化與還原

電化學反應與電子的關係為何？

Faraday 認爲電解反應後，將出現帶電產物，而且會在電解液中移動，因而命名爲離子，並分爲陰離子與陽離子。但 Lavoisier（拉瓦節）更早提出過氧化反應與還原反應的概念，他認爲鎂在空氣中燃燒後，將生成氧化鎂，代表鎂與氧元素化合，因而定義此類反應爲氧化反應（oxidation）。另一方面，若從氧化物中去除氧元素，例如氧化鐵接觸一氧化碳後，將生成鐵，故可稱爲鐵的還原，類似的反應將定義爲還原反應（reduction）。

對於鎂氧化的例子，可從中定出一種指標，稱爲氧化數（oxidation number），經分析後可得知氧化鎂是由鎂原子搭配氧原子組成，但在反應前，鎂原子並無搭配氧原子；另對於水分子，經分析後可得知水分子是由兩個氫原子搭配一個氧原子組成，相同地在氫氣燃燒前，氫原子並無搭配氧原子。因此，一種元素在氧化反應前後，會產生搭配氧原子的數量變化，由此可定義出氧化數。隨著現代化學的發展，氧化數被定義爲一原子去除其配體及電子對後所帶之電荷數，例如水分子中的氫爲 +1、氧爲 −2。金屬離子中的金屬氧化數恰爲其電荷數，例如 Fe^{3+} 中的 Fe 之氧化數爲 +3。

結合了 Faraday 和 Lavoisier 的構想，氧化反應將成爲一物質中，所包含的某原子之氧化數增加的反應，還原反應則爲一物質中所含某原子之氧化數降低的反應。以水溶液中的 Fe^{3+} 和 Fe^{2+} 爲例，從 Fe^{3+} 變化成 Fe^{2+} 的情形屬於還原，Fe 的氧化數從 +3 下降成 +2，需要一個電子參與反應，亦即 Fe^{3+} 得一電子：

$$Fe^{3+} + e^{-} \rightarrow Fe^{2+} \tag{1.1}$$

反之從 Fe^{2+} 變化成 Fe^{3+} 的情形屬於氧化，Fe^{2+} 失一電子：

$$Fe^{2+} \rightarrow Fe^{3+} + e^{-} \tag{1.2}$$

爲了通用性地表達一個氧化或還原反應，可使用 O 代表氧化態物質，R 代表還原態物質，例如（1.1）與（1.2）式的 Fe^{3+} 爲 O，而 Fe^{2+} 爲 R。所有牽涉單電子的可逆反應皆能表達爲：

$$O + e^{-} \rightleftharpoons Fe^{2+} \tag{1.3}$$

其中的正反應爲還原，逆反應爲氧化。在常見的氧化或還原反應中，O 與 R 至少有一個是離子。對於一個正在進行反應的電化學池（見 1-7 節），氧化和還原發生在不同位置，一電極上的氧化反應將釋放電子流出電化學池，再經由導線流回電化學池的另一個電極，提供還原反應所需。由於這兩處的位置不同，所以（1.3）式稱爲半反應（half reaction），氧化半反應與還原半反應組成一個電化學池會發生的全反應。

氧化還原半反應

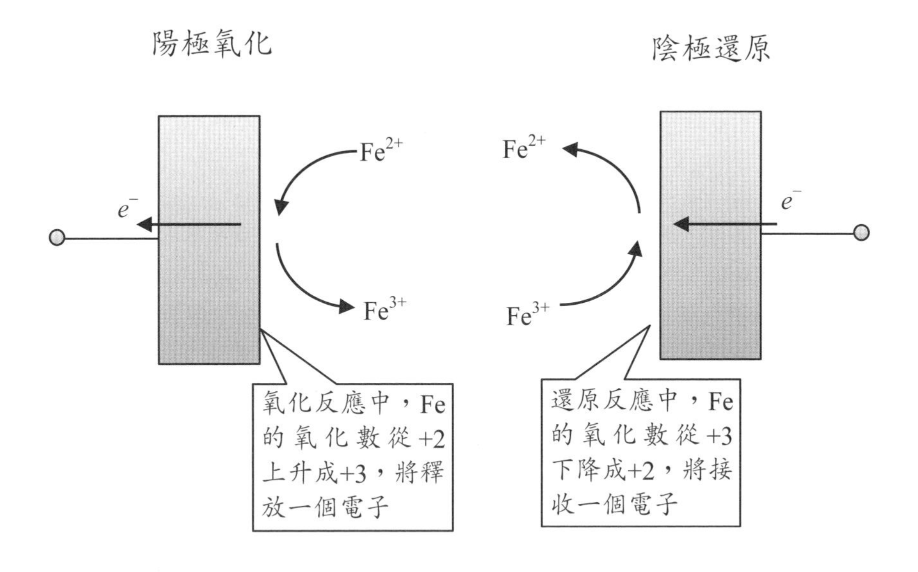
陽極氧化
陰極還原
Fe2+
e−
Fe3+
Fe2+
e−
Fe3+
氧化反應中，Fe的氧化數從+2上升成+3，將釋放一個電子
還原反應中，Fe的氧化數從+3下降成+2，將接收一個電子

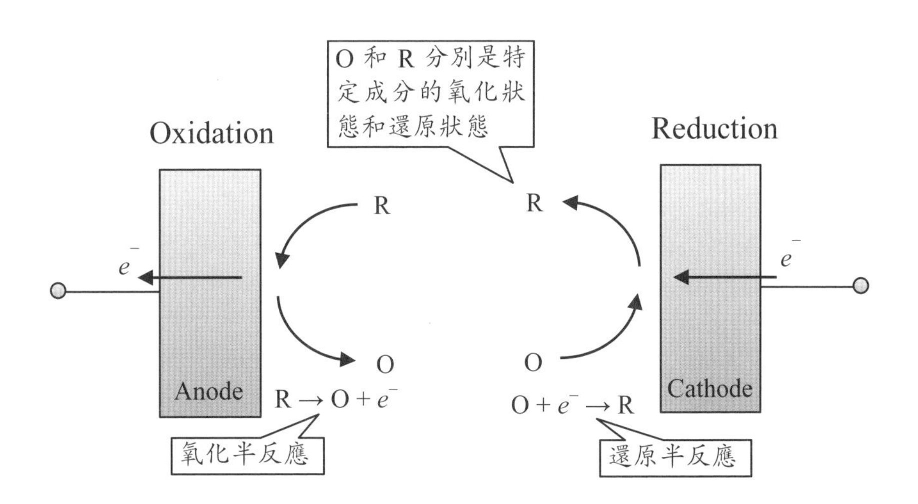
O和R分別是特定成分的氧化狀態和還原狀態
Oxidation
Reduction
R
e−
O
Anode
R → O + e−
氧化半反應
R
e−
O
Cathode
O + e− → R
還原半反應

1-7 電化學池

電化學裝置是否具有相同的架構？

Faraday 經由實驗察覺出電化學反應最關鍵的因素在於金屬與水溶液的接觸，因而定義此區爲電極，並且提出電解定律。結合了原子物理和現代化學的概念後，再細分爲電極的本體區（內部）、電極與電解質溶液的界面、電解質溶液的本體區。電極屬於電子導體，電解液屬於離子導體，且電極可以是金屬也可以是半導體，可以是固體也可以是液體，而且離子導體也可使用固態電解質取代。當電極接上電源後，界面區將有一側的電子和另一側的離子相吸，形成電雙層（electrical double layer）。

若有兩個電極置入電解液，再透過外部導線將兩電極接到電源或負載上，即可構成完整的電路，因爲從電極至導線，再透過電源或負載到另一電極，屬於電子通道，而電解液內則屬於離子通道。此電路排除了導線和負載後，剩餘的部分稱爲電化學池（electrochemical cell），亦稱作電化學槽。

鹼性電池即爲常見的電化學池，若從電池的正負兩極以電線連接到燈泡，燈泡將會發亮，代表電流已在迴路中流通，也意味了電池內正在進行電化學程序。依據 Faraday 的命名原則，發生氧化的位置定義爲陽極（anode），反應物將釋放電子到外部電路；發生還原的位置定爲陰極（cathode），反應物將接收來自外部電路的電子。從電工學的角度，則須定義電池中具有高電位之位置爲正極（positive pole），低電位者爲負極（negative pole），所以輸出電子之處爲負極，接收電子之處爲正極。因此，電池中的負極之處即爲陽極，正極即爲陰極，產生電流後，電池內的化學能將逐步轉換成電能，這類電化學池可稱爲原電池（primary cell）或伽凡尼電池（Galvanic cell）。

此外，另有一種電化學池是利用外部電源所提供的電能來驅動系統中的反應，因此外部電能將逐步轉換成化學能，常見的例子是電解水或二次電池的充電，此類電化學池可稱爲電解槽（electrolytic cell）。操作電解槽時，外部電子將送至陰極，使反應物得到電子後發生還原，所以電解槽的陰極必須連接外部電源中輸出電子的負極；另一方面，電解槽的陽極將進行氧化反應，之後由反應物釋放電子到外部電路，再由外部電源的正極接收電子，所以電解槽的陽極必須與外部電源的正極相連。因此，一般稱電解槽的陽極即爲正極且陰極即爲負極的說法並不妥適，正負極只適合用於說明電源的輸出端，所以不會輸出電能的電解槽不適合使用此名稱。

二次電池可放電亦可充電，若其中一端放電時釋出電子，代表發生氧化反應，此電極扮演陽極，或稱爲負極。但充電時，此端必須連接外部電源的負極，使電流方向相反於放電時，才能驅動電子輸入此端，並發生還原反應（氧化反應之逆反應），此時將成爲陰極。因此，討論二次電極的議題時，爲了標示電池中的特定位置，不採用陰陽極，因爲充放電時同一端會依序扮演陰極和陽極，所以慣用的術語是正負極，因爲放電時的負極在充電時也將連接外部電源的負極，不會產生混淆，正極亦同。

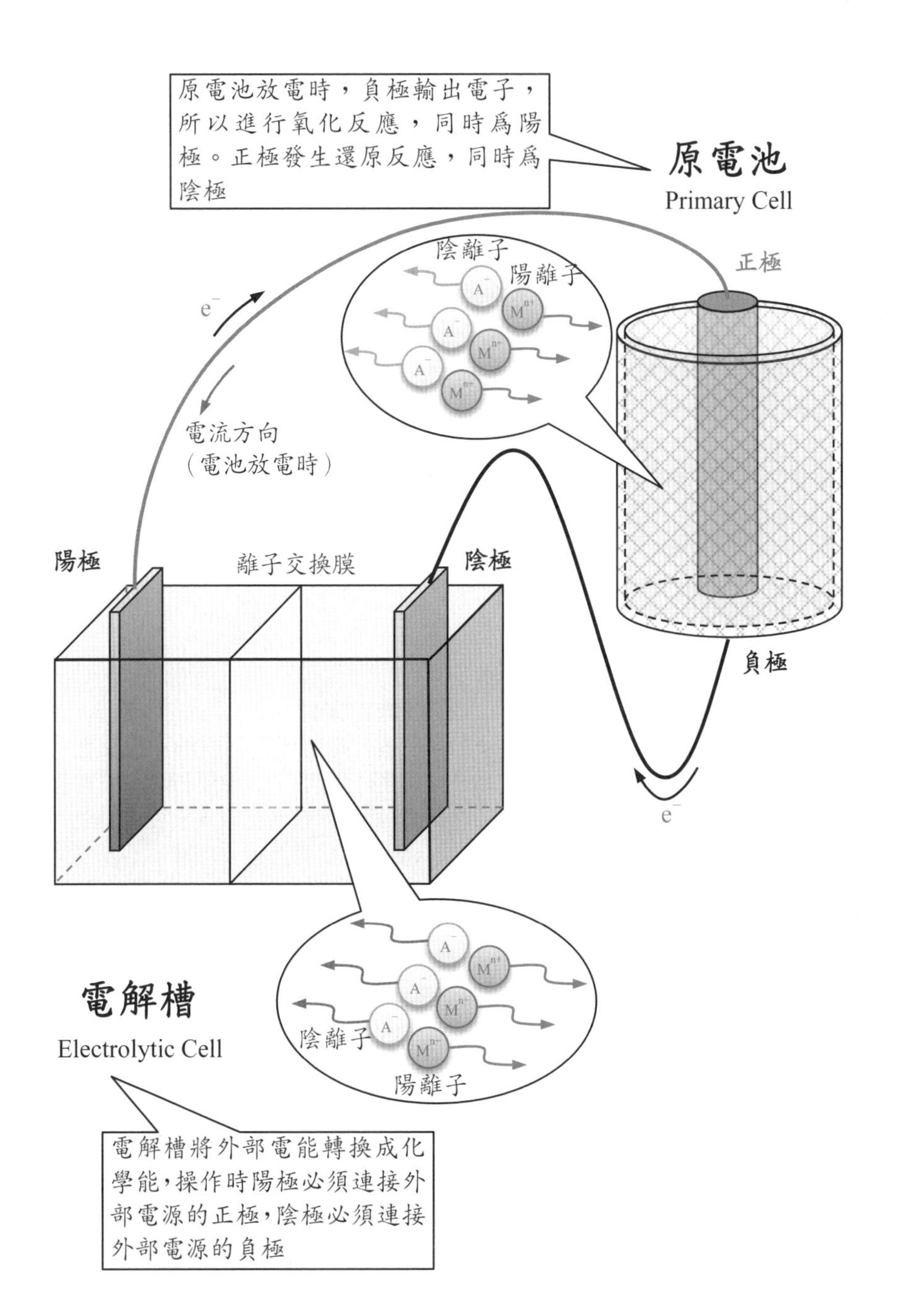
原電池放電時，負極輸出電子，所以進行氧化反應，同時爲陽極。正極發生還原反應，同時爲陰極
原電池
Primary Cell
陰離子
陽離子
正極
e⁻
電流方向
(電池放電時)
陽極
離子交換膜
陰極
負極
e⁻
電解槽
Electrolytic Cell
陰離子
陽離子
電解槽將外部電能轉換成化學能，操作時陽極必須連接外部電源的正極，陰極必須連接外部電源的負極

1-8 微電池

一片金屬可以組成電池嗎？

常見的電化學池是由兩層電子導體夾住一層離子導體所組成，但發生在某些場合的電化學系統只有一層電子導體，例如金屬腐蝕或金屬蝕刻。金屬的電化學腐蝕出現在金屬接觸電解液的情形中，例如浸泡在海水中的船舶。即使只有一顆液滴停滯在金屬上，或潮濕的空氣在金屬表面形成液膜，都可能導致腐蝕。金屬腐蝕代表金屬溶解成陽離子，或轉化成氧化物，屬於氧化反應，可表示為：

$$M \rightarrow M^{n+} + ne^- \quad (1.4)$$

其中的 M 代表發生腐蝕的金屬，初步氧化後將形成陽離子 M^{n+} 溶進電解液中。另一方面，接觸金屬的溶液若偏向酸性，將含有 H^+，若偏向鹼性，則溶液中含有 O_2，這兩者會在金屬的某處發生還原反應：

$$2H^+ + 2e^- \rightarrow H_2 \quad (1.5)$$

$$O_2 + 2H_2O + 4e^- \rightarrow 4OH^- \quad (1.6)$$

若發生（1.5）式的反應，可在金屬表面上觀察到 H_2 氣泡。

因此，在同一片金屬上，有一些區域作為陽極，發生（1.4）式的氧化反應，有一些區域則扮演陰極，發生（1.5）或（1.6）式的還原反應，且陽極和陰極的數量皆非常多，每一區的尺寸皆很小。由於相鄰的陽極區與陰極區皆位在同一塊金屬上，所以兩極底部之金屬將替代導線，但之中無法插入負載、伏特計或安培計，不能測量通過的電流與兩極的電壓。這種類型的系統稱為微電池（micro cell），可視為短路的原電池，整體反應會自發，只要陰極的反應物源源不絕，金屬材料直至消耗殆盡前都不會達到平衡，除非出現其他的抑制物，所以腐蝕微電池比較類似半燃料電池（請見 4-22 節）。一般的原電池則已在有限容器內預填了反應物，當反應物消耗到某種程度時，將會趨近平衡。

另一方面，有一種腐蝕微電池發生於金屬結構不均勻時，例如多晶結構的金屬存在許多晶界（grain boundary），通常在晶體內部的電位偏正，在晶界則偏負，電解液同時附著兩區，晶體內部傾向成為陰極，晶界則傾向成為陽極，因而構成比晶粒還小的微電池。相似地，某些金屬的純度不夠高，雜質區的電位不同於金屬本體區，也會形成微電池，例如 Zn 中含有微量的 Cu，則會使 Cu 附近的 Zn 發生腐蝕。

總結微電池的形成，主要來自於不同區域出現了電位差，導致電位差的原因可能包括反應物之濃度差異、環境之溫度差異與晶體之結構差異，這些因素恰為 Nernst 方程式中的主要參數，所以會導致電位差。

微電池

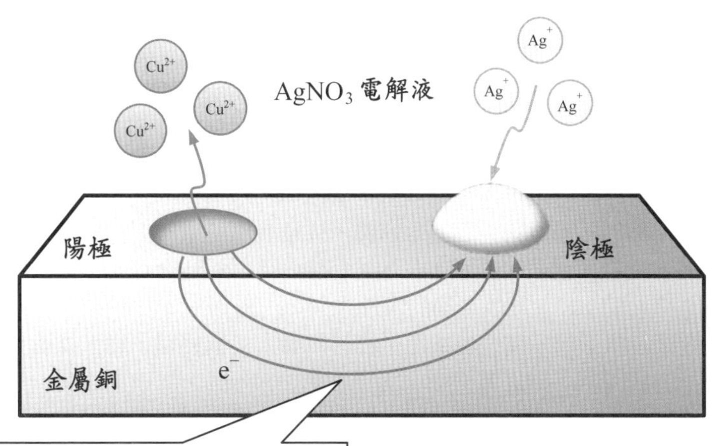

陽極區與陰極區皆位在同一塊金屬上，兩極底部之金屬將替代導線，這類系統稱爲微電池，可視爲短路的原電池，整體反應會自發

不同區域出現電位差，將形成微電池，導致電位差的原因包括反應物之濃度差異、環境之溫度差異與晶體之結構差異

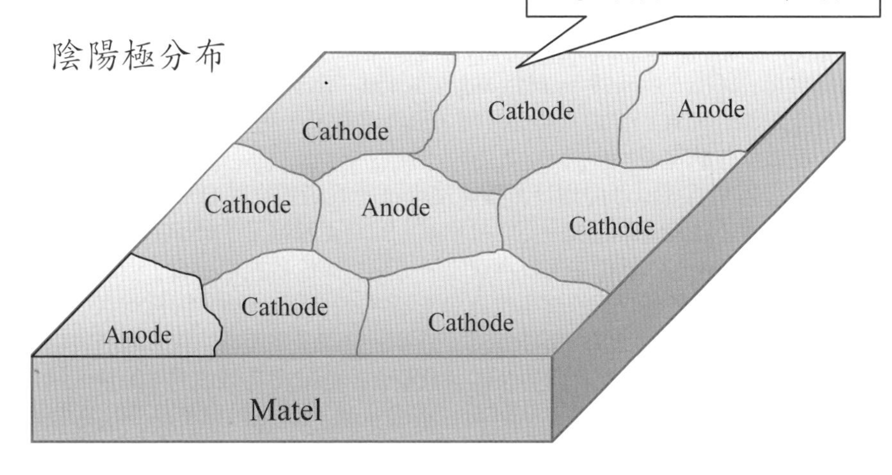

1-9 電子導體（I）

如何準確預測材料的特性？

19 世紀發展出熱力學，但仍無法全面解釋物質的特性，進入 20 世紀後，隨著量子力學的進展，方能完整描述固體的行為。若使用固態物理的術語來描述，電化學反應是固體材料的電子軌域和溶液中反應物的分子軌域之間所進行的電荷傳遞程序，這意味著探索材料的電子能階後，才能理解電化學程序。

常見的電極材料包括固態的金屬與半導體，以及液態的汞。對於金屬的行為，古典理論主要透過自由電子模型來描述。以 Na 金屬為例，最外層有一個價電子，容易脫離原子而留下核心的 Na^+。其他金屬的情形也類似，外層電子比較自由，便於在材料中移動，並留下陽離子群。這些自由電子的總數龐大，稱為電子海，能使材料擁有高導電性。電子海和陽離子群之間的吸引能量約為 1～3 eV，構成金屬鍵，其強度明顯小於離子鍵和共價鍵。金屬受到外力時，傾向於彎曲而不易破裂，因為金屬鍵不在特定的方向上；可見光照射時會被吸收，並再輻射出來，使金屬看起來閃耀。

古典理論只能有效預測導電性，但無法正確計算導電度和熱傳導度。若使用量子理論，則可解決此問題。自由電子可視為侷限在金屬材料表面構成的盒子中的波動，其能量可以量子化，且在每個能階中只允許兩個自旋方向相反的電子存在。在特定能量 E 上，電子占據的機率 $f(E)$ 可使用 Fermi-Dirac 分布來描述：

$$f(E)=\frac{1}{1+\exp((E-E_F)/kT)} \qquad (1.7)$$

其中的 E_F 稱為 Fermi 能階（Fermi level），k 是 Boltzmann 常數。在溫度 $T=0\text{K}$ 時，電子占據於 E_F 之下的能階之機率為 100%，E_F 之上的能階之機率為 0，也就是 $E>E_F$ 的能階是空的；而在 $E=E_F$ 時，$f(E)=0.5$，亦即電子出現的機率是一半，所以 Fermi 能階的概念類似於水面。當 $T>0\text{K}$ 時，電子因為熱激發，在 E_F 附近的機率曲線變得較圓滑，使 $E<E_F$ 的電子移動到 $E>E_F$ 的能階中。

在晶體中，兩個相鄰原子的相互影響可使用電子波函數之疊合來描述，疊合後的結果有兩種，其一為波函數相加，另一為相減，致使兩種情形的機率密度不同，亦即兩原子的中點處在相加的狀態中可以發現電子，但相減的狀態中不會，所以電子能階將分裂成兩個，這種能階分裂的現象也會隨著兩原子的間距而變，因為兩原子相隔太遠，波函數幾乎不重疊，所以能階幾乎沒有分裂，但原子間距縮小後，能階將明顯分裂。固體中擁有眾多原子，因此有更多波函數疊合，能階將分裂成更多數量，例如在 4 個接近的原子系統中，其價電子能階會分裂成 4 個；6×10^{23} 個原子組成系統時，就會有 6×10^{23} 個極為接近的能階，組成一個幾乎連續的能帶（energy band）。例如 Na 金屬的 1s、2s、2p 和 3s 電子能階都會擴展成能帶，各能帶之間擁有固定的能量間隔，稱為能隙（energy gap），能隙內也稱為禁帶（forbidden energies）。

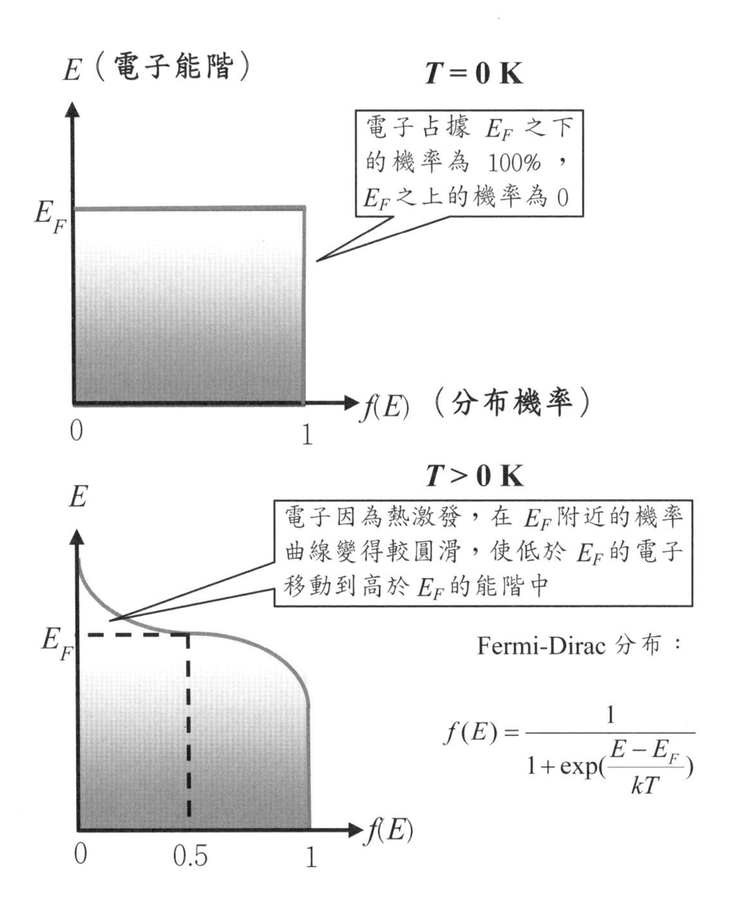

E（電子能階）
T = 0 K
電子占據 E_F 之下的機率為 100%，E_F 之上的機率為 0
E_F
0
1
f(E)（分布機率）
T > 0 K
E
電子因為熱激發，在 E_F 附近的機率曲線變得較圓滑，使低於 E_F 的電子移動到高於 E_F 的能階中
E_F
Fermi-Dirac 分布：
$f(E)=\frac{1}{1+\exp(\frac{E-E_F}{kT})}$
0
0.5
1
f(E)

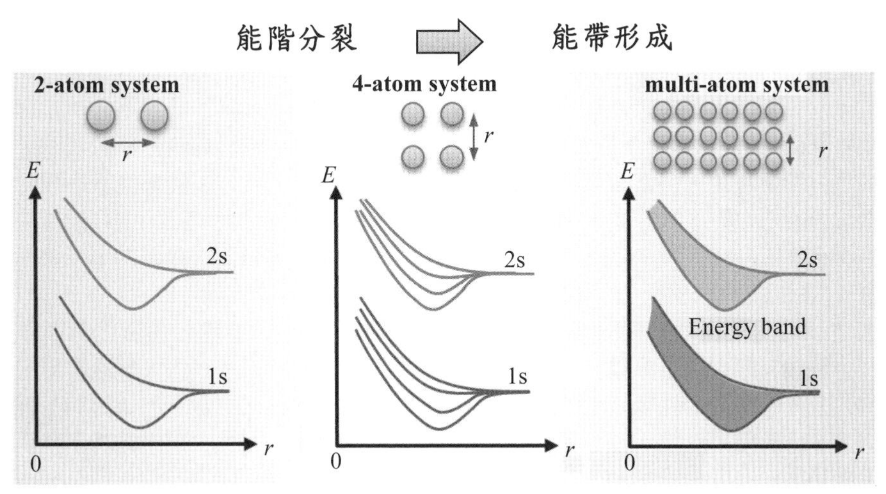

能階分裂
能帶形成
2-atom system
4-atom system
multi-atom system
r
E
2s
1s
0
Energy band

1-10 電子導體（II）

金屬為何可以導電？

固體材料的導電性取決於內部自由載子之數量，尤其加熱或照光時，這些自由載子會獲得能量。取得能量的電子，可能往上躍遷至更高的能階。例如在 $T = 0K$ 時，電子符合 Fermi-Dirac 分布，在 E_F 之上的能階是空的；$T > 0K$ 時，部分電子取得熱能而超過 E_F。對於金屬固體，比 E_F 稍低的電子只需要少許能量即可躍遷到空能階，並形成自由載子，這是金屬易於導電的原因。

有一些材料在 0 K 時，最高能帶是填滿的，而下一個更高的能帶則是空的，則此最高填滿的能帶稱爲價帶（valence band），而下一個更高的能帶則稱爲導帶（conduction band），兩者的能量差爲 E_g，稱爲能隙。對一個 $E_g = 5.0$ eV 的材料，在 300 K 下雖可獲得熱能 $kT = 0.025$ eV，但仍遠小於能隙，只會有極少量的電子可以躍遷到導帶中，所以幾乎沒有自由載子，故屬於絕緣體。

對於導帶與價帶被能隙分隔的固體材料，其 E_F 會落在能隙之中，若欲估計這類固體的 E_F，則須透過功函數或電子親和力的量測，前者定義爲從固體中抽取電子至眞空的最小功，後者則定義爲電子從眞空中加進固體所釋放的最大能量，但是多加入的電子只能塡入導帶的底部，因爲價帶已無空能階。

半導體材料和絕緣體材料擁有相似的能帶結構，但其能隙較小，例如 Si 的能隙爲 1.1 eV。由於 E_F 大約落在價帶與導帶的中央，能隙較小的固體吸收熱量後，有部分電子可以到達導帶，在外部電場下可以產生中等的電流。溫度提高更多後，進入導帶的電子更多，使固體的導電性更好，此現象與金屬相反。此外，在價帶中，離開的電子會形成空能階，可視爲帶正電的電洞（hole），當鄰近的電子來塡補時就像電洞移動過去，所以也能構成導電現象。這類藉由溫度來改變導電性的材料稱爲本質（intrinsic）半導體，內部擁有相同數量的電子和電洞。但半導體材料也可透過摻雜（doping）來改變導電性，例如 As 添加到 Si 中，因爲 As 的最外層有 5 個電子，Si 只有 4 個，所以多出的這個電子會在能隙中接近導帶處出現能階，此能階和導帶可能僅相差 0.05 eV，在常溫下非常容易將電子激發到導帶中，使材料內充斥導帶電子，故稱爲 n 型半導體。但當 B 添加到 Si 中，B 的最外層電子只有 3 個，且所形成的空能階位於能隙中接近價帶處，故價帶電子在常溫下容易躍遷到此能階，並在價帶中形成電洞，這使得材料內充斥價帶電洞，故稱爲 p 型半導體。這兩種摻雜的半導體稱爲外質（extrinsic）半導體，典型的雜質濃度爲 10^{13} 到 10^{19} cm^{-3}。

上述以電子來導電的材料稱爲電子導體，包括金屬、石墨或某些氧化物與碳化物。金屬擁有較大量自由電子，使其電阻率落在 10^{-8}～10^{-6} $\Omega \cdot m$ 內，是最常用的導電材料。含碳物質與有機聚合物亦可導電，在無摻雜時，藉由主鏈上的單鍵與雙鍵交替排列，可形成共軛體系，體系中的 π 電子可流動而產生導電性；有摻雜時，其導電性更能提升。

能帶理論

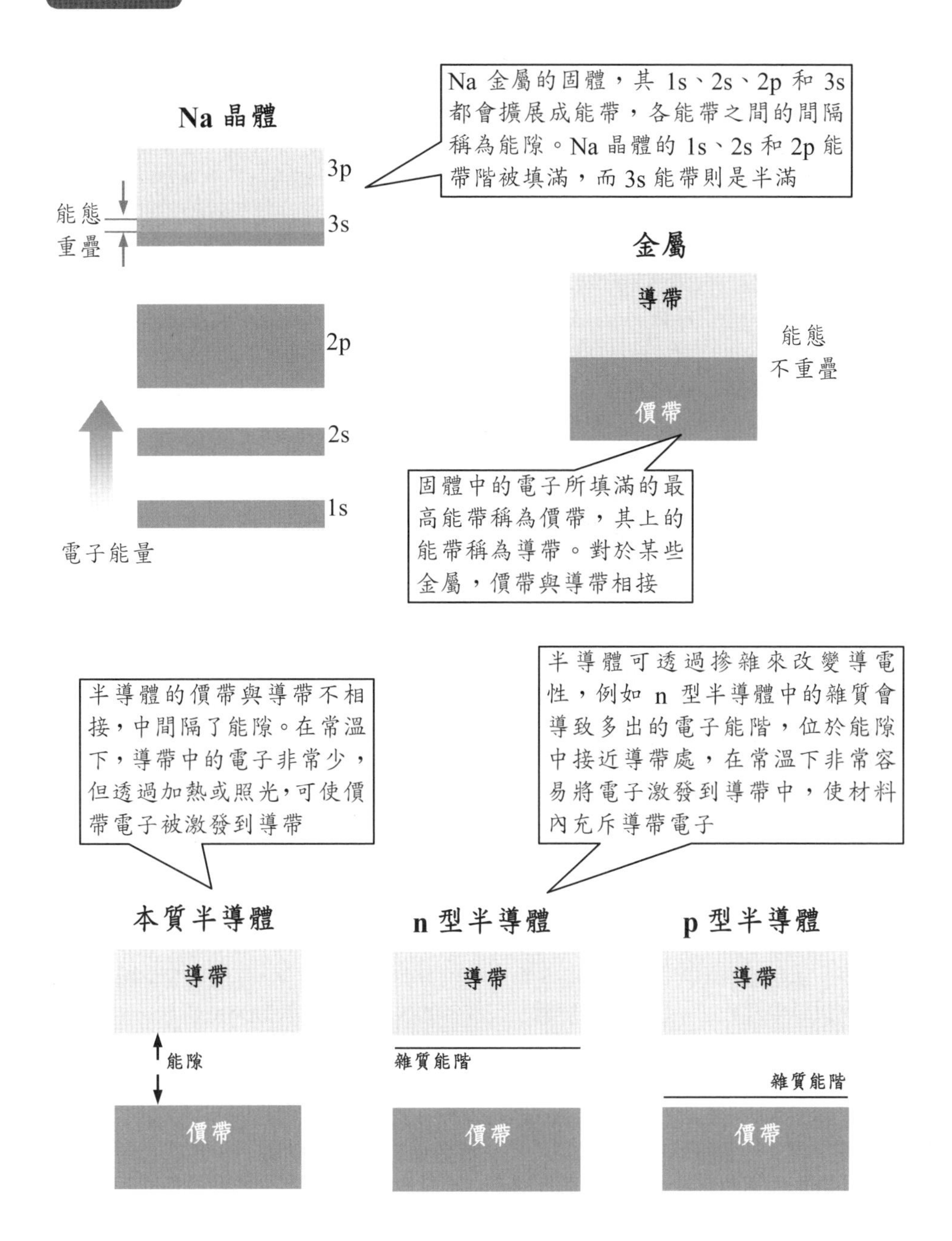
Na 晶體
3p
3s
2p
2s
1s
能態重疊
電子能量
Na 金屬的固體，其 1s、2s、2p 和 3s 都會擴展成能帶，各能帶之間的間隔稱為能隙。Na 晶體的 1s、2s 和 2p 能帶階被填滿，而 3s 能帶則是半滿
金屬
導帶
價帶
能態不重疊
固體中的電子所填滿的最高能帶稱為價帶，其上的能帶稱為導帶。對於某些金屬，價帶與導帶相接
半導體的價帶與導帶不相接，中間隔了能隙。在常溫下，導帶中的電子非常少，但透過加熱或照光，可使價帶電子被激發到導帶
半導體可透過摻雜來改變導電性，例如 n 型半導體中的雜質會導致多出的電子能階，位於能隙中接近導帶處，在常溫下非常容易將電子激發到導帶中，使材料內充斥導帶電子
本質半導體
導帶
能隙
價帶
n 型半導體
導帶
雜質能階
價帶
p 型半導體
導帶
雜質能階
價帶

1-11 離子導體（I）

離子如何導電？

導電物質通常可細分成三類，第一類導體稱爲電子導體，在前一節中已經說明，常見物質爲金屬。第二類導體則透過離子來導電，可包含液態與固態的電解質。此類離子導體溶解於溶劑或處於熔融狀態時，會解離成離子，例如溶解於水中的 $NaCl_{(aq)}$ 或熔化的 $NaCl_{(l)}$。可溶的導體會隨解離度而改變特性，還分爲強電解質和弱電解質。此外，另有一些鹽類在固態時也屬於導體，但必須經過升溫，例如 $AgI_{(s)}$。這類固態電解質的晶體中存有缺陷，所形成的空缺（vacancy）類似半導體中的電洞（hole），可提升導電性，利用摻雜法可以增加缺陷。第三類導體原爲氣體，但經過加熱，或被 UV 光、X 光或 γ 光照射後，亦可發生解離而導電，此即電漿（plasmas），但必須在非常低壓下才能形成高密度電漿。電漿中除了離子外亦存在電子，因此屬於混合型導體。

電解質溶液主要包含三種成分，第一種是電極程序的主角，亦即具有電化學活性的反應物和生成物；第二種是溶劑，最常用的是水；第三種爲不具反應性的惰性電解質，有時是溶液中的雜質，濃度較低，有時則是人爲添加物，濃度較高，但可提升溶液的導電度。

在電極界面發生的電子轉移反應牽涉氧化態物質 O 和還原態物質 R，通常其中之一爲離子。電子轉移的傾向還牽涉溶劑分子對活性物質 O 或 R 的作用，此作用稱爲溶劑化（solvation）。若溶劑和活性物質同爲極性分子，則溶劑化效應較強，例如鹽類易溶於水中；若溶劑和活性物質同爲非極性分子，也可以產生較高的溶解性。當溶劑爲爲水時，陽離子會被水溶劑化，或稱爲水合（hydration），使陽離子周圍被水分子包圍，形成內殼（inner shell），其他的水分子也可依附在內殼上，形成外殼（outer shell），但外殼較鬆散。水合的金屬陽離子在酸性環境中較穩定，隨著 pH 值提高，內殼的水分子易失去 H^+ 而在離子表面形成 OH 基，更多的 OH 基出現後，將會產生金屬的氫氧化物而沉澱。對於過渡金屬，常存在多種氧化態，所以水合陽離子的中心得失電子後並不改變整體結構，故各種氧化態間的變化常爲快速反應。當水溶液中存在惰性的陰離子時，這些陰離子本身也會發生水合，所形成的水合陰離子會吸引水合陽離子。當水溶液中存在錯合劑時，錯合劑也會與陽離子結合，形成金屬錯離子。錯合劑可以是中性分子，也可以是陰離子，前者如 NH_3，後者如 EDTA 或 CN^-。通常陽離子的氧化數愈高或錯合劑的濃度愈大，錯合的作用將愈強，其錯離子更穩定，更難反應成還原態。

離子在電解液中的質傳（mass transport）將形成電流，質傳的型式包括對流、擴散與遷移。離子的遷移和擴散速率都正比於擴散係數（diffusivity），溶液黏度和離子水合都會影響擴散係數，當溶質濃度提高時，黏度也會增加，使擴散係數降低；水合離子的體積愈大時，擴散係數也會降低。在水中遷移最快的離子是 H^+ 和 OH^-，其質傳主要透過 Grotthuss 機制，其他離子的遷移率大約落在 1×10^{-7} $m^2/V\cdot s$ 之內。

水合陽離子（Solvated cation）

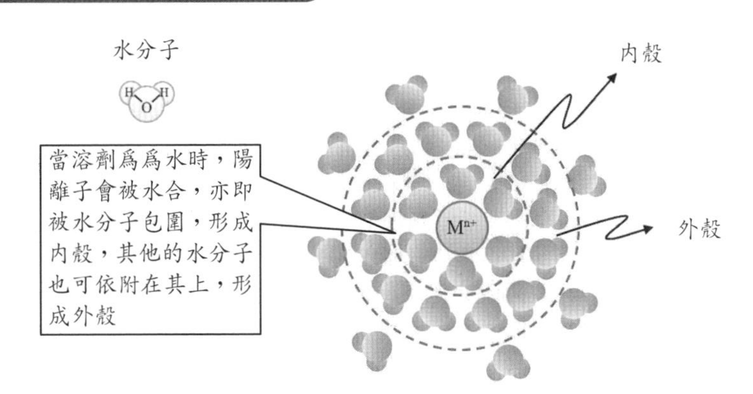

在水溶液中（298 K），多種陰陽離子的遷移率 u

陽離子	u（$m^2/V\cdot s$）	陰離子	u（$m^2/V\cdot s$）
H^+	362×10^{-9}	OH^-	205×10^{-9}
K^+	76.2×10^{-9}	$Fe(CN)_6^{4-}$	114×10^{-9}
NH_4^+	76.1×10^{-9}	$Fe(CN)_6^{3-}$	105×10^{-9}
Ag^+	64.2×10^{-9}	SO_4^{2-}	82.7×10^{-9}
Cu^{2+}	58.6×10^{-9}	Br^-	81.3×10^{-9}
Zn^{2+}	54.7×10^{-9}	Cl^-	79.1×10^{-9}
Na^+	51.9×10^{-9}	NO_3^-	74.0×10^{-9}
Li^+	40.1×10^{-9}	HCO_3^-	46.1×10^{-9}

氫離子遷移－Grotthuss 機制

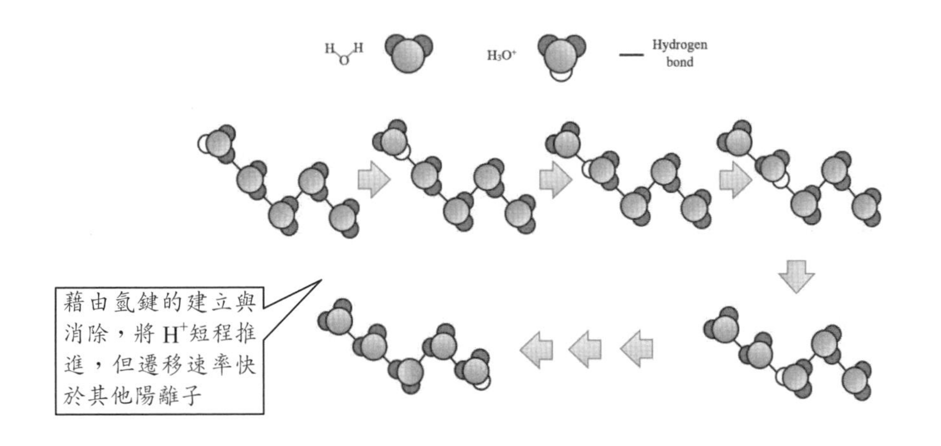

1-12 離子導體（II）

離子導體中都有溶劑嗎？

在一些電解程序中，無法使用水作爲溶劑，因爲通電之後，水本身的電解反應會優先消耗電能，因此這類電解系統必須採用不含水的電解質，才能完成預期的反應。因此，在某些有機合成反應或鋰離子電池系統中，會用到非水溶劑。另從 1980 年代起，常溫離子液體（ionic liquid）逐漸吸引了研究者的注意，因爲它可以代替揮發性有機溶劑而應用在化學反應中。離子液體是一種類似 NaCl 的物質，結構中存在離子鍵，所以它解離後會產生陰陽離子。然而，離子液體的晶格能明顯小於 NaCl 晶體，因爲它的陰陽離子結構不對稱，所以不需要到達高溫即可解離。離子液體可分解成有機陽離子團和特殊的陰離子團，前者通常是含氮的胺類基團，使其體積大於金屬陽離子，後者則含有非定域（delocalized）電子，可在陰離子內的幾個化學鍵間移動，但其體積相似於一般酸根或鹵素離子。因此，離子液體分子內的正負電荷相距較遠，晶格能較低，因而熔點較低，在常溫下得以解離。近年的研究顯示，不同的陰陽離子可以組成性質不同的離子液體，例如熔點、密度、黏度或親水疏水性皆可調整，所以在化學合成中具有非常高的應用潛力。再加上離子液體可在常壓下操作，且可回收後再利用，不但能有效降低成本，也能保護環境，所以被視爲水之外的另一種綠色溶劑，因而備受矚目。

此外，電解質中也可以不添加溶劑，例如熔融狀態的電解質，此類材料包括高溫熔融鹽（molten salt）、熔融氧化物（molten oxide）、熔融有機物與低溫熔融鹽。提煉高活性金屬時，主要採用高溫熔融鹽和熔融氧化物，例如提煉 Li 所需之 LiCl 和提煉 Al 所需之 Al_2O_3。低溫熔融鹽即爲離子液體，在常溫下可呈現液態。高溫熔融鹽來自離子晶體，這類金屬鹽的離子鍵較強，熔點較高，必須加熱到高溫才能熔融並解離，例如 NaCl 晶體在常壓下必須超過 801℃才能熔化。鹽類熔化後雖可流動，但離子間的平均距離仍與固體時相當，所以有些鹽類熔化後的體積膨脹不大，但解離程度足夠大，且處於高溫狀態，使其導電度大於此類金屬鹽所形成的水溶液。

熔融鹽產生離子的原因不同於水溶液，在水溶液中，水合的陽離子如同孤島，分散於溶劑扮演的海洋之中，但在熔融鹽中，陰陽離子於傾向脫離原本的晶格束縛，再以特定的比例形成配位錯合物，或稱爲錯離子。由於錯離子中的鍵結是短暫的，隨時會再重組，故須使用 Raman 光譜儀來確認錯離子的存在性，並且估算它們的配位數或壽命。施加電場後，無論是溶劑化的離子或錯離子皆可遷移，若能移至電極表面，即可產生氧化或還原反應。然而，單一金屬鹽或氧化物往往無法滿足低熔點、適當密度、高導電度、低蒸氣壓和不溶解金屬的要求，不適合直接進行電解，所以實務上常採用混合熔融鹽，以形成共熔系統（eutectic system），就能在更低的溫度下熔化，例如提煉 Al 時會混合冰晶石（Na_3AlF_6）與氧化鋁（Al_2O_3）作爲電解質。

離子液體

陽離子團

imidazolium salts	pyrrolidinium salts	pyridinium salts	piperidinium salts	ammonium salts	phosphonium salts

陰離子團

Cl^-　Br^-　F^-　BF_4^-　PF_6^-

離子液體可分解成有機陽離子團和特殊的陰離子團，陽離子團之體積大於金屬陽離子，陰離子團的體積相似於一般酸根或鹵素離子。因此，分子內的正負電荷相距較遠，晶格能較低，因而熔點較低，在常溫下得以解離

單一金屬鹽或氧化物往往無法滿足低熔點、高導電度、低蒸氣壓的要求，不適合直接進行電解，所以實務上常採用混合熔融鹽，以形成共熔系統，就能在更低的溫度下電解

熔融鹽電解質之共熔系統

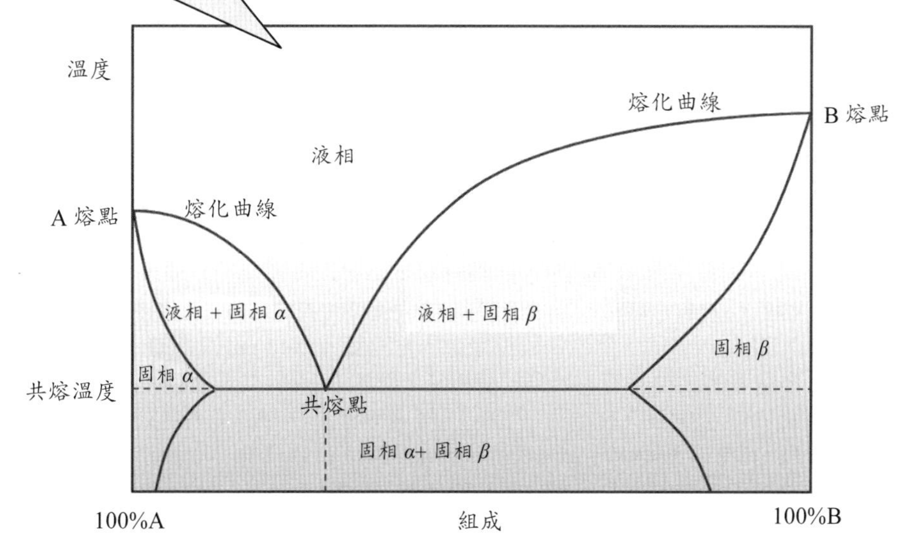

1-13 離子導體（III）

固體可以作為離子導體嗎？

一般固體的結晶並不完美，材料內部存在各種缺陷，但這些缺陷卻能產生多種常見的固體特性。形成缺陷的原因主要來自於原子的熱運動、製備時的加壓或升溫，以及雜質進入晶體。依據這些原因，即可產生空位缺陷（vacancy defect）、間隙缺陷（interstitial defect）或雜質缺陷（impurity defect），後者是由雜質原子取代晶格原子或填入晶格間隙所產生。過渡金屬氧化物的固體材料經常存在缺陷，形成非計量化合物（non-stoichiometric compound），因爲過渡金屬具有多種氧化數，可和數量不同的氧原子鍵結。這類固體也可以導電，但其原理不同於金屬。

Edwin Herbert Hall 於 1879 年發現，施加電壓於磁場中的金屬或半導體等電子導體，使其電子受到 Lorentz 力作用而偏向一側，進而產生側向電位差，此電位差又會對電子施力，以平衡 Lorentz 力，使後續的電子不再偏向，此現象稱爲 Hall 效應，並可從中判斷導體內部的電流來自於負電荷或正電荷。然而，對某些導電高分子或金屬氧化物，Hall 效應不明顯，因爲它們不全然依賴電子而導電，因此被稱爲混合離子電子型導體（mixed ionic-electronic conductor，簡稱爲 MIEC）。

若 MIEC 固體欲用於電化學系統，則須擁有足夠的導電度與機械強度，尤其製成導電薄層時，導電度必須超過 0.01 S/m，且主要離子的遷移數還需要趨近於 1，才能有效作爲電解質。目前可達到這些標準的固態電解質通常屬於結晶型無機材料或非晶型高分子材料，它們的導電度主要受限於材料中的離子鍵強度與離子通道的尺寸，但這些材料經過摻雜後，可以改變離子的價態或鍵結，使導電度提升。因爲雜質原子被摻入後，一方面不能完全匹配原本的晶格，另一方面在晶格中擁有較大的濃度差，所以雜質原子的擴散現象比晶格原子更顯著。再者，摻雜物可以製造晶體的缺陷，例如在 ZrO_2 中加入 CaO 時，Ca^{2+} 若能取代晶格中的 Zr^{4+}，將同時形成氧空缺（oxygen vacancy），此空缺相當於相反的氧離子，帶有二價正電，其概念類似於電洞。通電後，氧離子即可透過空位而遷移，使導電度顯著提升。

釔穩定氧化鋯（ZrO_2 stabilized by Y_2O_3，簡稱 YSZ）是最常用的氧離子型材料，可以耐熱 1000℃，用於電解水產氫時，高溫的水蒸氣會在陰極處被分解成 H^+ 和 O^{2-}，其中 O^{2} 會穿越 YSZ 而到達陽極以產生 O_2，而留在陰極表面的 H^+ 則會接收電子而還原成 H_2。在有機材料方面，常使用固態聚合物電解質（solid polymer electrolyte，簡稱爲 SPE），有一些 SPE 內存在局部的液相區，例如 Dupont 公司生產的 Nafion 膜，其導電度比純固態 SPE 高。Nafion 膜是由全氟磺酸聚合物所構成，具有傳導離子的功能，導電時 H^+ 可沿著膜內孔洞表面的磺酸根移動，從陽極側往陰極側遷移，但這些帶負電的磺酸根基團被固定，所以和一般的溶液電解質不同。在 Nafion 膜中，碳氟主鏈會形成疏水區，而固定的磺酸根基團則形成親水區，高分子不會大量吸收水，且能提供 0.1 S/m 的導電度，因而被廣泛使用在電池或電解槽中。

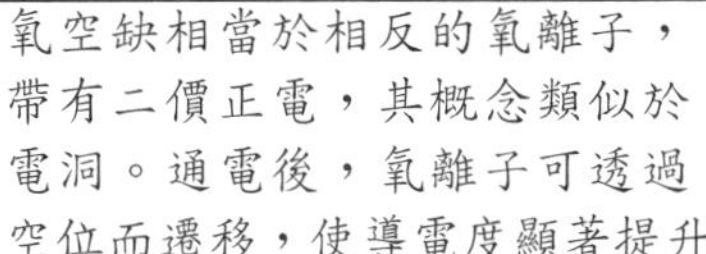
氧空缺相當於相反的氧離子，帶有二價正電，其概念類似於電洞。通電後，氧離子可透過空位而遷移，使導電度顯著提升

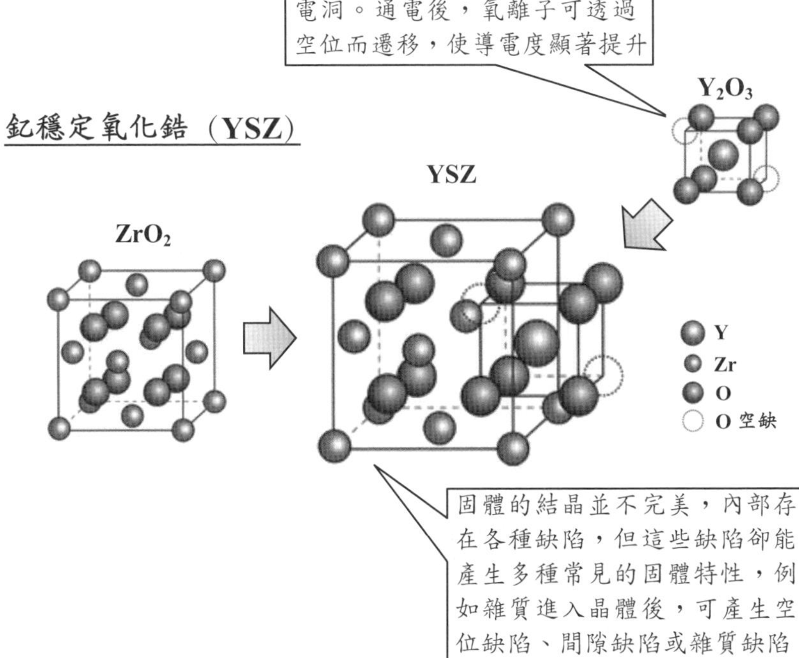
釔穩定氧化鋯（YSZ）
Y2O3
YSZ
ZrO2
Y
Zr
O
O 空缺
固體的結晶並不完美，內部存在各種缺陷，但這些缺陷卻能產生多種常見的固體特性，例如雜質進入晶體後，可產生空位缺陷、間隙缺陷或雜質缺陷

離子交換膜

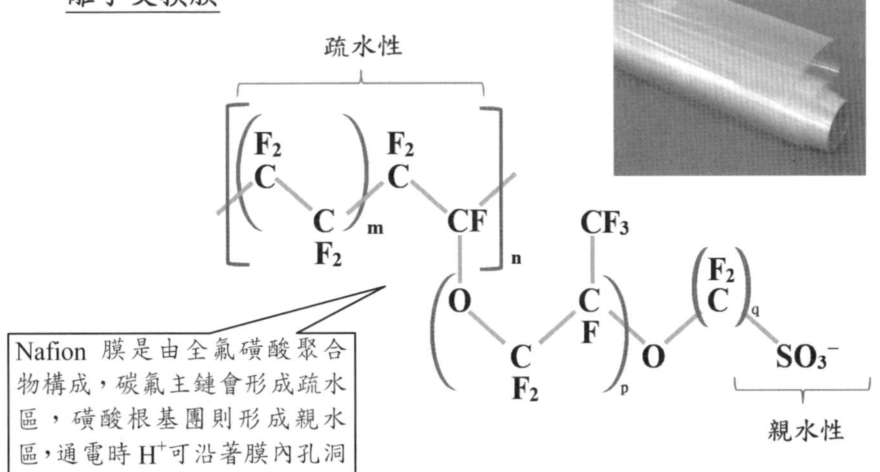
疏水性
F2
C
C
F2
m
F2
C
CF
n
CF3
O
C
F
C
F2
p
O
F2
C
q
SO3−
親水性
Nafion 膜是由全氟磺酸聚合物構成，碳氟主鏈會形成疏水區，磺酸根基團則形成親水區，通電時H+可沿著膜內孔洞表面的磺酸根移動

1-14 電化學程序

電化學程序應具有哪些步驟？

電化學程序的核心是電極和電解液的界面反應，但整體流程還包括電極中的電子輸送與電解液中的離子輸送。電極連接上電源後，將驅動電子跨越電極和電解液的界面，若溶液側恰好存在反應物，則反應物可以接收電極側送來的電子，發生還原反應以形成產物；反應物也可以釋放出電子，使其跨越界面送進電極側，發生氧化反應而留下產物。然而，反應物必須緊臨著電極的界面，氧化或還原反應才有可能發生，這是電化學程序的基本限制，為了符合此要求，還需要幾個額外的步驟。

以下使用 O 代表氧化態物質，R 代表還原態物質。當 O 反應成 R 時，表示進行還原反應，此程序的第一步是反應物 O 從溶液的主體區（bulk）移動至電極界面附近，此步驟稱為質量傳送（mass transport），以下簡稱為質傳。已知還原反應發生後，O 將被消耗，故在電極界面的溶液側，會出現 O 的低濃度區域，此區域稱為擴散層（diffusion layer），因為區域內的 O 濃度低於主體區的 O 濃度，使擴散現象被誘發。

若 O 要還原成 R，還需要接收來自電極的電子，所以 O 要極度靠近電極表面，所以此過程還包含了吸附程序（adsorption）。反應物得到電子後，通常會出現反應中間物 I（intermediate），再經由後續反應才能轉變成產物 R。緊接著，產物 R 擁有幾種發展路徑，其一是停留在電極表面上，但也可能離開表面，因而包含了相形成（phase formation）、相轉變（phase transition）或脫附（desorption）等步驟，離開表面的產物也會透過質傳機制，進入溶液的主體區。

電化學程序中涵蓋的電子轉移，對每一個反應物，可能只涉及單一電子，也可能牽涉多個電子，但多電子反應為數個單電子反應的串聯結果。前述的電子轉移、吸附脫附、質傳、相變化中，往往存在一個速率最慢步驟，有時是電子轉移反應，有時是質量傳送，依系統而有別，甚至隨時間而變，使整體程序的進行受制於該步驟，因此稱其為速率決定步驟（rate-determining step）。

單純的電極程序可以只包含質傳與電子轉移；複雜的電極程序則可能藉由串聯或並聯上述步驟而成，例如程序中牽涉多個電子轉移，或耦合其他的勻相反應（coupled homogeneous reaction）。因此，整體速率將取決於所有步驟的特性，例如電極表面的物質輸送，電子轉移的動力學，以及電極與溶液的界面結構。當電極程序以特定速率進行時，可從外部儀器測得電流，代表電極與溶液的界面偏離了平衡狀態，亦即電極電位離開了平衡電位，這種偏離現象稱為極化（polarization），而極化後的電極電位與平衡電位之差被稱為過電位（overpotential）。不同類型的極化現象皆顯示程序中需要消耗的額外能量，例如反應物的輸送需要能量、反應物形成中間物需要能量、電子在電極或導線中傳遞也需要能量。先給予陰陽極基本能量，再克服上述額外能量，方可驅動電化學程序。

電極程序（Electrode Process）

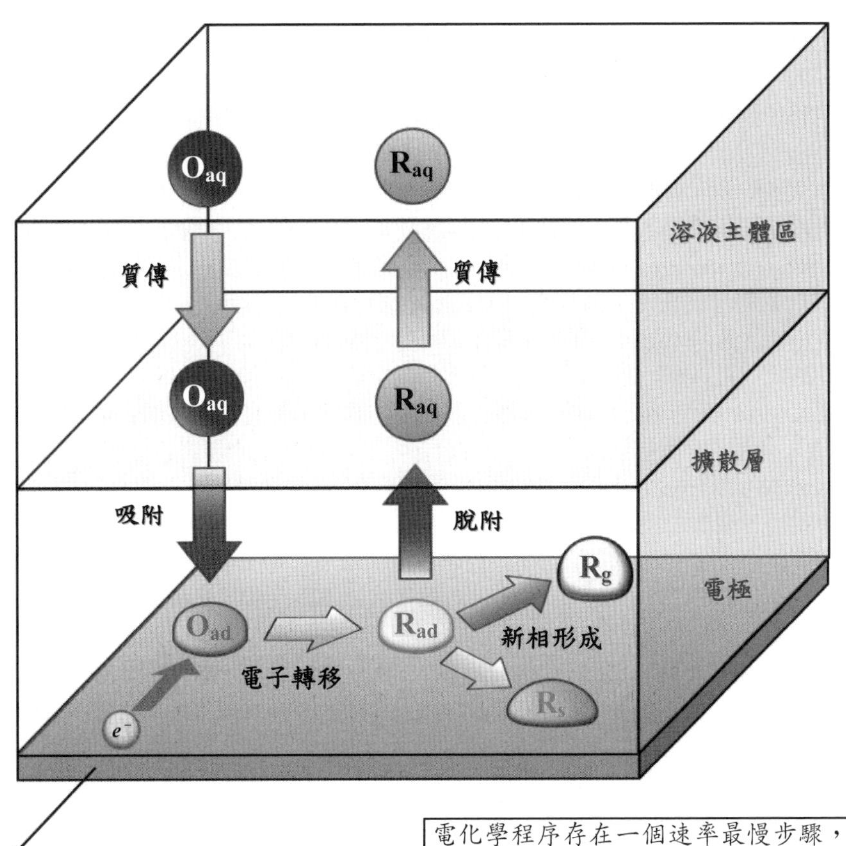

$O_{aq} \rightarrow O_{ad}$

$O_{ad} + e^- \rightarrow R_{ad}$

$R_{ad} \rightarrow R_{aq}$、$R_g$ 或 R_s

電化學程序存在一個速率最慢步驟，使整體程序的進行受制於速率決定步驟，有時是電子轉移反應，稱爲反應控制程序；有時是質量傳送，稱爲質傳控制程序。程序的屬性依系統而有別，也隨時間而變

1-15 電化學應用

電化學技術可用到什麼場合？

電化學技術結合了電學與化學方法，在程序中涉及電能與化學能之間的轉換，d 可從純粹的學術研究，發展成具有產業價值的技術。自 19 世紀，電化學的實務應用吸引了科學家的興趣，因爲伏打電池問世後，開啓了人類用電的可能性。爲了精進伏打電池的效果，John Daniell 在 1836 年試著使用素陶隔板分開兩個電極，開發出 Daniell 電池。同一期間，William Grove 則發明了硝酸電池，可產生大電流，提供當時的電報通訊業使用，此外他在 1839 年還發明了氣體電池，是燃料電池的先驅。之後於 1886 年，Georges Leclanché 發明了鋅錳電池，雖然還屬於濕式電池，但所用材料已成爲乾電池的基礎，因此 Carl Gassner 改用鋅罐來承裝二氧化錳粉，製成乾電池，使電能的應用開始深入民生。在 1859 年，Gaston Planté 首先提出由兩片 Pb 板構成的鉛酸電池可以進行充放電，能用於火車的照明，此概念至今仍然是二次電池的代表。進入 1910 年代，G. N. Lewis 提出鋰電池的構想，但充放電循環會產生不均勻的 Li 枝晶，可能刺穿隔離膜而造成短路爆炸，使二次鋰電池的發展遭遇瓶頸。到 1976 年，M. S. Whittingham 使用了 TiS_2 製成第一個可充電的鋰電池，允許 Li^+ 在充放電時嵌入與脫出，成爲二次鋰離子電池的前驅。吉野彰在 1983 年運用 $LiCoO_2$ 作爲正極，其中沒有用到金屬 Li，確立了日後的鋰離子電池架構。在 1991 年，Sony 公司成功商品化，特性大幅超越傳統電池。此後，可攜帶式電子產品皆可縮減重量和體積，並延長使用時間，大幅改變了生活型態。

另一方面，Paul Héroult 和 Charles Hall 在 1886 年分別研究了電解製備純鋁的方法。在當時，純鋁的提煉不易，仍被歸類爲貴金屬，直到 Hall 使用了有效的電解法，才改變局面。Hall 成立的美國鋁業公司（簡稱 Alcoa），在大量生產後，鋁的價格在五十年間下降成百分之一。且至今日，從易開罐、球棒到交通工具都用得上鋁，讓 Alcoa 成爲美國最成功的企業之一，堪比 1980 年代之後的半導體工業。除了冶金工業外，Fritz Haber 在 1898 年發現調整陰極電位可以改變還原產物的組成，因而研究了硝基苯的電解製造，再由此得到苯胺，以應用於製造染料、藥物、樹脂或橡膠等，成爲重要的化工原料。

總結當前正在發展的電化學技術，可發現其應用範圍已超越傳統，並延伸至材料工程、能源工程、機械工程、電子工程、環境工程和生醫工程等領域中。例如金屬的防蝕技術，是電化學應用於材料工程的案例；化學電池、液流電池、燃料電池與電化學電容等元件的開發，是電化學應用於能源工程的案例；高精度的金屬表面處理、成形、切削或鑽孔等作業，是電化學應用於機械工程的案例；電路板、積體電路與電子構裝中的鍍膜、蝕刻或化學機械研磨製程，是電化學應用於電子工程的案例；電透析、電凝聚、電浮除用於廢水處理、土壤處理或金屬回收，是電化學應用於環境工程的案例。

早期電化學應用

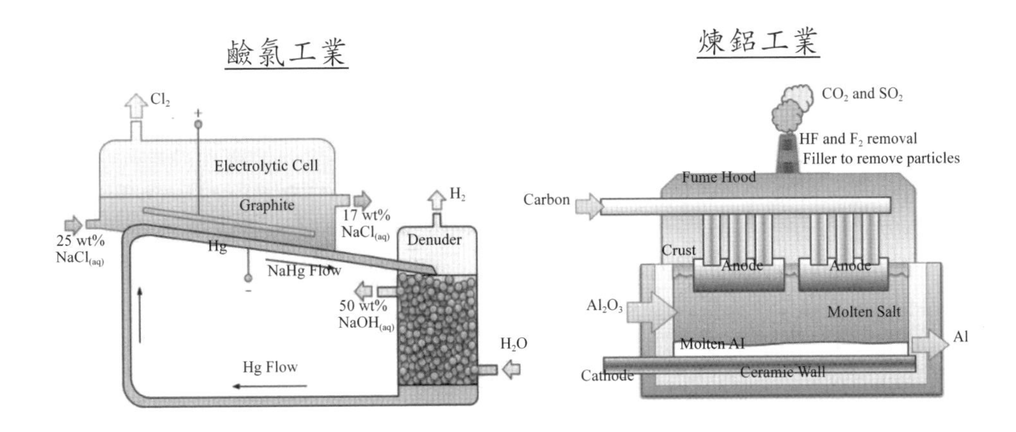

現代電化學應用

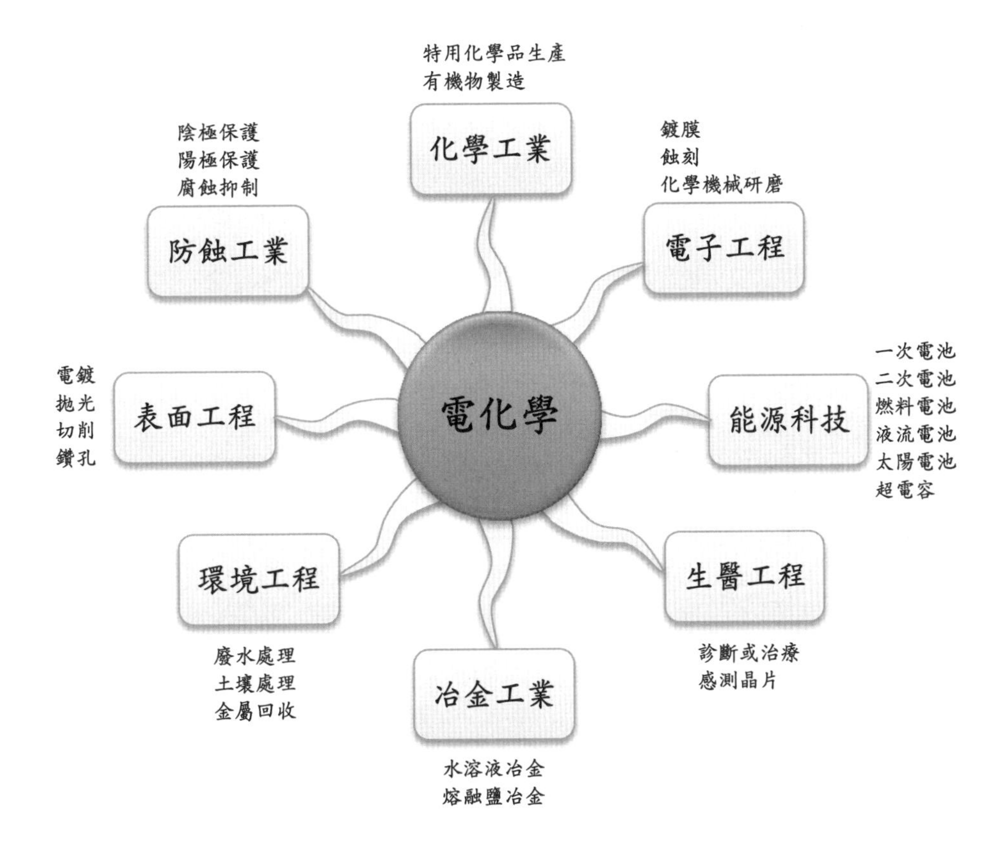

1-16 電化學研究

電化學研究需要什麼工具與技術？

20 世紀起，爲了加快加深電化學工業應用的速度與廣度，可用的研究工具與方法也不斷突破，發展出許多跨越化學、材料與電學的研究課題。

若電解液中含有活性成分 O 和 R，可在其中置入某種惰性金屬作爲工作電極（working electrode），並放入另一惰性金屬作爲對應電極（counter electrode），三者將組成電化學池。進行分析時，還需要在工作電極附近加入參考電極（reference electrode），以觀測工作電極的電位變化，並藉由專用電錶記錄通過工作電極的電流。研究此電化學系統的一種方法是測量工作電極之電位變化下的電流回應，所得到的電流－電位曲線圖稱爲伏安圖（voltammogram），此方法稱爲伏安法（voltammetry）。這類分析工作還可分爲穩態測量和暫態測量。若對 O、R 之間的可逆反應進行穩態測量時，其伏安圖通常會由穿過零電流的曲線和偏離平衡很遠的飽和電流所組成，在負過電位區的飽和電流稱爲還原極限電流，穿過零電流的電位即爲平衡電位，在正過電位區的飽和電流稱爲氧化極限電流，這種曲線常被稱爲單一電流波（wave），代表從一個平台躍升至另一個平台。發生極限電流的原因是電化學程序中的質量傳送速率遠小於電子轉移速率，使所測電流受到質傳限制，無法再隨電位增高而加大。

當系統從目前的穩態轉變到下一個穩態時，會經歷一段過渡時間，此時的分析稱爲暫態測量。在電極上施加線性變化的電位是最簡單的暫態測量法，稱爲線性掃描伏安法（簡稱 LSV）或循環伏安法（簡稱 CV），可從中得到不同的電流回應，藉以分析電極反應的特性。若施加的起始電位不足以促使反應進行，代表此時測得的電流來自於電雙層持續充電，稱爲非法拉第程序，但隨著電位增加至某個門檻値，電流開始大幅度上升，代表法拉第程序開始進行，亦即電流來自於電子轉移反應，且因爲半反應的速率常數會隨電位提升，故電流亦隨電位而增大。繼續提升到某個電位後，電極表面的反應物濃度將顯著降低，反而導致電流減小，使伏安圖中出現電流峰（current peak），代表反應物的質傳限制了電化學程序的速率。藉由此類伏安圖，可推論電化學程序的特性，因而成爲分析化學的有利工具。

另也可採用擾動電位法，例如施加一個正弦電位於工作電極，週期性地改變電極界面，可藉此觀測電化學反應的特性。當電極電位受到擾動時，反應物的濃度分布也將產生擾動，因爲濃度波動可能與電位波動不同步，故可使用電阻或電容等元件來對應電極程序中的質傳、吸附、電子轉移與新相生成等步驟。這些元件將構成一組反映電極界面電性的等效電路（equivalent circuit），藉由電性測量，可以得到電化學程序的某種詮釋。

近年由於電子儀器和光譜分析儀器皆進步迅速，上述電化學分析若再結合紫外光－可見光光譜、紅外光光譜或 Raman 光譜，可進一步得知分子等級的訊息。若再結合顯微鏡技術，還可偵測原子等級的訊息，這些工具都引領電化學科技快速進展。

電化學研究

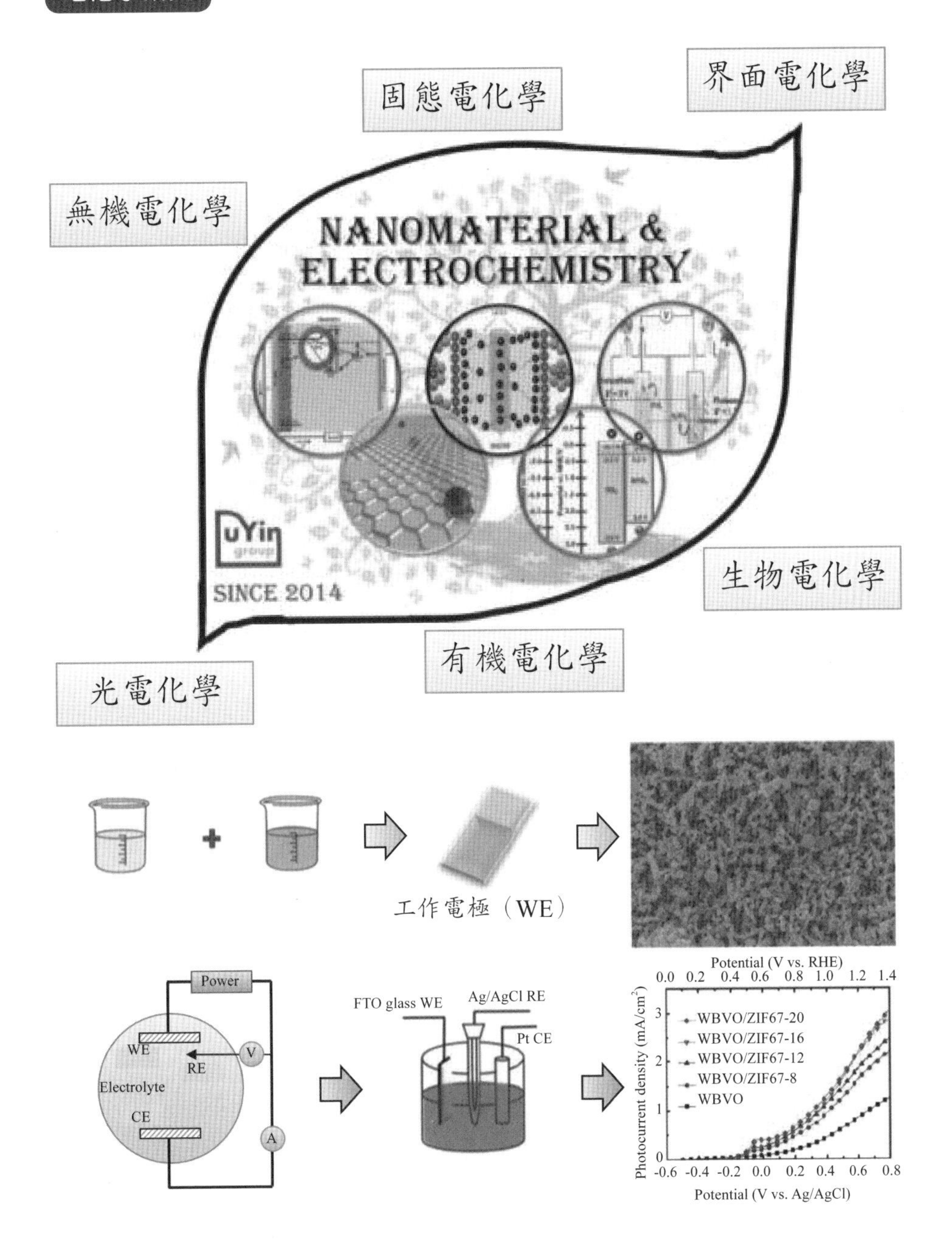

固態電化學
界面電化學
無機電化學
NANOMATERIAL &
ELECTROCHEMISTRY
uYin group
SINCE 2014
生物電化學
有機電化學
光電化學
工作電極（WE）
Power
WE
V
RE
Electrolyte
CE
A
FTO glass WE
Ag/AgCl RE
Pt CE
Potential (V vs. RHE)
Photocurrent density (mA/cm²)
WBVO/ZIF67-20
WBVO/ZIF67-16
WBVO/ZIF67-12
WBVO/ZIF67-8
WBVO
Potential (V vs. Ag/AgCl)

第2章
電化學原理

本章將說明電化學的基本原理，從電極與電解液的界面現象開始，擴及離子的輸送現象和電子的轉移機制，再深入到原子與分子等級的變化，最後回歸到巨觀電化學反應系統的設計。

2-1 電雙層

電化學反應發生在何處？

電化學反應的關鍵步驟發生在電極與溶液界面區的電子轉移，當反應物存在於溶液中，此物將電子傳遞給電極時稱爲氧化，此物得到電極側傳遞而來的電子時稱爲還原。然而，電子轉移必須依靠電場來驅動。電極被施加電壓後，電極表面將逐漸帶電，在溶液側，至少會有電性相反的離子附著到界面上，使界面兩側恰好形成兩片帶電薄層，此即電雙層（electric double layer）。跨越界面的電位差可從兩側的電荷分布來決定，但溶液側因爲成分多，分布較複雜，除了陰陽離子，也含有不帶電但具極性的溶劑分子，這些成分的分布都會影響電位變化。

當電極偏離零電點時，電極表面的電荷密度與溶液側的離子分布都將改變，特定離子在溶液側會形成濃度梯度。然而，此區域可能過於微小，直接測量濃度的方法不可行，所以早期的科學家只能提出對應的模型。Helmholtz 首先提出電雙層模型，採用了平板電容的構想，但其缺點是附著層之外的溶液側具有全然均勻的特性。之後 Gouy 和 Chapman 又提出另一種分散層模型，多考慮了離子的自由運動特性，故在靜電與熱運動的共同效應下，電位分布將成爲平滑曲線，到達溶液主體區（bulk），電位才成爲定値，比線性分布的 Helmholtz 模型更接近眞實。隨後，Stern 結合了前述兩種模型，同時考慮緊密層與分散層。例如電極帶負電時，溶液測的界面會先附著一層陽離子而成爲緊密層，緊密層外側的陽離子將會多於陰離子，構成分散層，使緊密層、分散層與主體區的電位分布依序爲線性、曲線與定値，且相鄰區域交界處的變化率能連續。

然而，Grahame 認爲這些模型沒有考慮到離子水合（hydration），因爲離子在水溶液中必定會被水分子包圍。換言之，水合離子附著在界面時，水合離子的中心會比單一離子更遠離表面。至於沒有水合的離子，即使其電性相同於電極表面的電荷，也可透過化學鍵的形成來抵抗靜電斥力，依然吸附在表面上，此情形稱爲特性吸附（specific adsorption）。當電極表面同時吸附了水合離子和非水合離子時，爲了區別兩類離子的中心位置，因而定義較接近表面的非水合離子中心爲內部 Helmholtz 面（inner Helmholtz plane，簡稱爲 IHP），而較遠離表面的水合離子中心爲外部 Helmholtz 面（outer Helmholtz plane，簡稱爲 OHP），所以 OHP 可視爲緊密層的外邊界。

在 1963 年，Bockris、Devanthan 和 Müller 提出了新模型，在前人的基礎上補充了溶劑分子的作用。因爲極性溶劑分子也會附著於電極表面，使 IHP 上包含溶劑分子，且 OHP 之外定爲擴散層（diffuse layer），過剩離子的濃度以非線性方式往主體溶液區遞減，成爲廣泛接受的模型。但此擴散層不同於 Nernst 所提出的擴散邊界層（diffusion layer），後者來自一種不嚴謹的想法，假設擴散邊界層內則只發生擴散現象，溶液主體區則只有對流現象，但在電場下，電化學池內所有位置都會發生電遷移（migration）。

電雙層模型

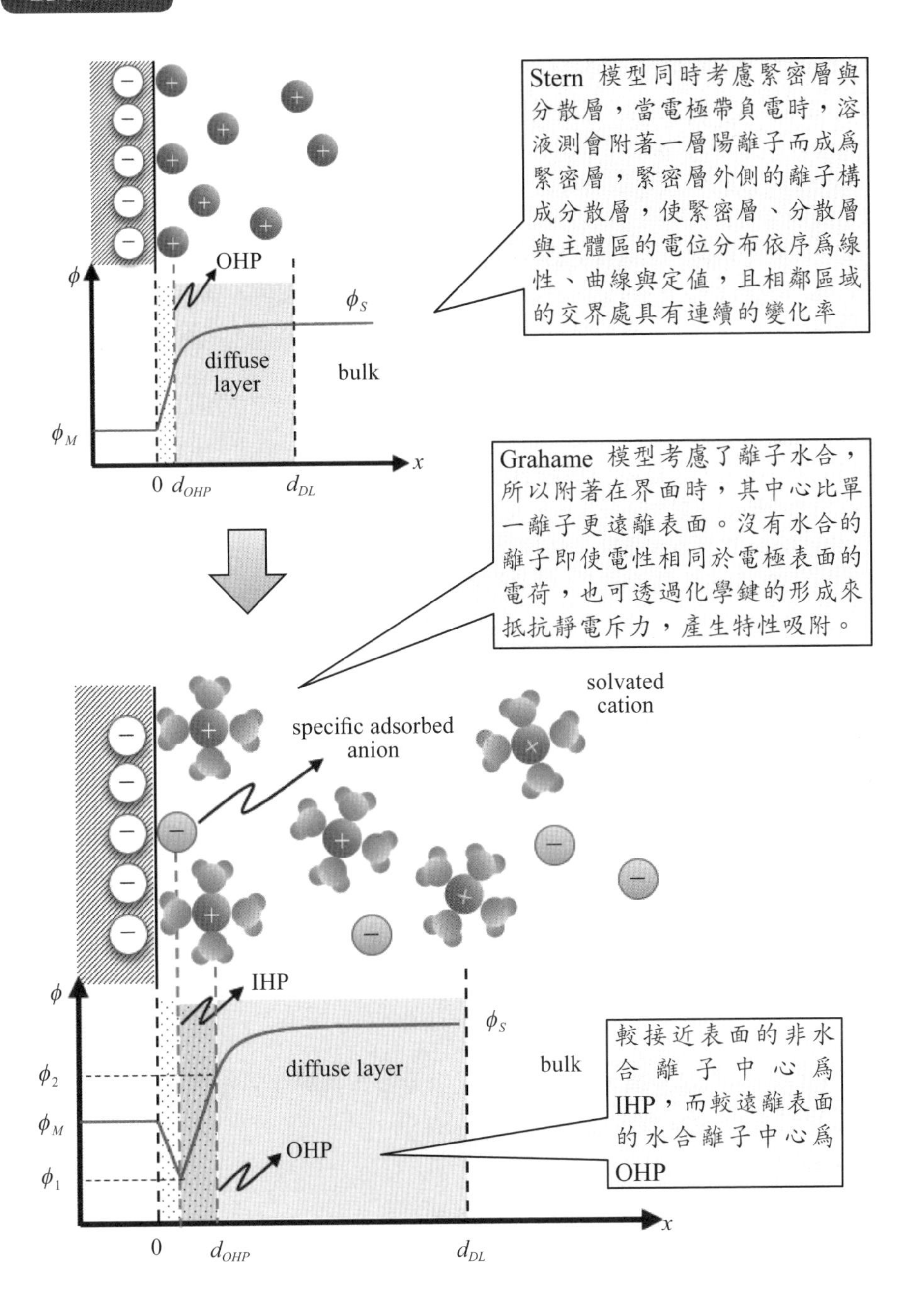

Stern 模型同時考慮緊密層與分散層，當電極帶負電時，溶液測會附著一層陽離子而成爲緊密層，緊密層外側的離子構成分散層，使緊密層、分散層與主體區的電位分布依序爲線性、曲線與定值，且相鄰區域的交界處具有連續的變化率
OHP
ϕ
ϕ_S
diffuse layer
bulk
ϕ_M
x
0
d_{OHP}
d_{DL}
Grahame 模型考慮了離子水合，所以附著在界面時，其中心比單一離子更遠離表面。沒有水合的離子即使電性相同於電極表面的電荷，也可透過化學鍵的形成來抵抗靜電斥力，產生特性吸附。
solvated cation
specific adsorbed anion
IHP
ϕ_2
ϕ_1
較接近表面的非水合離子中心爲IHP，而較遠離表面的水合離子中心爲OHP

2-2 電化學位能

界面的電子能量如何估計？

當兩種物質或不同狀態的同種物質互相接觸時，將形成界面（interface）或接面（junction），例如金屬與電解液的界面。然而，界面應是一塊區域，而非二維的表面，其特性將有別於主體區（bulk）。

以兩個帶電的導體爲例，兩者從原本互不接觸的狀態轉爲互相接觸時，導體界面附近的電荷將開始移動，使電荷重新分布，並伴隨著電位變化。若兩帶電導體是相同種類的金屬，平衡後兩者的電位將會相等；若兩者是不同種類的金屬，則平衡時兩者的電位將存在一個差額，此電位差是來自於兩種金屬的接觸界面。此類界面電位差被稱爲 Galvani 電位差。

從力學的觀點，界面附近的電子將受到各方金屬原子的作用而開始遷移，致使界面的一側失去電子而帶正電，另一側得到電子而帶負電，在界面區形成電雙層。電雙層內的電荷分離形成了電場，阻礙後續的電子遷移，直至平衡狀態達成。電子受到原子的作用力通稱爲化學力（chemical force），將與內建電場提供的電力達成平衡。若改用場的觀點，電子承受的化學作用可透過化學位能 μ_e（chemical potential energy）來表示，其 SI 制單位爲 J/mol。不同位置的化學位能差將導致電子遷移，因此電子在系統中的總能量可用化學能與電能的總和來表示，此總能定義爲電化學位能 $\bar{\mu}$（electrochemical potential energy）。由於單電子所帶電荷數爲 −1，應用於電荷數爲 z 的離子，其電化學位能 $\bar{\mu}$ 可表示爲：

$$\bar{\mu} = \mu + zF\phi \tag{2.1}$$

其中 F 爲法拉第常數（96500 C/mol），ϕ 爲對應位置的電位。

實際上，電化學位能無法切割成純化學與純電學兩部分，因爲化學作用的本質其實仍然相關於電學。在（2.1）式中，等號右側第二項代表從無窮遠處以極慢速的方式遷移到某特定位置所需之功，無窮遠處可選爲電位的參考點，定義其電位爲 0，故可使特定位置的電位得以簡單表示爲 ϕ。若再使用力學的觀點探討，電化學位能可分爲短距力與長距力之加成效應。短距力來自於電偶極或離子分布等電荷分離現象，可歸納於 μ 中；長距力則來自於過剩電荷的庫倫力作用，可歸納於 ϕ 中。

兩種不同的金屬（α 和 β）接觸後，電子在兩相間將會達成平衡，代表化學作用與電作用相互抵消，亦即化學功 $\Delta\mu_e = \mu_e^{(\beta)} - \mu_e^{(\alpha)}$ 與電功 $F(\phi^{(\alpha)} - \phi^{(\beta)})$ 互逆，其中的 $\phi^{(\alpha)} - \phi^{(\beta)} = \Delta\phi$ 即爲前述的 Galvani 電位差。因此可推得：

$$\bar{\mu}_e^{(\alpha)} = \bar{\mu}_e^{(\beta)} \tag{2.2}$$

此結果說明電子在 α 相和 β 相之間達成平衡時，兩處的電化學位能將會相等。

兩相的界面

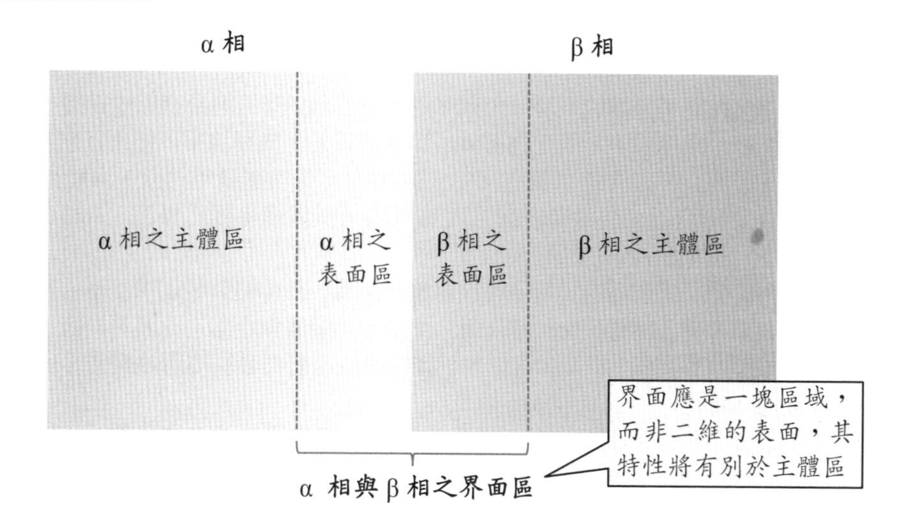

兩相的電位差

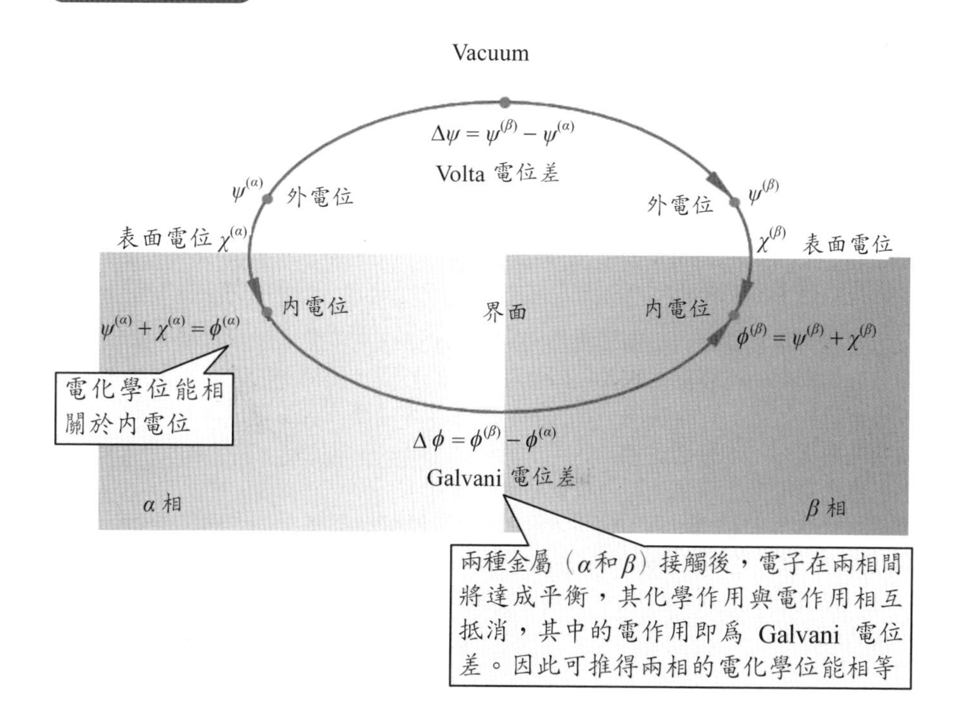

2-3 金屬與電解液界面

電解液中的電化學位能為何？

電化學池中擁有電子導體的金屬 α 與離子導體的電解液 β，兩者會形成界面，且可分成兩類。在第一類界面中，兩相的電荷可以穿越界面，被稱爲不可極化界面（non-polarizable interface）。在第二類界面中，兩相的電荷無法穿越界面，只能以靜電吸引力停滯在界面附近，此電荷分離將內建電場，被稱爲可極化界面（polarizable interface），常見的例子爲電雙層。

當電解液中的離子或金屬中的電子可以穿越界面時，將伴隨著電化學反應，若要預測其平衡，必須考慮各物種間之化學作用，此情形比金屬對金屬之界面更複雜。換言之，金屬與電解液界面的 Galvani 電位差不僅取決於金屬種類與電解液組成，也相關於電化學反應之特性。

假設電解液 β 中包含了電價 z_O 的氧化態物質 O 和電價 z_R 的還原態物質 R，且會發生反應：$O + ne^- \rightleftharpoons R$，其中 $n = z_O - z_R$。則可將 R 視爲電子予體（electron donor），類比成 β 相中的被占據能階；再將 O 視爲電子受體（electron acceptor），類比成 β 相中的未占據能階。當金屬 α 和電解液 β 達成平衡時，可仿照金屬與金屬之界面，得到相等的電化學位能。但溶液側並無電子，所以使用虛擬的電子占據能階對未占據能階之差額來表示電化學位能 $\bar{\mu}_e^{(\beta)}$：

$$n\bar{\mu}_e^{(\beta)} = \bar{\mu}_R^{(\beta)} - \bar{\mu}_O^{(\beta)} \tag{2.3}$$

由於 $\bar{\mu}_R^{(\beta)} = \bar{\mu}_R^{(\beta)} + z_R F\phi^{(\beta)}$，且 $\bar{\mu}_O^{(\beta)} = \mu_O^{(\beta)} + z_O F\phi^{(\beta)}$，使 $\bar{\mu}_e^{(\beta)}$ 可簡化成：

$$\bar{\mu}_e^{(\beta)} = \frac{\mu_R^{(\beta)} - \mu_O^{(\beta)}}{n} - F\phi^{(\beta)} \tag{2.4}$$

由此可計算出金屬 α 對溶液 β 的 Galvani 電位差：

$$\Delta\phi^{(\alpha/\beta)} = \phi^{(\alpha)} - \phi^{(\beta)} = \frac{\mu_O^{(\beta)} - \mu_R^{(\beta)} + n\mu_e^{(\alpha)}}{nF} \tag{2.5}$$

從上述理論可以清楚定義出金屬對溶液間的 Galvani 電位差，然而實務中卻無法測量其值，因爲使用任何裝置來測量，都會產生新的界面，使測得的數值必定包含新產生的界面電位。因此，只有在同一介質中的兩點間才能準確測出電位差，不同介質的兩點則會面臨困難，唯有透過理論計算才能得到 Galvani 電位差。即使如此，Galvani 電位差的概念對於電化學原理仍占有重要地位。

金屬材料中，電子的電化學位能與的費米能階具有相似概念，亦即$E_F = e\bar{\mu}_e / F$，其中$e = 1.6\times10^{-19}$ C。依照慣例，能量參考點將定於無窮遠處，使所有金屬材料之 E_F 皆爲負值，以 Au 爲例，其 $E_F = -5.1$eV。後續探討電化學熱力學或動力學時，將會經常使用費米能階。

電極與電解液界面

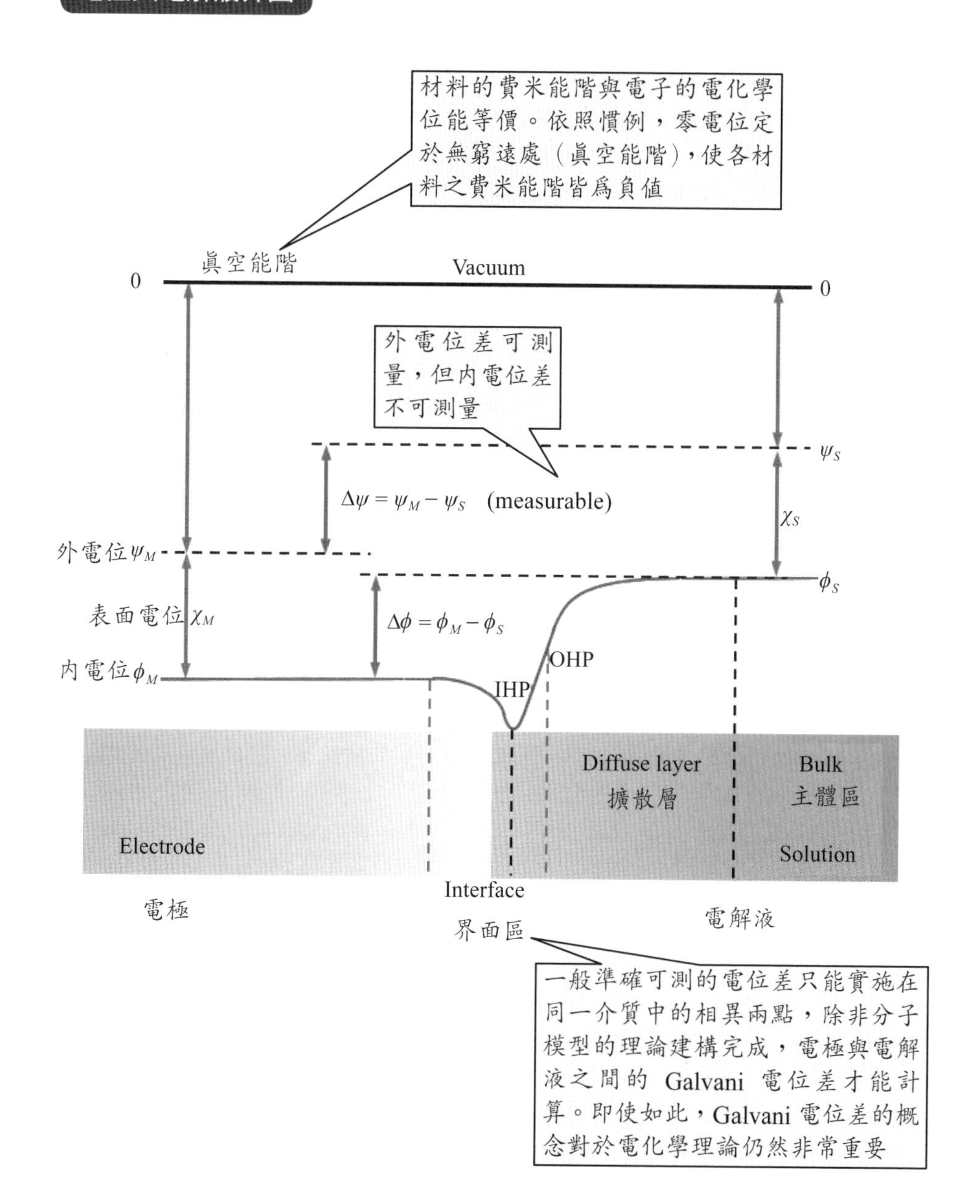
材料的費米能階與電子的電化學位能等價。依照慣例，零電位定於無窮遠處（眞空能階），使各材料之費米能階皆爲負值
眞空能階
Vacuum
0
0
外電位差可測量，但內電位差不可測量
ψ_S
$\Delta\psi = \psi_M - \psi_S$ (measurable)
χ_S
外電位ψ_M
ϕ_S
表面電位χ_M
$\Delta\phi = \phi_M - \phi_S$
OHP
內電位ϕ_M
IHP
Diffuse layer
擴散層
Bulk
主體區
Electrode
Solution
Interface
電極
界面區
電解液
一般準確可測的電位差只能實施在同一介質中的相異兩點，除非分子模型的理論建構完成，電極與電解液之間的 Galvani 電位差才能計算。即使如此，Galvani 電位差的概念對於電化學理論仍然非常重要

2-4 半導體與電解液界面

半導體中的電化學位能為何？

半導體的熱力學性質和導電性相關於能帶結構，也相關於內部的雜質或晶格缺陷，將取決於導帶最低能階 E_C 和價帶最高能階 E_V。在典型的半導體能帶圖中，縱向代表電子能量，$E_C - E_V$ 爲能隙（energy gap）。對於有摻雜的半導體，因爲摻雜能階位於能隙內的不同處，使得 n 型半導體之費米能階 E_F 接近 E_C，p 型半導體之 E_F 接近 E_V。另一方面，溶液的特性爲了能類比固體，也假設爲擁有能階或能態密度，如 2-3 節所述，電解液中的還原態成分 R 可視爲被占據能階，氧化態物質 O 則視爲未占據能階，並可從中選取有效的費米能階 $E_{O/R}$。因此，半導體 α 與電解液 β 達成平衡時，$E_F = E_{O/R}$。

對於 n 型半導體電極，接觸電解液後，屬於多數載子的電子會從半導體側傳送到溶液，使固體表面留下帶正電的不動離子，並形成空間電荷區（space charge region），也稱爲空乏層（depletion layer），導致能帶邊緣向上彎曲。失電子的過程將持續發生到界面兩側的電化學位能差消失爲止，此時兩側的費米能階等高。相似地，對於 p 型半導體電極，接觸電解液後，電子會從溶液側傳進固體，導致固體表面出現過剩的負電荷，繼而形成能帶邊緣向下彎曲的空間電荷區。

如同金屬電極，當半導體的電位改變時，E_F 將會隨之移動，並使主體區的 E_C 和 E_V 跟著變化。然而，表面的能帶邊緣卻不受影響，此現象稱爲能帶釘紮。因此，電位的偏移將會改變空間電荷區內的能帶彎曲程度或彎曲方向，並可從中歸納出下列四種情形，分別爲產生平帶、出現累積層、增厚空乏層、出現反轉層。

施加負向電位 E 於 n 型半導體時，除了界面的平衡被破壞，能帶彎曲的程度亦縮小，直至某個特定電位時，能帶邊緣將成爲水平線，此時不再有載子流動，此特定電位是半導體電極的重要特性，稱爲平帶電位 E_{fb}（flat band potential）。根據空間電荷區內的 Poisson 方程式，可得知電位分布，進一步可計算出電容 C_{SC}：

$$\frac{1}{C_{sc}^2} = \frac{2}{e\varepsilon\varepsilon_0 N_d}\left(\phi_{sc} - \frac{kT}{e}\right) = \frac{2}{e\varepsilon\varepsilon_0 N_d}\left(E - E_{fb} - \frac{kT}{e}\right) \tag{2.6}$$

其中的 ϕ_{SC} 是空間電荷區內的電位差，N_d 是主體區的電子濃度，k 是波茲曼常數。（2.5）式稱爲 Mott-Schottky 方程式，透過測量 C_{SC}，可從此式得到平帶電位。

當施加電位低於 E_{fb} 時，空間電荷區出現過剩電子，形成累積層（accumulation region），尤其當 E_F 高於表面的 E_C 時，表面將成爲簡併半導體（degenerate semiconductor），使其行爲類似金屬。另當半導體被施加非常大的的正向電位時，能帶彎曲程度將更擴大，進而導致表面的 E_V 高於 E_F，這時會有電洞累積在表面，形成反轉層（inversion layer）。

半導體電極與電解液界面

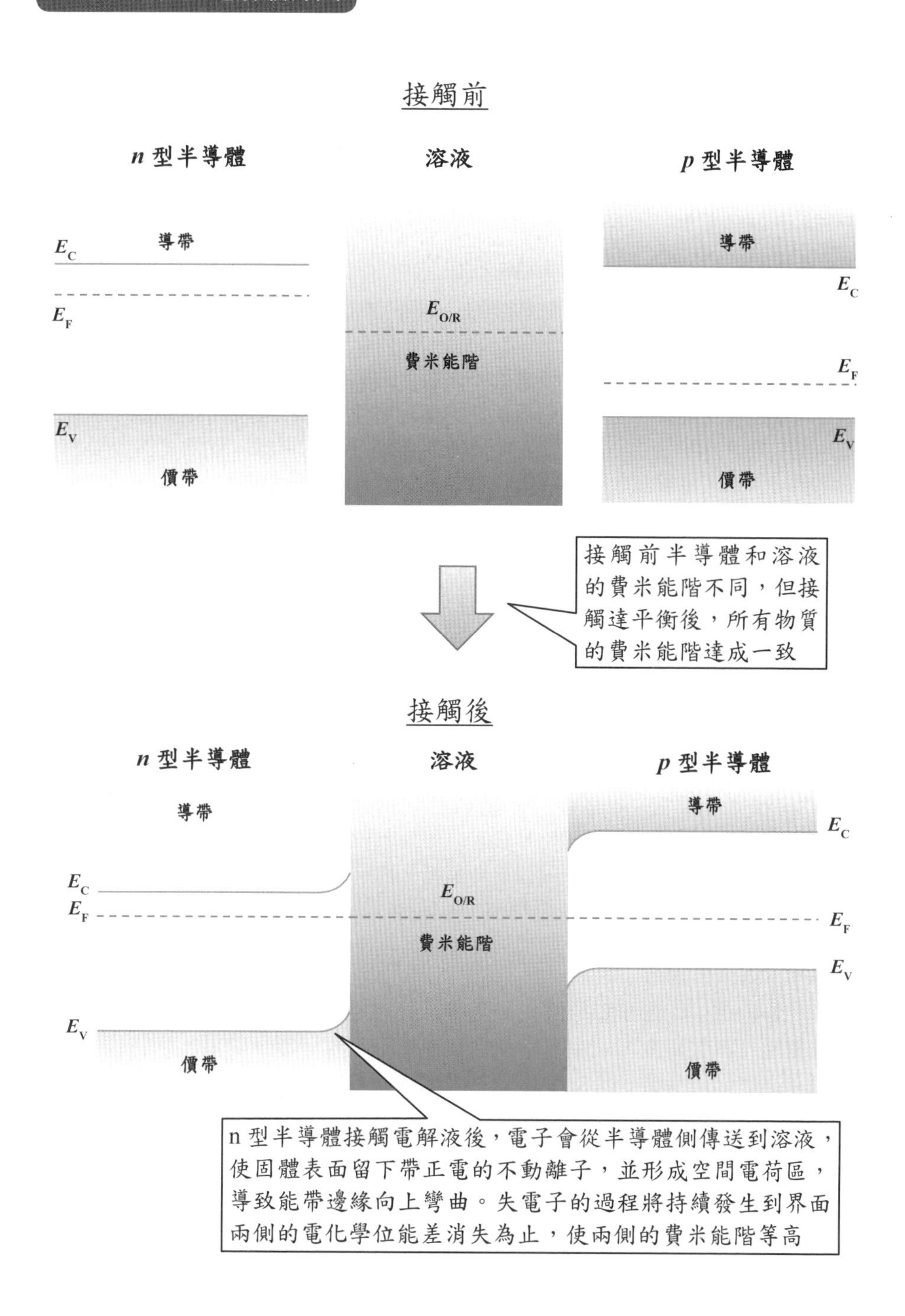

2-5 電極電位

如何定義金屬與電解液界面的電位？

若 Zn 電極與 Cu 電極皆置入含有 $ZnCl_2$ 的電解液中，再從外部連接一根 Cu 線至 Zn 電極，由於 Cu 電極和 Cu 線之間並沒有相接成爲迴路，亦即呈現開環的狀態，故從電表無法測出通過的電流，只能測得其電壓，因而稱爲開環電壓 E（open circuit voltage）：

$$\mathcal{E} = \Delta\phi^{(\mathrm{Cu/Zn})} + \Delta\phi^{(\mathrm{Zn/ZnCl_2})} + \Delta\phi^{(\mathrm{ZnCl_2/Cu})} \tag{2.7}$$

此式右側的後兩項都屬於金屬對電解液的 Galvani 電位差，但第一項爲金屬對金屬的 Galvani 電位差，使開環電壓還不能表達成兩種相同特性的差額。爲此，特別定義電極電位 E（electrode potential），並選取一個電位的參考點。

選定一個能快速達到平衡且具有再現性的參考電極 R（reference electrode），並規定電極電位爲 0，再使用此參考電極 R 外接金屬 M 製成的導線，且將 R 與金屬 M 製成的電極一同置入電解液 S 中，所組成的電化學池可測得開環電壓 E：

$$\mathcal{E} = \Delta\phi^{(M/S)} + \Delta\phi^{(S/R)} + \Delta\phi^{(R/M)} \tag{2.8}$$

所得到的開環電壓 E 可視爲金屬 M 對溶液 S 的電極電位 E。

對於前述的 Zn 與 Cu 置入 $ZnCl_2$ 電解液的例子，可在溶液中放置參考電極 R，使 Zn 對 R 的組合與 Cu 對 R 的組合可以分別測得開環電位：

$$\mathcal{E}_{Zn} = \Delta\phi^{(\mathrm{Zn/ZnCl_2})} + \Delta\phi^{(\mathrm{ZnCl_2/R})} + \Delta\phi^{(\mathrm{R/Zn})} = E_{Zn} \tag{2.9}$$

$$\mathcal{E}_{Cu} = \Delta\phi^{(\mathrm{Cu/ZnCl_2})} + \Delta\phi^{(\mathrm{ZnCl_2/R})} + \Delta\phi^{(\mathrm{R/Cu})} = E_{Cu} \tag{2.10}$$

這兩組電化學池串接，所形成的全電池之開環電壓$\mathcal{E} = E_{Cu} - E_{Zn}$，成爲兩個可測量參數之差，而參考電極的電位即使不爲 0，也不會出現在關係式中。

由於電位是相對概念，使用不同種參考電極，特定電極對電解液之電位將呈現不同的數值。爲了便於溝通，IUPAC 選擇標準氫電極（standard hydrogen electrode，簡稱 SHE）作爲零電位的參考電極，若實驗中透過其他種參考電極測量電極電位，皆可轉換成對應於 SHE 之電位。

由於物質的電子能量相關於電化學位能，代表電極電位也將關聯到費米能階。因此在電極材料的研究領域中，常使用費米能階來標示電極的電化學特性。若將無窮遠處的電位定爲零，則 SHE 對應的費米能階爲：$E_F^{SHE} = -4.44$ eV，而其他的電極也擁有相應的費米能階，例如參考電極 R 的電位爲 E_R 時，其費米能階應爲：$E_F^R = -eE_R + E_F^{SHE}$。

電極電位

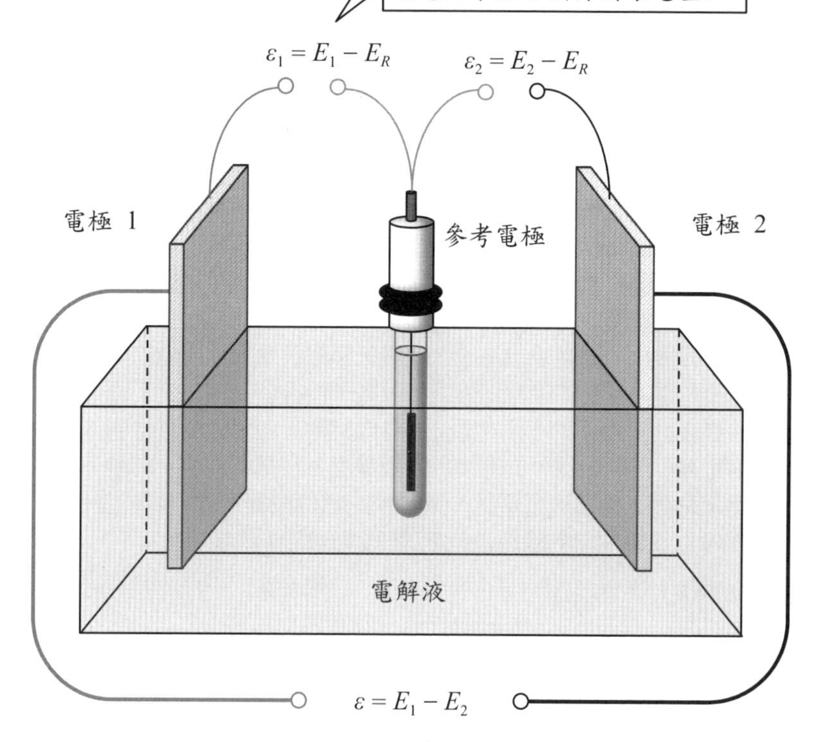
選定一個快速平衡且具再現性的參考電極，將電極與參考電極一同置入電解液中，所組成的電化學池可測得開環電壓ε
$\varepsilon_1 = E_1 - E_R$
$\varepsilon_2 = E_2 - E_R$
電極 1
參考電極
電極 2
電解液
$\varepsilon = E_1 - E_2$
兩組電化學池串接，所形成的全電池開環電壓成為兩個可測參數之差，即使參考電極的電位不為 0，也不影響此開環電壓。但為了便於溝通電極電位的數值，IUPAC 選擇標準氫電極作為 0 電位的參考電極

2-6 槽電壓

進行電解時，應施加多少電壓？

若有電流通過電化學池時，電極與電解液的界面處於不平衡的狀態，Galvani 電位差或電極電位將產生變化。平衡被破壞的情形可分成兩類，第一類無關於電流，第二類則相關於電流。對於沒有電流通過電極與電解液的界面，從外部而來的電荷只停留在電雙層上，此種電雙層充電現象屬於非法拉第程序。但對於一般的電極，只有施加小幅度的過電位時不會產生電流，超出此範圍則將引起電流，此時會有電子穿越電極與電解液的界面，代表發生了電化學反應，稱爲法拉第程序。

若有電流通過電極界面時，電子轉移的方向取決於電極所發生的氧化與還原反應速率之差額，亦即正逆反應速率的差異，也代表了此時的電極電位不同於平衡電位。當電極電位往正向移動時，電極傾向發生氧化反應；往負向移動時，電極傾向發生還原反應。電極電位偏離平衡電位的現象稱爲極化，偏離的電位差稱爲過電位，當其絕對值愈大時，通過電極界面的電流密度也會愈大，因爲外加的能量增加。

當有電流通過電極與電解液所組成的電化學池時，整體的電位差會隨電流而變。對於原電池，陽極進行氧化反應而輸出電子，就電工學的角度，此陽極扮演了低電位的負極；相似地，進行還原反應的陰極則因爲接收電子而扮演高電位的正極。電池放電過程中，電極勢必發生極化，使陰極的電位往負向移動，而陽極的電位朝正向移動，導致電池的輸出電壓小於起始值，亦即小於開環電壓。在電解液中，陽離子往陰極移動，陰離子往陽極移動，且溶液有電阻，所形成的電位差稱爲歐姆電位差$\Delta\Phi$。定義原電池的槽電壓ΔE_{cell}爲高電位的陰極電位 E_c 減低電位的陽極電位 E_a：

$$\Delta E_{cell} = E_c - E_a \tag{2.11}$$

此定義可確保$\Delta E_{cell} > 0$，便於描述電池的放電電壓。已知陽極發生氧化反應，所以過電位 $\eta_a > 0$；陰極進行還原反應，其過電位 $\eta_a > 0$。因此，再加上溶液中的歐姆電位差$\Delta\Phi$後，將使槽電壓ΔE_{cell}必定小於開環電壓 ε，亦即

$$\Delta E_{cell} = \mathcal{E} - (\eta_a - \eta_c) - \Delta\Phi \tag{2.12}$$

然而，當電化學池有外加電源時，或是電池進行充電時，將成爲電解槽。此時陰極必然進行還原反應，所需要的電子來自於外部電源的負極，而陽極亦必然進行氧化反應，所釋放出的電子導入外部電源的正極。爲了求出外部電源所提供的電位差ΔE_{cell}，習慣使用連接正極的陽極電位減去連接負極的陰極電位，可確保欲計算的施加電位差大於 0。此外，當電流通過電解槽時，陽極過電位會使陽極的電位提高，陰極過電位會使陰極電位降低，再加上溶液的$\Delta\Phi$，得到的外加電壓必定高於開環電壓，才能進行電解反應，亦即

$$\Delta E_{app} = \mathcal{E} + (\eta_a - \eta_c) + \Delta\Phi \tag{2.13}$$

電解槽與原電池之電位分布

電流方向
−
+
$M_{1(anode)}$
$M_{2(cathode)}$
$M_{3(anode)}$
$M_{4(cathode)}$
E_1
E_2
電解槽 (1)
原電池 (2)

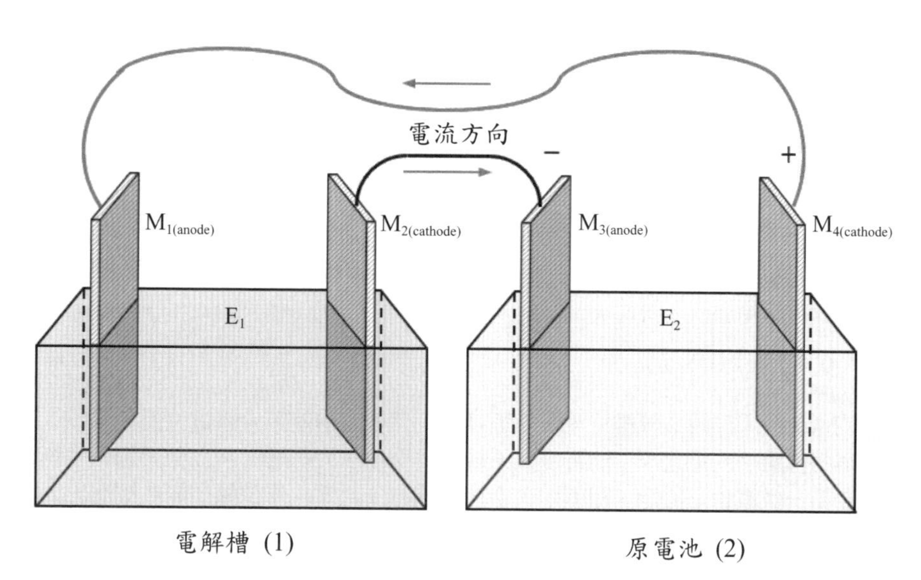

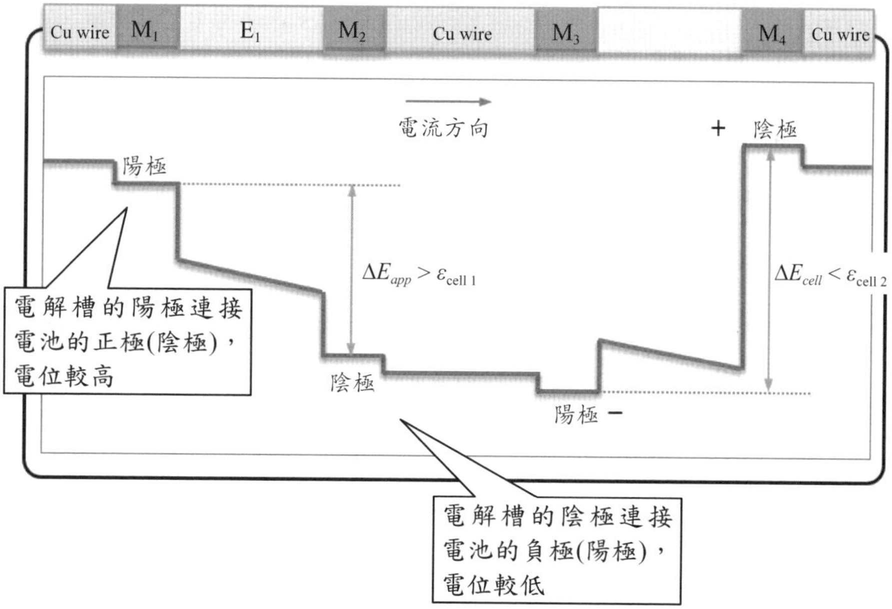

Cu wire
M_1
E_1
M_2
Cu wire
M_3
M_4
Cu wire
電流方向
陽極
+ 陰極
$\Delta E_{app} > \varepsilon_{\text{cell 1}}$
$\Delta E_{cell} < \varepsilon_{\text{cell 2}}$
陰極
陽極 −
電解槽的陽極連接電池的正極(陰極)，電位較高
電解槽的陰極連接電池的負極(陽極)，電位較低

2-7 Nernst方程式

不同電極的電位如何比較高低？

欲比較不同電極的電位，需要同時考慮電極和電解液。在電解質溶液中，離子之間的相互作用會影響溶液的整體能量，所以電極電位相關於離子的能量。離子 i 的能量取決於電化學位能 $\bar{\mu}_i$：

$$\bar{\mu}_i = \mu_i + z_i F\phi \tag{2.14}$$

亦即相關於化學能 μ_i、電荷數 z_i、和溶液電位 ϕ。系統的總自由能是由各離子成分的電化學位能加總而成，因此：

$$G = \sum_i n_i \bar{\mu}_i = \sum_i n_i \mu_i \tag{2.15}$$

其中的電荷數因爲總系統維持電中性而抵銷，代表自由能不會隨電位而變。

因爲每種離子的電化學位能皆受到系統內其他離子的影響，所以測量過程中無法獨立控制某一個電化學位能。相似地，金屬中的電子之電化學位能也無法被測出，因而需要從理論面著手，才能估計電極電位。

考慮銅金屬與硫酸銅接觸的系統，溶液相中的 Cu^{2+} 之電化學位能爲 $\bar{\mu}_{Cu^{2+}} = \mu_{Cu^{2+}} + 2F\phi_S$，其中 ϕ_S 代表溶液相的內電位。因爲金屬 Cu 不帶電，所以 $\bar{\mu}_{Cu} = \mu_{Cu}$；電子帶一價負電，所以$\bar{\mu}_e = \mu_e - F\phi_{Cu}$。當金屬與溶液達成平衡時，$\Delta G = 0$，故可得到：

$$\bar{\mu}_{Cu} - \bar{\mu}_{Cu^{2+}} - 2\bar{\mu}_e = 0 \tag{2.16}$$

整理三項電化學位能後，可得到金屬側與溶液側的電位差 $\phi_{Cu} - \phi_S$：

$$\phi_{Cu} - \phi_S = \frac{\mu_{Cu^{2+}} - \mu_{Cu}}{2F} + \frac{\mu_e}{F} \tag{2.17}$$

若在銅與硫酸銅系統中加入一個標準氫電極，則兩電極的平衡開環電壓可化簡爲：

$$\mathcal{E} = \frac{(\mu^\circ_{Cu^{2+}} + RT\ln a_{Cu^{2+}}) - \mu^\circ_{Cu}}{2F} - E^\circ_{H^+/H_2} \tag{2.18}$$

其中$E^\circ_{H^+/H_2}$是標準氫電極的電位，$a_{Cu^{2+}}$是 Cu^{2+} 的活性，$\mu^\circ_{Cu^{2+}}$與μ°_{Cu}分別是 Cu^{2+} 和 Cu 的標準狀態化學能。再定義：

$$E^\circ_{Cu^{2+}/Cu} = \frac{\mu^\circ_{Cu^{2+}} - \mu^\circ_{Cu}}{2F} \tag{2.19}$$

且因$\mathcal{E} = E_{Cu^{2+}/Cu} - E^\circ_{H^+/H_2}$，再規定$E^\circ_{H^+/H_2} = 0$，則（2.17）式可轉換成：

$$E_{Cu^{2+}/Cu} = E^\circ_{Cu^{2+}/Cu} + \frac{RT}{2F}\ln a_{Cu^{2+}} \tag{2.20}$$

上式是由 Walther Nernst 於 1869 年提出，但只針對一種活性離子的系統。後於 1898 年，Franz C. A. Peters 再提出包含多種離子的方程式，但現今皆稱爲 Nernst 方程式。

電位測量

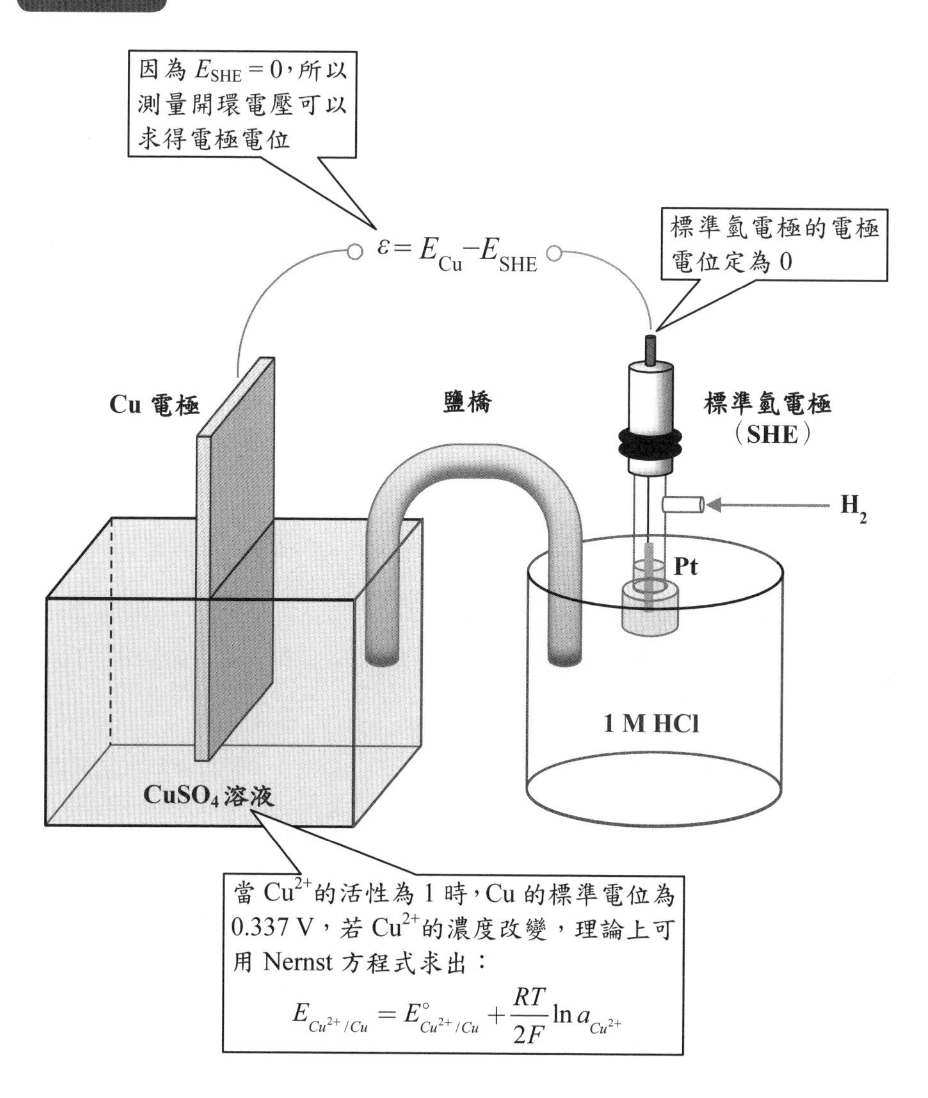

2-8 離子濃度與電位

離子濃度提高時，電極電位將會如何變化？

當電極與電解液之界面兩側的組成改變時，電極電位也會變動，若以半反應：$\nu_O \mathrm{O} + ne^- \rightarrow \nu_R \mathrm{R}$爲例，其電極電位 E 可表示爲：

$$E = E^\circ + \frac{RT}{nF}(\nu_O \ln a_O - \nu_R \ln a_R) \quad (2.21)$$

其中的 E° 爲電極反應的標準電位，是指反應成分的活性皆爲 1 時的電位。當活性不爲 1 時，方程式右側的第二項將會改變電位 E。在 25℃下，RT/F 的值爲 0.0257 V，且改用以 10 爲底的對數（log）來表示，會多乘 2.303 倍，使 25℃下的電極電位成爲：

$$E = E^\circ + \frac{0.0591}{n}(\nu_O \log a_O - \nu_R \log a_R) \quad (2.22)$$

然而，活性轉換成濃度或壓力時，還需要活性係數，才能得到電極電位對濃度或壓力的直接關係。接著將標準電位與活性係數相關的項目合併成形式電位E_f°（formal potential），使 Nernst 方程式改寫成濃度的關係式：

$$E = E_f^\circ + \frac{RT}{nF}(\nu_O \ln \frac{c_O}{c^\circ} - \nu_R \ln \frac{c_R}{c^\circ}) \quad (2.23)$$

其中的 c° 是參考濃度，常選用 1 M 或 1 m。必須注意，形式電位相關於活性係數，並非定値，但活性係數不可測量，只能使用熱力學理論估計。

對於含有低濃度氧化還原對的溶液，例如 Fe^{2+}/Fe^{3+}，再加入高濃度的惰性電解質後，將使得 Fe^{3+} 和 Fe^{2+} 的活性係數非常接近，亦即形式電位與標準電位相差不大，因此可以直接使用濃度來計算電極電位，但是半反應中只涉及單一種離子時，例如 Cu^{2+} 還原成 Cu，使用濃度直接計算電極電位將會明顯偏離實際値。

從電子的角度，在金屬側的電子是離域的（delocalized），類似游離。這種離域電子不受限於單一原子或單一共價鍵，可能被包含進分子軌域中，或由一群原子共有。因此，在金屬晶格中，離域電子可以自由移動。從能量的角度來看，電子出現機率爲 50% 的能階稱爲費米能階 E_F，在緊鄰 E_F 以下的能階，有許多電子塡滿，以上則爲空能階，這些能階的能量差非常微小。相對地，在溶液側的電子是定域的（localized），只留在離子或分子的軌域中，可以表示成最高被占據能階與最低未占據能階。如果電極界面能發生電子轉移，則金屬的 E_F 和溶液中活性物質的最高被占據能階與最低未占據能階必須接近。假設金屬的 E_F 高於溶液中反應物 O 的空軌域能階，則金屬中的電子傾向於移動過去，並使其轉變爲 R，亦即發生還原反應，上述兩個能階的能量差即爲電子轉移的驅動力。逐漸反應後，兩能階的能量差將會縮小，直至差額成爲 0，此時達成界面的平衡，上述的能階都可換算成電極電位。

離子濃度改變電位

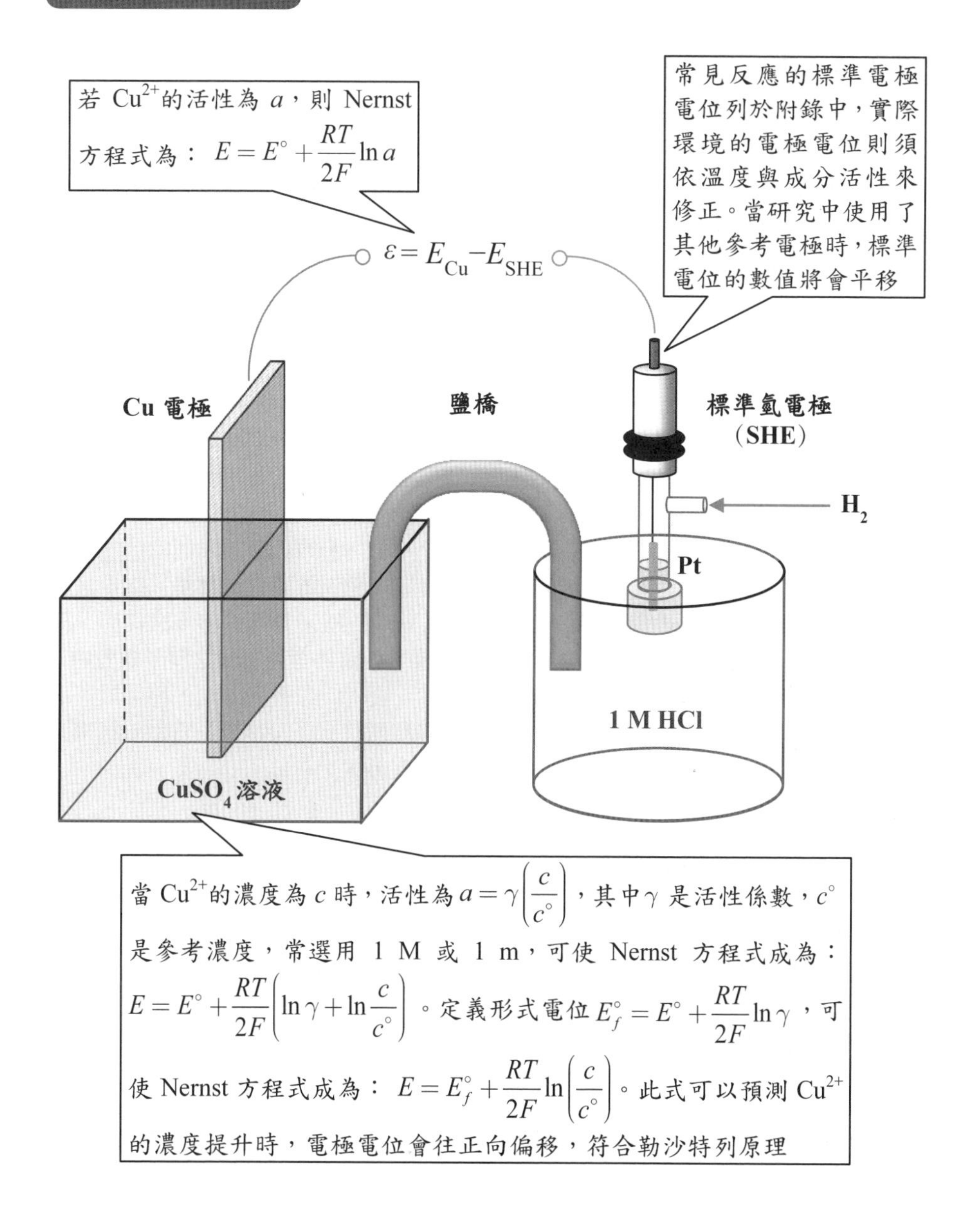

當 Cu^{2+}的濃度為 c 時，活性為 $a=\gamma\left(\frac{c}{c^{\circ}}\right)$，其中 γ 是活性係數，c° 是參考濃度，常選用 1 M 或 1 m，可使 Nernst 方程式成為：$E=E^{\circ}+\frac{RT}{2F}\left(\ln\gamma+\ln\frac{c}{c^{\circ}}\right)$。定義形式電位 $E_f^{\circ}=E^{\circ}+\frac{RT}{2F}\ln\gamma$，可使 Nernst 方程式成為：$E=E_f^{\circ}+\frac{RT}{2F}\ln\left(\frac{c}{c^{\circ}}\right)$。此式可以預測 Cu^{2+} 的濃度提升時，電極電位會往正向偏移，符合勒沙特列原理

2-9 液體接面電壓

兩種液體接觸，是否會產生電位差？

使用薄膜隔開兩個濃度不同的 HCl 溶液，則高濃度側的 H^+ 與 Cl^- 會往低濃度側擴散。已知 H^+ 的擴散速率快於 Cl^-，所以低濃度側將會移入較多的 H^+ 而偏向正電，但在高濃度側，則含有較多的 Cl^- 而偏向負電。因此，薄膜兩側將會建立電場，此電場會加速 Cl^- 遷移到低濃度側，但阻礙 H^+ 輸送過去。此時的離子分布將形成兩溶液之間的接面電壓，其數值大約是數十個 mV。若薄膜隔開的是不同濃度的 KCl 溶液，則情形有所不同，因為 K^+ 與 Cl^- 的離子遷移速率相差不多，兩種離子從高濃度側擴散至低濃度側的趨勢相當，所以不會產生明顯的接面電壓。因此，兩溶液的接面電壓除了相關於濃度差，也取決於陰陽離子的種類。

當電流通過電化學池，穿越電解液的電流取決於離子的遷移。考慮一個電化學池，兩端的電極都是吸附了 H_2 的 Pt 線，分別使用 A 和 C 表示；兩側溶液為濃度較低之 HCl（α 相）和濃度較高之 HCl（β 相），以薄膜隔開，因此 α 相與 β 相將形成第一類液－液接面。此電化學池連接負載後，氧化反應將會發生在低濃度側的 Pt 上，H_2 轉變成 H^+，還原反應則發生在高濃度側的 Pt 上，H^+ 轉變成 H_2。陽極附近逐漸產生陽離子，陰極附近失去陽離子，減弱 H^+ 從高濃度移動到低濃度的趨勢。從定量的角度，當陽極產生了 1 mol 的 H^+ 時，也必須有 1 mol 的離子穿越兩溶液的接面，但穿越接面的離子包括 H^+ 與 Cl^-，且兩者的方向相反。若定義穿越接面之離子總數中，H^+ 所占的比例為遷移數 t_+（transference number），而 Cl^- 的比例為 t_-，再假設其他離子的濃度小到足以忽略，則 $t_+ = 1 - t_-$，所以遷移數代表了某種離子貢獻於總電流的比例。在溶液接面處，可視為以下的可逆反應正在發生：

$$t_+ H^+_{(\alpha)} + t_- Cl^-_{(\beta)} \rightleftharpoons t_+ H^+_{(\beta)} + t_- Cl^-_{(\alpha)} \tag{2.24}$$

使用電化學位能表達上式，將成為：

$$t_-(\bar{\mu}^{\alpha}_{Cl^-} - \bar{\mu}^{\beta}_{Cl^-}) = t_+(\bar{\mu}^{\alpha}_{H^+} - \bar{\mu}^{\beta}_{H^+}) \tag{2.25}$$

接著將電化學位能表達成活性 a 與電位 ϕ，再定義兩溶液相的電位差為液－液接面電壓 ΔE_j，可得到

$$\Delta E_j = (\phi^{\beta} - \phi^{\alpha}) = (t_+ - t_-)\frac{RT}{F}\ln\frac{a_{\alpha}}{a_{\beta}} \tag{2.26}$$

例如在 25℃下，兩側的濃度相差 10 倍時，且假設 $t_+ = 0.8$ 與 $t_- = 0.2$，接面電壓約為 35.5 mV。溶液的接面電壓會消耗電能，因此要盡可能地減小，最常用的方法是改變接面的組成，例如原本的陰陽兩極區的電解液之間插入鹽橋，鹽橋內的電解質可解離出遷移率接近的陰陽離子，例如 KCl 或 KNO_3。

離子遷移與液體接面

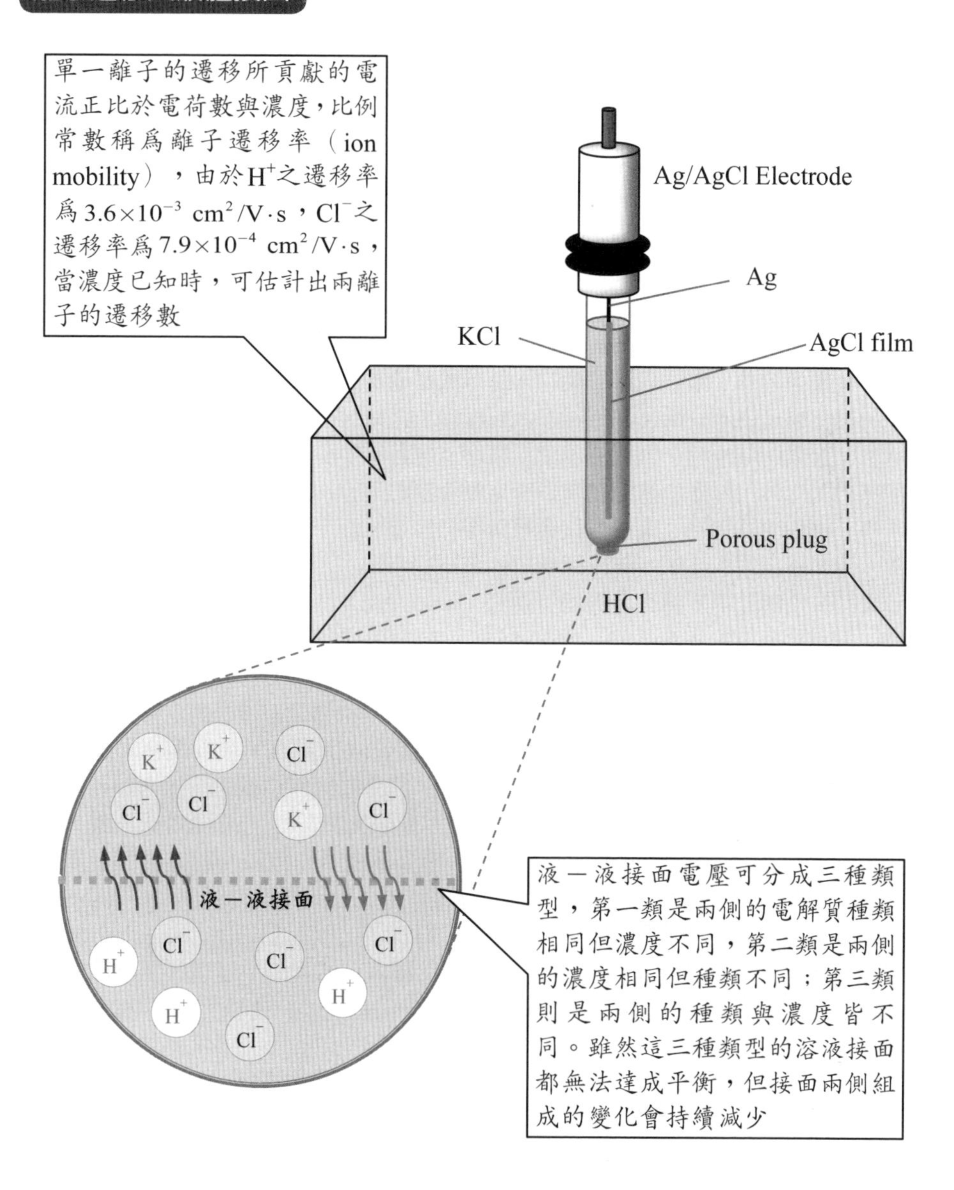

單一離子的遷移所貢獻的電流正比於電荷數與濃度，比例常數稱爲離子遷移率（ion mobility），由於H^+之遷移率爲3.6×10^{-3} $cm^2/V\cdot s$，Cl^-之遷移率爲7.9×10^{-4} $cm^2/V\cdot s$，當濃度已知時，可估計出兩離子的遷移數
Ag/AgCl Electrode
Ag
KCl
AgCl film
Porous plug
HCl
K^+
Cl^-
H^+
液－液接面
液－液接面電壓可分成三種類型，第一類是兩側的電解質種類相同但濃度不同，第二類是兩側的濃度相同但種類不同；第三類則是兩側的種類與濃度皆不同。雖然這三種類型的溶液接面都無法達成平衡，但接面兩側組成的變化會持續減少

2-10 電極程序

電化學程序只包含氧化與還原反應嗎？

電化學程序又稱爲電極程序（electrode process），是由幾個步驟連結而成，並非只有化學反應。整體程序的第一步驟是反應物從溶液主體區移動到電極表面，接著在移動中可能會發生勻相化學反應而被消耗，也可能不會。當反應物接近電極時，若不透過吸附，很難在電極與反應物之間傳遞電子，所以程序中還包含吸附，但吸附後的脫附也同時存在。之後吸附物可和電極交換電子，傳出電子將發生氧化反應，接收電子則發生還原反應。所得產物在初期仍附著在電極表面，之後有幾種發展，其一是形成新的固相而長期留存在電極表面，其二是形成氣相而脫離表面，其三是從表面脫附被水分子包覆而溶解。離開表面的產物再進行輸送而進入溶液主體區，在路途中也可能發生勻相化學反應而分解。最單純的電極程序可以只包含物質輸送與電極界表面的電子轉移；複雜的電極程序則可能串聯或並聯上述各種步驟。

除了機制之外，程序的速率也是研究重點。整體電極程序之速率相關於每一個步驟的特性，例如物質輸送、電子轉移與電雙層結構等。程序中的最慢步驟將會限制整體速率，因而稱爲速率決定步驟。以簡單的電極程序爲例，當其中的質傳速率遠小於反應速率時，則稱此電子轉移反應爲可逆的（reversible）；但當質傳速率遠大於反應速率時，則稱此反應爲不可逆的（irreversible）；當兩種速率接近時，則稱此反應爲準可逆的（quasi-reversible）。在電化學領域中所使用的可逆或不可逆術語，與熱力學領域略有不同，在此僅指正逆反應速率之快慢，以及重建或破壞平衡之難易。

當電極程序以特定的速率進行時，可從外部儀器測得電流，代表電極與溶液的界面發生了電子轉移，且此界面偏離了平衡狀態，亦即電極電位偏離了平衡值。這種偏離平衡的現象稱爲極化，而極化後的電極電位與平衡電位之差被稱爲過電壓。從電解槽的角度來說明，過電壓是指外加電壓超過平衡電壓的數値，有幾種因素導致了兩者出現差額，例如程序中的質傳速率較爲緩慢時，將引起濃度極化（concentration polarization）；驅動電極與溶液界面反應時，稱爲活化極化（activation polarization）或反應極化（reaction polarization）；克服覆蓋膜或沉澱物的大電阻，稱爲歐姆極化（Ohmic polarization）。這些極化現象如同障礙（barrier）一般，代表了程序中所需克服的額外能量。

在電化學理論的發展歷程中，曾有多種動力學模型先後被提出，都能成功地解釋電化學程序，包括巨觀反應模型動力學的 Butler-Volmer 模型、從分子等級的角度探討的 Marcus 模型與 Gerischer 模型。然須注意，要完整探討電極程序，還必須涵蓋輸送現象，特別針對質傳控制的程序。

電極程序

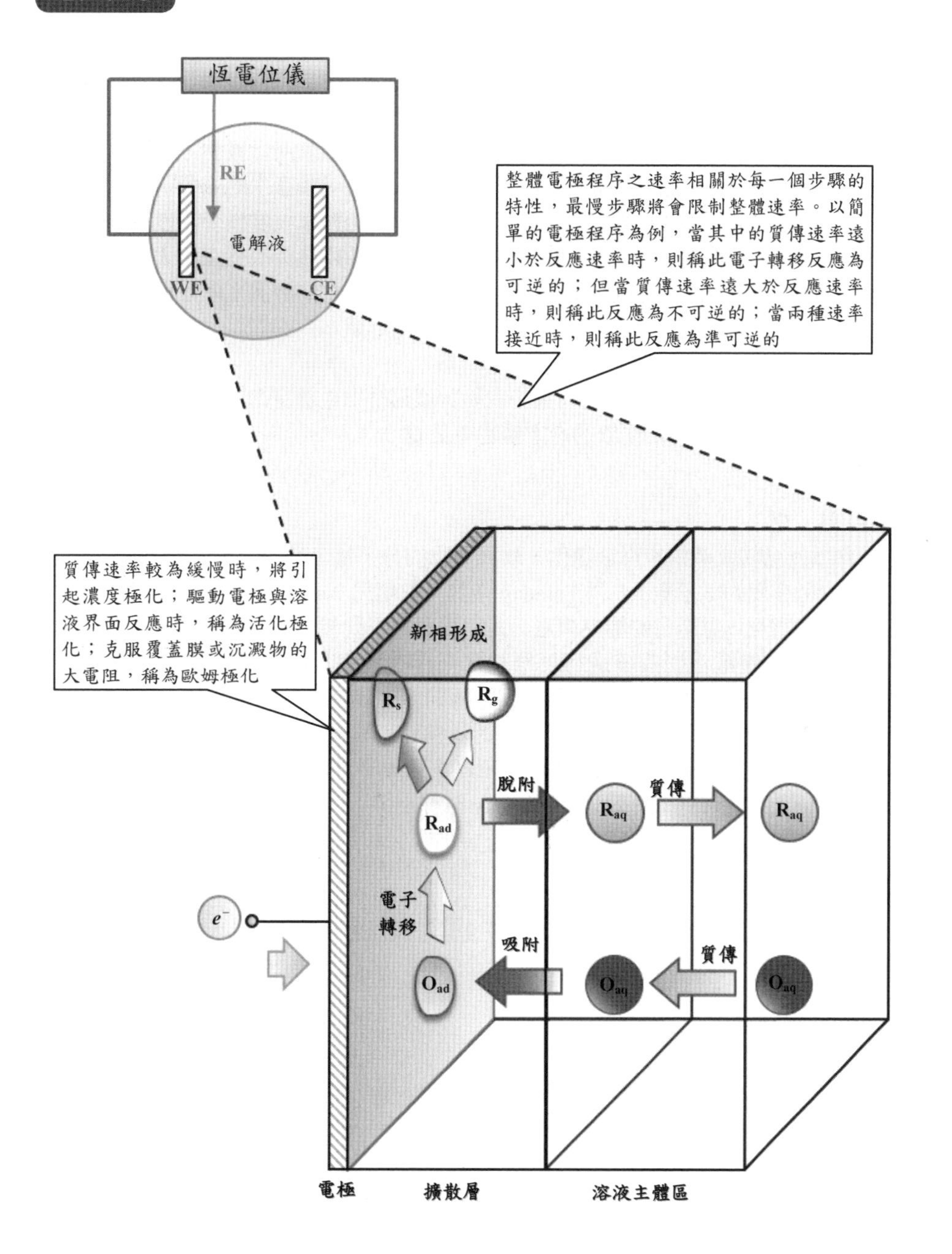
恆電位儀
RE
電解液
WE
CE
整體電極程序之速率相關於每一個步驟的特性，最慢步驟將會限制整體速率。以簡單的電極程序為例，當其中的質傳速率遠小於反應速率時，則稱此電子轉移反應為可逆的；但當質傳速率遠大於反應速率時，則稱此反應為不可逆的；當兩種速率接近時，則稱此反應為準可逆的
質傳速率較為緩慢時，將引起濃度極化；驅動電極與溶液界面反應時，稱為活化極化；克服覆蓋膜或沉澱物的大電阻，稱為歐姆極化
新相形成
R_s
R_g
脫附
質傳
R_{ad}
R_{aq}
R_{aq}
電子
轉移
e^-
吸附
質傳
O_{ad}
O_{aq}
O_{aq}
電極
擴散層
溶液主體區

2-11 電流與反應

通電後如何預測反應的產量？

法拉第從 1827 年起，以蠟燭的科學爲主題，進行了一系列的講座，從燃燒談到電化學。爲了介紹水的性質，法拉第使用了當時的伏打電池來演示實驗。他使用兩片白金，浸泡在酸液中，電解瓶的頂端接上一根導管，將反應後產生的氣體引入另一只瓶中，使用排水集氣法觀察氣體的生成，但是無法分別氣體來自陰極或陽極。修改實驗裝置後，將兩片白金分別置入倒立的玻璃瓶中，並且將兩瓶都放置在更大的槽體，相同地在大槽中放入酸液，通電後即可觀察到兩個倒立瓶內的液面下降，但有一瓶的下降體積較少，大約是另一瓶的一半。法拉第再藉由燃燒木片的測試，分出體積少的一端含有氧，體積多的一端含有氫。

法拉第研究電解反應時，透過大量的實驗數據歸納出電解定律，指出反應物的消耗或產物的生成重量 W 會正比於通過電極的電量 Q：

$$\frac{W}{M}=\frac{Q}{nF} \tag{2.27}$$

其中 W 爲反應物或產物的質量變化，M 爲該物的分子量，n 爲每 1 mol 該物質進行的半反應中所參與的電子數，F 爲 Faraday 常數，數値爲 96485 C/mol，是指每 1 mol 電子所攜帶的電量。以今日的觀點來看，此定律是化學計量的另一種表述。

然而，一般的電化學系統進行反應時，都存在競爭反應，這些競爭反應也會消耗電能，例如在電鍍程序中常伴隨水的電解而產生氣泡。基於此原因，可定義輸入電量用於目標反應的比例爲系統的法拉第效率，或稱爲庫倫效率。但在短暫的時間內，假設各反應所需電量正比於電流，所以電量效率得以轉成電流效率 η_{CE}（current efficiency），藉此可列出更嚴謹的 Faraday 電解定律：

$$\frac{W}{M}=\frac{\eta_{CE}Q}{nF} \tag{2.28}$$

在反應過程中，若能記錄下電流 I 隨時間 t 的變化，則可將 Faraday 電解定律轉換爲積分形式：

$$\frac{W}{M}=\frac{\eta_{CE}}{nF}\int_0^t Idt \tag{2.29}$$

但也可表示成微分形式：

$$\frac{dW}{dt}=\frac{\eta_{CE}M}{nF}I \tag{2.30}$$

上式左側代表反應速率，而右側的電流 I 可表示爲電流密度 i（current density）和電極面積 A 的乘積。因此在電化學系統中，只需測量電流密度，就可以關聯到反應速率。

法拉第電解定律

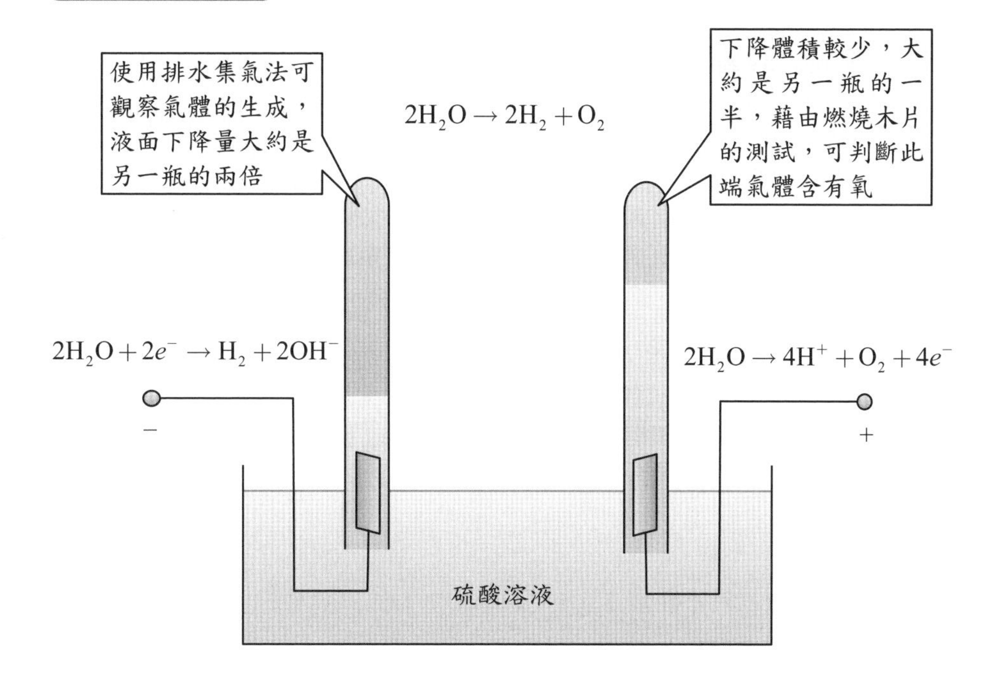

大英博物館中的法拉第素描

$$\frac{W}{M} = \frac{\eta_{CE} Q}{nF}$$

嚴謹的法拉第電解定律

在同溫同壓下，密閉空間內的氣體體積正比於莫耳數，所以可推測電解水後氧氣的產量是氫氣的一半。再透過累積電量 Q 的數據，可發現生成氫氣的莫耳數為：$n_{H_2} = \frac{Q}{2F}$，生成氧氣的莫耳數為：$n_{O_2} = \frac{Q}{4F}$，這兩式即為法拉第電解定律，且其中的 $\frac{Q}{F}$ 是電子的莫耳數 n_e。從中可發現 $n_{H_2} : n_{O_2} : n_e = 2:1:4$，此結果相當於化學計量

2-12 反應速率

一般化學反應的速率如何估計？

Julius Tafel在1905年發表了從大量實驗歸納出的電流密度對施加電位之經驗公式，後人稱爲Tafel定律，使電化學的研究從熱力學步入動力學，促進了後世的電化學工業發展。Tafel的研究對象屬於不可逆反應，從熱力學無法說明，所以開啓了動力學的研究方向，接續者再發展出更完整的理論，因此他是電化學動力學中的先驅。

Tafel定律指出電流密度 i 的對數值與施加到系統的過電壓 η 呈現線性關係：

$$\eta = a + b \log i \tag{2.31}$$

其中的截距 a 與斜率 b 相關於反應種類和環境條件。然而，Tafel定律並非來自於理論演繹，還不能稱爲動力學理論。

若成分A轉變成某種產物屬於基元反應（elementary reaction），代表其反應速率 r_A 直接正比於濃度 c_A，則其速率定律式（rate law）可表示爲：

$$r_A = -\frac{dc_A}{dt} = kc_A \tag{2.32}$$

式中的 k 是速率常數，其SI制單位爲1/s。速率定律中的速率常數可從Arrhenius方程式來推估：

$$k = A\exp(-\frac{E_A}{RT}) \tag{2.33}$$

此式是由Svante Arrhenius提出，式中的 A 稱爲Arrhenius常數，E_A 是活化能（activation energy），R 是理想氣體常數，T 是溫度。

對於電化學反應：$O + e^- \rightleftharpoons R$，向右爲還原反應，向左則爲氧化反應，兩者的速率常數可分別表示爲 k_c 和 k_a。又因爲法拉第定律中，反應速率 r 正比於電流密度 i，比例常數即爲法拉第常數 F，所以速率定律式可以改寫成：

$$i = F(k_c c_O - k_a c_R) \tag{2.34}$$

對於一個電化學池施加電壓，陰極和陽極的電位都會變化，使還原（正反應）與氧化（逆反應）的活化能受到改變。由Le Chatelier原理可知，當電極電位負於平衡電位時，相當於注入電子，可以促進還原反應，代表還原反應的活化能減小。相對地，當電極電位正於平衡電位時，相當於汲取電子，可以促進氧化反應，代表氧化反應的活化能減小。活化能改變之後，透過Arrhenius方程式即可得知速率常數的變化，因此電流會隨外加電壓而變。化學家Butler與Volmer基於此原理，提出了電化學動力學的理論。

Julius Tafel

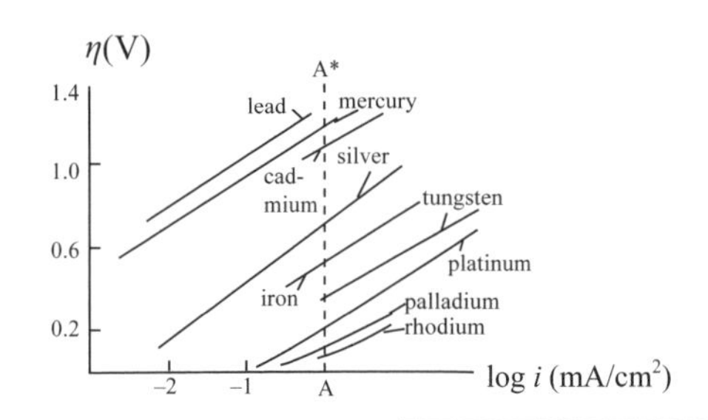

Tafel 從大量實驗歸納出的電流密度對施加電位之經驗公式：$\eta = a + b\log i$，是電化學動力學的先驅

電化學動力學

Volmer　　Butler

對於一個可逆基元反應：$A \rightleftharpoons B$，A 被消耗也被生成，所以淨反應速率為：$r = r_f - r_b = k_f c_A - k_b c_B$，其中的 r_f 和 k_f 為正反應的速率和速率常數，而 r_b 和 k_f 為逆反應的速率和速率常數

速率定律

阿瑞尼士方程式

速率常數 $k = A\exp(-\frac{E_A}{RT})$，由 Arrhenius 提出，式中的　是活化能

法拉第電解定律

連結反應速率與電流密度，得到：$i = F(k_c c_O - k_a c_R)$

Butler-Volmer 方程式

2-13 Butler-Volmer動力學

電壓如何影響化學反應的速率？

進行還原反應時，反應物必須先提升能量才能形成反應中間物，最終才能轉變爲產物，中間物與反應物的能量差即爲還原活化能。還原的反應物包括氧化態成分 O 和電子 e^-，產物爲還原態成分 R，因此反應物的總自由能爲 O 和 e^- 的電化學位能之和，相關於電極固體的電位 ϕ_M 和溶液的電位 ϕ_S；產物的自由能則爲 R 的電化學位能，只相關於 ϕ_S。此處的 $\phi_M-\phi_S$ 即爲電極電位，且 O 的電荷數比 R 多 1。

當若外加電位出現變化時，反應中間物的自由能所受到的影響將會介於反應物與產物自由能所受影響之間，故可設定介於 0 與 1 的轉移係數 β（transfer coefficient），表示中間物的自由能。當電極電位 $(\phi_M-\phi_S)$ 往負向移動時，Arrhenius 方程式中的指數項將會改變，使還原速率常數 k_c 增加但氧化速率常數 k_a 降低，亦即有利於還原不利於氧化。反之，當 $(\phi_M-\phi_S)$ 往正向移動時，k_c 會減低但 k_a 增加，所以有利於氧化不利於還原。經過量化後，可將目前的還原活化能 $E_{A,rd}$ 對比標準狀態下的活化能 $E^{\circ}_{A,rd}$，得到兩者的差額正比於過電位 η：

$$E_{A,rd}-E^{\circ}_{A,rd}=\alpha F\eta \tag{2.35}$$

對於氧化反應亦然：

$$E_{A,ox}-E^{\circ}_{A,ox}=-\beta F\eta \tag{2.36}$$

（2.36）式中等號右側的負號可發現，電極電位提升時（$\eta>0$），氧化活化能會減低，但（2.35）式則說明了還原活化能會增大，因此正向增加電位有助於氧化，但會阻礙還原。同理可證，如果電極電位下降時（$\eta<0$），還原活化能會減低，氧化活化能會增大，代表減低電位有助於還原的進行。這些活化能代入 Arrhenius 方程式中，即可計算出正逆反應的速率常數。再藉由已知的淨反應速率$r=k_c c^s_O-k_a c^s_R$和法拉第定律 $i=Fr$，可以進一步推導出電流密度對過電位的關係：

$$i=i_0\left[\frac{c^s_O}{c^b_O}\exp\left(-\frac{\alpha F\eta}{RT}\right)-\frac{c^s_R}{c^b_R}\exp\left(\frac{\beta F\eta}{RT}\right)\right] \tag{2.37}$$

必須注意上式中的濃度c^b_O與c^b_R代表溶液主體區內的濃度；但c^s_O與c^s_R代表發生反應的電極表面濃度。等號右側的倍數 i_0 稱爲交換電流密度（exchange current density）。較大的 i_0 表示正逆反應的速率皆很大，亦即容易氧化也容易還原的反應，也稱爲快反應，具有高度的可逆性。相對地，當 i_0 很小時，也稱爲慢反應，其可逆性低。

若溶液被強烈攪拌，且反應的變化量極其微小，可近似爲表面濃度等於主體濃度，使（2.37）式化簡爲 Butler-Volmer 方程式：

$$i=i_0\left[\exp\left(-\frac{\alpha F\eta}{RT}\right)-\exp\left(\frac{\beta F\eta}{RT}\right)\right] \tag{2.38}$$

Butler-Volmer 動力學

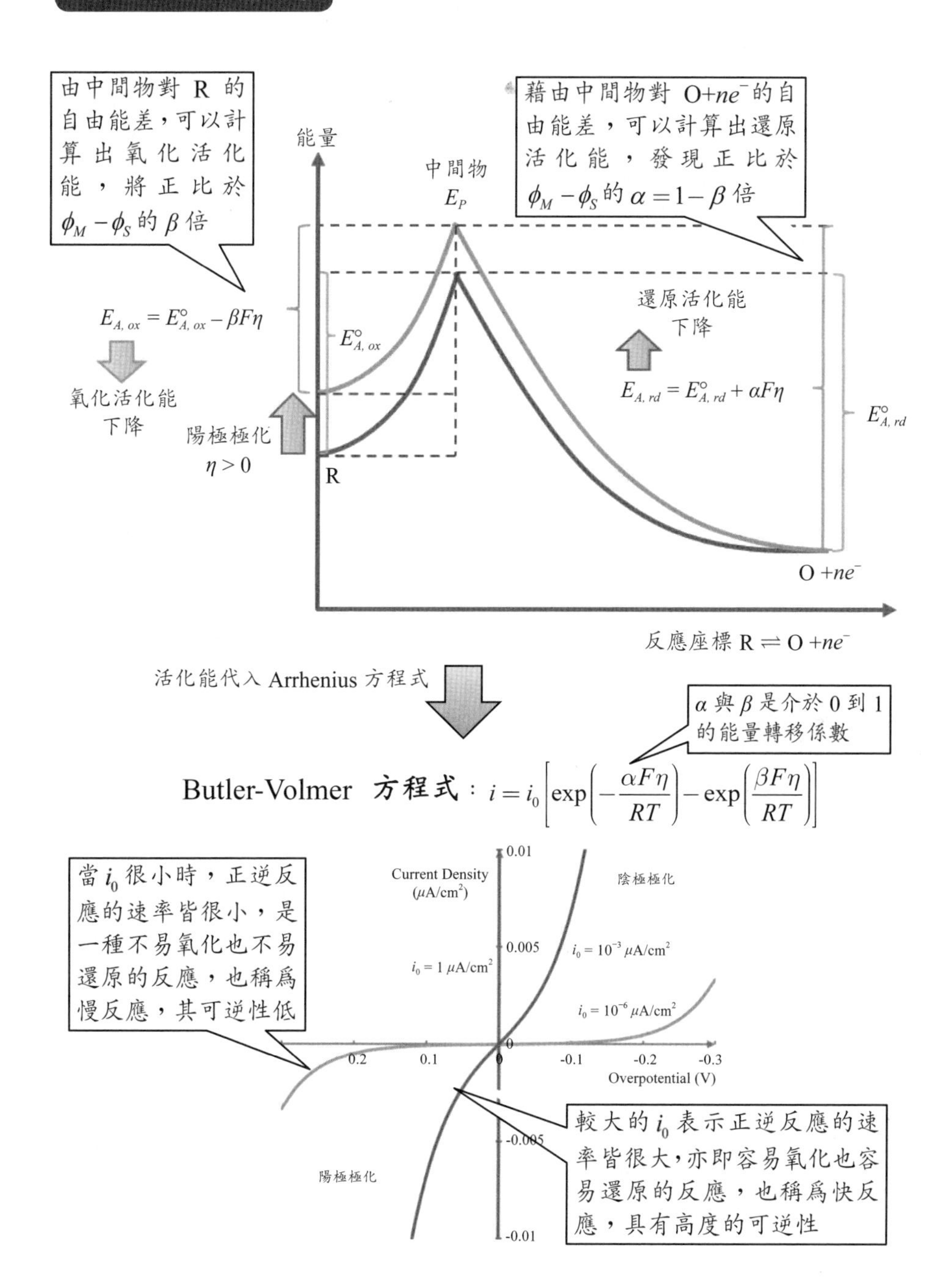

2-14 極化

施加電壓後，電化學池會產生顯著的電流嗎？

Butler-Volmer 方程式結合了阿瑞尼士方程式、法拉第定律、速率定律式，描述電流密度對過電位的關係，但此方程式較爲複雜，爲了方便應用或分析，可以針對過電位分段討論，以簡化電流關係式。

前一節的推導基於還原過程爲正反應，所以規定總電流 $i = i_c - i_a$，其中 i_c 爲還原電流密度，i_a 爲氧化電流密度，可分別表示爲：

$$i_c = i_0 \exp\left(-\frac{\alpha F\eta}{RT}\right) \tag{2.39}$$

$$i_a = i_0 \exp\left(\frac{\beta F\eta}{RT}\right) \tag{2.40}$$

當過電位 $\eta > 0$ 時，代表施加到電極的電位正於平衡電位，可發現 $i = i_c - i_a < 0$，代表電極上主要發生氧化反應，不易進行還原反應，稱爲陽極極化（anodic polarization）。當 $\eta < 0$ 時，代表施加的電位負於平衡電位，可發現 $i = i_c - i_a > 0$，代表電極上主要發生還原反應，不易進行氧化反應，稱爲陰極極化（cathodic polarization）。

無論發生了陰極極化或陽極極化，只要過電位的數值非常小，偏離平衡不遠，i_c 和 i_a 都不大，其值接近交換電流密度 i_0，此時的電極行爲與 i_0 的大小密切相關。對於 i_0 很大的電極系統，其極化曲線幾乎貼近縱軸，微小的過電位就會導致顯著的電流，代表難以產生明顯的極化現象，使這類電極之反應近乎可逆，因而稱爲理想不極化電極（ideal non-polarized electrode），在電化學分析中使用的參考電極需要具備這種特質。

對於 i_0 很小的電極，可發現其極化曲線幾乎貼近橫軸，必須施加很高的過電位才能驅動反應而測得電流。若從外加電流的角度，只要提供系統微量的電流即可使電極電位顯著地偏離平衡電位，展現出易於極化的特性，故稱爲理想極化電極（ideal polarized electrode），研究電雙層結構時，需要使用此類系統。

觀察 Butler-Volmer 方程式，過電位的數值足夠小時，兩個指數項皆可使用泰勒展開式的前兩項來近似，因而簡化成：

$$i \approx i_0\left[\left(1 - \frac{\alpha F\eta}{RT}\right) - \left(1 + \frac{\beta F\eta}{RT}\right)\right] = -i_0 \frac{F\eta}{RT} \tag{2.41}$$

由此可定義過電位對電流密度之比値爲電荷轉移電阻 R_{ct}（charge transfer resistance）：

$$R_{ct} = -\frac{\eta}{i} = \frac{RT}{Fi_0} \tag{2.42}$$

對於 i_0 很小的慢反應系統，電荷轉移電阻 R_{ct} 較大；對於 i_0 很大的快反應系統，電荷轉移電阻 R_{ct} 則較小。

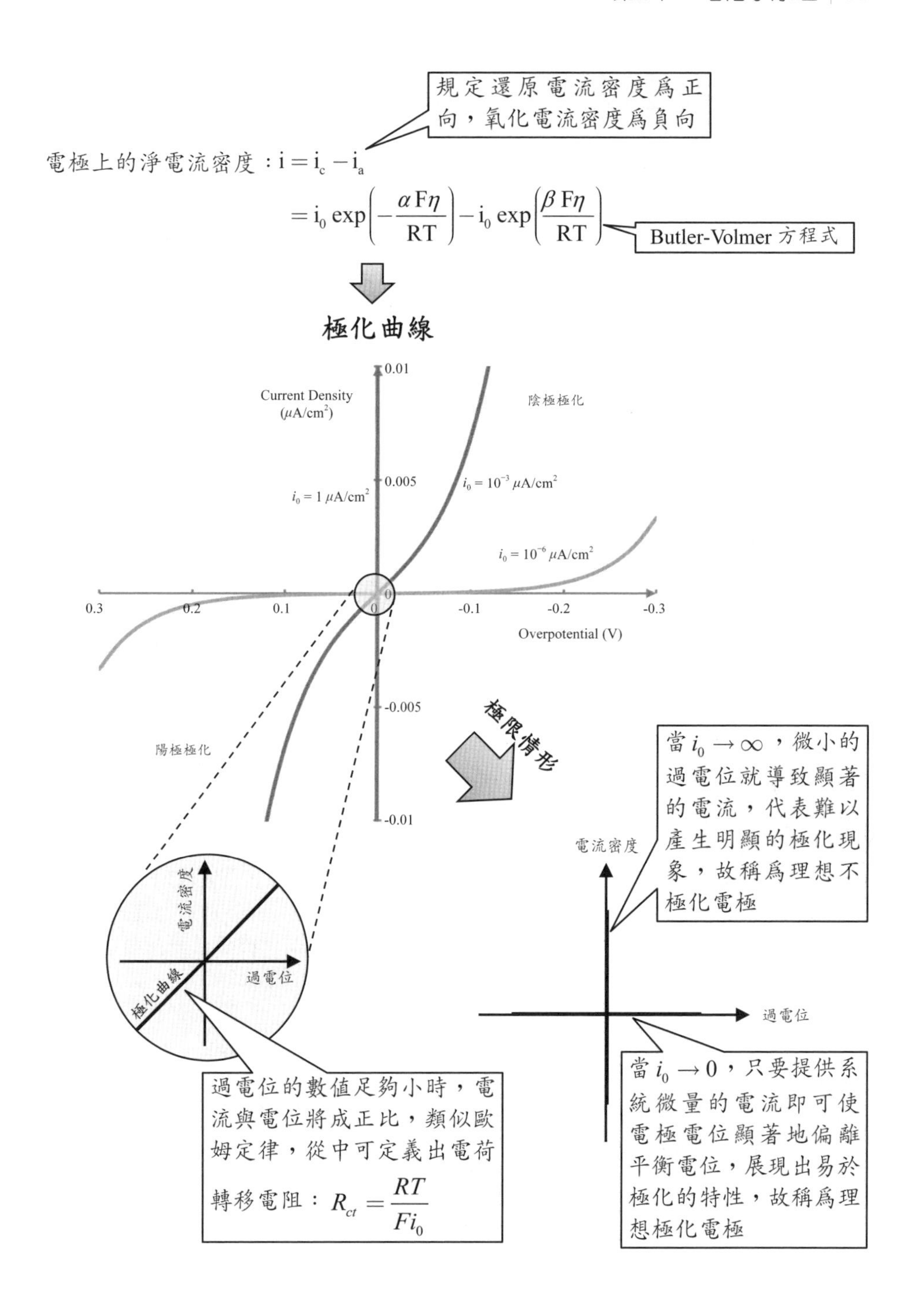
規定還原電流密度爲正向，氧化電流密度爲負向
電極上的淨電流密度：$i = i_c - i_a$
$= i_0 \exp\left(-\frac{\alpha F\eta}{RT}\right) - i_0 \exp\left(\frac{\beta F\eta}{RT}\right)$
Butler-Volmer 方程式
極化曲線
Current Density (μA/cm^2)
0.01
0.005
-0.005
-0.01
陰極極化
$i_0 = 1\ \mu$A/cm^2
$i_0 = 10^{-3}\ \mu$A/cm^2
$i_0 = 10^{-6}\ \mu$A/cm^2
0.3
0.2
0.1
0
-0.1
-0.2
-0.3
Overpotential (V)
陽極極化
極限情形
電流密度
過電位
極化曲線
當 $i_0 \to \infty$，微小的過電位就導致顯著的電流，代表難以產生明顯的極化現象，故稱爲理想不極化電極
電流密度
過電位
過電位的數值足夠小時，電流與電位將成正比，類似歐姆定律，從中可定義出電荷轉移電阻：$R_{ct} = \frac{RT}{Fi_0}$
當 $i_0 \to 0$，只要提供系統微量的電流即可使電極電位顯著地偏離平衡電位，展現出易於極化的特性，故稱爲理想極化電極

2-15 Tafel動力學

電化學池的電壓與電流符合歐姆定律嗎？

從 Butler-Volmer 方程式描述的極化行爲可發現，當過電位的數值非常小時，偏離平衡不遠，極化曲線通過座標原點，近似於直線，其斜率相關於電荷轉移電阻 R_{ct}，此結果類似歐姆定律。但過電位的數值足夠大時，方程式右側的兩個指數項將會出現明顯差異，使其中一項遠大於另一項，較小的一項可以忽略，亦即淨電流只由氧化或還原的其中一項主導。這類情形通常發生在 $|\eta| > 100$ mV 時，代表電極幾乎單向地進行不可逆的反應。

以 $\eta < -100$ mV 的陰極極化爲例，其氧化電流密度可忽略，因此可得：

$$i = i_0 \exp\left(-\frac{\alpha F \eta}{RT}\right) \tag{2.43}$$

此式轉換成以 10 爲底的對數來表示，將成爲：

$$\eta = \frac{2.303RT}{\alpha F}\log i_0 - \frac{2.303RT}{\alpha F}\log i \tag{2.44}$$

此結果等同於 Julius Tafel 曾研究過的電化學動力學行爲：$\eta = a + b \log i$。由此可知，Tafel 方程式中的斜率即爲$-\dfrac{2.303RT}{\alpha F}$。

上述簡化過程也適用於陽極極化的情形，此時必須忽略還原電流密度，最終可以得到陽極極化下的 Tafel 方程式，但因爲 Butler-Volmer 方程式的淨電流爲負值，所以會先取電流的絕對值，再寫成 Tafel 關係。再者，適用 Tafel 方程式的電極系統必須擁有固定的反應物濃度，亦即只能出現活化極化，不可發生濃度極化。若能設計出符合條件的實驗系統，在夠大的外加過電位下，即可將實驗數據畫在電流取對數但電壓不取對數的半對數圖上，呈現出直線，此種結果稱爲 Tafel 圖。若外加的過電壓跨越平衡狀態，可發現半對數圖中的曲線由兩直線和一個尖峰組成，直線部分符合 Tafel 方程式，尖峰部分則代表偏離平衡不遠的電壓，不符合 Tafel 方程式。

Tafel 圖中，直線的斜率僅相關於溫度 T 和轉移係數 α，若系統的溫度能固定，則可推算出 α。此外，從截距與斜率的比值還可以求得交換電流密度 i_0，有助於判斷電極是否容易極化。然而，當外加過電位再增大時，所測得的電流只會趨近到某個有限值，這是因爲反應物到達電極表面的速率不夠快，出現了濃度極化現象，因而偏離了 Tafel 方程式，此情形將在之後說明。

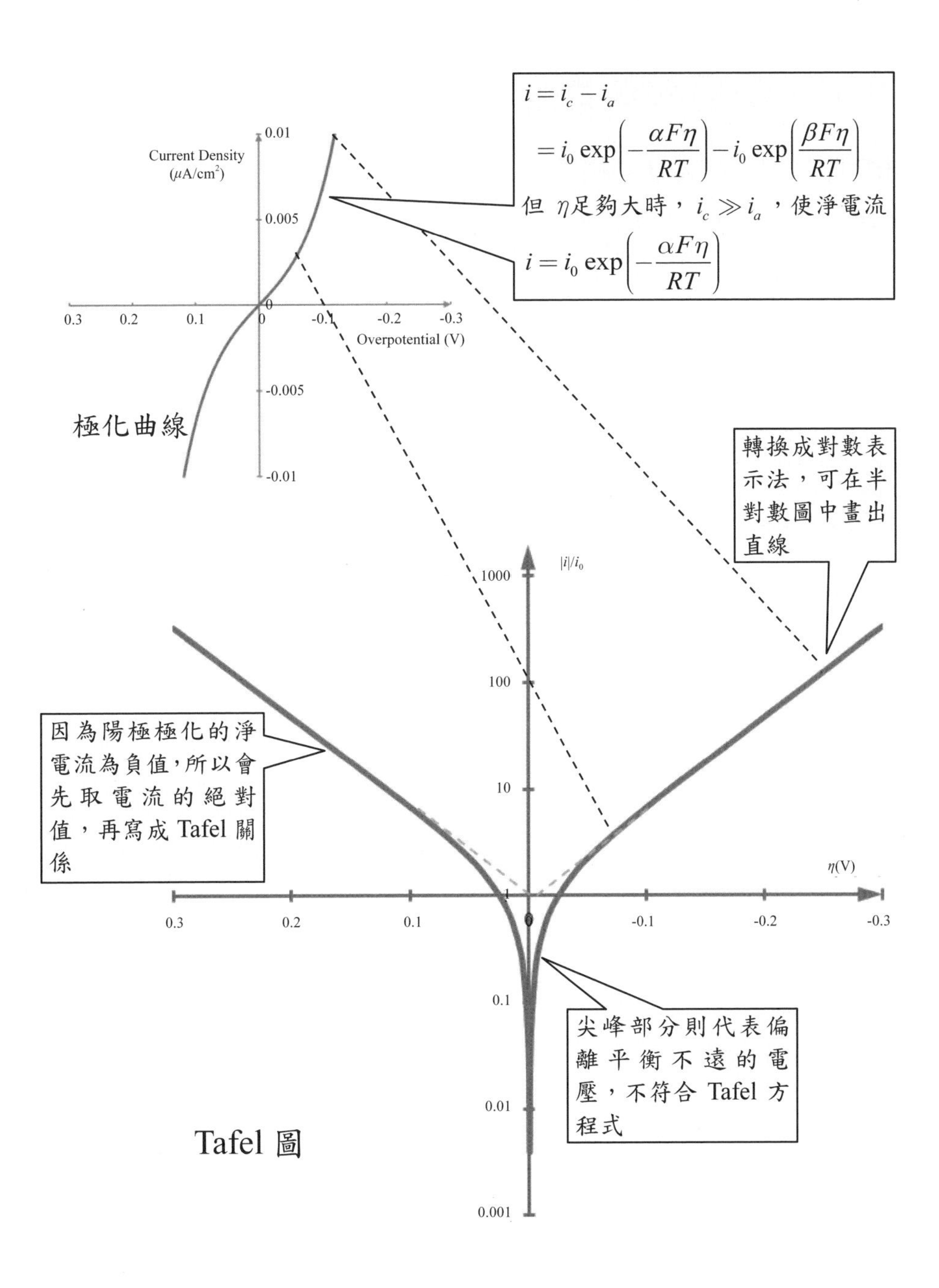

$i = i_c - i_a$
$= i_0 \exp\left(-\frac{\alpha F\eta}{RT}\right) - i_0 \exp\left(\frac{\beta F\eta}{RT}\right)$
但 η 足夠大時，$i_c \gg i_a$，使淨電流
$i = i_0 \exp\left(-\frac{\alpha F\eta}{RT}\right)$
Current Density
(μA/cm^2)
0.01
0.005
0
-0.005
-0.01
0.3
0.2
0.1
-0.1
-0.2
-0.3
Overpotential (V)
極化曲線
轉換成對數表示法，可在半對數圖中畫出直線
$|i|/i_0$
1000
100
10
1
0.1
0.01
0.001
η(V)
因為陽極極化的淨電流為負值,所以會先取電流的絕對值，再寫成 Tafel 關係
尖峰部分則代表偏離平衡不遠的電壓，不符合 Tafel 方程式
Tafel 圖

2-16 多步驟反應動力學

如果電化學反應牽涉多個電子，其速率如何估計？

前述的 Butler-Volmer 動力學模型只牽涉單一電子的轉移，但許多氧化或還原反應會牽涉多個電子，例如水在陽極被電解時產生氧氣的反應：

$$2H_2O \rightarrow 4H^+ + O_2 + 4e^- \tag{2.45}$$

對每一個生成的氧氣分子，將有 4 個電子參與反應。這類反應通常不是經過單一步驟就完成，而會分成數個電子轉移的步驟，例如電鍍銅時，Cu^{2+} 會先接收一個電子還原成 Cu^+，再接收一個電子還原成 Cu。

以雙電子的還原反應為例，反應物 A 先接收一個電子轉變成 B，B 再接收一個電子轉變成 C，其中的 B 可視為反應中間物。但這兩個步驟的標準電位不同，無法簡單定義過電壓，所以對 A、B、C 的反應速率只能表示成：

$$r_A = -k_1^\circ c_A \exp\left[-\frac{\alpha_1 F(E-E_{f1}^\circ)}{RT}\right] + k_1^\circ c_B \exp\left[\frac{\beta_1 F(E-E_{f1}^\circ)}{RT}\right] \tag{2.46}$$

$$\begin{aligned} r_B = {} & k_1^\circ c_A \exp\left[-\frac{\alpha_1 F(E-E_{f1}^\circ)}{RT}\right] - k_1^\circ c_B \exp\left[\frac{\beta_1 F(E-E_{f1}^\circ)}{RT}\right] \\ & - k_2^\circ c_B \exp\left[-\frac{\alpha_2 F(E-E_{f2}^\circ)}{RT}\right] + k_2^\circ c_C \exp\left[\frac{\beta_2 F(E-E_{f2}^\circ)}{RT}\right] \end{aligned} \tag{2.47}$$

$$r_C = k_2^\circ c_B \exp\left[-\frac{\alpha_2 F(E-E_{f2}^\circ)}{RT}\right] - k_2^\circ c_C \exp\left[\frac{\beta_2 F(E-E_{f2}^\circ)}{RT}\right] \tag{2.48}$$

其中的 c_A、c_B、c_C 分別是三成分的濃度，k° 和 E_f° 代表標準速率常數和形式電位，下標 1 和 2 分別代表第一步驟和第二步驟。

發生多重步驟的反應時，其中一步會是速率決定步驟。若 A 變成 B 的反應最慢，則 B 的濃度將會非常小，故可推論：

$$r_A \approx -k_1^\circ c_A \exp\left[-\frac{\alpha_1 F(E-E_{f1}^\circ)}{RT}\right] \tag{2.49}$$

在足夠的過電位下，Tafel 圖的斜率將為 $-\dfrac{RT}{\alpha_1 F}$。若 B 轉變成 C 的速率最慢時，則可假設第一步驟處於平衡狀態，且第二步驟的逆反應可忽略：

$$r_C \approx k_2^\circ c_A \exp\left[-\frac{\alpha_2 F(E-E_{f2}^\circ)}{RT}\right] \exp\left[-\frac{F(E-E_{f1}^\circ)}{RT}\right] \tag{2.50}$$

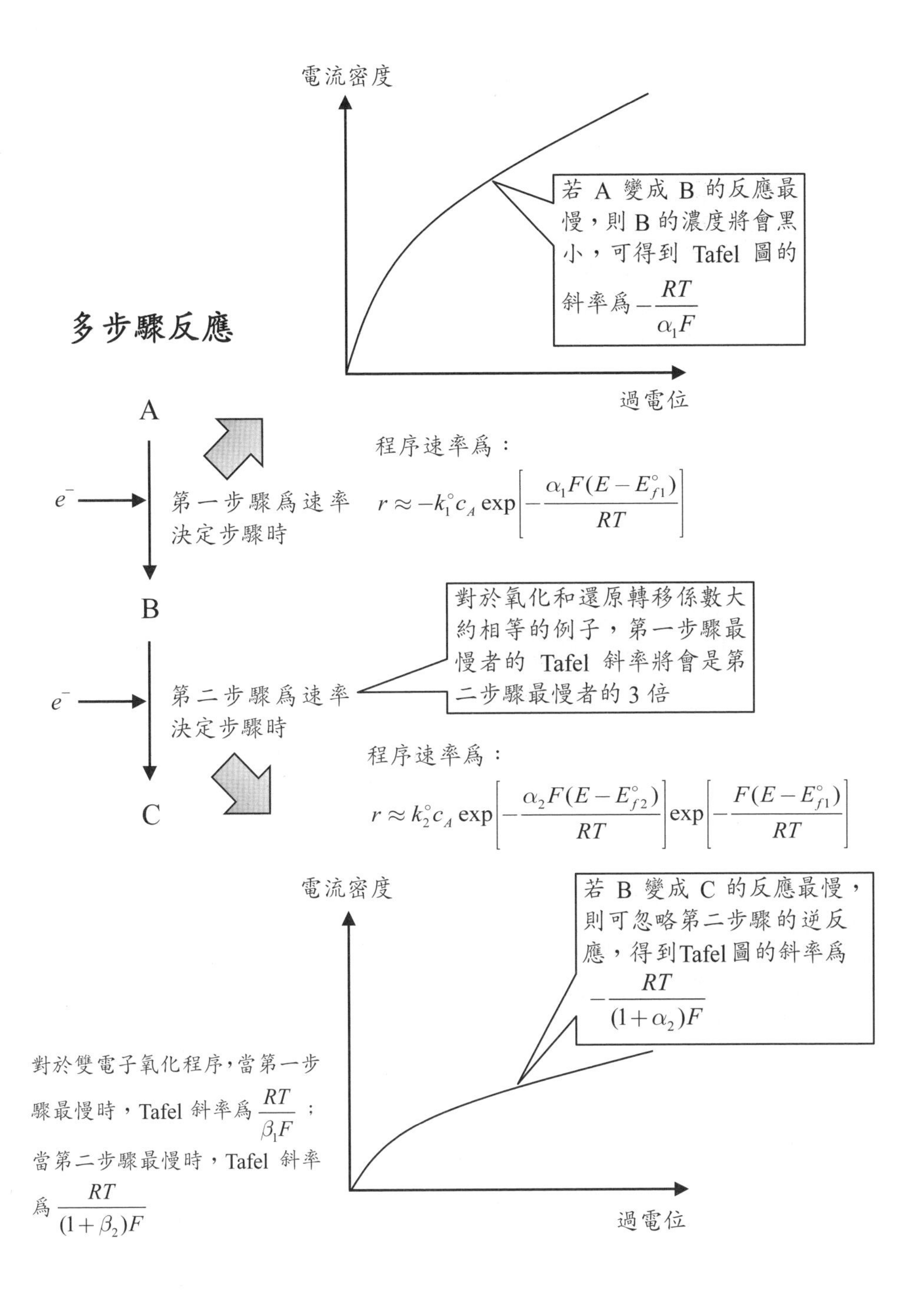
電流密度
若 A 變成 B 的反應最慢，則 B 的濃度將會黑小，可得到 Tafel 圖的斜率爲 $-\frac{RT}{\alpha_1 F}$
過電位
多步驟反應
A
e^-
第一步驟爲速率決定步驟時
程序速率爲：
$r \approx -k_1^\circ c_A \exp\left[-\frac{\alpha_1 F(E-E_{f1}^\circ)}{RT}\right]$
B
對於氧化和還原轉移係數大約相等的例子，第一步驟最慢者的 Tafel 斜率將會是第二步驟最慢者的 3 倍
e^-
第二步驟爲速率決定步驟時
程序速率爲：
C
$r \approx k_2^\circ c_A \exp\left[-\frac{\alpha_2 F(E-E_{f2}^\circ)}{RT}\right]\exp\left[-\frac{F(E-E_{f1}^\circ)}{RT}\right]$
電流密度
若 B 變成 C 的反應最慢，則可忽略第二步驟的逆反應，得到Tafel圖的斜率爲 $-\frac{RT}{(1+\alpha_2)F}$
對於雙電子氧化程序，當第一步驟最慢時，Tafel 斜率爲 $\frac{RT}{\beta_1 F}$；當第二步驟最慢時，Tafel 斜率爲 $\frac{RT}{(1+\beta_2)F}$
過電位

2-17 平行反應動力學

如果有兩個電化學反應同時發生，其速率如何估計？

在實際的電化學程序中，電極上通常會同時發生數種反應，此時可能有電流通過，但也可能沒有電流進出。例如電解提煉金屬即爲有電流通過的例子，因爲金屬在陰極析出時，也會伴隨電解水生成 H_2。金屬在酸液中腐蝕則沒有電流輸出，因爲金屬發生陽極溶解時，還會伴隨 H^+ 還原成 H_2。這些一起發生在相同電極上的反應稱爲平行反應，其動力學行爲通常互相獨立，除非某一個反應改變了溶液溫度或 pH 值，才會影響其他反應的速率。

對於發生平行反應的電極，若電極本身的電阻可以忽略，則此電極上的電位一致，但每個反應具有不同的平衡電位，所以各反應的過電壓不相等。進出電極的電流爲各反應貢獻電流之總和，還原電流爲正，氧化電流爲負，所以電流的總和可能成爲 0。但須注意，即使電極上的總電流爲 0，只要每個反應的過電壓不爲 0，則此電極仍然偏離平衡狀態，故可使用 Butler-Volmer 方程式來描述。

假設電極上發生了兩種反應，平衡電位分別爲 E_1 和 E_2，交換電流密度分別爲 $i_{0,1}$ 和 $i_{0,2}$，而且不出現濃度極化，則兩種反應的電流密度對電位的關係可同時繪至 Tafel 圖中。以下探討 $E_1 > E_2$ 且 $i_{0,1} < i_{0,2}$ 的案例，其 Tafel 圖依電位 E 的範圍可以分成幾區來說明：

(1) $E < E_2$

在此電位範圍，兩種反應都在進行還原，且互相競爭。當電位偏離兩反應的平衡狀態較多時，兩個反應的電流皆符合 Tafel 定律，故總電流密度可表示爲兩反應之和：

$$i = i_{0,1} \exp\left(-\frac{\alpha_1 F(E-E_1)}{RT}\right) + i_{0,2} \exp\left(-\frac{\alpha_2 F(E-E_2)}{RT}\right) \tag{2.51}$$

(2) $E = E_{mix}$

當 $E_2 < E < E_1$ 時，第 1 種反應以還原爲主，但第 2 種反應以氧化爲主，兩者不再相互競爭，而是電流反向。因此，在區間內的某一個電位下，可得到總電流密度爲 0，常見的金屬腐蝕屬於此情形，其中的第 2 種反應即爲金屬溶解，第 1 種反應則可能是 O_2 消耗或 H_2 生成，而此特定電位被稱爲混合電位 E_{mix}（mixed potential）。

(3) $E > E_1$

在此電位範圍，兩種反應都在進行氧化，且會互相競爭。若電位偏離兩反應的平衡狀態較多，則其電流皆符合 Tafel 定律，使總電流密度可表示爲：

$$i = -i_{0,1} \exp\left(\frac{\beta_1 F(E-E_1)}{RT}\right) - i_{0,2} \exp\left(\frac{\beta_2 F(E-E_2)}{RT}\right) \tag{2.52}$$

平行反應

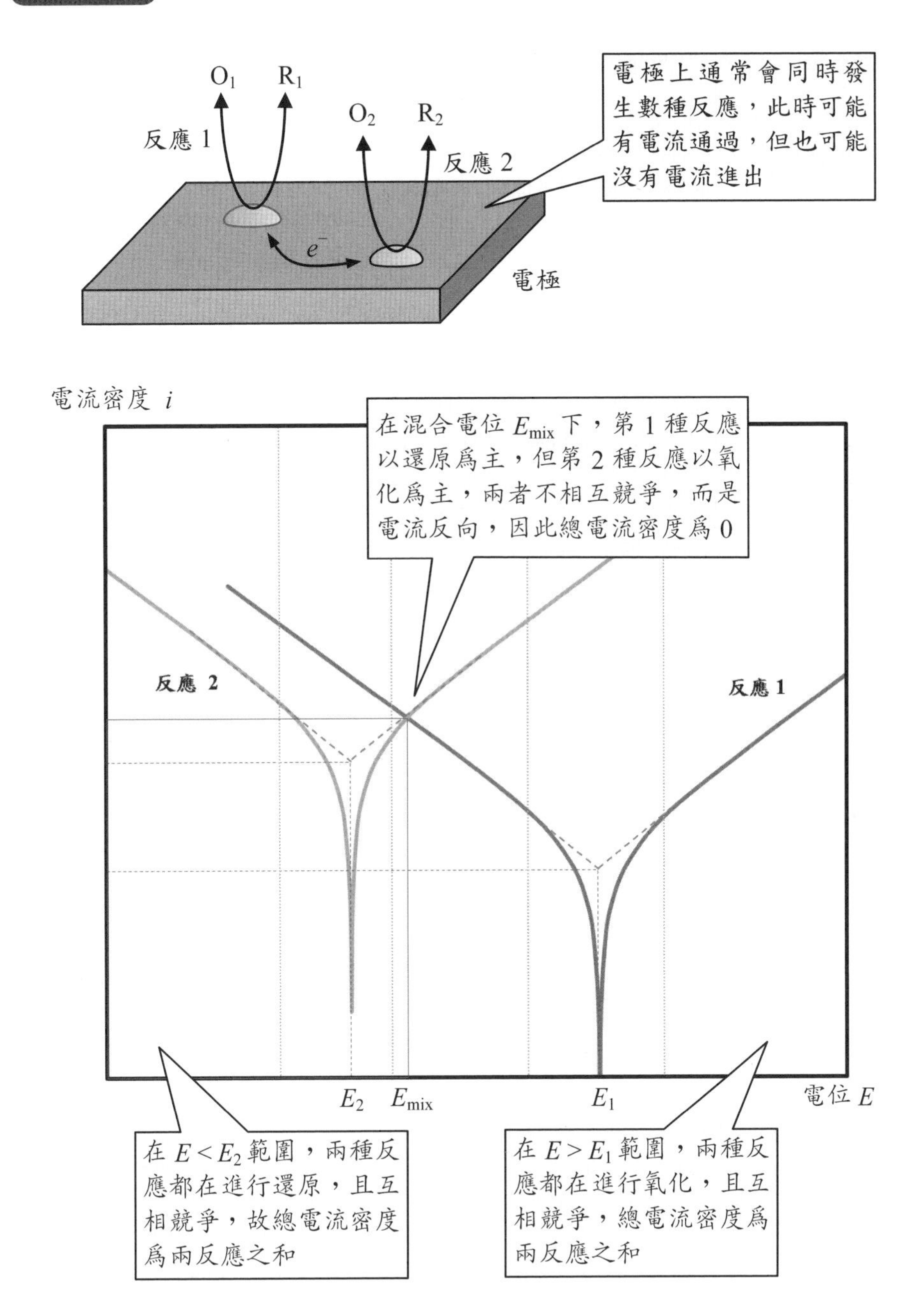

O_1
R_1
O_2
R_2
反應 1
反應 2
e^-
電極
電極上通常會同時發生數種反應，此時可能有電流通過，但也可能沒有電流進出
電流密度 i
在混合電位 E_{mix} 下，第 1 種反應以還原爲主，但第 2 種反應以氧化爲主，兩者不相互競爭，而是電流反向，因此總電流密度爲 0
反應 2
反應 1
E_2
E_{mix}
E_1
電位 E
在 $E<E_2$ 範圍，兩種反應都在進行還原，且互相競爭，故總電流密度爲兩反應之和
在 $E>E_1$ 範圍，兩種反應都在進行氧化，且互相競爭，總電流密度爲兩反應之和

2-18 金屬溶解或腐蝕

金屬腐蝕的速率如何估計？

如前所述，在足夠大的電極表面上，可能同時發生氧化與還原反應，此時的電極甚至不用接線到外部電源即可開始反應。對此類無需通電的反應，可視為電極上擁有微小的氧化區和微小的還原區，兩區直接短路相連，平衡電位較高的成分進行還原，平衡電位較低者進行氧化，兩個半反應的速率相等，最終構成一個微電池（micro-cell）。即使以導線連接此電極至檢測器，也不會觀察到任何淨電流。

使用原電池的標準，陰極接收電子為高電位，陽極釋出電子為低電位，所以陰極反應之平衡電位為 E_c 要高於陽極反應之平衡電位為 E_a。在定溫定壓下，總反應的自由能變化為 $\Delta G = -nF(E_c - E_a) < 0$，所以微電池可以自發性進行反應。假設電極本身電阻可以忽略，且陰陽兩極都在同一個電極材料上，其電位應該同為 E，如前一節所述，此時處於混合電位。所以陽極擁有過電位 $\eta_a = E - E_a > 0$，陰極擁有過電位 $\eta_c = E - E_c < 0$，所以可歸納出 $E_a < E < E_c$。

若有外部電壓施加在電極上，氧化與還原反應的過電位皆會改變，並且有淨電流輸出，這時可以測量電流繪成極化曲線，但此曲線包含了氧化半反應的部分與還原半反應的部分。對於腐蝕，局部陽極的反應是金屬溶解，局部陰極的反應可能是水還原成 H_2 或 O_2 還原成水。若再假設電極表面附近的質傳速率夠快，不發生濃度極化，所以腐蝕程序將由反應控制，而且假設施加在電極的電位明顯偏離兩個半反應的平衡電位，故可採用 Tafel 方程式來近似，得到輸出的總電流密度：

$$i = i_{0c}\exp\left(-\frac{E-E_c}{\beta_c}\right) - i_{0a}\exp\left(\frac{E-E_a}{\beta_a}\right) \tag{2.53}$$

其中的 i_{0c} 和 i_{0a} 代表兩個反應的交換電流密度，不會相等。β_c 和 β_a 是 Tafel 方程式的指數項中除了電位以外的其他參數組合成的倍數，相關於溫度、轉移係數、參與電子數。當腐蝕系統處於混合電位下，淨電流為 0，但陽極電流不為 0，稱為腐蝕電流密度 i_{corr}，此混合電位又可稱為腐蝕電位 E_{corr}。由於陰極半反應的電流密度也是 i_{corr}，故可從中求解得到 i_{corr} 和 E_{corr} 的關係：

$$i_{corr} = i_{0a}\exp\left(\frac{E_{corr}-E_a}{\beta_a}\right) = i_{0c}\exp\left(-\frac{E_{corr}-E_c}{\beta_c}\right) \tag{2.54}$$

經過再整理，輸出的總電流密度 i 將成為：

$$i = i_{corr}\left[\exp\left(-\frac{E-E_{corr}}{\beta_c}\right) - \exp\left(\frac{E-E_{corr}}{\beta_a}\right)\right] \tag{2.55}$$

當 $E - E_{corr} > 0$ 時，金屬電極發生陽極極化；當 $E - E_{corr} < 0$ 時，金屬電極發生陰極極化，從實驗測得的電流－電位曲線可找出 E_{corr} 和 i_{corr}，不需要秤重也可求得腐蝕速率。

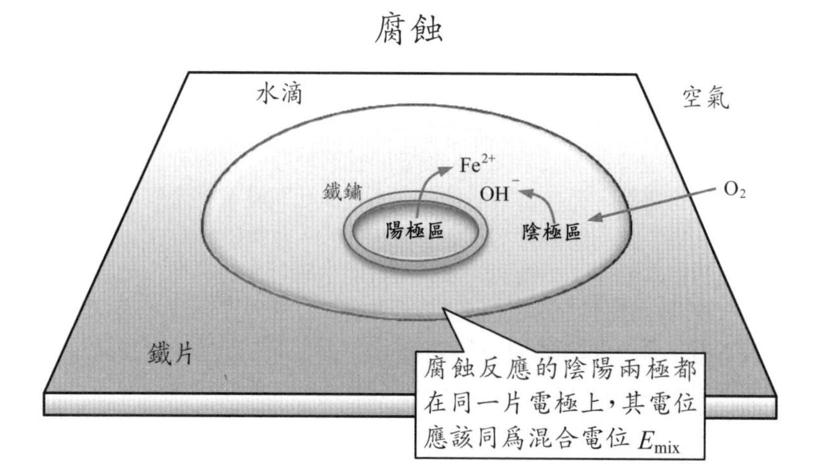
腐蝕
水滴
空氣
Fe^{2+}
鐵鏽
OH^-
O_2
陽極區
陰極區
鐵片
腐蝕反應的陰陽兩極都在同一片電極上，其電位應該同爲混合電位 E_{mix}

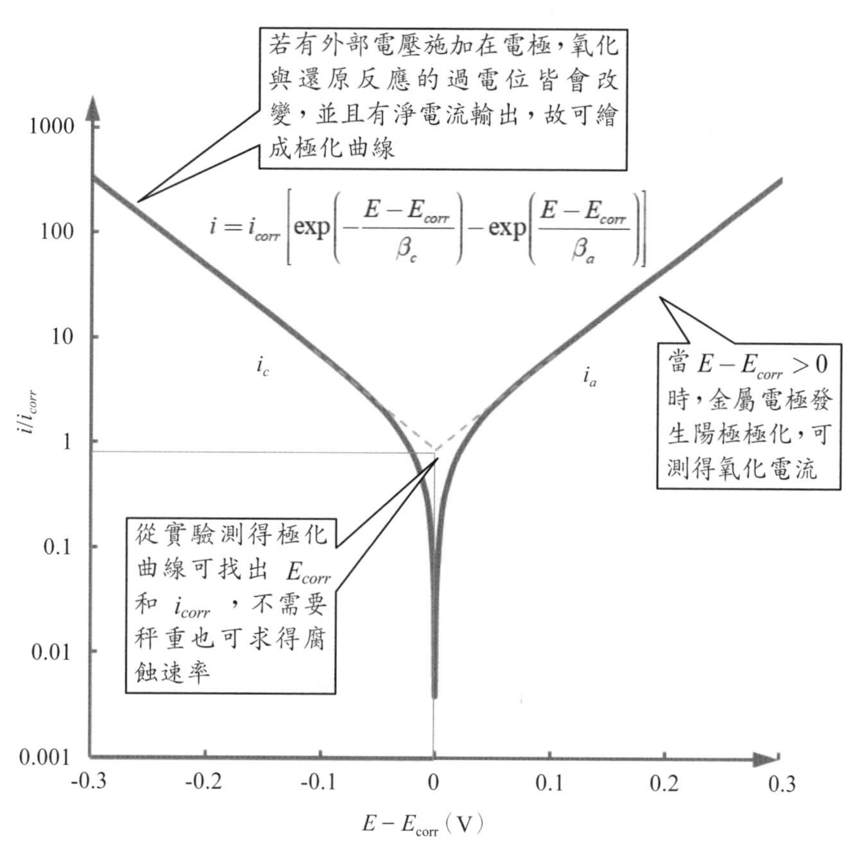
若有外部電壓施加在電極，氧化與還原反應的過電位皆會改變，並且有淨電流輸出，故可繪成極化曲線
$i = i_{corr}\left[\exp\left(-\frac{E-E_{corr}}{\beta_c}\right) - \exp\left(\frac{E-E_{corr}}{\beta_a}\right)\right]$
1000
100
10
1
0.1
0.01
0.001
i/i_{corr}
i_c
i_a
當 $E-E_{corr}>0$ 時，金屬電極發生陽極極化，可測得氧化電流
從實驗測得極化曲線可找出 E_{corr} 和 i_{corr}，不需要秤重也可求得腐蝕速率
-0.3
-0.2
-0.1
0
0.1
0.2
0.3
$E-E_{corr}$（V）

2-19 Evans圖

是否有快速預測金屬腐蝕的方法？

金屬腐蝕的動力學取決於 E_{corr} 和 i_{corr}，改變腐蝕環境後，這兩者也會跟著調整，而且沒有一致性的變化趨勢，尤其當環境中存在多種氧化劑時或在金屬發生鈍化後，腐蝕特性將更複雜。爲了預測腐蝕行爲，需要疊加陽極半反應的極化曲線和陰極半反應的極化曲線，以推估腐蝕速率。後面的章節會說明金屬鈍化後的極化曲線不同，並非 Butler-Volmer 方程式所描述的形狀。但當溶液含有某種強氧化劑時，還原極化曲線將偏向正電位側，若金屬不會鈍化，則推測腐蝕電流密度很大；若金屬會鈍化，則其腐蝕電位較高，但腐蝕電流密度卻會較低，所以這種強氧化劑也可稱爲鈍化劑，使金屬表面形成一層鈍化膜，能夠產生保護作用，是常用的防蝕方法。

然而，使用傳統的極化曲線圖來討論腐蝕現象比較複雜，而且發生腐蝕的陽極面積不等於陰極面積，所以 Ulick Richardson Evans 在 1923 年提出一種簡單的表示法，後人稱爲 Evans 圖。圖中以電極電位爲縱坐標，電流的對數爲橫坐標，並且忽略腐蝕電位附近的電流大幅變化區域，只採用兩條直線來表示電極上的氧化反應和還原反應。透過 Evans 圖即可定性地解釋腐蝕的機制，或快速地制定防蝕的策略。

由於實驗測得的陽極曲線與陰極曲線並非來自同一反應的正逆方向，所以兩部分的斜率（β_a 和 β_c）通常不相等。爲了更明確地說明腐蝕程序，可定義陽極極化電阻 R_a 與陰極極化電阻 R_c：

$$R_a = \frac{E_{corr} - E_a}{I_{corr}} = \frac{\Delta E_a}{I_{corr}} \tag{2.56}$$

$$R_c = \frac{E_c - E_{corr}}{I_{corr}} = \frac{\Delta E_c}{I_{corr}} \tag{2.57}$$

其中的 I_{corr} 是腐蝕電流。整體腐蝕程序的驅動力爲 $E_c - E_a = \Delta E_c + \Delta E_a$，所以腐蝕電流 I_{corr} 也可表示爲：

$$I_{corr} = \frac{E_c - E_a}{R_c + R_a} = \frac{\Delta E_c + \Delta E_a}{R_c + R_a} \tag{2.58}$$

此結果類似歐姆定律。由於 Evans 圖中能快速顯示氧化或還原進行的難度，所以可判斷出腐蝕的速率決定步驟。例如陽極極化電阻 R_a 明顯大於陰極極化電阻 R_c，則腐蝕電流 I_{corr} 將取決於陽極程序，因此可稱爲陽極控制腐蝕；相反地，當 R_a 明顯小於 R_c 時，腐蝕電流 I_{corr} 將取決於陰極程序，可稱爲陰極控制腐蝕。

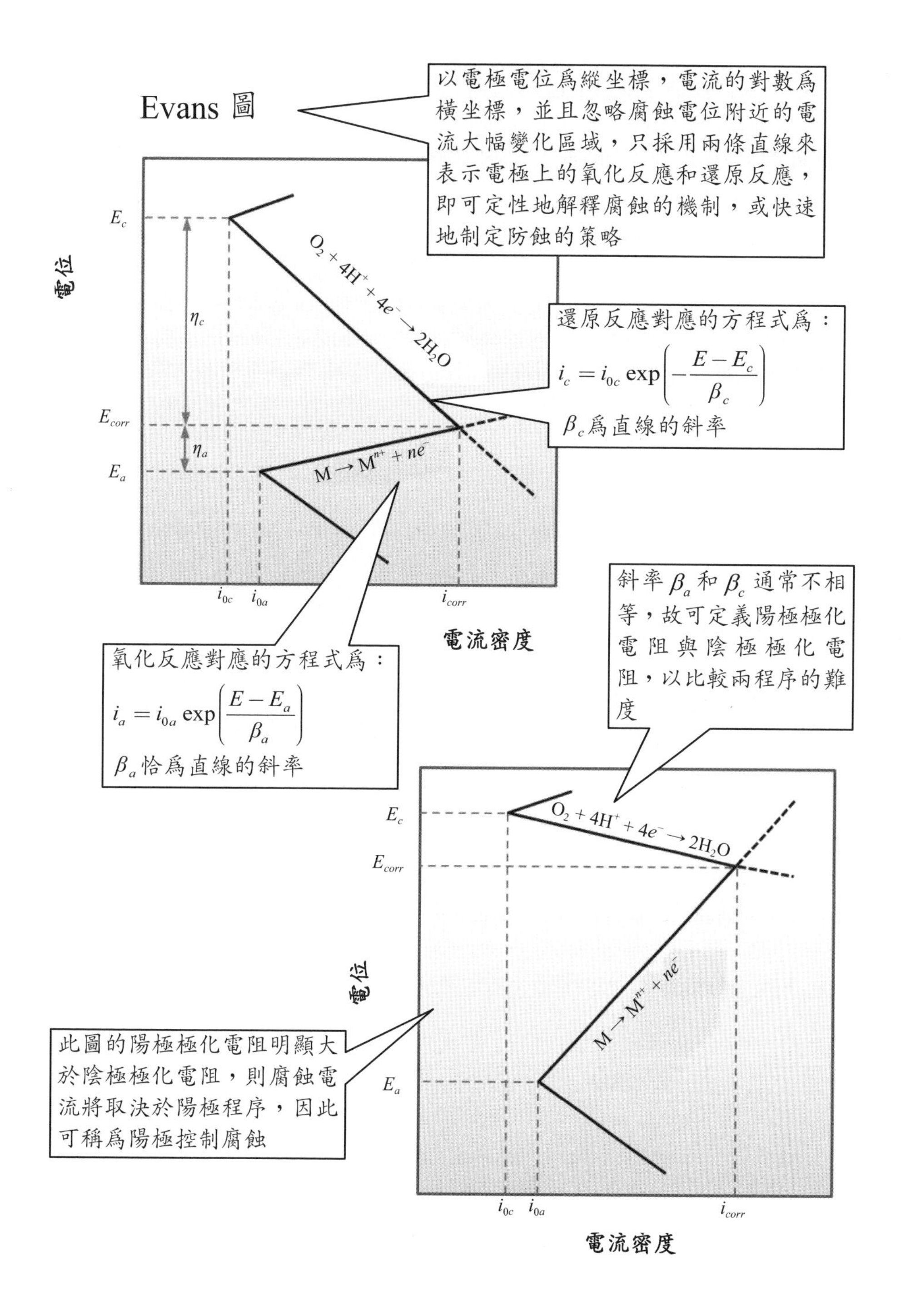

Evans 圖
以電極電位爲縱坐標，電流的對數爲橫坐標，並且忽略腐蝕電位附近的電流大幅變化區域，只採用兩條直線來表示電極上的氧化反應和還原反應，即可定性地解釋腐蝕的機制，或快速地制定防蝕的策略
電位
E_c
η_c
E_{corr}
η_a
E_a
$O_2 + 4H^+ + 4e^- \rightarrow 2H_2O$
$M \rightarrow M^{n+} + ne^-$
還原反應對應的方程式爲：
$i_c = i_{0c} \exp\left(-\frac{E - E_c}{\beta_c}\right)$
β_c爲直線的斜率
i_{0c} i_{0a} i_{corr}
電流密度
氧化反應對應的方程式爲：
$i_a = i_{0a} \exp\left(\frac{E - E_a}{\beta_a}\right)$
β_a恰爲直線的斜率
斜率β_a和β_c通常不相等，故可定義陽極極化電阻與陰極極化電阻，以比較兩程序的難度
E_c
E_{corr}
$O_2 + 4H^+ + 4e^- \rightarrow 2H_2O$
電位
$M \rightarrow M^{n+} + ne^-$
E_a
此圖的陽極極化電阻明顯大於陰極極化電阻，則腐蝕電流將取決於陽極程序，因此可稱爲陽極控制腐蝕
i_{0c} i_{0a} i_{corr}
電流密度

2-20 濃度極化動力學

如果過電壓非常大，會發生什麼現象？

已知電化學程序中包含了反應與質傳，所以後者也會影響程序的整體速率。若質傳速率成為瓶頸時，則稱此為質傳控制程序。過電位增加到某種程度後，電極表面的反應速率將遠大於質傳速率，從反應控制轉變成質傳控制。以電鍍程序為例，金屬離子 M^{n+} 還原成 M，若溶液中含有足夠多的支撐電解質，擴散層內的電遷移現象便可忽略，使擴散主導質傳現象，並在足夠高的過電位下成為速率決定步驟。假設 c^s 和 c^b 分別是 M^{n+} 在表面與主體區的濃度，由於施加的過電位夠大，可以忽略逆反應，使 Butler-Volmer 方程式簡化為：

$$i = i_0 \left[\frac{c^s}{c^b} \exp\left(-\frac{\alpha F \eta}{RT} \right) \right] \quad (2.59)$$

Nernst 對此曾提出一種理論，假設在電極表面的擴散層內，M^{n+} 的濃度呈線性分布，可用 Fick 定律表示其擴散通量 N_d：

$$N_d = D \frac{c^b - c^s}{\delta} \quad (2.60)$$

其中 D 是擴散係數，δ 是擴散層的厚度。由於過電位足夠高，輸送到電極表面的離子立刻被反應消耗用，因此電流密度 i 會取決於離子輸送，使法拉第定律成為：

$$i = nFN_d = \frac{nFD}{\delta}(c^b - c^s) \quad (2.61)$$

在極限情形時，電極表面的 M^{n+} 將被消耗殆盡，使 $c^s = 0$，產生最大的或飽和的電流密度，常稱為極限電流密度 $i_{\lim}$（limiting current density）：

$$i_{\lim} = \frac{nFD}{\delta} c^b \quad (2.62)$$

若 M^{n+} 尚未被消耗殆盡，也可推算出表面濃度：

$$c^s = c^b \left(1 - \frac{i}{i_{\lim}}\right) \quad (2.63)$$

最終可得到電流密度與過電位的關係：

$$\frac{i}{i_0} = \left(1 - \frac{i}{i_{\lim}}\right) \exp\left(-\frac{\alpha F \eta}{RT} \right) \quad (2.64)$$

總結以上，對於 Butler-Volmer 方程式，當過電位的絕對值愈大時，會引起顯著的濃度極化，使動力學行為變得複雜。

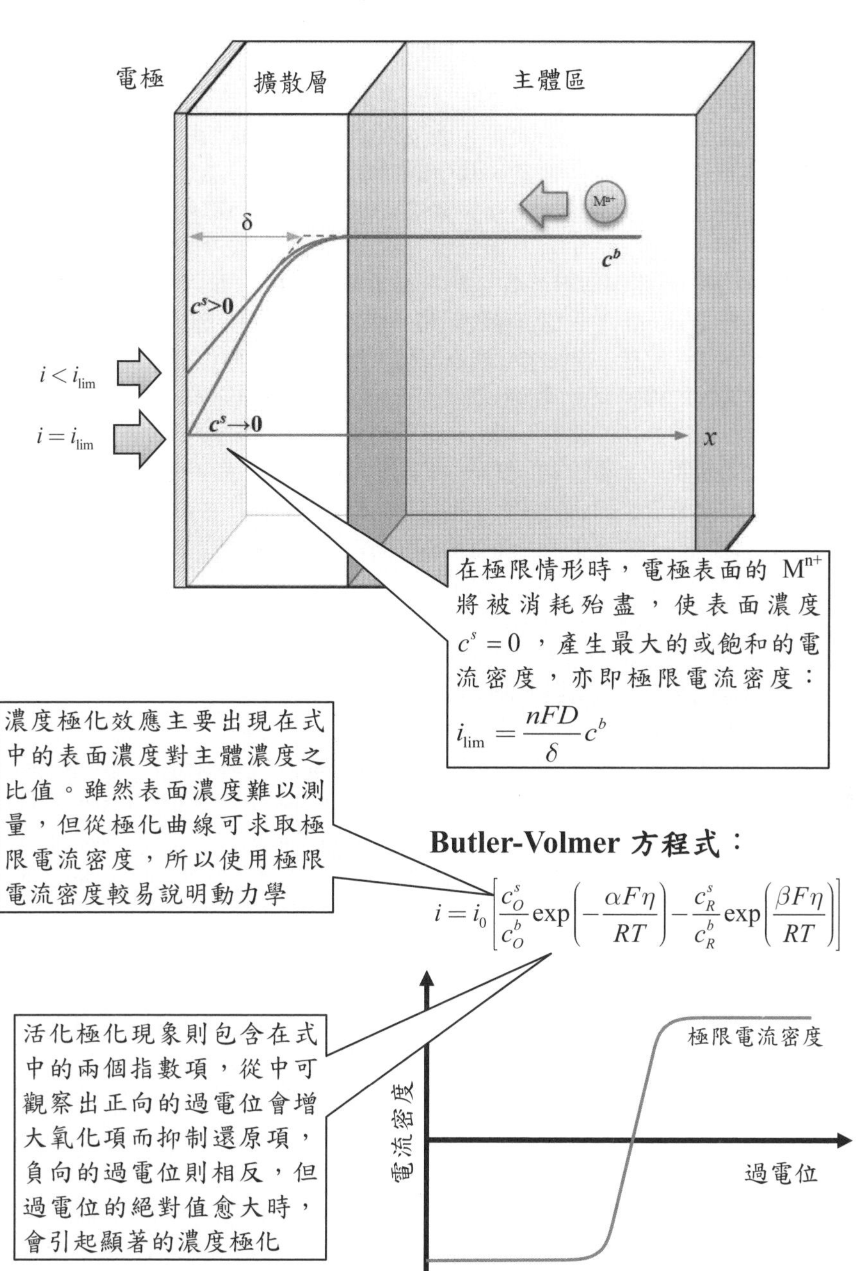
濃度極化
電極
擴散層
主體區
δ
M^{n+}
c^b
$c^s>0$
$i < i_{\lim}$
$i = i_{\lim}$
$c^s \to 0$
x
在極限情形時，電極表面的 M^{n+} 將被消耗殆盡，使表面濃度 $c^s = 0$，產生最大的或飽和的電流密度，亦即極限電流密度：
$i_{\lim} = \dfrac{nFD}{\delta} c^b$
濃度極化效應主要出現在式中的表面濃度對主體濃度之比值。雖然表面濃度難以測量，但從極化曲線可求取極限電流密度，所以使用極限電流密度較易說明動力學
Butler-Volmer 方程式：
$i = i_0 \left[\dfrac{c_O^s}{c_O^b} \exp\left(-\dfrac{\alpha F \eta}{RT} \right) - \dfrac{c_R^s}{c_R^b} \exp\left(\dfrac{\beta F \eta}{RT} \right) \right]$
活化極化現象則包含在式中的兩個指數項，從中可觀察出正向的過電位會增大氧化項而抑制還原項，負向的過電位則相反，但過電位的絕對值愈大時，會引起顯著的濃度極化
電流密度
極限電流密度
過電位

2-21 電結晶

電鍍的微觀現象是什麼？

在電鍍或電解冶金中，都會牽涉從電解液析出金屬的過程，此即電沉積程序（electrodeposition）。在沉積的期間，會依序經歷反應物質傳、前置轉換、電子轉移、成核、晶核成長與成膜的步驟，其中電子轉移、成核與晶核成長可以合稱爲電結晶（electrocrystallization）。金屬的電結晶可以發生在他種材料或同種材料上，這些底材都必須扮演陰極。若在其他材料上結晶，新相與底材的結合力可能比同質材料更強，使析出反應得以發生在正於平衡電位的情形，此現象稱爲欠電位沉積（underpotential deposition），但沉積物累積一個原子層之後，即成爲同質材料連結，無法在更正的電位下沉積。之後若欲繼續沉積，則須將電極電位調整至負於平衡電位的數值，因此後段的鍍膜程序稱爲過電位沉積（overpotential deposition）。

由於各種產品對結晶物的要求不同，在電解精煉程序中希望得到附著良好且結構緻密的薄膜，在電解製取金屬粉末的程序中，則希望得到鬆散或粒狀的沉積物，所以電結晶的操作條件必須依目標而變。除了電沉積的起始條件外，由於電極上持續生成新的晶體，使表面樣態不斷變化，因此電結晶的動力學必須同時考慮電子轉移與結晶行爲。

進行電結晶之前，反應物必須從溶液的主體區移至電極界面，到達界面後，溶劑包圍的金屬離子需要脫離部分水分子或配位基（ligand），才得以吸附在電極上，以便於接收電極傳遞的電子，但有些配位基可以扮演電子傳遞的橋樑，反而可以使金屬還原的活化能降低。

進行電結晶時，陽離子會先還原成吸附原子（adatom）或吸附離子，接著吸附物在表面擴散，移動時還會逐漸脫離水合層，最終停在合適的位置。電極表面存在平台區（terrace）、台階邊緣（step edge）、邊緣空位（edge vacancy）、扭結位置（kink）、表面空位（vacancy）等，各種位置對吸附原子的結合力不同。從附著在表面到塡入空位，金屬原子必須逐漸脫離水合層，每個步驟所需活化能將逐步提高，代表外界必須供給足夠的能量才能產生良好的結晶物。總結電結晶之動力學，最關鍵的因素包括還原過電位、電雙層結構、金屬成核與晶粒成長，而且這四項因素會彼此影響。

提供還原過電位才能克服沉積反應之活化能，使用交換電流密度 i_0 可簡單說明與分類。在水溶液中可以電沉積的金屬大致分成三類，第一類是 i_0 較大的金屬，反應容易進行，所以外加能量主要用於克服濃度極化或結晶；第二類是 i_0 中等的金屬；第三類是 i_0 較小的金屬，其電子轉移慢於吸附物在表面的遷移，所以可用 Butler-Volmer 方程式描述電沉積之動力學。

再者，還原過電位還必須超過某種程度才能使晶核穩定生成，否則結晶物會再溶解，這種穩定生成的條件是晶核必須超過某個臨界尺寸。極化程度增大後，成核的臨界尺寸將減小，而且此時的電流密度會提升，使小晶核的生成數量增多，晶粒將變得細緻。最後的步驟是晶體成長，此過程會與成核競爭能量，因此還原過電位的大小會影響能量分配，改變沉積物的結構。

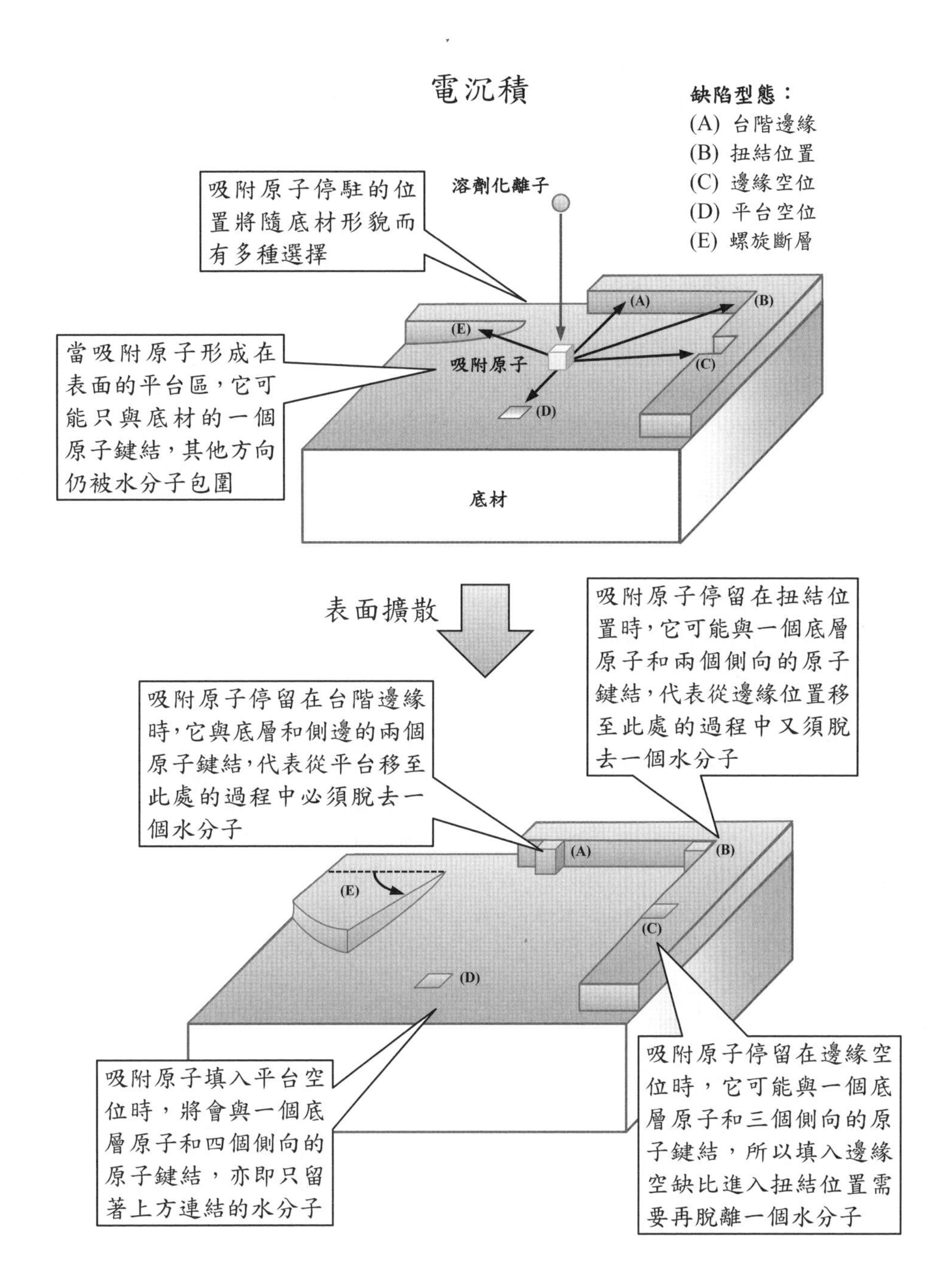
電沉積
缺陷型態：
(A) 台階邊緣
(B) 扭結位置
(C) 邊緣空位
(D) 平台空位
(E) 螺旋斷層
吸附原子停駐的位置將隨底材形貌而有多種選擇
溶劑化離子
(A)
(B)
(E)
(C)
(D)
吸附原子
當吸附原子形成在表面的平台區，它可能只與底材的一個原子鍵結，其他方向仍被水分子包圍
底材
表面擴散
吸附原子停留在扭結位置時，它可能與一個底層原子和兩個側向的原子鍵結，代表從邊緣位置移至此處的過程中又須脫去一個水分子
吸附原子停留在台階邊緣時，它與底層和側邊的兩個原子鍵結，代表從平台移至此處的過程中必須脫去一個水分子
(A)
(B)
(E)
(C)
(D)
吸附原子填入平台空位時，將會與一個底層原子和四個側向的原子鍵結，亦即只留著上方連結的水分子
吸附原子停留在邊緣空位時，它可能與一個底層原子和三個側向的原子鍵結，所以填入邊緣空缺比進入扭結位置需要再脫離一個水分子

2-22 表面鈍化

如果金屬表面產生了氧化膜，會有什麼影響？

當氧化過電位施加到電極，其表面可能形成導電性較差的薄膜，稱爲表面鈍化（passivation），因爲電極的導電性或反應性將會下降。如果此薄膜的厚度僅有 1～2 nm，則電子仍可輕易地穿隧到溶液側，不受此薄膜的影響。但若薄膜的厚度大於 2 nm，後續的反應將發生在溶液與覆膜之間。然而，對於內層電子轉移反應，亦即透過吸附中間物進行的反應，有覆膜的金屬可能會比純金屬具有更高的反應性，因爲覆膜將會扮演觸媒，促進電子轉移的進行。例如 Pt 表面上覆蓋一層很薄的 PtO 時，可以催化 CO 氧化成 CO_2，但 PtO 增厚時，氧化電流密度反而會下降。

在足夠大的電極上，氧化膜的形成類似電鍍，只會從表面的局部區域開始出現，之後形成疏鬆的多孔結構，再逐漸縮小孔洞。然而，有些氧化膜會成長得比較緻密，足以產生保護底材的作用；有些則持續疏鬆，反而會促進底材的溶解，此即間隙腐蝕現象。有些氧化膜的結構可以控制，例如 Al 在特定條件下可生成具有規律孔洞的 Al_2O_3 膜，稱爲陽極氧化鋁（anodic aluminum oxide，簡稱爲 AAO），膜中的孔洞筆直、尺寸固定，呈現六角形的均勻分布，調整製程參數可控制其分布密度和孔徑。

多數的金屬在水溶液中無法呈現熱力學穩定的狀態，尤其當溶液偏酸或含有 O_2 時，更易導致金屬氧化。但有一些金屬的氧化速率很慢，形成相對穩定的鈍化狀態。強制金屬進入鈍化狀態的方法包括陽極極化與添加氧化劑。

藉由慢速的電位掃描法得到極化曲線，可探討鈍化的動力學。所得極化曲線可分爲四個區域，第一區屬於活化（active）狀態，位於起始電壓到產生最大電流之電壓的範圍內，此區間發生的現象是金屬持續溶解而形成陽離子。但這些陽離子在電極表面不斷累積後，將會發生質傳控制現象，使電流密度下降，若氧化過電位繼續加大，則電流密度曲線進入過活化（trans-active）區，此時電極表面可能附著了金屬鹽，也可能出現了氧化物，這些物質的導電性較差，會減少電極與溶液的接觸面積，因而降低了電流。繼續增加過電位，將使電流密度再減低，之後表面覆膜的生成速率與其溶解速率將會達到一致，即使再增大過電位，電流也幾乎維持在小範圍內，代表電極進入了鈍化狀態，此現象會維持到電位上升至某個臨界點。因爲過電位超過臨界點後，將會發現電極表面產生大量 O_2，使電流顯著加大，此時稱爲過鈍化（trans-passive）狀態。然而，有些電極進入過鈍化狀態後，沒有發現大量氣泡，因爲如 Cr、Mo 或 W 等金屬擁有多重氧化態，在低過電位區先形成低價陽離子，在高過電位區形成低價氧化膜，在更高的過電位區則形成高價陽離子，並使氧化膜溶解。氧化膜溶解時會先形成細孔，在孔口與孔內間出現氧化劑的濃度差，進而促進孔內的溶解並擴大孔洞，此現象稱爲孔蝕（pitting corrosion）。

總結以上，電極除了在陰極極化時可以形成鍍膜，也可能在陽極極化下生成覆膜，兩種現象都可以拓展金屬材料的應用性。以電鍍膜爲例，可以帶給工件更美觀或更堅硬的外表；以氧化膜爲例，可以增強金屬的抗蝕性，也可以製成介電層或平坦層，以利於應用在電子元件中。

陽極極化曲線

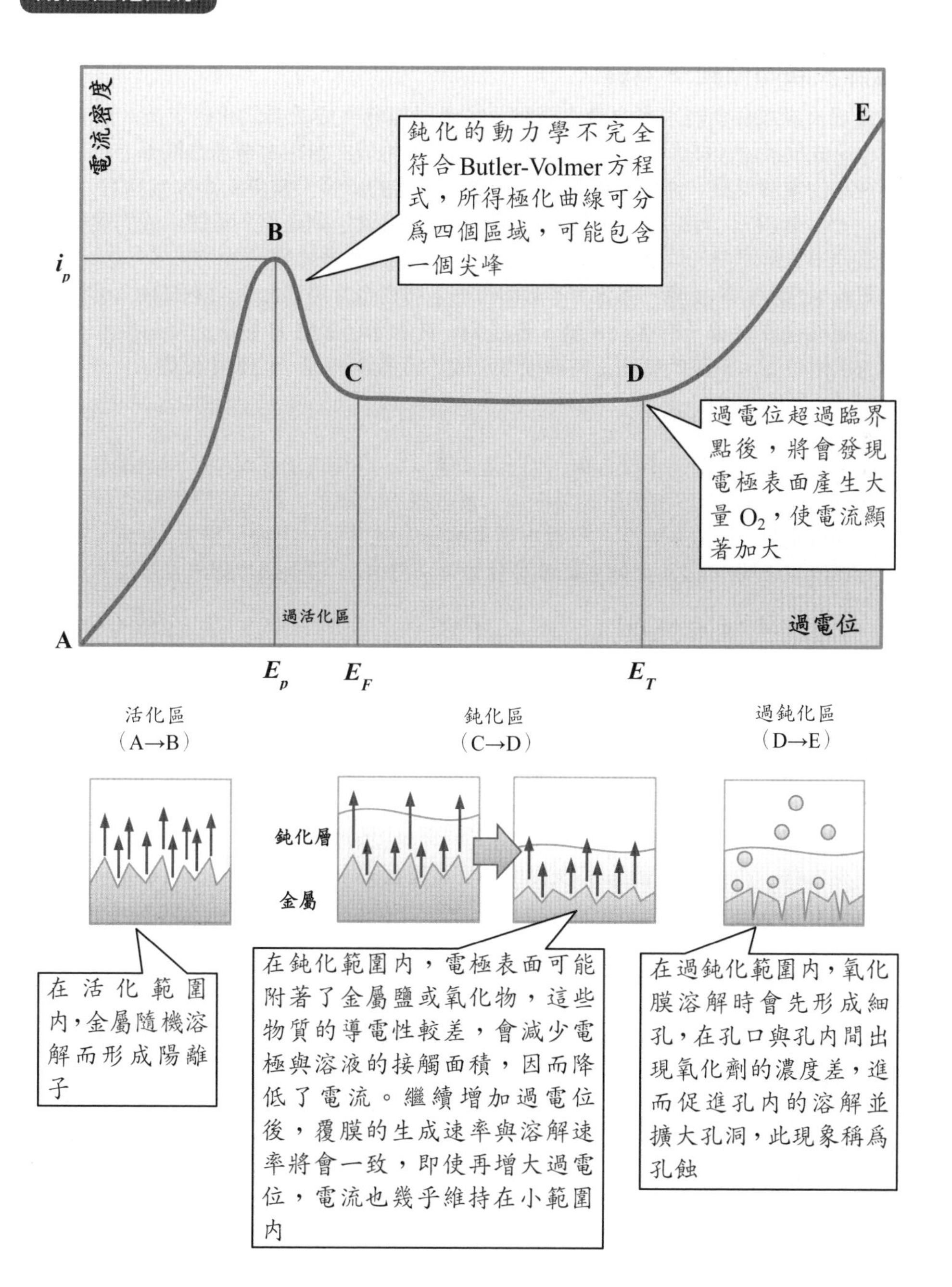
電流密度
鈍化的動力學不完全符合Butler-Volmer方程式，所得極化曲線可分爲四個區域，可能包含一個尖峰
E
B
i_p
C
D
過電位超過臨界點後，將會發現電極表面產生大量O_2，使電流顯著加大
A
過活化區
過電位
E_p
E_F
E_T
活化區
（A→B）
鈍化區
（C→D）
過鈍化區
（D→E）
鈍化層
金屬
在活化範圍內，金屬隨機溶解而形成陽離子
在鈍化範圍內，電極表面可能附著了金屬鹽或氧化物，這些物質的導電性較差，會減少電極與溶液的接觸面積，因而降低了電流。繼續增加過電位後，覆膜的生成速率與溶解速率將會一致，即使再增大過電位，電流也幾乎維持在小範圍內
在過鈍化範圍內，氧化膜溶解時會先形成細孔，在孔口與孔內間出現氧化劑的濃度差，進而促進孔內的溶解並擴大孔洞，此現象稱爲孔蝕

2-23 產氣反應

電極表面如何產生氣體？

電解水或電解食鹽水都會產生氣體，後者已經發展成重要的化學工業，前者在未來也會成爲氫能源技術的一環。在電解期間，新生成的氣相會覆蓋在電極上，並且影響後續的電解反應。產氣反應特別會受電極特性的影響，常見的產物包括 H_2、O_2、Cl_2、CO 和 CO_2，有時這些氣體是主產物，但有時會是副產物。氣體生成的機制對於產氣速率非常關鍵，以下將以 H_2 爲例，簡介氣體的生成原理。

無論 H_2 或 O_2 的反應，都會牽涉吸附程序。將白金片浸泡於 0.5 M 的 HCl 溶液中，可在電極達成 H 原子的吸附平衡，若以 M－H 表示已吸附 H 原子的電極位置，M 表示未吸附位置，則開始施加正向掃描電位後，將導致 H 原子的氧化反應：

$$M-H \rightleftharpoons H^{+}+M+e^{-} \tag{2.65}$$

隨著電位增加，H 原子不斷脫附，直至全部脫附，之後再加高電位，開始電解水生成 O_2，而且這些 O_2 會逐漸吸附在電極上。電位掃描反轉後，首先出現相關於 O 的還原峰，再降低到 0.4~0.8 V 間，又會出現電雙層充電現象，之後則是 H_2 生成，需透過 H^+ 的還原與吸附，以及兩個相鄰吸附 H 複合成爲 H_2。這兩個步驟可表示爲：

$$H^{+}+M+e^{-} \rightleftharpoons M-H \tag{2.66}$$

$$2M-H \rightleftharpoons H_2+2M \tag{2.67}$$

若（2.66）式是生成 H_2 的速率決定步驟，則產氣速率 r 可表示爲：

$$r=k_1c(1-\theta) \tag{2.68}$$

其中 k_1 是對應的速率常數，c 是 H^+ 的濃度，θ 是吸附 H 的覆蓋率，介於 0 和 1 之間。換言之，$(1-\theta)$ 是未覆蓋 H 的表面比率。當覆蓋率不高時，透過法拉第電解定律，上式可轉換成電流密度 i：

$$i=Fk_1c=Fk_1^{\circ}c\exp\left(-\frac{\alpha_1F\eta}{RT}\right) \tag{2.69}$$

其中 k_1° 是標準速率常數，α_1 是轉移係數，約爲 0.5。在 25℃下，從 Tafel 圖可發現斜率爲 118 mV。

但若（2.67）式才是速率決定步驟時，H^+ 的還原速率遠快於第二步驟，可假設第一步驟之正逆反應速率相等，由此可得到過電位足夠大時的覆蓋率 θ，並求出產氣速率，最終換算出電流密度 i：

$$i=2Fk_2K^2c^2\exp\left(-\frac{2F\eta}{RT}\right) \tag{2.70}$$

其中 K 是第一步驟的平衡常數，k_2 是第二步驟的速率常數。在 25℃下，從 Tafel 圖可發現斜率約爲 30 mV。因此，藉由 Tafel 斜率或 H^+ 濃度的反應級數，可以推測 H 吸附的反應機制，對於鹼性溶液也能使用類似的方法。

白金電極上的氣體反應

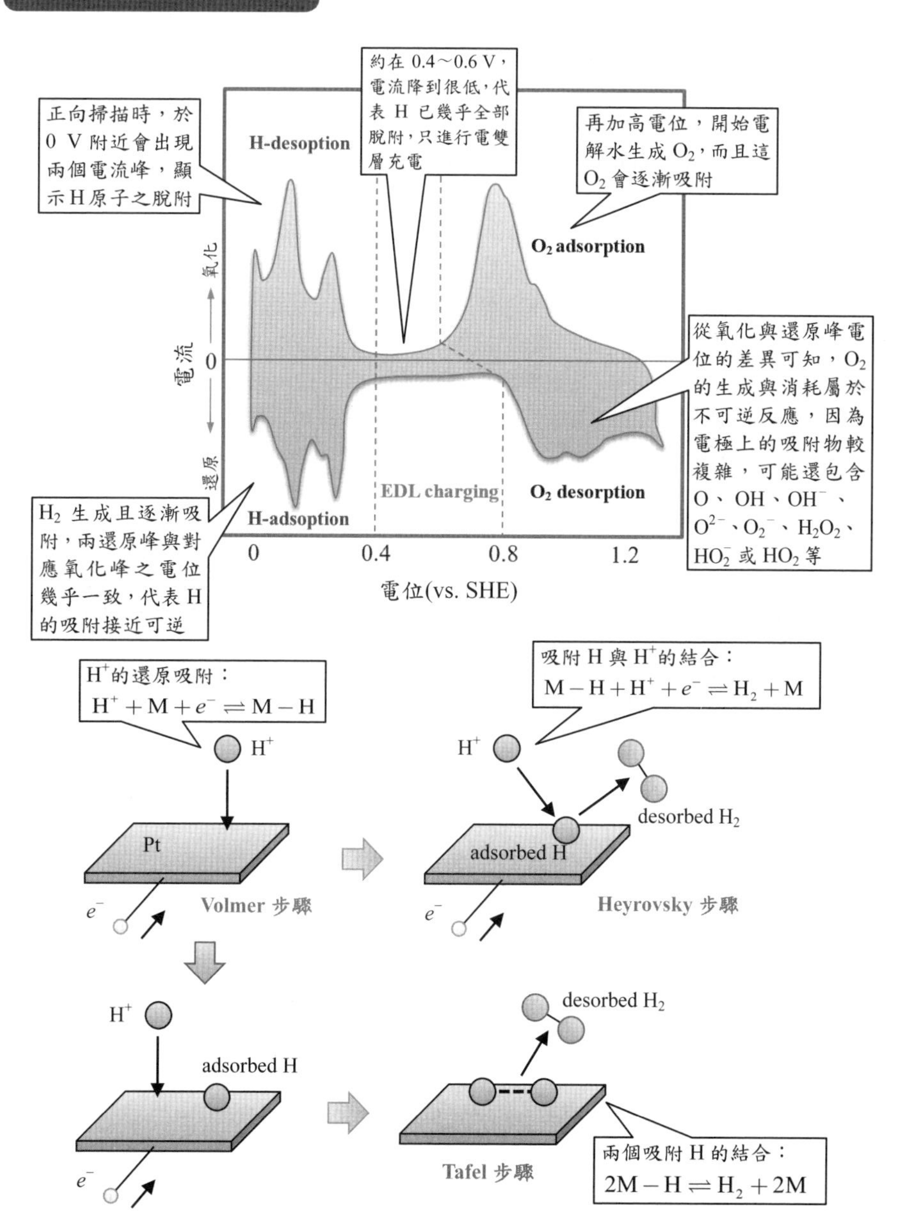

2-24 電催化

電極表面如何產生氣體？

從上一節描述的 H_2 生成反應可知，電極材料不只負責傳遞電子，還要提供活性位置。若在反應之後，電極本身沒有發生淨變化，且擁有提升反應速率的功能，則此電極可稱爲電催化劑（electrocatalyst）。以電解 1 M 的 $H_2SO_{4(aq)}$ 生成 H_2 爲例，在 Pb 電極上的交換電流密度約爲 2.5×10^{-10} mA/cm^2，但在 Pd 電極上的交換電流密度卻可達到 4.0^0 mA/cm^2，兩者相距 10 個數量級。若在 Cu 電極上的交換電流密度只有 4.0×10^{-5} mA/cm^2，顯然將 Pd 材料附著在 Cu 上可扮演電催化劑。

電催化劑與其他類型的觸媒至少有三處不同，例如電極電位會改變電催化效應，溶劑與支撐電解質也會影響電催化作用，且電催化不需高溫環境。目前可用作電催化劑的材料包括單一金屬、合金、金屬氧化物與過渡金屬錯合物。例如 Pt、Ir 或 Ni-Mo 合金可用於催化 H_2 生成，RuO_2 可用於鹼氯工業的陽極。鹼氯工業的陽極主要要求 Cl_2 生成的過電位低，且交換電流密度大，但 O_2 生成的過電位則要高，以免 Cl_2 的選擇率不足，由此開發出的電極稱爲形穩陽極（dimensionally stable anode，簡稱 DSA），也稱爲不溶性陽極，是由 Ti 基材上沉積一層微米級的 RuO_2 所構成，即使在強酸中也能維持穩定，並能使產生 Cl_2 的電流效率達到 99%。

此外，約在 1920 年代，美國工程師 Murray Raney 在研究植物油氫化時，使用過多孔結構的鎳鋁合金作爲催化劑，之後被推廣到其他有機合成或電解工業中。這種多孔合金被稱爲蘭尼鎳（Raney Ni），是以濃 NaOH 溶液處理鎳鋁合金，使其中的鋁被溶解留下微孔，最終製成細小的灰色粉末，但每顆粉末微粒都具有多孔結構，擁有非常大的比表面積，在電解反應中可用來催化 H_2 生成，也可用於催化 O_2 生成。

電催化的共通點是牽涉的反應會包含兩個以上的步驟，且會在電極表面生成化學吸附的中間物，有一類是反應物被吸附形成中間物，再經過非勻相反應與脫附生成產物，例如分解水的陰極產氫反應。也可能是反應物在電極上發生分解，分解產物之一或全體再吸附於表面，這些中間物再發生電子轉移而得到產物，例如甲酸燃料電池的陽極反應。然而，雖然許多催化劑已被成功地開發出來，但是針對獨特反應而設計的催化劑卻鮮少能完全轉移至另一種電極反應上，因爲每一種反應的機制可能不同，反應中間物的尺寸不同，以及反應所需環境亦不同，致使某種電催化劑無法適用於各種反應。即使如此，也有某些特性是通用的，例如催化劑的比表面積必須夠大，雜質吸附必須夠小，在反應中能夠維持穩定而不分解，因爲比表面積較大時可提供較多的活性位置，雜質吸附較少時可避免催化劑中毒，不被電解液溶解則可更耐用，這些條件皆適用於每一種反應。目前已知的高比表面積催化劑除了包括蘭尼鎳之外，還可使用載體來承擔催化材料，而最常使用的載體是碳材，例如活性碳等，將催化材料附著在載體上可以增加其分散性，也可減低高價催化材料的用量，所以經濟效益更能有效提升。

電催化

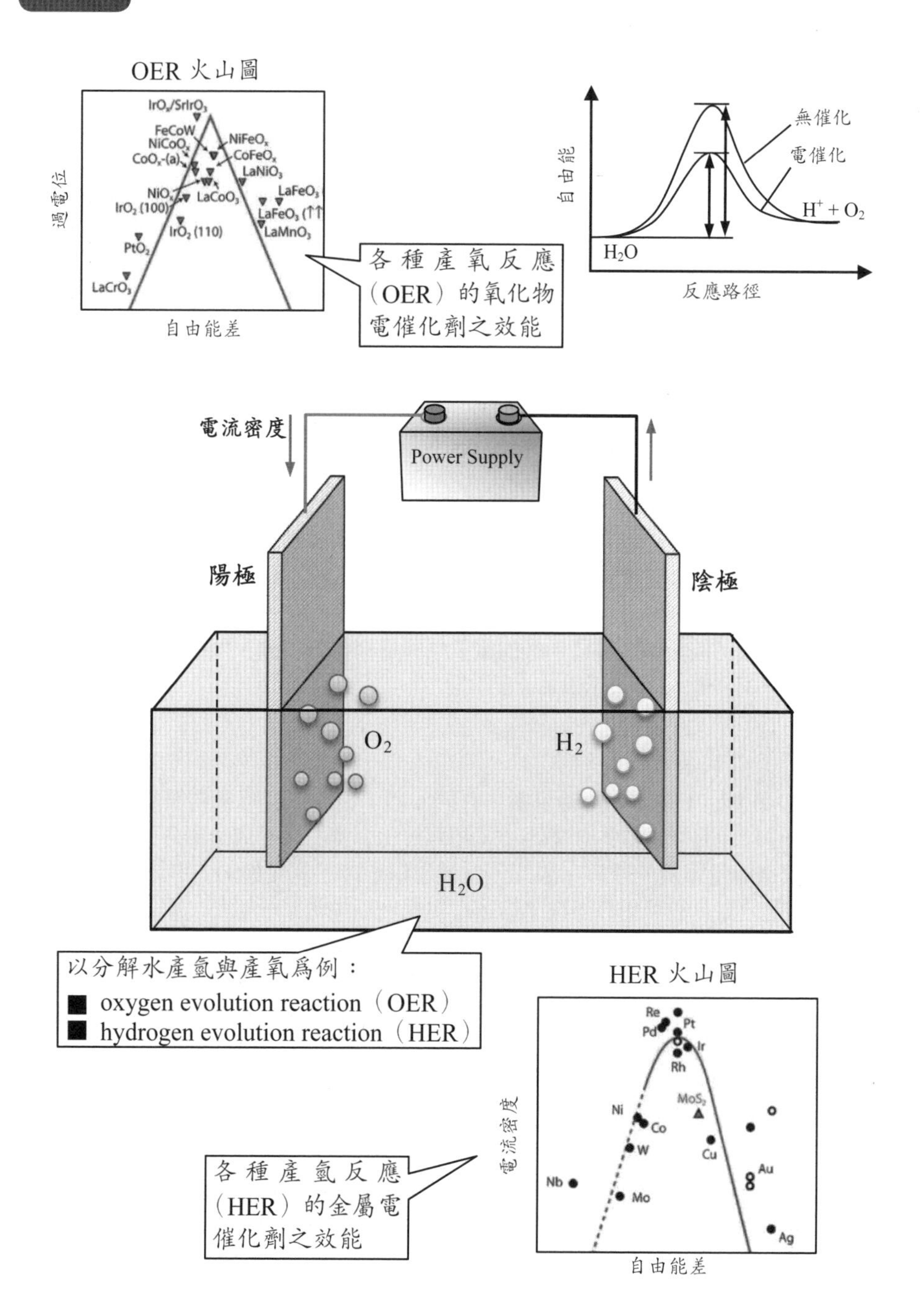

OER 火山圖
過電位
自由能差
各種產氧反應（OER）的氧化物電催化劑之效能
自由能
無催化
電催化
$H^+ + O_2$
H_2O
反應路徑
電流密度
Power Supply
陽極
陰極
O_2
H_2
H_2O
以分解水產氫與產氧爲例：
oxygen evolution reaction（OER）
hydrogen evolution reaction（HER）
HER 火山圖
電流密度
自由能差
各種產氫反應（HER）的金屬電催化劑之效能

2-25 Marcus動力學

微觀下的電極界面如何傳遞電子？

Butler-Volmer 方程式可以顯示施加電壓和成分濃度對電極程序的效應，但這僅僅屬於巨觀層次，並未涉及本因，若欲探索微觀的電子轉移，還須引入量子力學的理論。在 20 世紀後半，電化學的微觀理論已逐步建立，貢獻最大的幾位學者包括 Marcus、Hush、Levich 和 Dogonadze。為了理解電化學反應，可先區分電子轉移的位置。當反應離子被錯合劑包圍時，或被溶劑分子阻隔在電極以外時，所發生的電子轉移稱為外層（out-sphere）反應。對電極而言，反應前後都被溶劑分子覆蓋；對離子而言，反應前後都被錯合劑包圍，所以電子只能從離子端跳躍至電極端，反之亦然。但若被錯合劑包圍的反應離子可以接近電極，並在接觸點分享同一個配位物，則此配位物橋接了電極與離子，透過此橋梁進行的電子轉移過程稱為內層（inner-sphere）反應。在這類反應中，反應物或產物對電極有較強的作用，因為反應牽涉了特性吸附，所以電極的性質會特別影響內層反應。

假設有一個雙分子勻相反應發生，電子藉由穿隧效應從予體 D 轉移至受體 A，最後形成 D^+ 和 A^-。在反應過程中，牽涉的子步驟包括電子轉移、分子伸縮、溶劑重排或分子結構變化等，但它們具有不同的時間規模（time scale），其中以電子轉移最快。Frank-Condon 原理指出，電子轉移的機率達到最大時，轉移前的能量恰等於轉移後的能量，故可假設電子轉移前後的原子核動量與位置不變。根據過渡狀態理論，電子轉移的速率常數 k_{et} 可表示為：

$$k_{et} = \kappa\nu \exp(\frac{-E_A}{RT}) \tag{2.71}$$

其中 E_A 是活化能；k 是電子傳輸係數，介於 0 和 1 之間，若反應物與電極之間的作用極強，$\kappa = 1$；ν 是核運動的頻率因子，相關於化學鍵的振動或溶劑分子的運動，可代表電子越過能量障礙的頻率。因此，反應速率牽涉了氧化態 O、還原態 R 與溶劑 S 的分子相對位置，故可用核座標來描述自由能，以說明原子振動、原子轉動、溶劑分子方位變化對自由能的影響。定義核座標的參數為 q，代表分子的間距，且假設反應物與產物的自由能皆與 q 的簡諧振盪有關，因此呈現出平方關係。藉由核座標的關係，可以列出 O、R、中間物的自由能，再定義重組能 λ 為 O 和溶劑 S 組成的結構變換成 R 和溶劑 S 組成的結構時所需之能量。因此可推導出還原活化能 $E_{A,rd}$：

$$E_{A,rd} = \frac{\lambda}{4}\left[1+\frac{F(E-E_{eq})}{\lambda}\right]^2 \tag{2.72}$$

其中 E 為施加電位，E_{eq} 為平衡電位。接著可得到電子轉移速率常數：

$$k_{et} = \kappa\nu \exp\left(-\frac{(\Delta G+\lambda)^2}{4RT\lambda}\right) \tag{2.73}$$

儘管藉由 Marcus 理論可以計算速率常數，但在實務中卻很少運用，所以 Marcus 理論的價值主要定位於電子轉移程序的詮釋。

Marcus 動力學

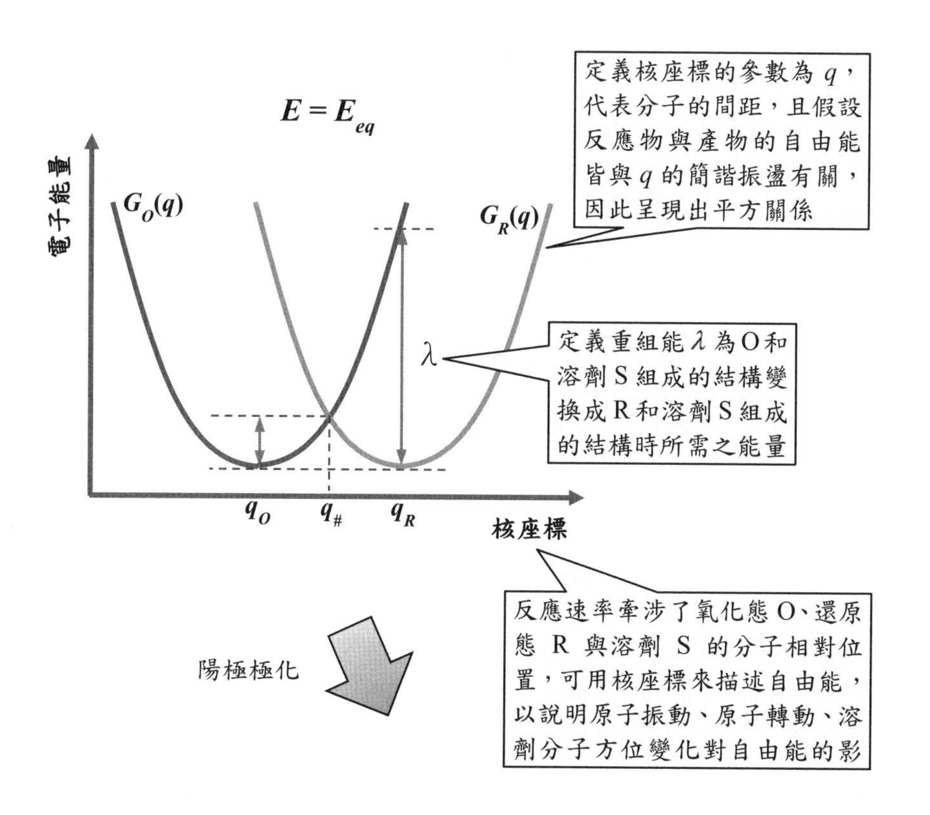
$E = E_{eq}$
電子能量
$G_O(q)$
$G_R(q)$
定義核座標的參數為 q，代表分子的間距，且假設反應物與產物的自由能皆與 q 的簡諧振盪有關，因此呈現出平方關係
λ
定義重組能 λ 為 O 和溶劑 S 組成的結構變換成 R 和溶劑 S 組成的結構時所需之能量
q_O
$q_\#$
q_R
核座標
反應速率牽涉了氧化態 O、還原態 R 與溶劑 S 的分子相對位置，可用核座標來描述自由能，以說明原子振動、原子轉動、溶劑分子方位變化對自由能的影
陽極極化

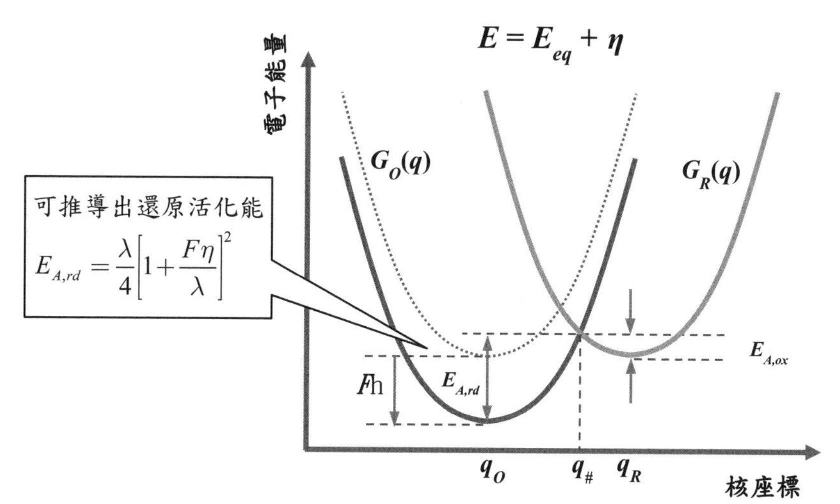
$E = E_{eq} + \eta$
電子能量
$G_O(q)$
$G_R(q)$
可推導出還原活化能
$E_{A,rd} = \frac{\lambda}{4}\left[1 + \frac{F\eta}{\lambda}\right]^2$
$F\eta$
$E_{A,rd}$
$E_{A,ox}$
q_O
$q_\#$
q_R
核座標

2-26 溶液成分的電子能階

溶液中的氧化還原成分之電子能量如何描述？

處理非勻相反應時，另有一種 Gerischer 理論藉由物質的電子能階來闡釋反應機制，故此理論特別適合用於解釋半導體電極的反應。以下說明 Gerischer 理論時，將採取電子學的慣用符號，以 E 代表電子能量，並非電位。

在溶液中，若存在一對氧化態成分 O 和還原態成分 R，之間可進行單電子轉移：$O+e^- \rightleftharpoons R$，則可採用 Nernst 方程式的形式來描述其電化學位能$\overline{\mu}_{O/R}$：

$$\overline{\mu}_{O/R} = \overline{\mu}^{\circ}_{O/R} + kT\ln\left(\frac{c_O}{c_R}\right) \tag{2.74}$$

其中$\overline{\mu}_{O/R}$是標準狀態下的電化學位能，c_O和c_R是O和R的濃度，k是Boltzmann常數。假設固態電極與溶液擁有共通的參考能階，則$\overline{\mu}_{O/R}$等價於費米能階 $E_{O/R}$，當兩者濃度相等時，$E_{O/R} = E^{\circ}_F$。但 O 和 R 的電子只留在分子軌域中，且各成分都能自由運動，再加上內部化學鍵的振動或轉動，使電子能階不斷變化。爲了方便描述，可將其電子能階視爲最高機率能階附近的常態分布，且還原態 R 的電子能階視爲已占據能態，氧化態 O 的電子能階視爲未占據能態，兩能階的分布會有部分重疊。

O 和 R 在溶液中會被溶劑分子 S 包圍，稱爲溶劑化，此時的平衡組態爲 $R\text{–}S_R$，是指 S 圍繞著 R 的組態。若 $R\text{–}S_R$ 釋出一個電子至真空能階，則必須先取得E°_R的游離能，但釋放電子後只能先轉變成 $O\text{–}S_R$。基於 Frank-Condon 原理，溶劑重新排列所需時間比電子轉移更長，因此反應瞬間的產物是 $O\text{–}S_R$，代表 S 仍維持著環繞 R 的型態，之後 S 才能異動。溶劑重排時將釋放出能量 λ_R，才進入平衡狀態 $O\text{–}S_O$，λ_R 稱爲重組能。進行逆反應時，$O\text{–}S_O$ 必須捕捉一個真空能階的電子，再釋放出電子親和能E°_O，使之轉變成 $R\text{–}S_O$。相似地，必須等待電子轉移完成後，S 才能重組，待能量 λ_O 釋放後，才能進入平衡狀態 $R\text{–}S_R$。從反應的能量循環關係可發現，在標準狀態下，費米能階E°_F是 $O\text{–}S_O$ 與 $R\text{–}S_R$ 的能量差：

$$E^{\circ}_F = E^{\circ}_R + \lambda_R = E^{\circ}_O - \lambda_O \tag{2.75}$$

類比固態材料，只看電子能量的變化，可發現E°_R相當於電子已占據之能態，而E°_O相當於電子未占據之能態，且氧化還原對之費米能階E°_F介於兩能態之中。

假設 $\lambda_R = \lambda_O = \lambda$，O 和 R 的能態可依據 Boltzmann 分布來表示，則 O 的能態分布函數 $D_O(E)$ 爲：

$$D_O(E) = \frac{c_O}{\sqrt{4kT\lambda}}\exp\left(-\frac{(E-E^{\circ}_F-\lambda)^2}{4kT\lambda}\right) \tag{2.76}$$

R 的能態分布函數 $D_R(E)$ 也類似。

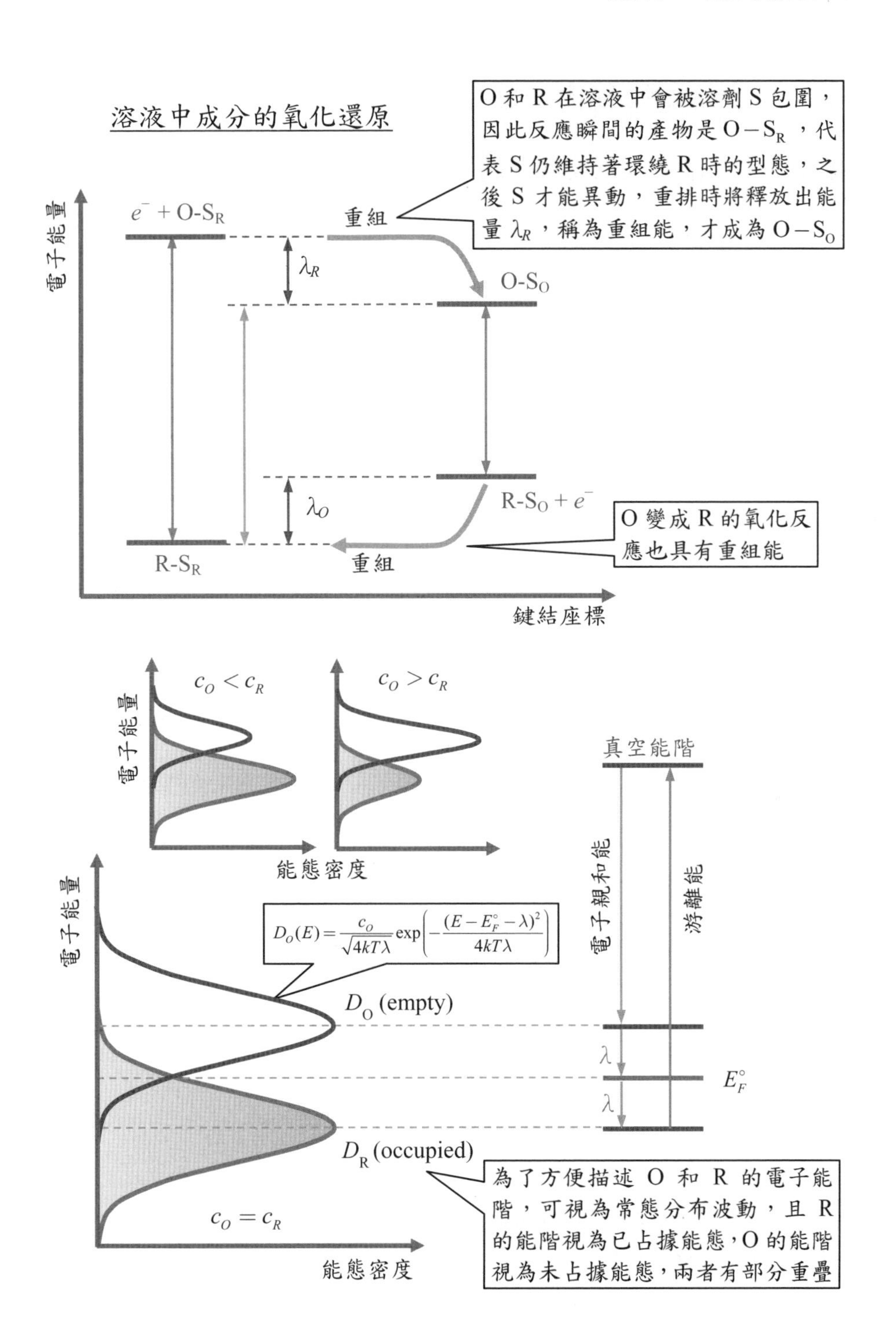

溶液中成分的氧化還原
O和R在溶液中會被溶劑S包圍，因此反應瞬間的產物是O－S_R，代表S仍維持著環繞R時的型態，之後S才能異動，重排時將釋放出能量λ_R，稱為重組能，才成為O－S_O
電子能量
e⁻ + O-S_R
重組
λ_R
O-S_O
λ_O
R-S_O + e⁻
O變成R的氧化反應也具有重組能
R-S_R
重組
鍵結座標
c_O < c_R
c_O > c_R
電子能量
能態密度
真空能階
電子親和能
游離能
電子能量
D_O(E) = c_O/√(4kTλ) exp(−(E − E_F° − λ)²/(4kTλ))
D_O (empty)
λ
E_F°
λ
D_R (occupied)
c_O = c_R
能態密度
為了方便描述O和R的電子能階，可視為常態分布波動，且R的能階視為已占據能態，O的能階視為未占據能態，兩者有部分重疊

2-27 金屬電極的電子能階

金屬中的電子能量如何影響反應速率？

固體材料在 0 K 下，所有電子將填滿 E_F 以下的能階；大於 0 K 時，有些許熱能可以提供電子躍至高於 E_F 的能階，同時也使 E_F 以下的能階出現電洞。使用 Fermi-Dirac 分布函數可以預測溫度 T 下電子占據能階 E 的機率 $f(E)$：

$$f(E)=\frac{1}{1+\exp(\frac{E-E_F}{kT})} \tag{2.77}$$

由此式可發現能量遠大於 E_F 的能態，被電子占據的機率趨近於 0；且在 $E = E_F$ 時，占據機率恰為 50%。除了溫度的效應以外，當電極電位往負向增加時，E_F 將被提高，反之移往正向時，E_F 則被降低。

對於金屬電極與含有 O/R 的溶液所形成之界面，藉由 Gerischer 理論可解釋其電子轉移。當 R 發生氧化時，電子會從 R 的已占據能態傳向金屬中的未占據能態；當 O 發生還原時，電子會從金屬的已占據能態傳向 O 的未占據能態。電子傳遞的速率取決於界面兩側的能態密度，當 O 的還原發生在某個特定電子能階 E 時，其局部速率將正比於電極側的電子數量 $f(E)\rho(E)$，同時也正比於溶液側的未占據能態密度 $D_O(E)$。接著在整個能量區間對局部速率積分，即可得到所有能階的總體速率，並可進一步轉換成還原電流密度 $i^-\approx\int_{-\infty}^{E_F}\varepsilon f(E)\rho(E)D_O(E)dE$，其中的 ε 是反應速率換成電流密度的比例函數，會隨電位而變。已知金屬側和溶液側的費米能階分別為 E_F 和 $E_{O/R}$，當 $c_O = c_R$ 時，$E_{O/R}=E_F^\circ$。在金屬側，由於 $E > E_F$ 的能階幾乎是空的，使 $f(E)\rho(E)$ 趨近於 0，因此（2.78）式的上限可縮減。再合併一些參數成為速率常數 k°，即可得到隨著反應物的表面濃度 c_O^s、電子能量 E 與溶劑重組能 λ 而變的還原電流密度 i^-：

$$i^-=nFk^\circ c_O^s\int_{-\infty}^{E_F}f(E)\rho(E)\exp\left(-\frac{(E-E_F^\circ-\lambda)^2}{4kT\lambda}\right)dE \tag{2.78}$$

藉由 Gerischer 理論雖然可以分析電化學反應的速率，但藉由上式的積分來計算電流密度卻有困難，因此可使用近似法來化簡：

$$i^-\approx nFk^\circ c_O^s\exp\left(-\frac{(E_F-E_F^\circ-\lambda)^2}{4kT\lambda}\right)=nFk^\circ c_O^s\exp\left(-\frac{(e\eta+\lambda)^2}{4kT\lambda}\right) \tag{2.79}$$

其中的 η 是過電位。此結果類似 Butler-Volmer 方程式，但需留意除了過電位，還有重組能 λ 的效應，推算 R 的氧化電流密度 i^+ 時亦同。

金屬／電解液界面的電子轉移

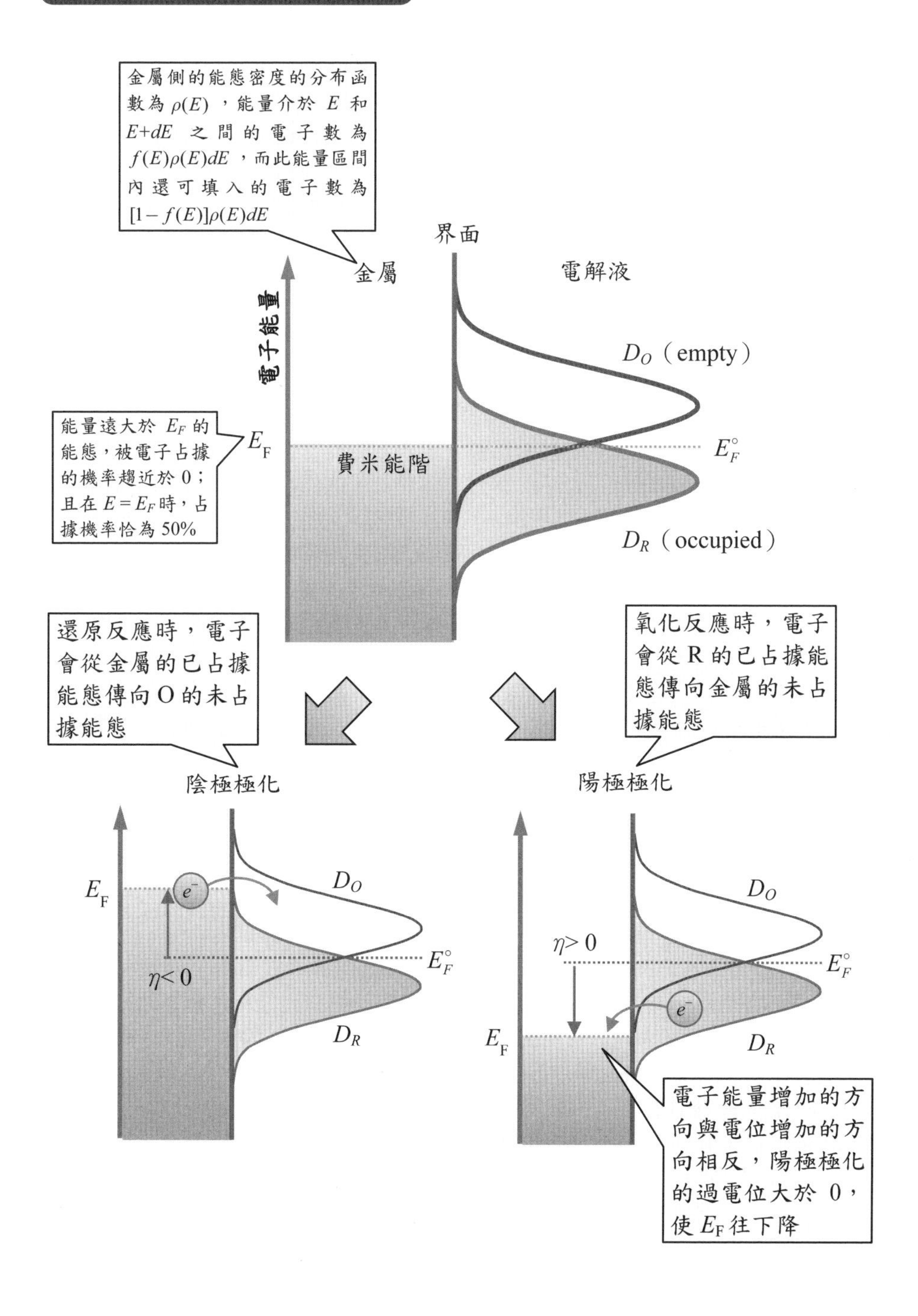

2-28 半導體電極界面

半導體接觸溶液之後，界面會出現什麼變化？

當半導體置入電解液中，其界面爲了達成相平衡，兩側的電化學位能必須一致。溶液側的電化學位能決定於氧化還原對的電子能階 $E_{O/R}$，半導體側則取決於 E_F。若這兩者不一致，兩側的載子將會持續移動以達成相平衡。平衡時將在半導體表面附近留下過剩電荷，形成空間電荷區（space charge region），其範圍在表面以內 10～1000 nm。因此，半導體電極擁有兩組電雙層，一個出現在空間電荷區，另一個出現在電極與電解液的界面。

對於 n 型半導體，其多數載子是電子，當 E_F 高於 $E_{O/R}$ 時，電子將從電極移動到溶液，並在電極內留下帶正電的空間電荷區，以及電極表面向上彎曲的能帶。對於 p 型半導體，其多數載子是電洞，當 E_F 低於 $E_{O/R}$ 時，電子將從溶液移動到電極，抵銷電洞後留下帶負電的空間電荷區，以及電極表面向下彎曲的能帶。

若半導體的電位被改變，其 E_F 將會移動，但表面的能帶位置卻幾乎不受影響，此現象稱爲能帶釘紮（band pinning），因爲半導體和水的作用強過半導體和氧化還原物質的作用，但在非水溶液則可能出現不釘紮的情形。因此，外加的偏壓主要落在空間電荷區內，進而改變能帶彎曲的程度，而溶液側的電雙層電壓則維持定值。釘紮現象會使偏壓下的表面能帶產生四種變化，以下僅以 n 型半導體爲例。

已知 n 型半導體電極具有能隙 E_g，與含有 O 和 R 的電解液達成平衡時，表面能帶會上彎。此時施加陰極過電壓，E_F 將被提升。第一種情形發生在某特定電位下，表面能帶將被補償成水平，這時不會有載子流動，因而稱其爲平帶電位。第二種情形是再加大陰極過電壓，電位便會負於平帶電位，使 E_F 高於釘紮的表面導帶邊緣能階 E_c^s，這時空間電荷區將出現過剩的電子，形成累積層（accumulation region），使其行爲類似金屬，此時可稱爲簡併半導體（degenerate semiconductor）。第三種情形是 n 型半導體進行陽極極化時，電位會高於平衡電位，但表面仍存在空間電荷區。第四種情形是外加電位高到某種程度時，表面能帶的彎曲程度更大，進而導致表面的價帶頂端能階 E_v^s 高於 E_F，使電洞累積在表面，形成反轉層（inversion layer）。p 型半導體也擁有四種能帶變化，但其多數載子爲電洞。

當電子轉移發生在半導體電極的界面，電子可經由導帶或價帶來傳遞，須視能帶位置和能態密度才能確定傳遞的能帶。此外，電子轉移也能夠透過界面的表面態（surface state）進行，表面態會捕捉來自導帶的電子或價帶的電洞。若 O 和 R 的平衡電位較負時，$E_{O/R}$ 會較接近導帶邊緣，電子轉移預期會發生在導帶；平衡電位較正時，$E_{O/R}$ 則會較接近價帶邊緣，電子轉移則會發生在價帶。

n 型半導體 / 溶液界面之電子轉移

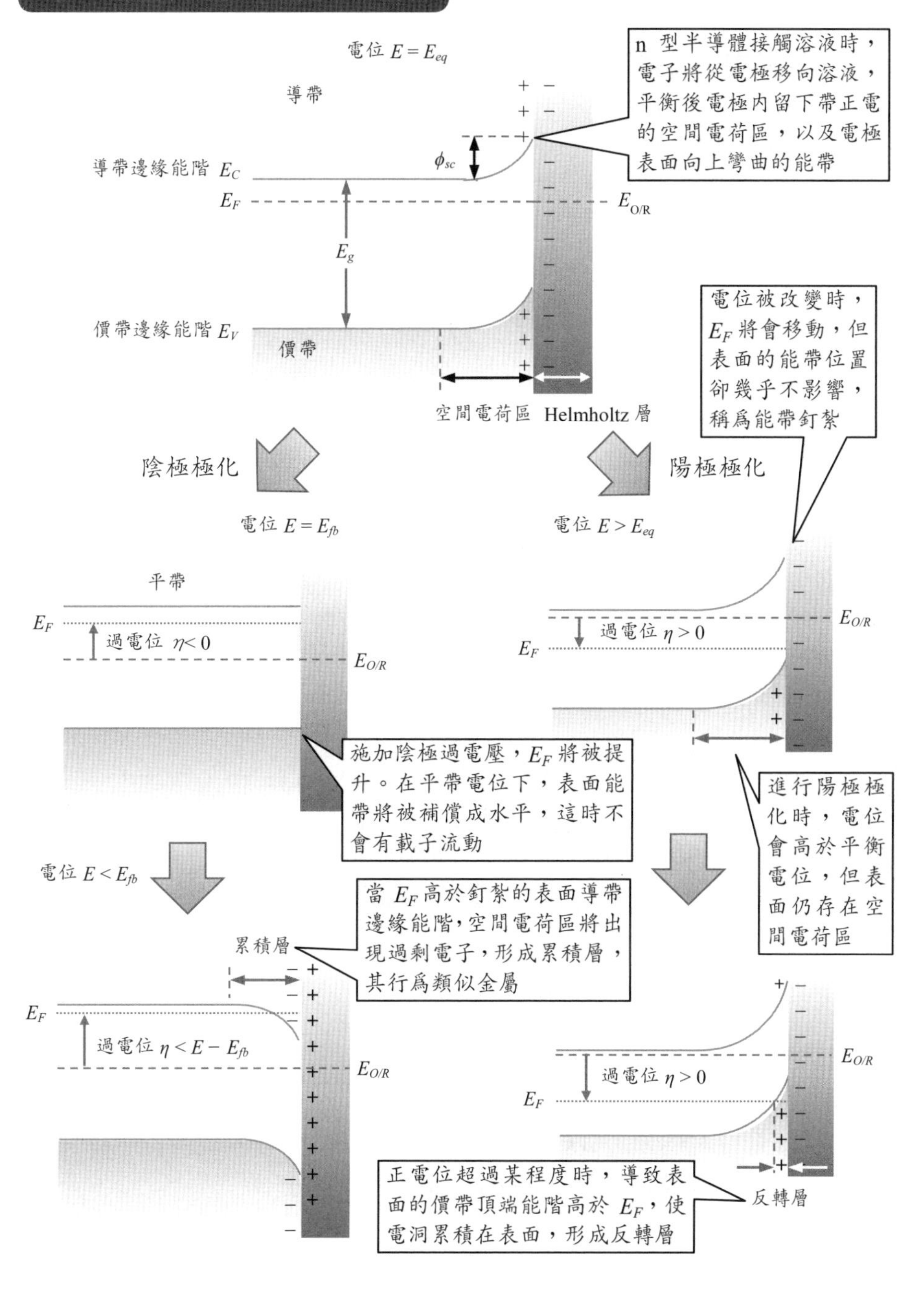

2-29 半導體電極之電子轉移

如何估計經由半導體導帶轉移電子的速率？

半導體界面的電子轉移可以透過導帶，也可以透過價帶，以下先討論導帶程序。已知溶液中的未占據能態為 $D_O(E)$，表面的導帶最低能階為 E_c^s，經由導帶傳遞電子使 O 還原成 R 時，其反應速率取決於界面兩側的能態密度，可使用 $D_O(E_c^s)$ 來代表溶液側的平均能態密度，並將各項常數合併至速率常數 k° 中，透過法拉第定律轉換成電流密度 i_c^-：

$$i_c^- = nFk^\circ c_O^s \exp\left(-\frac{(E_c^s - E_F^\circ - \lambda)^2}{4kT\lambda}\right)\int_{E_c}^{\infty} f(E)\rho(E)dE \quad (2.80)$$

上式右側的積分即為電極表面的導帶電子濃度 n_s，但表面與內部的電子濃度呈現 Boltzmann 分布，相關於空間電荷區內的電位差 ϕ_{sc}。由於外加的過電壓 η 主要改變 ϕ_{sc}，可表示為 $\phi_{sc} = \phi_{sc}^\circ + \eta$，其中 ϕ_{sc}° 代表平衡時的電位差。因此，

$$i_c^- = i_{c0} \exp\left(-\frac{e\eta}{kT}\right) \quad (2.81)$$

其中的 i_{c0} 為導帶交換電流密度，由過電壓以外的項目合併而成。

另一方面，溶液測的 R 也可以透過導帶發生氧化反應而轉變成 O，此時電子會從溶液側的已占據能態注入電極側的未占據能態。假設平均已占據能態密度為 $D_R(E_c^s)$，且電子轉移只發生略高於 E_c^s 的範圍，利用近似法可得到氧化電流密度 i_c^+：

$$i_c^+ = nFk^\circ N_c c_R^s \exp\left(-\frac{(E_c^s - E_F^\circ + \lambda)^2}{4kT\lambda}\right) \quad (2.82)$$

其中的 N_c 是導帶電子的有效能態密度，屬於半導體材料的固有特性，不會隨施加電位而變。因此，i_c^+ 幾乎無關於過電位，可被視為定值。在平衡時，$\eta = 0$，$i_c^+ = i_c^- = i_{c0}$。定還原電流密度為正向，氧化電流密度為負向，因此導帶的總電流密度 i_c 將成為：

$$i_c = i_c^- - i_c^+ = i_{c0}\left[\exp\left(-\frac{e\eta}{kT}\right) - 1\right] \quad (2.83)$$

經過類似的推導，也可以得到價帶電流密度 i_v：

$$i_v = i_v^- - i_v^+ = i_{v0}\left[1 - \exp\left(\frac{e\eta}{kT}\right)\right] \quad (2.84)$$

其中的 i_{v0} 是價帶交換電流密度，相等於 i_v^-，不隨過電壓而變。

n 型半導體藉由導帶轉移電子

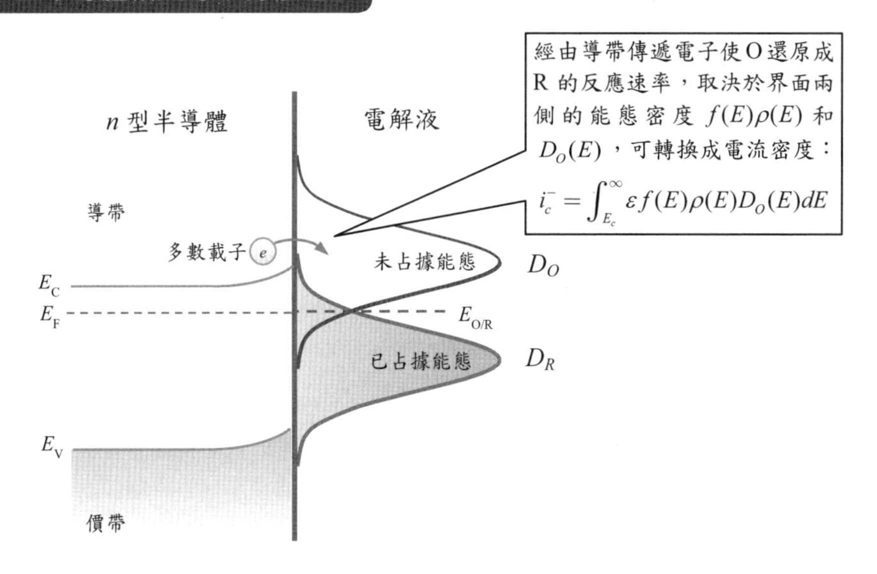

半導體之導帶電流密度與價帶電流密度

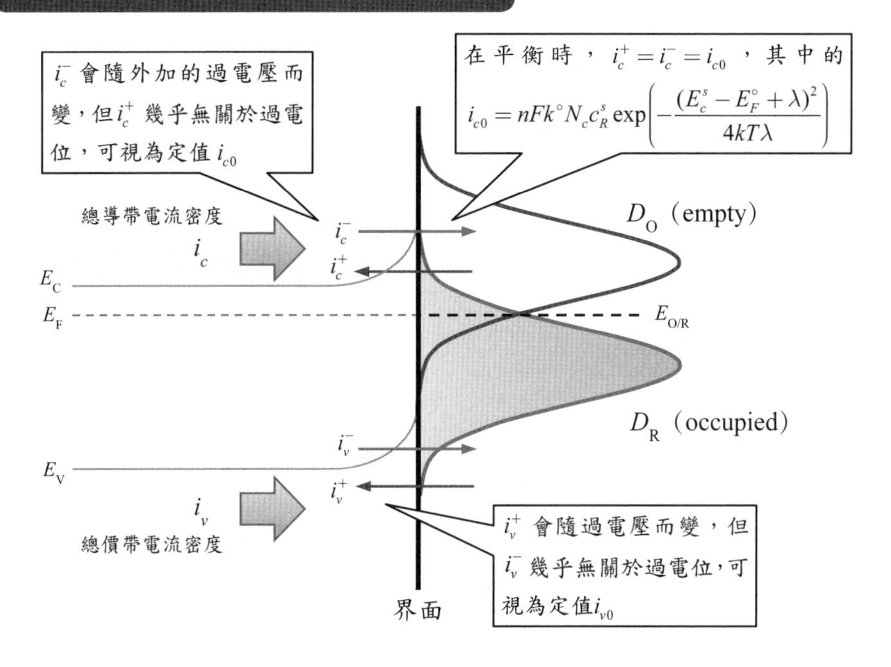

2-30 半導體照光

半導體照光後，界面會出現什麼變化？

當半導體電極被能量大於能隙 E_g 的光線照射後，光子將被吸收而產生電子電洞對，兩者之一必爲少數載子，其數量將大幅增加，另一爲多數載子，其增加量則可忽略。例如 n 型半導體接觸溶液時，由於電極表面的能帶上彎，形成空間電荷區，具有內建電場，照光後所生成的電洞會往電極表面移動，而光生電子則會往主體區傳遞。相似的情形也會發生在 p 型半導體，因爲表面能帶下彎，將使光生電子往表面移動。因此，我們可歸納出，空間電荷區內的光生少數載子會受電場牽引而移往電極表面，主體區的光生少數載子雖可擴散進入空間電荷區，但在移至電極表面的中途，將與多數載子再結合（recombination）。

半導體吸收光子後，內部的載子重新分布，因此改變了表面特性，並且影響電化學反應。這類照光輔助的程序，特別稱之爲光電化學反應，其速率相關於光吸收深度、載子擴散長度與空間電荷區厚度，也取決於溶液側的質傳速率與半導體側的載子傳送速率，使其動力學有別於沒有照光的電子轉移程序。

定義不照光時的電流密度爲暗電流密度 i_{dark}，照光產生的額外光電流密度爲 i_{ph}，使總電流密度 i 成爲：$i = i_{dark} + i_{ph}$。已知主體區的少數載子發生再結合之前，平均只能前進 L 的距離，空間電荷區的厚度爲 d_{sc}，從電極往內的距離爲 z，所以只有 $z < d_{sc} + L$ 的光生少數載子才能移動到電極表面，以參與反應。對於穩定態下的 n 型半導體，在空間電荷區之外的電洞密度 p 可由擴散方程式來描述：

$$D\frac{d^2p}{dz^2} - \frac{p - p_b}{\tau} + \alpha I_0 \exp(-\alpha z) = 0 \qquad (2.85)$$

其中 D 是擴散係數，τ 是壽命，I_0 是入射光強度，α 是吸收係數。上式的第一項代表電洞擴散，第二項代表再結合消耗，第三項代表光產生。藉由合適的邊界條件，可解出電洞密度之分布，進而得到擴散電流密度 i_d。另假設原本在空間電荷區的光生電洞不會發生再結合，皆能朝電極表面傳送，對應的電流密度爲 i_{sc}，所以價帶總電流密度 $i_v = i_d + i_{sc}$，也可以表示爲 $i_v = i_{dark} + i_{ph}$。從沒照光的情形可得到 i_{dark}，所以可推導出光電流密度 i_{ph}：

$$i_{ph} = i_v - i_{dark} = -eI_0\left[1 - \frac{\exp(-\alpha d_{sc})}{1+\alpha L}\right] \qquad (2.86)$$

當吸收極弱時，$\alpha^{-1} >> d_{sc} + L$，可簡化爲 $i_{ph} \approx -e\alpha I_0(L + d_{sc})$。代表幾乎只在 $z < d_{sc} + L$ 的光生載子可貢獻到光電流；當吸收極強時，$\alpha^{-1} << d_s$，可得到 $i_{ph} \approx -eI_0$，代表光電流與半導體的特性無關。

n 型半導體

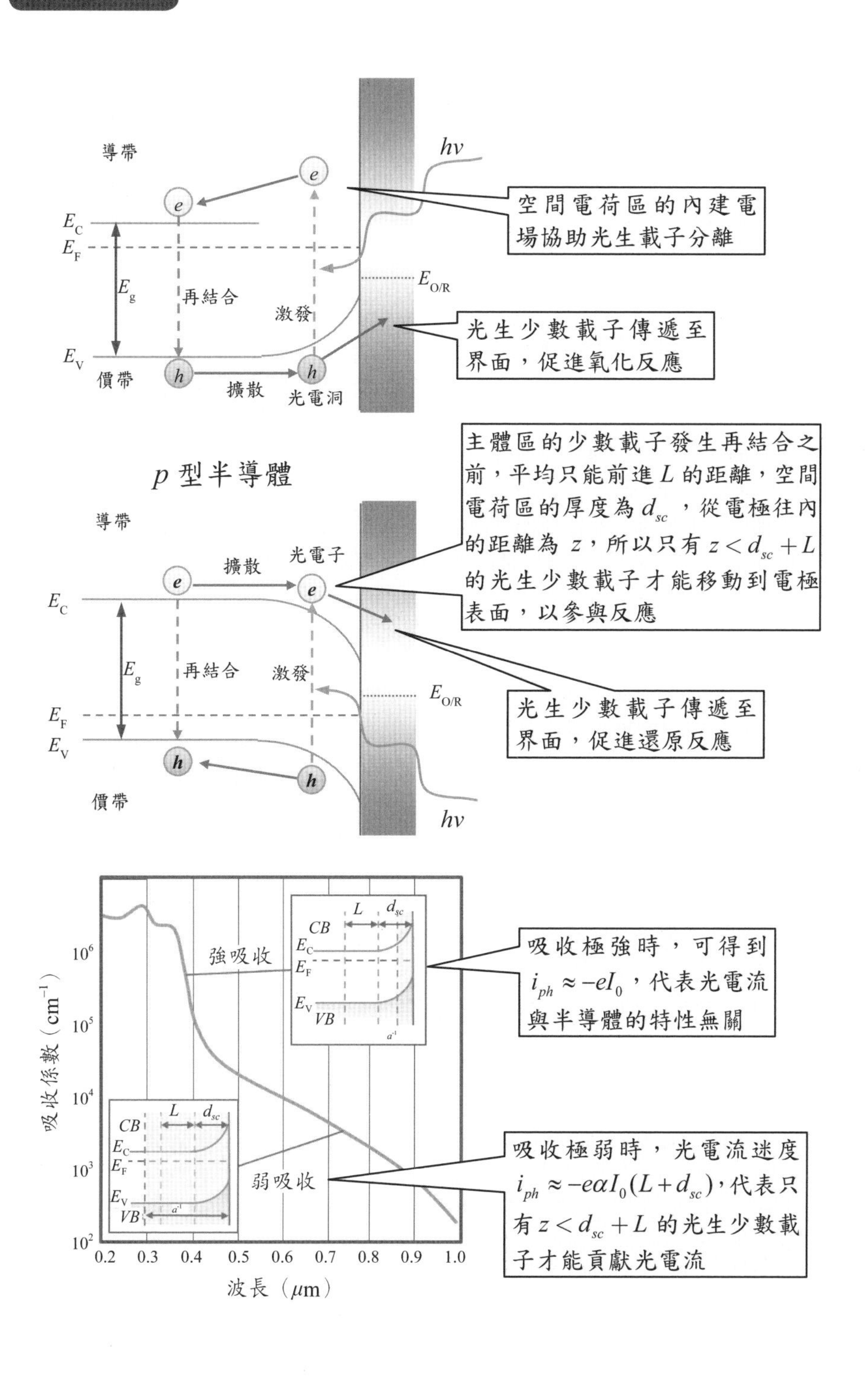

導帶
E_C
E_F
E_g
E_V
價帶
再結合
激發
擴散
光電洞
hv
$E_{O/R}$
空間電荷區的內建電場協助光生載子分離
光生少數載子傳遞至界面，促進氧化反應
p 型半導體
導帶
擴散
光電子
E_C
E_g
再結合
激發
E_F
E_V
價帶
$E_{O/R}$
hv
主體區的少數載子發生再結合之前，平均只能前進 L 的距離，空間電荷區的厚度為 d_{sc}，從電極往內的距離為 z，所以只有 $z<d_{sc}+L$ 的光生少數載子才能移動到電極表面，以參與反應
光生少數載子傳遞至界面，促進還原反應
吸收係數（cm^{-1}）
10^6
10^5
10^4
10^3
10^2
強吸收
弱吸收
CB
VB
L
d_{sc}
E_C
E_F
E_V
0.2 0.3 0.4 0.5 0.6 0.7 0.8 0.9 1.0
波長（μm）
吸收極強時，可得到 $i_{ph}\approx -eI_0$，代表光電流與半導體的特性無關
吸收極弱時，光電流迷度 $i_{ph}\approx -e\alpha I_0(L+d_{sc})$，代表只有 $z<d_{sc}+L$ 的光生少數載子才能貢獻光電流

2-31 光電化學反應

半導體照光後，極化曲線會出現什麼變化？

前一節提到 n 型半導體照光後，光生電洞移往電極表面，促進了溶液中 R 轉成 O 的氧化反應。為了探討照光的效應，以下使用半導體電極之極化曲線來說明。已知不照光的半導體在平帶電位下，其暗電流為 0。即使提高半導體的電位使其正於平帶電位，價帶中仍沒有足夠的電洞轉移給溶液側的 R，所以電流密度極低。當 n 型電極照光時，價帶電洞數量增加，只要能帶可以上彎，即可藉由空間電荷區的內建電場來分離光生電子電洞對，以減少電洞被結合，並導引電洞注入溶液側，進而形成可觀測的氧化光電流密度。

若半導體電極與溶液達成平衡時，半導體表面能帶上彎，且價帶邊緣能階 E_v^s 低於溶液測的 O/R 能階 E_F^o。此時只照光不外加電壓，光生電洞仍可轉移給溶液中的 R，稱為光氧化（photo-oxidation）。然而，對於平帶電位正於 O/R 平衡電位的 n 型電極，其表面能帶向下彎曲，使電子累積在表面附近，有無照光都能使溶液中的 O 還原成 R，暗電流與照光下的總電流接近，所以無法觀察到照光的效應。

金屬電極經過通電後，一定要使電位正於 O 與 R 的平衡電位才能驅動氧化反應；半導體電極經過通電後，只需要使電位正於平帶電位，藉由上彎的能帶，即可微量驅動氧化反應。因此，兩者的極化曲線不同。

由上述討論可知，平帶電位對於反應非常重要，測量空間電荷區的電容後，再經由 Mott-Schottky 方程式，可以求出半導體的平帶電位。至於暗電流，則偏向多數載子的轉移速率。若穿越電極界面的少數載子只能來自熱激發時，所得暗電流將會偏低，而且難以偵測。但半導體受到光照後，只要入射光的能量超過能隙，電流即可大幅提升，而且隨著照射光的波長降低，光電流會顯著提升，並到達飽和，此飽和電流是指所有的光生少數載子都能移動到電極界面且消耗於反應，故使界面處的少數載子濃度趨近於 0，達到 100% 的量子效率，此狀態下的光電流將正比於光強度。

由前述可知，對 n 型半導體施加電位只要正於平帶電位，應可產生光電流。光電流對應的氧化反應可能是 R 轉換成 O，但也可能來自半導體自身的陽極溶解。但在實際的測試中，卻常需要施加更高的電位才能引發光電流，主要原因來自於光生載子在材料內部或表面會發生再結合。表面發生再結合有兩個原因，一是存在表面態，另一是表面溶解反應速率太慢。當半導體的溶解很慢時，電洞消耗速率低，使表面累積了電洞，因此施加電位若介於光電流起始電位與平帶電位之間，能帶將比之前平坦，多數載子也不易離開表面，因而促進了再結合速率，並同時降低了電流。

當施加電位負於平帶電位時，還能藉由導帶進行電子轉移程序，此時產生的還原電流在不照光與照光下相同，若溶液中存在 O，則電流來自 O 還原成 R，若不存在 O，則來自於 H_2O 還原成 H_2。

n 型半導體之光電化學反應

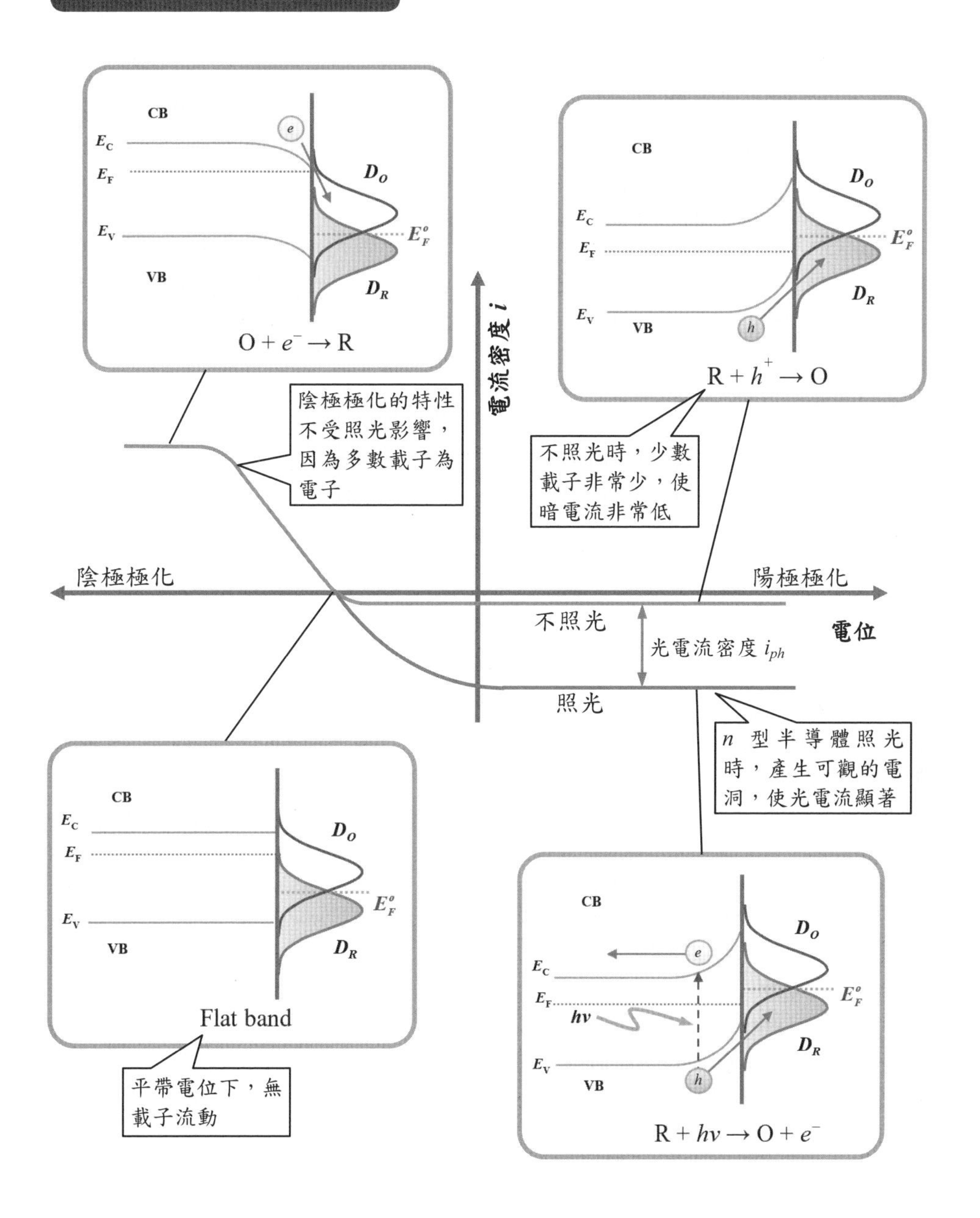

2-32 光電化學池

半電化學原理如何應用？

半導體電極與適當的對應電極連結後，可組成光電化學池，能將光能轉換成電能或化學能。依其運作原理，可將光電化學池分成三類。第一類是光伏電池（photovoltaic cell），可由半導體電極、含有氧化還原對的電解液與對應電極組成。在理想的操作下，半導體電極與對應電極的半反應互爲逆向程序，系統受到光照後，會激發出電子電洞對，而價帶電洞會傳遞給溶液中的 R，而導帶電子則往背接觸的金屬移動，再穿越外部導線後到達對應電極，以提供溶液中的 O 進行還原。由於系統內沒有物質損失，理論上只要照光即可持續操作，1990 年代開發出的染料敏化電池（dye-sensitized cell，簡稱 DSC）是一個實例。然而，實際的光伏系統中，在半導體與溶液之界面可能出現析氫、析氧或陽極腐蝕。

第二類是光電解池（photoelectrolytic cell）或光電合成池（photoelectrosynthetic cell），在對應電極上的反應與工作電極可能不同，所以通常會在電解液中裝置隔離膜。此類光電化學池的淨反應在不照光時無法自發，但照光後可以進行，最終將光能轉換爲化學能。採用 n 型半導體作爲工作電極時，電解液中的 O/R 之 $E_{O/R}$ 必須高於價帶邊緣能階 E_v，對應電極的 O'/R' 之電位則須低於半導體的平帶電位，光電化學反應才能進行，否則要透過外加電壓才能驅使反應進行。常見的一種光電解池是由 n 型半導體電極和金屬電極組成，用於分解水。半導體受到光照後，光生電洞會與 H_2O 反應而生成 O_2，而在金屬側則生成 H_2，前者的反應能階比後者低 1.23 eV。尚未光照時，系統處於平衡，所以各成分的能階一致，且此能階介於生成 H_2 與 O_2 的反應能階之間。開始照光後，只要入射光的能量大於半導體的能隙，且導帶邊緣能階高於生成 H_2 的反應能階，價帶邊緣能階低於生成 O_2 的反應能階，即能有效分解水。

第三類是光催化池（photocatalytic cell），在對應電極上的反應與工作電極不同，即使不照光，其淨反應仍會自發，只是速率極慢，但照光後有助於克服活化能，使反應迅速進行。能隙大的半導體易產生較高的光電壓，以利於推動溶液中的反應。然而，能隙大的半導體只能吸收短波長光，使太陽光的催化效果不佳，因爲陽光中的紫外線能量僅占 5% 以下。適當調整半導體的能隙，可以展現更有效的光催化效果，常用的能隙調整方法包含四類，第一類是摻雜金屬元素至半導體中以吸收可見光；第二類是混合大能隙材料與小能隙材料以形成能隙居中的固溶體；第三類是使大能隙材料吸附光敏性物質；第四類則是開發新的單相多元氧化物材料，以其中的 O 提供價帶電子，金屬提供未占據的導帶，而得到適當的能隙。

光伏電池

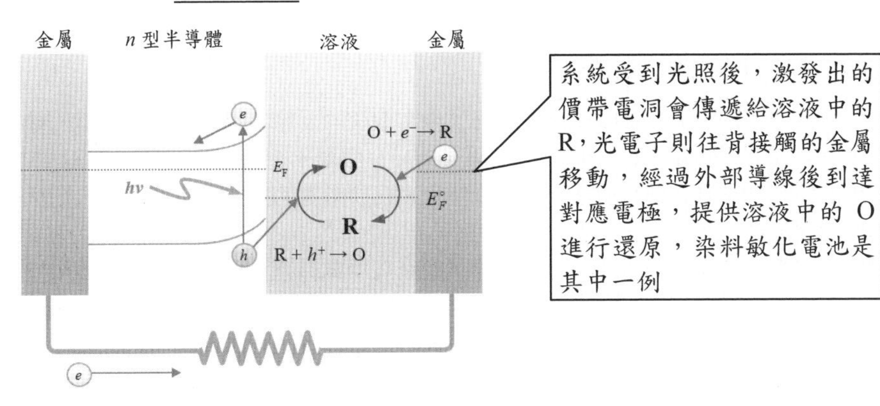

光電解池

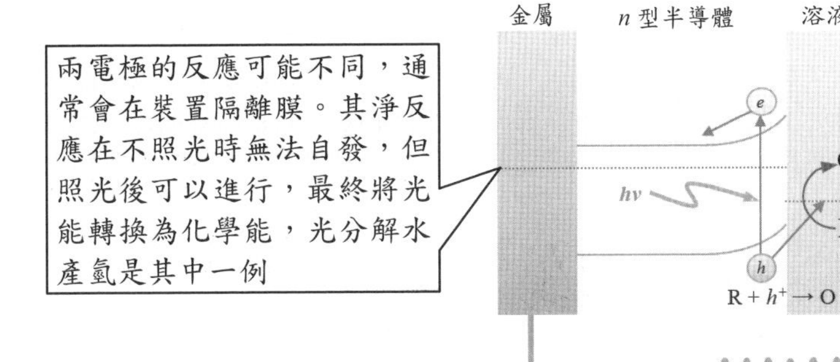

光催化池

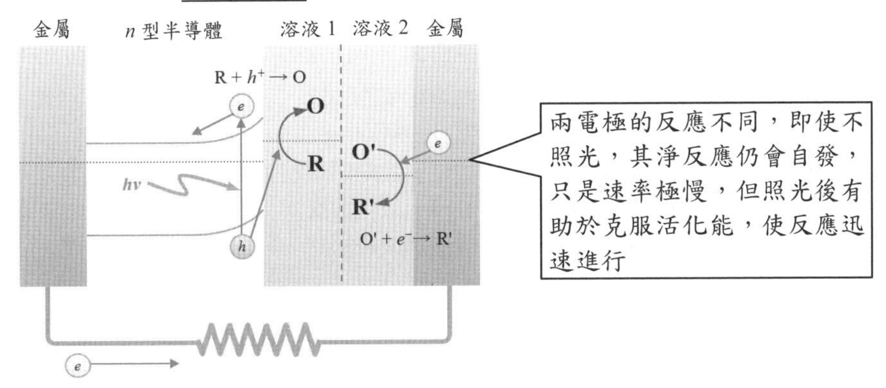

2-33 輸送現象

反應物在電化學池中如何移動？

電化學程序的速率不僅受限於電子轉移，也常取決於反應物在電極表面附近的輸送現象，例如擴散（diffusion）、對流（convection）與離子遷移（ion migration）。擴散現象源自於起點與終點的活性差，對流現象來自於兩處的壓力差，遷移現象則根源自兩處的電位差。

擴散現象的描述取決於活性，因此成分濃度之高低會影響活性大小，雖然使用稀薄溶液的理論即可解釋一般的電化學系統，但某些案例則須採用濃溶液理論。對流現象則來自於流體的運動，導致流體運動的原因包括兩種，其一是反應開始進行後，溶液中的濃度與溫度分布隨著時間改變，使局部流體的密度產生差異，此差異將驅動流體變換位置；反應後可能生成氣體，氣體脫離電極而上浮時，氣泡會與溶液交換位置，這些現象都歸類爲自然對流（free convection）。原因之二則是電化學系統外加了機械裝置，例如攪拌器、幫浦或電磁鐵等，使流體承受外力而移動、轉動或振動，這些現象歸類爲強制對流（forced convection）。對於整體程序，電解液中的離子輸送將與電極動力學共同決定電流密度。因此，流體輸送、熱量輸送與質量輸送將影響電化學反應器的行爲，如何藉由輸送現象來提升電流效率與反應選擇率，實爲電化學工程的重要目標。

探討輸送現象的方法可分爲以下三種層次。對於流動式電化學池，反應物會從入口送進反應器，再從某個出口排出產物和未消耗的反應物。基於管路出入、邊界穿越、內部生成或消耗，可分析反應物含量、流體動量、系統能量等變化，建立出巨觀均衡方程式。由於此方法不深究內部各處的變化，僅探討整體性改變，歸類爲巨觀層次。若欲探索內部各處之變化，則可切割系統成爲無數單元，最理想的情形是各單元經過週期性排列後，能再組合成整體系統。雖然這種理想分割很難實現，但就理論面而言，仍可約略地探討局部變化。對每一個單元，可評估物理量的均衡，進一步得到微觀的均衡方程式。這類方法可歸類爲微觀層次，但仍未觸及輸送現象的本因。欲探索輸送現象的成因，則必須研究每一單元內的組成，從組成物的分子內結構和分子間作用來推論，深入理論物理學的層面。應用物理化學的知識，可進一步描述分子行爲，從而解釋輸送現象，這類觀察方法可歸類爲分子層次。

上述三種層次的探索，並非相互獨立的觀點，而是環環相扣的結果。在實務應用層面，當課題屬於工廠等級的程序設計與控制時，以巨觀層次爲主；屬於裝置設計或製程改善時，以微觀層次爲主；屬於材料與溶液組成調配時，則以分子層次爲主。

電化學反應器中的輸送現象

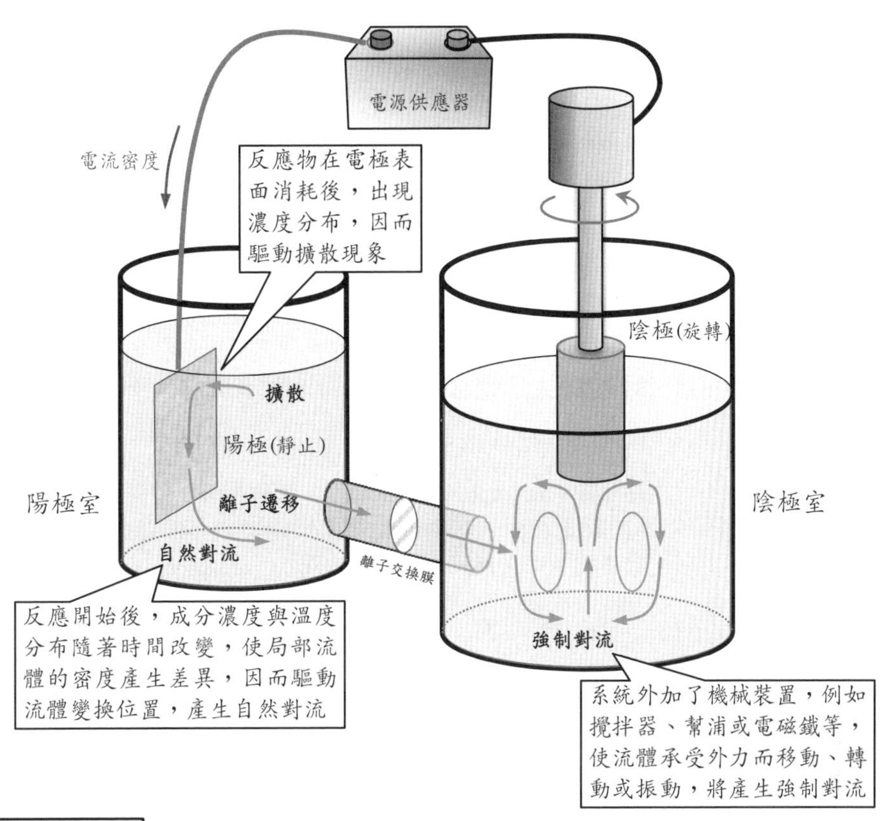

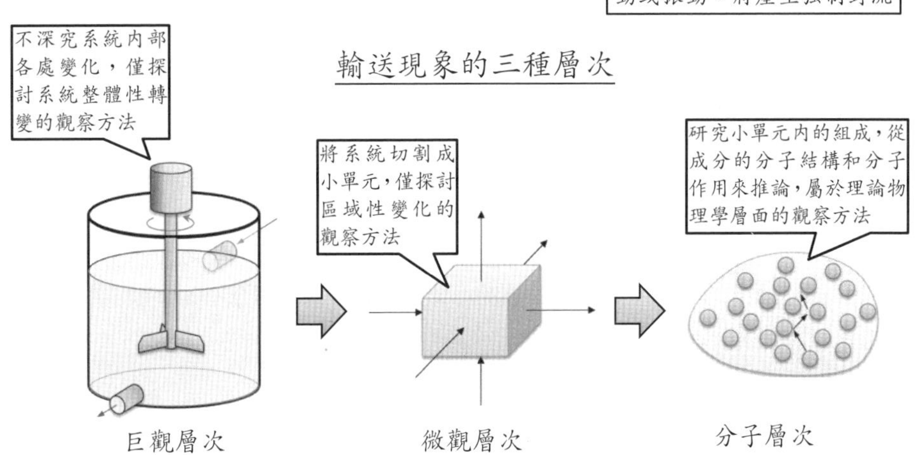

2-34 動量輸送

電解液在電化學池中如何流動？

由於電化學系統中最常使用電解質溶液，其流動會影響溶質的分布，進而改變電極程序的速率。從質量變化與動量變化的角度，可詳細探討電解液流動。對於密度爲 ρ 的電解液，可分割成無限多個微小的控制體積（control volume），分析其質量均衡，可得到內部累積速率等於穿越其邊界的淨速率，並以微分方程式的形式呈現：

$$\frac{\partial \rho}{\partial t} = -\nabla \cdot (\rho \mathbf{v}) \tag{2.87}$$

此式稱爲連續方程式（continuity equation），左側爲局部累積速率，右側爲負的流體動量散度（divergence），亦即聚集程度，故此方程式代表著流體在某一點的累積量來自於環境。若電解液的密度能維持定值，則（2.92）式將化簡爲：

$$\nabla \cdot \mathbf{v} = 0 \tag{2.88}$$

這類電解液稱爲不可壓縮流體（incompressible fluid），稀薄水溶液皆具有這種特性。

另一方面，還可以進行動量均衡，其內部動量累積速率來自於穿越邊界的淨速率，以及施加外力產生動量的速率，最終成爲運動方程式（equation of motion）：

$$\frac{\partial \rho \mathbf{v}}{\partial t} + \nabla \cdot (\rho \mathbf{v}\mathbf{v}) = -\nabla p - \nabla \cdot \tau + F \tag{2.89}$$

其中 p 爲壓力，τ 爲應力，F 爲本體力（body force）。壓力或應力代表作用在控制體積表面的力量，亦即單位面積受力；本體力代表作用在整個控制體積的力量，亦即單位體積受力，在重力場中可以表示爲 ρg，當局部溶液帶有電荷密度 ρ_e 時，在電場 E 中還會受到 $\rho_e E$ 的本體力，若系統處於外加磁場 B 中，且溶液中有電流密度 i 流通，還會受到 $i \times B$ 的磁力。由此動量均衡方程式可發現，等號右側爲單位體積的外力，左側爲單位體積的動量變化率，所以和牛頓的運度方程式完全一致。一般電解液的密度與黏度在小溫度範圍下爲定值，使其運動方程式化簡爲：

$$\rho \frac{\partial \mathbf{v}}{\partial t} + \rho \mathbf{v} \cdot \nabla \mathbf{v} = -\nabla p - \mu \nabla^2 \mathbf{v} + F \tag{2.90}$$

此式稱爲 Navier-Stokes 方程式。當電解槽內發生溫度變化時，流體的局部密度將會改變，黏度亦然，因此非等溫系統的運動方程式必須修正，將在下一小節中說明。

運動流體之微觀質量均衡

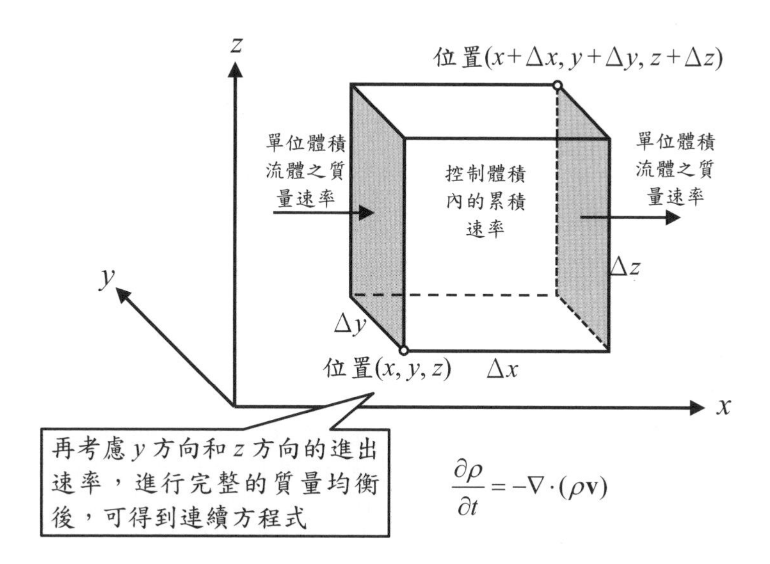

$$\frac{\partial \rho}{\partial t} = -\nabla \cdot (\rho \mathbf{v})$$

運動流體之微觀質量均衡（x 方向）

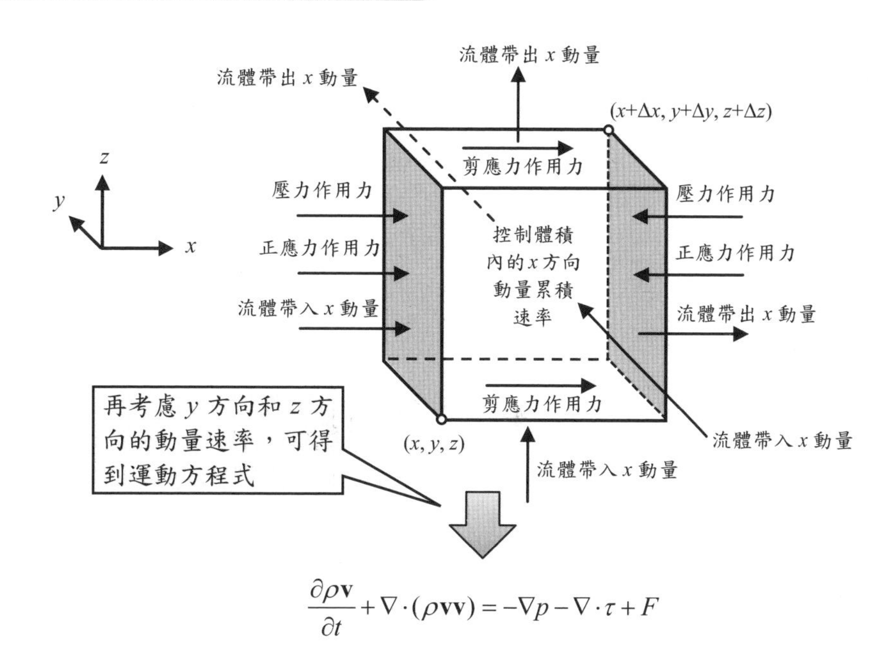

$$\frac{\partial \rho \mathbf{v}}{\partial t} + \nabla \cdot (\rho \mathbf{v}\mathbf{v}) = -\nabla p - \nabla \cdot \tau + F$$

2-35 熱量輸送

電池發熱之後如何散熱？

從巨觀的角度觀察電化學系統，當有電流通過時，電解液和電極都會產生焦耳熱，使電解槽向周圍環境散熱。若槽內的電流密度為 i，且不考慮輻射現象，則系統熱量 Q 的累積速率可表示為：

$$\frac{dQ}{dt}=\frac{i^2}{\kappa}V+iA_e\eta-h_wA_w(T_w-T_s) \quad (2.91)$$

其中 V 和 κ 是電解液的體積和導電度，h 是外加過電位，A_e 和分 A_w 別是電極和槽壁的表面積，h_w 是槽壁散熱到環境的熱傳係數，T_w 和 T_s 是槽壁和環境的溫度。若能連結總熱量 Q 與平均溫度 T 或槽壁溫度 T_w，則錯誤！找不到參照來源。式可用以求得溫度的動態變化。

對於燃料電池等流動式電化學池，其溫度分布也會受到流體的影響。由於實際操作中施加的槽電壓必須提供反應所需的焓 ΔH，因此先定義熱中性槽電壓 ΔE_{th}（thermoneutral cell voltage）為：

$$\Delta E_{th}=\frac{\Delta H}{nF} \quad (2.92)$$

其中 n 為參與反應的電子數。在此電壓下，電解液的溫度不會隨著反應而變化。但施加電壓 ΔE_{app} 不等於 ΔE_{th} 時，系統內的溫度將受到焦耳熱的影響。若先忽略器壁散熱，則溫度變化的關係為：

$$\dot{m}c_p(T_{out}-T_{in})=iA_e(\Delta E_{app}-\Delta E_{th}) \quad (2.93)$$

其中 $\dot{m}$ 為質量流率，c_p 為溶液的比熱，T_{in} 和 T_{out} 分別為入口與出口溫度。

由前一節可知，流體的密度與黏度也會受到溫度影響，故其運動方程式必須考慮某個平均溫度 $\overline{T}$ 下的平均體積膨脹係數 $\overline{\beta}$。若密度表示成 $\rho=\overline{\rho}-\overline{\rho}\overline{\beta}(T-\overline{T})$，運動方程式可修正為 Boussinesq 方程式：

$$\rho\frac{D\mathbf{v}}{Dt}=-\nabla\cdot\tau-\nabla p+\overline{\rho}g-\overline{\rho}\overline{\beta}(T-\overline{T})g \quad (2.94)$$

對於強制對流案例，$-\overline{\rho}\overline{\beta}(T-\overline{T})g$ 可忽略；對於自然對流案例，$(-\nabla p+\overline{\rho}g)$ 可忽略。

總結以上，電化學系統的熱流來源包括焦耳熱、熱傳導、熱對流、熱輻射、物質輸送或熱交換。焦耳熱來自於電流通過材料；傳導則發生於熱量穿過系統的器壁，其速率可用 Fourier 定律表示；熱對流則發生於兩相的界面上，相關於流體速度或固體形狀，可用熱傳係數來估計其速率；輻射則發生在系統與環境有較大的溫差時，可使用 Stefan-Boltzmann 定律來估計速率，若系統溫度不高，常可忽略輻射；來自物質輸送的熱流則牽涉物質的質傳通量、溫度與比熱；若電化學系統有搭配熱交換器，則交換的熱量將相關於冷卻或加熱的流體之物性和熱交換的面積。

電化學池的熱量均衡

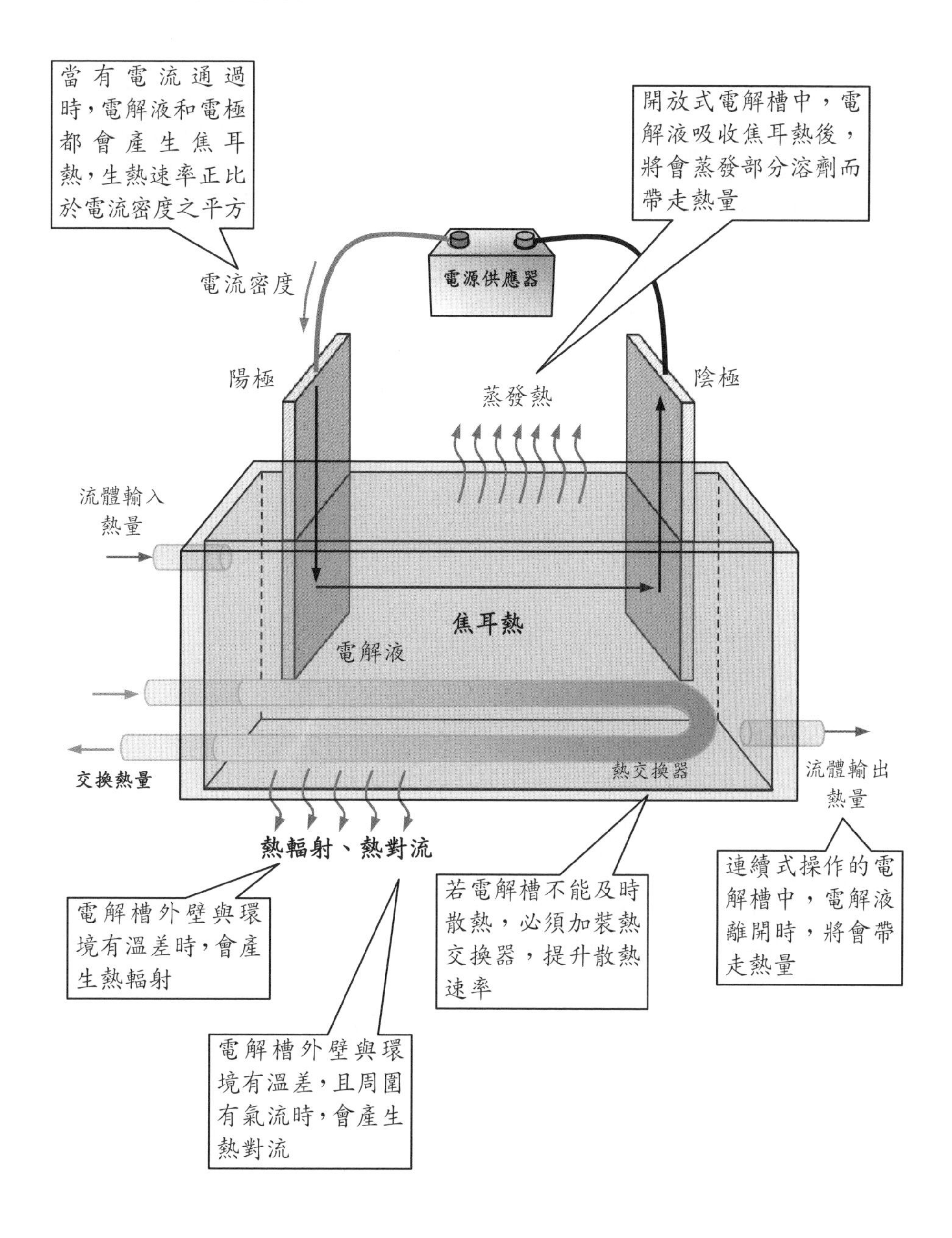

當有電流通過時，電解液和電極都會產生焦耳熱，生熱速率正比於電流密度之平方
開放式電解槽中，電解液吸收焦耳熱後，將會蒸發部分溶劑而帶走熱量
電流密度
電源供應器
陽極
陰極
蒸發熱
流體輸入熱量
焦耳熱
電解液
交換熱量
熱交換器
流體輸出熱量
熱輻射、熱對流
電解槽外壁與環境有溫差時，會產生熱輻射
若電解槽不能及時散熱，必須加裝熱交換器，提升散熱速率
連續式操作的電解槽中，電解液離開時，將會帶走熱量
電解槽外壁與環境有溫差，且周圍有氣流時，會產生熱對流

2-36 質量輸送

反應物如何在電解槽中移動？

電解液中包括三種質傳現象，分別是擴散、對流和遷移。描述質量輸送的物理量稱爲質傳通量（mass flux），定義爲單位時間內通過單位面積的質量或莫耳數。

離子遷移是帶電成分特有的質傳現象，不會發生在電中性的分子上，而且只出現在有電位差的區域。若電位梯度愈大，遷移通量也愈大。離子遷移的方向取決於帶電性，陽離子沿著電場方向移動，陰離子則相反。單一離子的遷移通量 N_m 正比於離子濃度 c、電荷數 z 與電位梯度 $\nabla\phi$，其比例常數稱爲離子遷移率 μ（ionic mobility），因此可表示爲：$N_m = -z\mu c\nabla\phi$，負號代表陽離子從高電位移向低電位。對於稀薄溶液，利用 Einstein-Stokes 關係可連結離子遷移率 μ 與擴散係數 D，使 N_m 表示爲：

$$N_m = -\frac{zF}{RT}Dc\nabla\phi \quad (2.95)$$

另一方面，擴散現象發生在物質活性在各處有差異時。對於一般情形，活性的差異可轉由濃度梯度來表示，尤其在二成分系統中，單一成分的擴散通量 N_d 可正比於濃度梯度，但擴散沿著濃度遞減的方向進行，可用 Fick 第一定律表示 N_d：

$$N_d = -D\nabla c \quad (2.96)$$

然而，常見的電解液至少包含 H^+、OH^-和 H_2O，理論上不能採用此式，但溶質含量很稀薄時，可忽略彼此的作用，只考慮各成分對水分子的影響，視爲假想的二成分系統，得以使用 Fick 第一定律來近似。當電解質的濃度很高時，則必須修正此式。

由於擴散與遷移都能視爲成分相對於溶液的運動，所以對靜止的觀察者，成分的實質運動應該是成分相對於溶液的運動和溶液自身運動之向量和，溶液自身運動可稱爲對流。換言之，成分的對流通量 N_c 應正比於流體速度 v，也同時正比於物質在溶液中的濃度 c，因此可表示爲：

$$N_c = c\mathbf{v} \quad (2.97)$$

流體的速度會存在空間與時間的分布，必須由 2-34 節所述的運動方程式求得。然而，質傳現象發生後，流體的密度理應改變，所以流速通常無法單獨求出，只有在特別的假設下可將運動方程式獨立出來，先求得流速分布再探討質傳現象。

結合上述三種質傳模式，可計算出物質在電化學系統中的總質傳通量：

$$N = N_m + N_d + N_c = -\frac{zF}{RT}Dc\nabla\phi - D\nabla c + c\mathbf{v} \quad (2.98)$$

此式稱爲 Nernst-Planck 方程式，但只適用於稀薄溶液。對於高濃度的電解液，離子間的相互作用不能忽略，必須引入摩擦阻力的概念，考慮各成分的相對運動對擴散的阻礙性，以得到更通用的質量輸送方程式。

電化學池中的質量輸送（稀薄溶液）

電解液中包括三種質傳現象，分別是擴散、對流和遷移，對於稀薄溶液，可用 Nernst-Planck 方程式計算總直傳通量

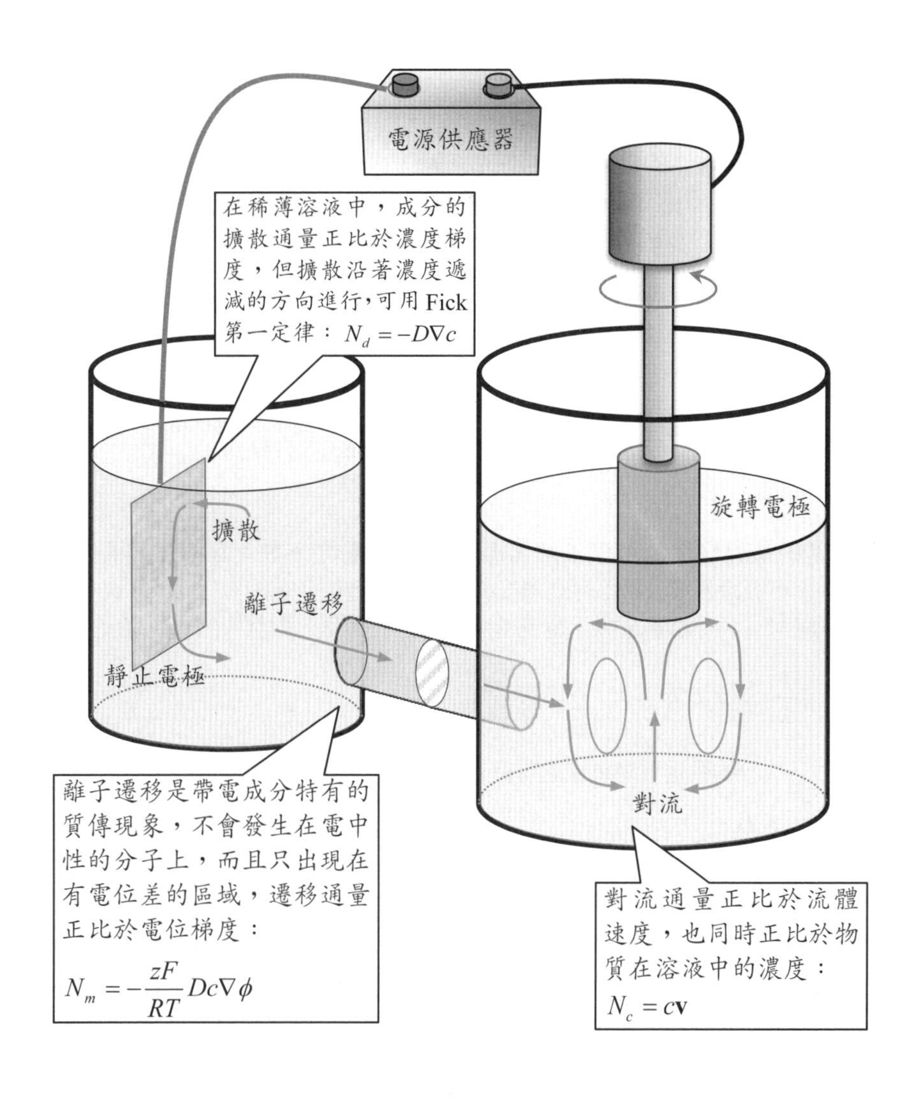

2-37 電荷輸送

電子或離子的移動速度如何估計？

電化學系統偏離平衡狀態並連接外部線路後，電流會通過導線且穿越電解液，代表了電子在導線中的輸送和離子在溶液中的輸送。計算單位時間內通過單位面積的電量，可表達電荷輸送的快慢，此概念即爲電荷通量，也可轉換成電流密度。假設溶液中的 N 種離子之間都沒有吸引或排斥作用，藉由法拉第常數 F，可將質傳通量轉換成電流密度 i，亦即：

$$i=\sum_{j=1}^{N} z_j F N_j \tag{2.99}$$

其中的下標 j 爲各離子的編號。在溶液中，除了電雙層的局部區域，可假設其他位置皆維持電中性，亦即正電荷與負電荷的數量要相等，此條件代入 Nernst-Planck 方程式，即可得到濃度分布與電位分布對電流密度的關係：

$$i=-\frac{F^2}{RT}\sum_{j=1}^{N} z_j^2 D_j c_j \nabla\phi - F\sum_{j=1}^{N} z_j D_j \nabla c_j \tag{2.100}$$

其中的濃度分布相關於各成分的質量均衡，亦即牽涉成分之間的勻相反應速率。若將所有成分之質量均衡方程式相加，並考慮總質量不會被化學反應改變，所以達到穩定態（steady state）後，可得到電荷均衡（charge balance）方程式：

$$\nabla \cdot i = 0 \tag{2.101}$$

給予適當的邊界條件，可以求解出濃度分布與電位分布。例如在溶液的主體區（bulk），可假設各成分都不存在濃度梯度，得到電位分布的方程式：$\nabla^2\phi = 0$。若再採用歐姆定律：$\mathrm{i} = -\kappa\nabla\phi$ 來表示電流密度與電位的關係，則其中的導電度 κ 將成爲：

$$\kappa=\frac{F^2}{RT}\sum_{j=1}^{N} z_j^2 D_j c_j \tag{2.102}$$

爲了探討各成分的輸送對總電流之貢獻，可定義遷移數 t_j（tranference number）：

$$t_j=\frac{z_j^2 D_j c_j}{\sum_{j=1}^{N} z_j^2 D_j c_j} \tag{2.103}$$

由此式可知，加入高濃度的支撐電解質（supporting electrolyte）後，溶液的導電度將會大幅提高，但其他成分的遷移數將大幅降低，使主體區的電流幾乎取決於支撐電解質的遷移，這是電化學分析或反應工程中常用於降低歐姆過電壓的有效方法。

電化學池中的電位分布與濃度分布

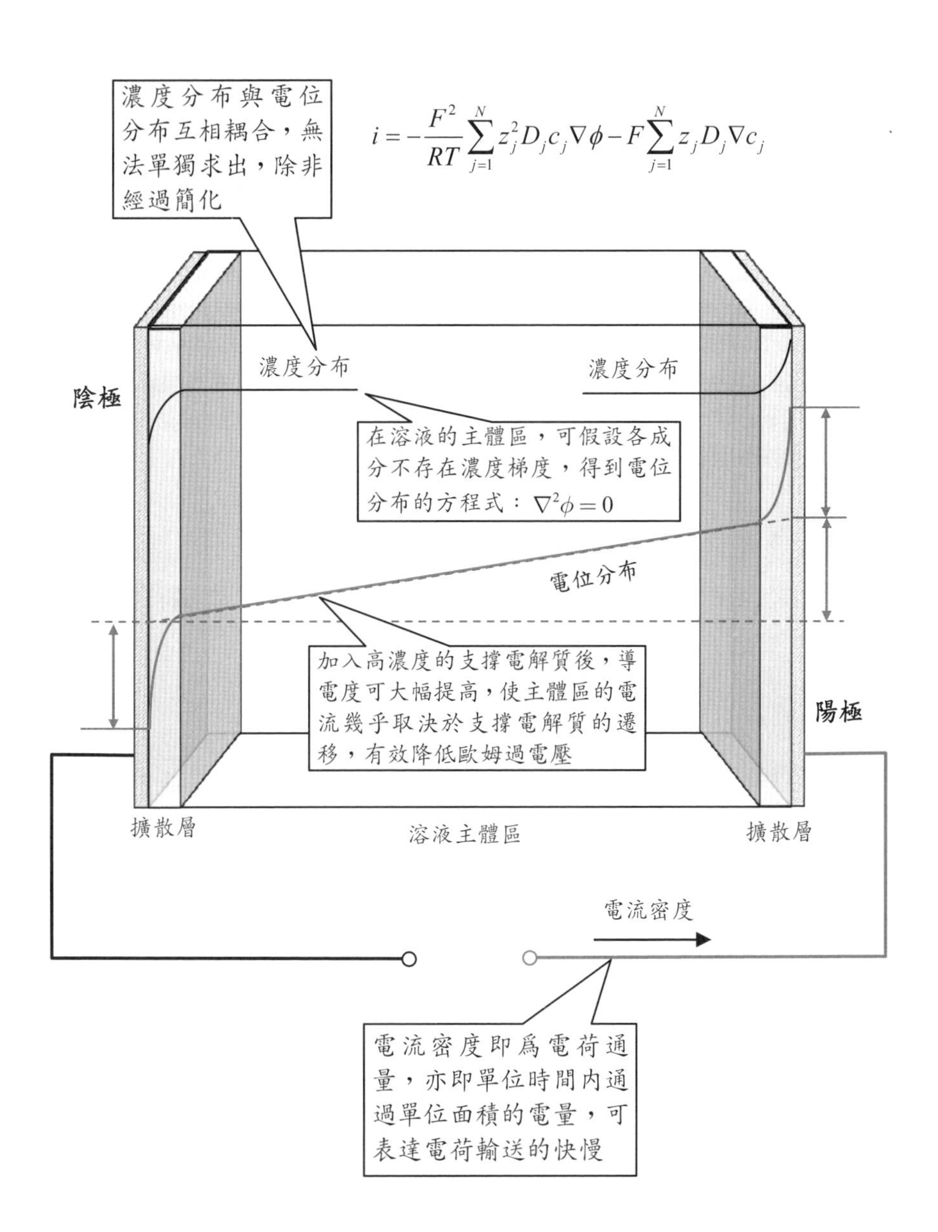

2-38 擴散控制系統

快速反應的程序會受到其他阻礙嗎？

體積夠大的容器在側面連通一根足夠長的毛細管，並在毛細管和容器相接的一端附近放置對應電極，另一端則安置工作電極，容器內安裝攪拌器並加入含有支撐電解質的電解液。對此系統，可預期在毛細管內的質傳現象會以擴散爲主，在容器內則以對流爲主，另因添加的支撐電解質可以主導遷移現象，故使反應物的遷移數可以減小到足以忽略。隨著時間，消耗掉的反應物愈來愈多，將使擴散層厚度從工作電極端往外擴大。但在毛細管連接容器的一端，因爲持續受到強烈攪拌，可視此處的濃度維持定值 c^b。因此，擴散層的厚度只能延展到整支毛細管的長度 L，之後將藉由降低表面濃度 c^s 來提升濃度梯度，達到所需的質傳速率。由於管內的遷移速率可以忽略，只有藉由反應物的擴散來支撐反應，最終使整個系統到達穩定態，成爲穩態擴散控制程序。由於毛細管的半徑很小，可約略視爲一維空間，使用一維的 Fick 定律描述即可描述反應物的擴散通量：

$$N_d = -D\frac{dc}{dx} = -D\left(\frac{c^b - c^s}{L}\right) \tag{2.104}$$

其中的 D 爲擴散係數。因爲擴散通量等於單位面積的反應速率，故可將電流密度 i 化簡爲：

$$i = nFD\left(\frac{c^b - c^s}{L}\right) \tag{2.105}$$

雖然表面濃度無法完全減少到 0，但可以到達非常微小的數值，故可簡單假設一種極限狀況：$c^s = 0$，以呈現最大濃度梯度，並轉換爲極限電流密度 $i_{\lim}$：

$$i_{\lim} = \frac{nFDc^b}{L} \tag{2.106}$$

從中可定義質傳係數 k_m：

$$k_m = \frac{D}{L} \tag{2.107}$$

使極限電流密度 $i_{\lim}$ 簡化爲：

$$i_{\lim} = nFk_m c^b \tag{2.108}$$

藉由電位掃描實驗可得到電流密度對過電位的極化曲線，再使用外插法，即可找出極限電流密度 $i_{\lim}$，之後依照（2.108）式計算出質傳係數 k_m，或在已知擴散層厚度爲 L 的情形下，從（2.107）式求出擴散係數 D。

擴散控制系統

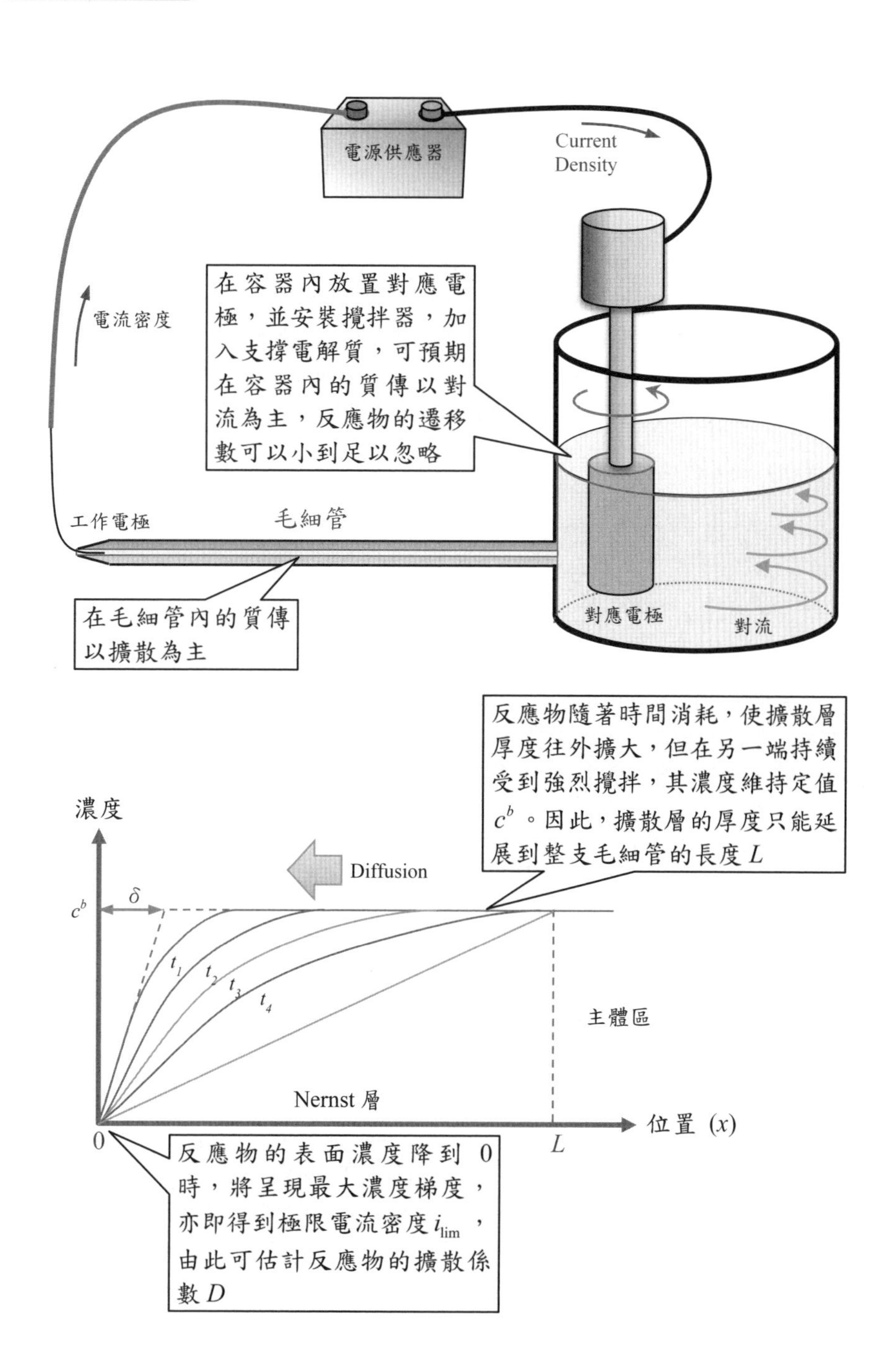
電源供應器
Current Density
電流密度
在容器內放置對應電極，並安裝攪拌器，加入支撐電解質，可預期在容器內的質傳以對流為主，反應物的遷移數可以小到足以忽略
工作電極
毛細管
在毛細管內的質傳以擴散為主
對應電極
對流
反應物隨著時間消耗，使擴散層厚度往外擴大，但在另一端持續受到強烈攪拌，其濃度維持定值 c^b。因此，擴散層的厚度只能延展到整支毛細管的長度 L
濃度
Diffusion
c^b
δ
t_1
t_2
t_3
t_4
主體區
Nernst 層
位置 (x)
0
L
反應物的表面濃度降到 0 時，將呈現最大濃度梯度，亦即得到極限電流密度 i_{lim}，由此可估計反應物的擴散係數 D

2-39 非穩態擴散

進入穩態之前的反應物濃度如何變化？

在進入穩態之前，反應物的濃度分布仍隨時間而變。從質量均衡，可得到 Fick 第二定律：

$$\frac{\partial c}{\partial t} = D\frac{\partial^2 c}{\partial x^2} \tag{2.109}$$

其中一種特例爲極快速反應系統，在 $t = 0$ 時，表面濃度爲 c^b；在 $t > 0$ 後，表面濃度隨即降爲 0。但爲了解出濃度的變化，還需要一個邊界條件。考量工作電極遠小於盛裝電解液的容器，可以約略假設爲容器的邊緣到工作電極的距離爲∞，且反應量非常小，不足以改變容器邊緣的濃度，無論經過多久，濃度仍爲 c^b。接著透過 Laplace 變換等方法，可使用了誤差函數（error function）得到濃度分布：

$$c(x,t) = c^b erf(\frac{x}{2\sqrt{Dt}}) \tag{2.110}$$

再藉由法拉第定律，還可得到電流密度：

$$i = -nF\,N_d\Big|_{x=0} = nFc^b\sqrt{\frac{D}{\pi t}} \tag{2.111}$$

此式稱爲 Cottrell 方程式，說明在足夠大的過電位下，擴散控制的電流密度會反比於時間的平方根，並持續遞減到 0，代表擴散層會逐漸增厚到無窮大。

當電極表面的反應物（A）逐漸消耗時，也會不斷形成產物 B。對其進行質量均衡，並且搭配適當的邊界條件，亦可得到 B 的濃度分布：

$$c_B(x,t) = c_A^b\sqrt{\frac{D_A}{D_B}}\left[1-erf(\frac{x}{2\sqrt{D_B t}})\right] \tag{2.112}$$

在一般的電化學分析實驗中，若對工作電極施加足夠高的過電位，所得電流無法完全符合 Cottrell 方程式，例如通電的初期，約在數十個微秒之內，只會進行電雙層的充電，超過這段時間後才會發生電子轉移反應，使電流符合 Cottrell 方程式的預測。但在反應持續一段時間後，因爲產物與反應物的密度通常不同，而且表面的產物含量持續提高，開始發生顯著地自然對流，並攪動溶液，使對流與擴散同時進行。再者，電極反應通常也會伴隨吸熱或放熱，因而改變溫度，再度形成對流的驅動力，但兼顧擴散與對流的理論較爲困難。常見的近似方法是採用 Nernst 假設，亦即在電極與溶液界面的剪應力足以抵消對流作用，假想表面存在一層對流不存在的區域，稱爲擴散邊界層，其厚度固定爲 δ。當 δ 僅有數個微米時，電流仍符合 Cottrell 方程式；但 δ 超過數十個微米時，則偏離 Cottrell 方程式。

非穩態擴散

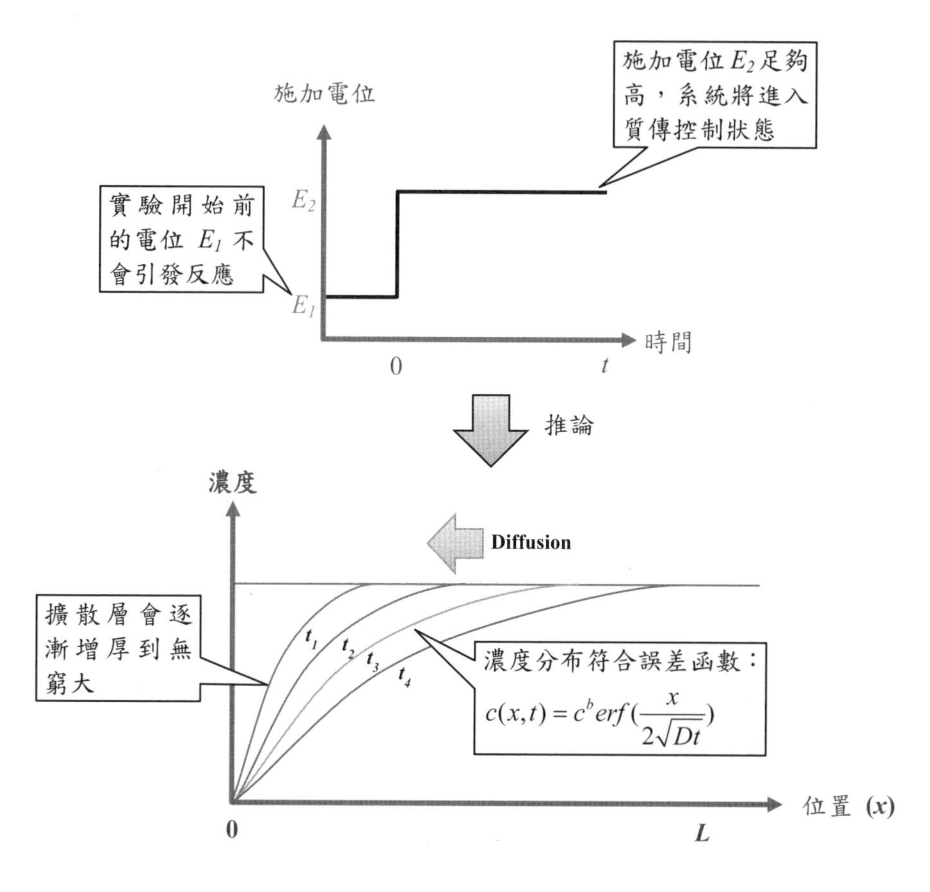
施加電位
施加電位E_2足夠高，系統將進入質傳控制狀態
實驗開始前的電位 E_1 不會引發反應
E_2
E_1
時間
0
t
推論
濃度
Diffusion
擴散層會逐漸增厚到無窮大
t_1
t_2
t_3
t_4
濃度分布符合誤差函數：
$c(x,t) = c^b erf(\frac{x}{2\sqrt{Dt}})$
位置 (x)
0
L

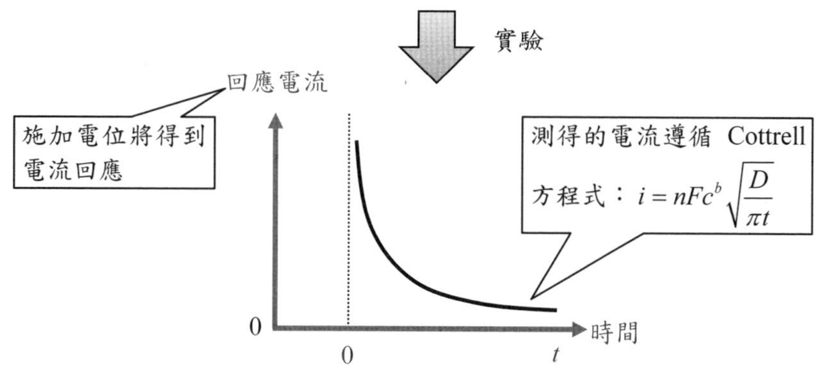
實驗
回應電流
施加電位將得到電流回應
測得的電流遵循 Cottrell 方程式：$i = nFc^b\sqrt{\frac{D}{\pi t}}$
0
0
t
時間

2-40 電化學可逆

反應不夠快速時，極化曲線會有什麼變化？

考慮一種可逆反應：$A+e^- \rightleftharpoons B$，進行還原時的速率常數爲 k_c，進行氧化時的速率常數爲 k_a。若此反應發生在一維的系統中，且 A 和 B 的擴散係數同爲 D，則在擴散層內的質傳通量 N_A 和 N_B 皆可使用質傳係數 k_m 來表示：

$$N_A = k_m(c_A^s - c_A^b) \tag{2.113}$$

$$N_B = k_m(c_B^s - c_B^b) \tag{2.114}$$

由於 A 的消耗會導致 B 的生成，故可推得 $N_A = -N_B$。已知 A 朝向電極的質傳通量等於 A 在表面的淨消耗速率，使用速率定律式可得知：

$$-N_A = -r_A = (k_c c_A^s - k_a c_B^s) \tag{2.115}$$

上述三式經過整理後，可得到：

$$-N_A = \frac{-k_c k_m c_A^b + k_a k_m c_B^b}{k_m + k_c + k_a} \tag{2.116}$$

對工作電極施加非常負的過電位後，還原速率常數 k_c 將會遠大於氧化速率常數 k_a，也會遠大於質傳係數 k_m，則（2.116）式可化簡爲：

$$i_s = -FN_A = Fk_m c_A^b \tag{2.117}$$

代表程序進入質傳控制。同理，施加非常正的過電位後，$k_a >> k_c$，且 $k_a >> k_m$，（2.116）式可化簡爲：$i_s = -Fk_m c_B^b$，亦屬於質傳控制。反之，當質傳係數 k_m 遠大於正逆反應的速率常數時，則（2.116）式可化簡爲：

$$i_s = F(k_c c_A^b - k_a c_B^b) \tag{2.118}$$

此結果與速率定律式相同，代表整個程序受到反應控制。當兩個速率常數與質傳係數相當時，電流的行爲比較複雜，稱爲混合控制。

由於 k_c 與 k_a 可以使用 Butler-Volmer 方程式表示成標準速率常數和施加電位的函數，因此可將電流密度 i 與施加電位 E 連結在一起。從電流與電位的關係圖可發現，其曲線只出現兩個電流平台時，電流上升的中心位於形式電位 E_f°，E 稍微偏離 E_f°，i 就會變化很大，此情形稱爲電化學可逆（electrochemically reversible）。若 E 稍微偏離 E_f° 時，i 的變化不大，代表其速率常數很小，必須施加足夠大的過電位才能驅使反應發生，這類情形稱爲電化學不可逆（electrochemically irreversible），其曲線將出現三個明顯的電流平台。若標準速率常數與質傳係數相當時，屬於上述兩者的中間狀態，三平台的趨勢不明顯，此情形稱爲電化學準可逆（electrochemically quasi-reversible）。

電化學可逆（A + e⁻ ⇌ B）

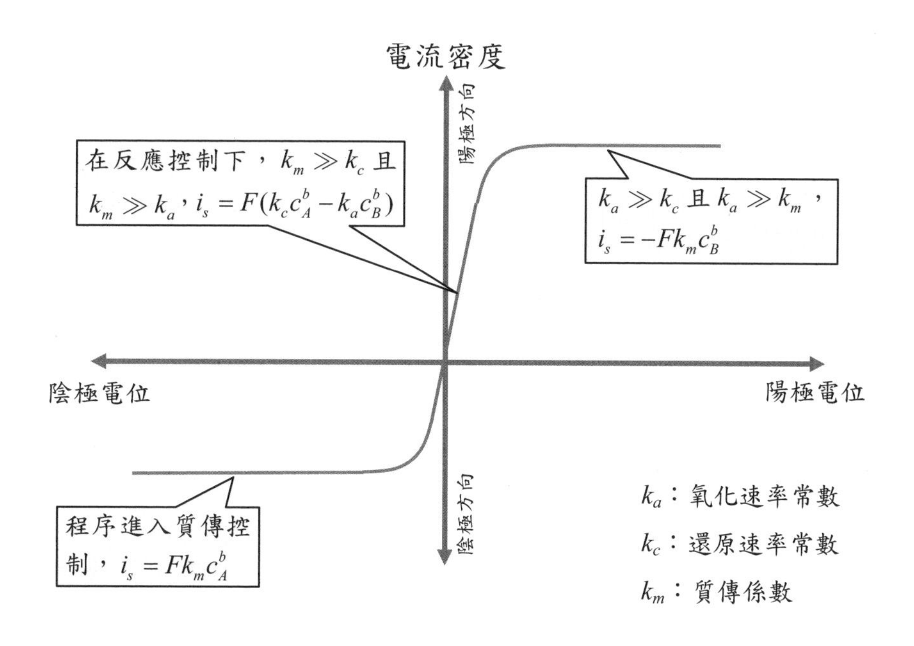

電化學不可逆

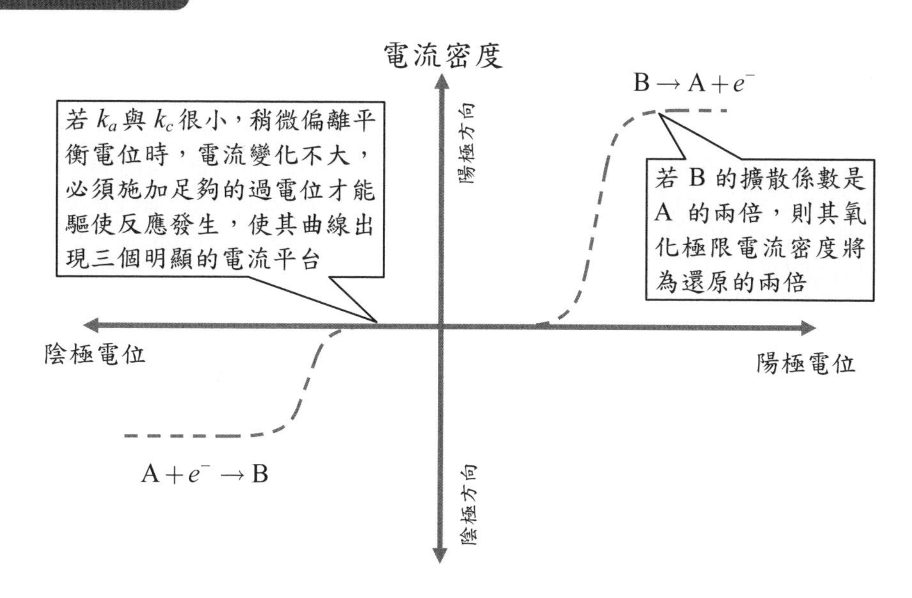

2-41 對流控制系統

流動的電解液對電流有什麼影響？

在電化學系統中包含了擴散、對流與遷移現象，但水溶液中的離子通常只擁有 10^{-5} cm^2/s 等級的擴散係數，所以只依靠擴散非常緩慢。爲了提升反應物的輸送，常設計成電解液與電極相對運動的系統。產生相對運動的方式分成三種，第一種是靜止溶液中的電極出現移動、振動或轉動，例如電化學分析中常用的旋轉盤電極系統；第二種是溶液流過靜止電極，例如高效液相層析儀（HPLC）所連接的電化學感測器；第三種則是電極與溶液都在運動，例如處理電鍍廢液的連續式電解回收裝置，其中的電極旋轉，溶液則從軸向流過。

藉由對流作用，可使電化學程序較快進入穩定態，並使分析實驗得到更精確的結果，因爲分析時電雙層的影響較小。雖然進入穩定態後，程序中的各種變數不再隨時間而變，但此系統仍可藉由控制流體相對電極的速度，來觀察反應時間規模（time scale）的效應。即使擁有上述優點，重現對流系統中的流場卻不容易，採用理論模型模擬程序時，也會遭遇複雜的非線性微分方程式，致使難以求解，所以目前只有少數具有理論依據的電化學系統被使用，因爲這類系統才能確保流場的再現性。

在稀薄溶液中，若加入了高濃度的支撐電解質，使活性成分的離子遷移減小到足以忽略。至於對流作用，流速 v 必須經由運動方程式來解析；對於擴散作用，成分濃度 c 則必須關聯到質量均衡方程式。對於這類擴散係數固定、成分含量稀薄且電解液不可壓縮的系統，活性成分的質量均衡方程式可簡化爲：

$$\frac{\partial c}{\partial t} = -D\nabla^2 c + \mathbf{v}\cdot\nabla c \tag{2.119}$$

等式右側的第二項即爲對流式系統的特徵。當電解液屬於不可壓縮的牛頓流體，其密度與黏度在定溫下皆能維持定值，可使用 Navier-Stokes 方程式求解速度。求解時，可先討論最接近電極表面的現象。從電極表面往外，存在一個薄層，其速度從 0 遞增到整體的流速 $\mathbf{v}_b$，此區域稱爲流體邊界層，厚度爲 δ_v。相似地，離子濃度的變化也存在擴散邊界層，厚度爲 δ_c。根據輸送現象的近似理論，兩種邊界層的厚度比值大致符合下列關係：

$$\frac{\delta_c}{\delta_v} \approx \left(\frac{D}{\nu}\right)^{1/3} \tag{2.120}$$

其中 ν 爲動黏度，是黏度對密度的比值。在一般的水溶液中，$\delta_c / \delta_v \approx 1/10$，代表流速愈快時，擴散邊界層將會愈薄，所以在對流式系統中，擴散邊界層的特性將隨流場而變。利用 Nernst 假設，可以簡易地求得電流密度：

$$i = nFD^{2/3}\nu^{-1/6}\mathbf{v}_b^{1/2}x^{-1/2}(c^b - c^s) \tag{2.121}$$

其中的 x 是流動方向的距離，由此可知，i 正比於擴散係數的 2/3 次方。

對流控制系統

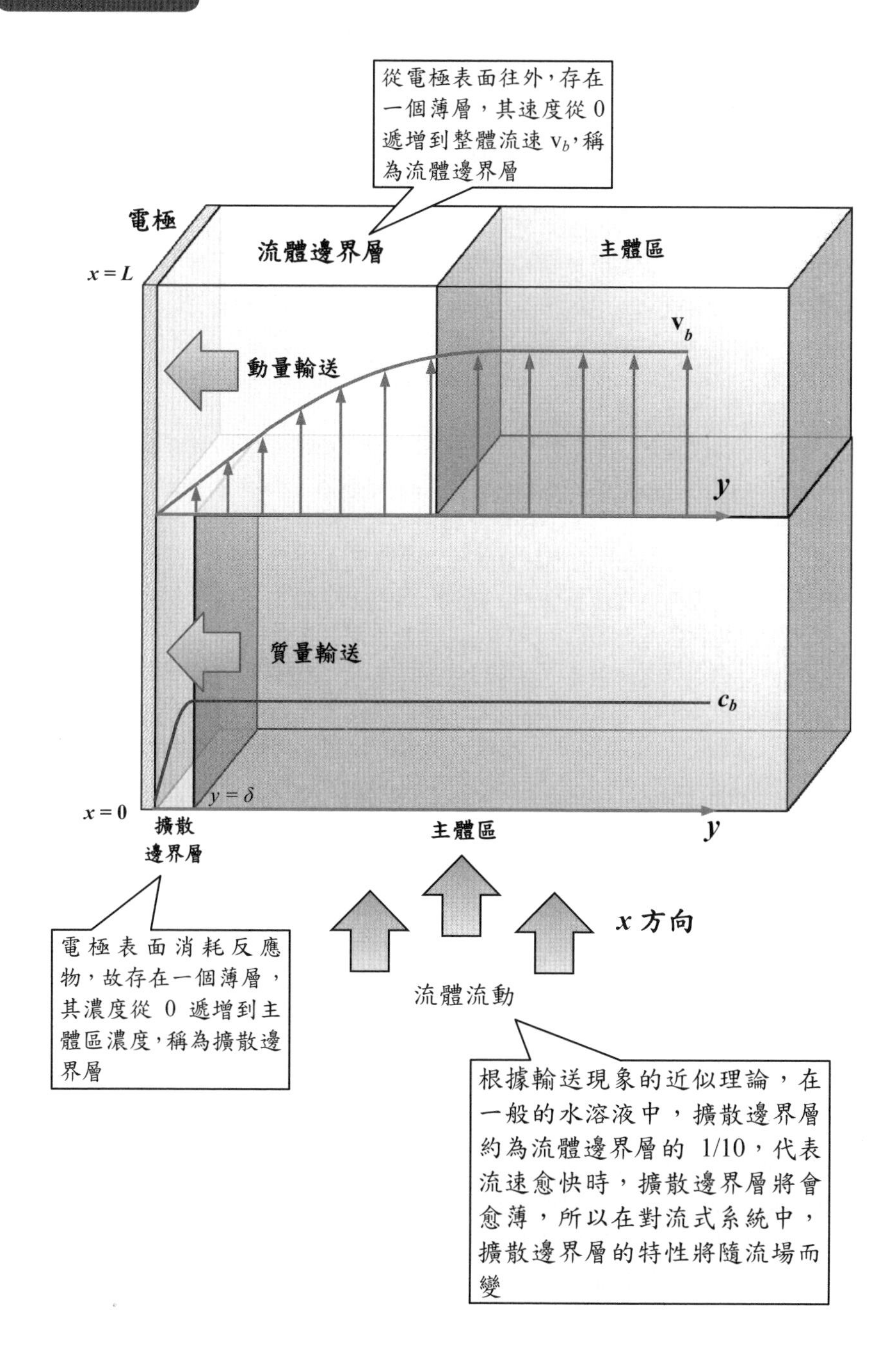

從電極表面往外，存在一個薄層，其速度從0遞增到整體流速 v_b，稱為流體邊界層
電極
流體邊界層
主體區
$x = L$
v_b
動量輸送
y
質量輸送
c_b
$y = \delta$
$x = 0$
擴散邊界層
主體區
y
x 方向
流體流動
電極表面消耗反應物，故存在一個薄層，其濃度從 0 遞增到主體區濃度，稱為擴散邊界層
根據輸送現象的近似理論，在一般的水溶液中，擴散邊界層約為流體邊界層的 1/10，代表流速愈快時，擴散邊界層將會愈薄，所以在對流式系統中，擴散邊界層的特性將隨流場而變

2-42 多孔電極系統

如何在有限空間中增加電極的反應面積？

當電極表面的反應速率太慢時，改成多孔電極可以縮短反應時間，因爲相同體積的多孔固體具有更大的表面積。單位體積擁有的表面積是評估多孔電極的一種指標，稱爲比表面積。此外，多孔電極也可扮演容器，將反應物儲存在孔洞中，而且多孔電極內的電流路徑較短，可以減低歐姆電壓，進而提升能量效率。還有一些程序會透過電吸附，使用多孔電極也能展現良好的效果。

多孔電極包含兩種類型，分別是二相電極（two-phase electrode）和三相電極（three-phase electrode）。前者是指電解液充滿所有孔洞，反應物藉由質傳作用到達電極表面以進行反應；後者則牽涉氣體反應物，溶解在電解液中的氣體會擴散到電極表面，在氣－液－固三相界面上發生反應。

研究二相電極的理論可分爲兩種，第一種是分散孔模型，是指電極由不相連的孔洞通道組成，故可應用平板電極的理論來模擬每一條通道，最終再加總所有孔洞電流，得到電極的總電流；第二種是均勻模型，是指多孔電極是由固體與電解液組成，這兩部分皆爲等向性（isotropic）的連續介質，整個多孔電極將會視爲兩種介質的加權平均，以此方式模擬電極特性較爲便利。研究三相電極的模型複雜許多，且不具有通用性，每個特殊模型會取決於不同的案例。以下簡介常用的均勻模型。

若多孔電極具有孔隙度 ε、比表面積 a，反應物在主體溶液中的濃度爲 c，則在孔洞內則以表觀濃度 εc 來估計，通過多孔電極的總電流密度 i 將由通過固體的電流密度 i_S 和通過孔洞溶液的電流密度 i_L 組成，前者來自電子傳輸，後者來自離子傳輸。從電荷均衡可知：

$$\nabla \cdot i = \nabla \cdot i_S + \nabla \cdot i_L = 0 \tag{2.122}$$

當程序進入穩定態後，利用質量均衡和電極動力學的方程式可以得到：

$$\nabla \cdot i_L = a i_0 \left\{ \exp\left[-\frac{n\alpha F\eta}{RT} \right] - \exp\left[\frac{n(1-\alpha)F\eta}{RT} \right] \right\} \tag{2.123}$$

其中 i_0 是交換電流密度，n 是參與反應的電子數，α 是電荷轉移係數，η 是過電位。另一方面，固體網狀物中的電流可使用歐姆定律描述：

$$i_S = -\sigma \nabla \phi_S \tag{2.124}$$

其中 σ 是固體的導電度，ϕ_S 是固相的電位。至此可知，多孔電極內的電化學程序非常複雜，難以精確地描述，通常只能進行簡化性分析。其中有一種簡化法藉由孔洞溶液具有均勻組成的假設，並忽略電雙層效應，而且電極的一端接觸金屬集流體（current collector），另一端接觸電解液主體區，使其動力學只關聯於固相與液相兩區的導電度與電位，以及電極總長度。

多孔電極

研究二相多孔電極，可使用兩種理論，第一種是分散孔模型，電極由不相連的孔洞通道組成，模擬每一條通道後再加總所有孔洞電流；第二種是均勻模型，是指多孔電極是由固體與電解液組成，這兩部分皆為連續介質，整個電極視為兩種介質的加權平均

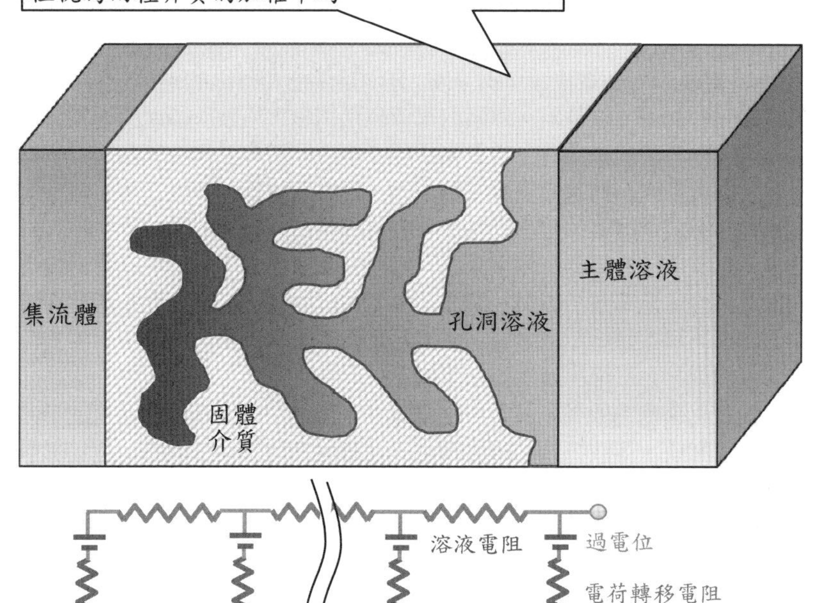

在多孔電極內部的反應速率並不均勻，因為電流會尋找電阻較低的路徑前進，反應電阻與介質電阻將成為相互競爭的對象。若將多孔電極內部假想成一個等效電路，水平方向的電阻分別代表固體介質與溶液介質的電阻，垂直方向的電阻則代表電子轉移反應的電阻

2-43 電流分布

如何快速有效地模擬系統中的電流？

在電極表面形成均勻的電位分布或電流分布常爲設計電解槽的重要指標，因爲反應動力學或溶液輸送的特性皆相關於電位分布，最終才能導向優良的產品總產率（throughput）、產品選擇率（selectivity）、電流效率（current efficiency）與能量效率（energy efficiency）。對總體電化學池而言，其外加電壓ΔE_{app}可由下列項目組成：

$$\Delta E_{app} = \Delta E_{eq} + \eta_A - \eta_C + I\sum_k R_k \tag{2.125}$$

其中ΔE_{eq}是兩極的平衡電位差，η_A和η_C分別是陽極和陰極的過電位，I是總電流，R_k是電化學槽中的第k種電阻。電阻的來源包括電極、溶液、隔離膜與電極表面的覆膜。在本章中，多數理論採取了具對稱性的一維空間假設，但在實際的工程案例中，電極形狀、電極排列、槽體幾何或電解液出入口等安排都無法簡化成一維空間，因此電場或流場勢必較爲複雜，若設計不良，容易導致品低良率或低效率。例如在電解合成程序中，若電位分布不均，易發生副反應，致使電流效率下降。在電池的操作中，若溶液輸送不佳，易導致活性材料閒置，降低電池的輸出特性。在電鍍程序中，若電流分布不均，易導致鍍膜厚度變異，使產品品質下降。在腐蝕防制中，若電位分布不均，將導致保護能力下降，產生局部腐蝕。

爲了提升電化學槽的效果，首要任務是調整電位、電流、速度與濃度的分布，關鍵因素包括幾何架構、溶液特性、電極特性、反應動力學與輸送現象。因爲影響的因素衆多，故常使用分段處理的方式來評估系統的設計。以電流分布爲例，可依序分爲一級分布（primary distribution）、二級分布（secondary distribution）與三級分布（tertiary distribution）。在一級電流分布的評估中，只考慮電極與電化學槽的配置問題，忽略化學反應與質傳現象的效應，所計算出的結果僅能代表電位分布的高低與電流分布的疏密，主要作爲定性判斷的依據。在二級電流分布的評估中，除了考慮電化學槽內的幾何配置，還需納入電極表面發生的電化學反應，但忽略溶液中的質傳效應，所得結果大致能代表電化學反應與電流分布的相互關係，可提供活性極化影響程序的依據。進入三級電流分布的評估後，除了考慮電化學槽內的配置和表面化學反應，還必須考量質傳效應，所得結果可作爲物質濃度變化的定量依據，其電流分布將會非常接近實際情形。然而，從模擬工作的角度，求解三級電流分布所需的時間與計算成本非常高，二級分布次之，一級分布最低廉，因此在實務應用中可能基於有限的成本，不一定要選擇求解三級電流分布，二級分布所提供的訊息也許能夠滿足設計者的需求。但隨著數值模擬的方法和硬體資源不斷進步，求解三級電流分布的工作已經逐漸普遍化。

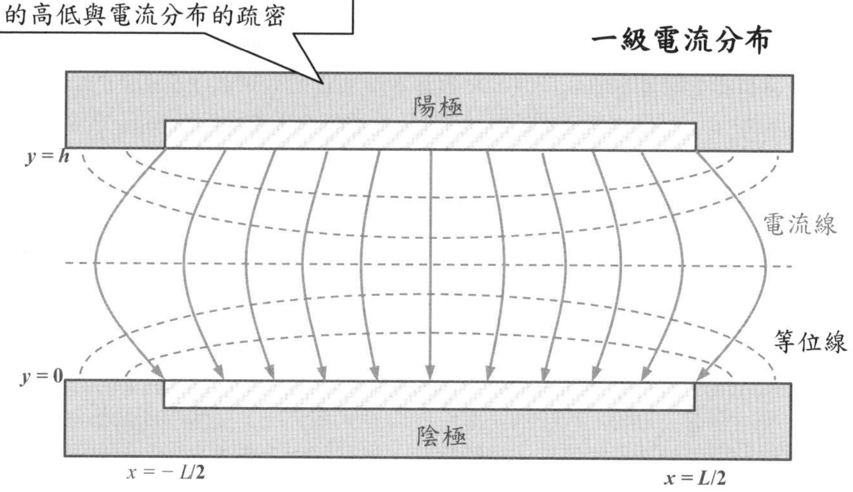
一級電流分布只考慮電極與電化學槽的配置問題，忽略化學反應與質傳現象的效應，所計算出的結果僅能代表電位分布的高低與電流分布的疏密
一級電流分布
陽極
y = h
電流線
等位線
y = 0
陰極
x = − L/2
x = L/2

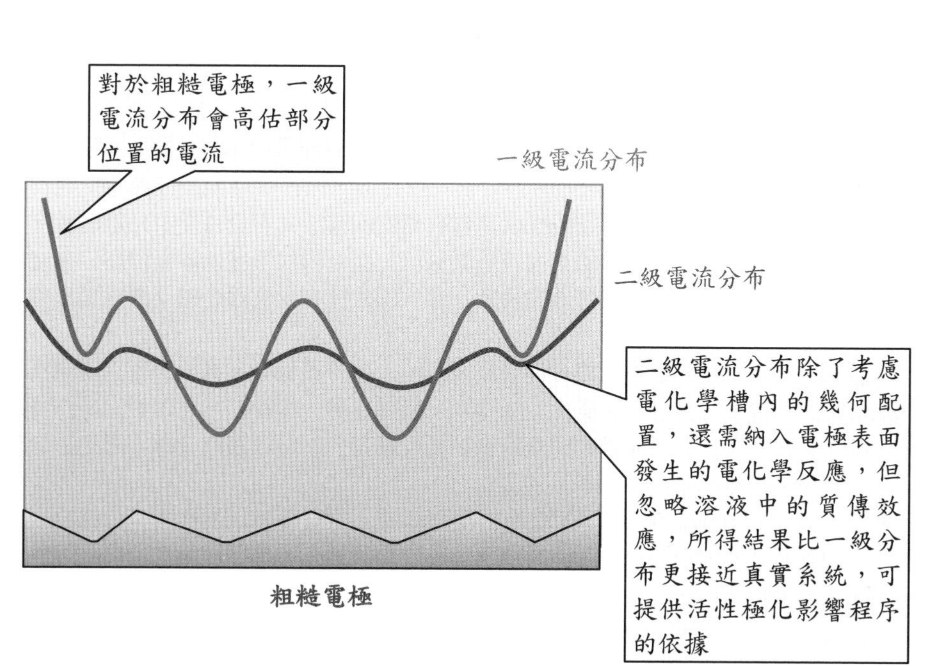
對於粗糙電極，一級電流分布會高估部分位置的電流
一級電流分布
二級電流分布
二級電流分布除了考慮電化學槽內的幾何配置，還需納入電極表面發生的電化學反應，但忽略溶液中的質傳效應，所得結果比一級分布更接近真實系統，可提供活性極化影響程序的依據
粗糙電極

2-44 反應器設計

電化學槽應如何設計？

電化學反應器的特性主要基於微觀動力學模型（micro-kinetic model）和巨觀動力學模型（macro-kinetic model），前者是從反應活化能或質傳現象來探討的反應速率模型；後者則是從整體反應器的角度，來觀察電流或電位分布與反應產率的關聯性。

根據法拉第定律，反應速率正比於電流密度 i，並可使用 Butler-Volmer 方程式來描述。若過電位 η 夠大，還會發生質傳限制現象，使電流密度會達到極限值 $i_{\lim}$。因此，在質傳控制或混合控制下的電流密度 i 可表示爲：

$$i = i_{\lim}\left\{1-\exp\left(-\frac{nF|\eta|}{RT}\right)\right\} \tag{2.126}$$

然而，Butler-Volmer 方程式描述的反應控制狀態或（2.126）式表示的質傳控制狀態只屬於單電極程序，若要說明整個電化學槽的電流 I 對電位 E 之關係，除了兩個電極的反應動力學，還需要關聯到兩極的過電位與溶液的電位降，這些物理量都會隨著位置而變，故常採用平均值以快速評估巨觀系統。就巨觀動力學而言，必須先從反應器的質量均衡開始，再搭配電極表面上的電流－電位關係，以及電解液中的濃度分布與質傳速率，方可建立出巨觀的反應器模型。尤其系統進入質傳控制狀態後，溶液的流速分布也將成爲重要變因。

理想的電化學反應器可大略分成三類，分別爲批次反應器（batch rector）、塞流反應器（plug flow reactor，以下簡稱爲 PFR）與連續攪拌槽反應器（continuous stirred-tank reactor，以下簡稱爲 CSTR）。對於批次反應器，操作前會先加入含有反應物的溶液，再給予時間進行反應，完成後收集含有產物的溶液，再設法從中分離出產物。隨著反應時間的進行，反應物的濃度將逐漸減低，而產物的濃度則逐漸增高。在充足的攪拌作用下，可假定容器內各處的濃度一致，因此批次反應器是由反應時間來控制程序。

對於 PFR，含有反應物的流體會從管狀容器的一端持續輸入，進入管內的反應物不僅隨著時間推進，也會沿途反應而生成產物，最終從另一端離開。在理想的操作情形中，程序會達到穩定態，流體的速度將會影響反應器內的軸向濃度分布，因此這類反應器主要藉由流速控制程序。

對於 CSTR，也使用槽式容器，並持續攪拌溶液。含有反應物的溶液會持續流入容器內，而含有產物的溶液也會從出口連續流出。相同地，強烈攪拌的作用可以促進容器內各處的濃度均勻，使流出溶液的濃度近乎於容器內各處的濃度。

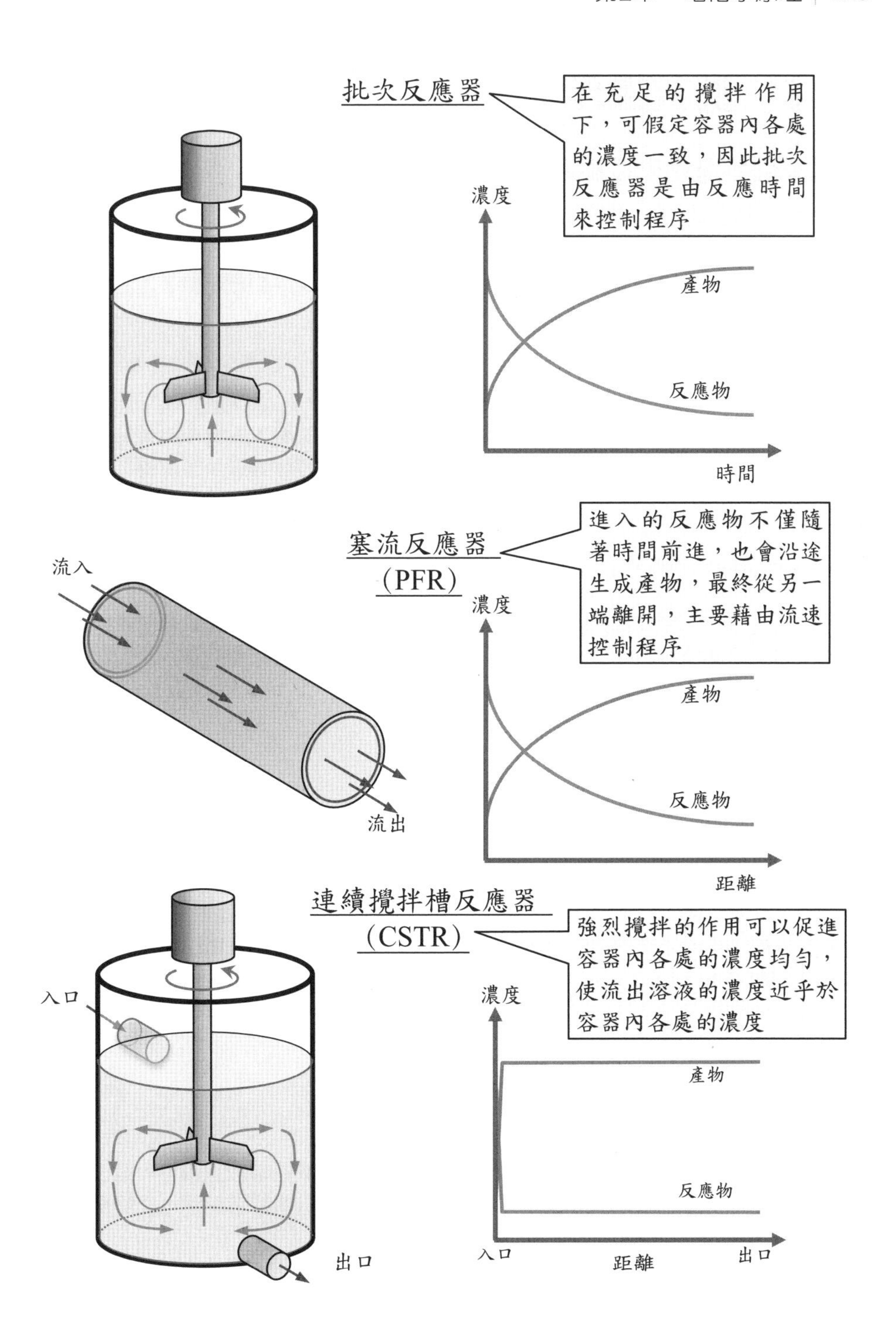
批次反應器
在充足的攪拌作用下，可假定容器內各處的濃度一致，因此批次反應器是由反應時間來控制程序
濃度
產物
反應物
時間
塞流反應器
(PFR)
進入的反應物不僅隨著時間前進，也會沿途生成產物，最終從另一端離開，主要藉由流速控制程序
流入
流出
濃度
產物
反應物
距離
連續攪拌槽反應器
(CSTR)
強烈攪拌的作用可以促進容器內各處的濃度均勻，使流出溶液的濃度近乎於容器內各處的濃度
入口
出口
濃度
產物
反應物
入口
距離
出口

2-45 批次操作

應如何設定電化學反應器的操作時間？

考慮一個電化學槽，其體積爲 V。加入槽內的溶液中含有反應物 A，初始濃度爲 c_0，當反應進行到時刻 t，反應物的反應速率爲 $r(t)$，濃度降低爲 $c(t)$。假設發生的電化學反應屬於一級，且速率常數爲 k，另已知 n 爲參與反應的電子數，A 爲電極的面積，電流密度爲 $i(t)$，故可得到：

$$\frac{dc}{dt}=r(t)=-kc(t)=-\frac{i(t)A}{nFV} \tag{2.127}$$

當施加電位足夠高，可以控制電化學程序進入質傳控制狀態，並使電流密度達到飽和值，此極限電流可表示爲：$i_{\lim}(t)=nFk_mc$，其中的 k_m 是質傳係數，c 是反應物的濃度。在此狀態下，可從（2.127）式求解出 c 隨時間 t 衰減的情形：

$$c=c_0\exp\left(-\frac{k_mA}{V}t\right) \tag{2.128}$$

其中的 c_0 是反應物的初濃度。由此可知，提升質傳能力、增大電極面積或縮小反應槽體積時，濃度遞減的速率將會加快。若此程序已經設定最終轉化率 X，則剩餘濃度 $c_f=c_0(1-X)$，所需反應時間爲：

$$t_f=\frac{V}{k_mA}\ln\frac{c_0}{c_f}=\frac{V}{k_mA}\ln\left(\frac{1}{1-X}\right) \tag{2.129}$$

在設計反應器時，也可以先設定轉化率 X 和所需時間 t_f，估計出最小電極面積：

$$A_{\min}=\frac{V}{k_mt_f}\ln\left(\frac{1}{1-X}\right) \tag{2.130}$$

但電化學程序不總是操作在質傳控制狀態，所以實際電流會小於極限電流。要求得反應後的剩餘濃度或總時間，還需要先知道電流對施加電壓的關係，例如使用 Butler-Volmer 方程式，牽涉的計算工作相對複雜。只有在定電流操作時，可以較簡單地求得轉化率：

$$X(t)=\int_0^t\frac{iA}{nFVc_0}dt=\frac{iAt}{nFVc_0} \tag{2.131}$$

有一些改良型的批次操作模式也曾被提出，例如電解液連續加入槽中，但沒有設計反應槽的出口，或產物連續排放，但電解液沒有新增，這兩種情形都可以稱爲半批次式（semi-batch）。

批次反應器

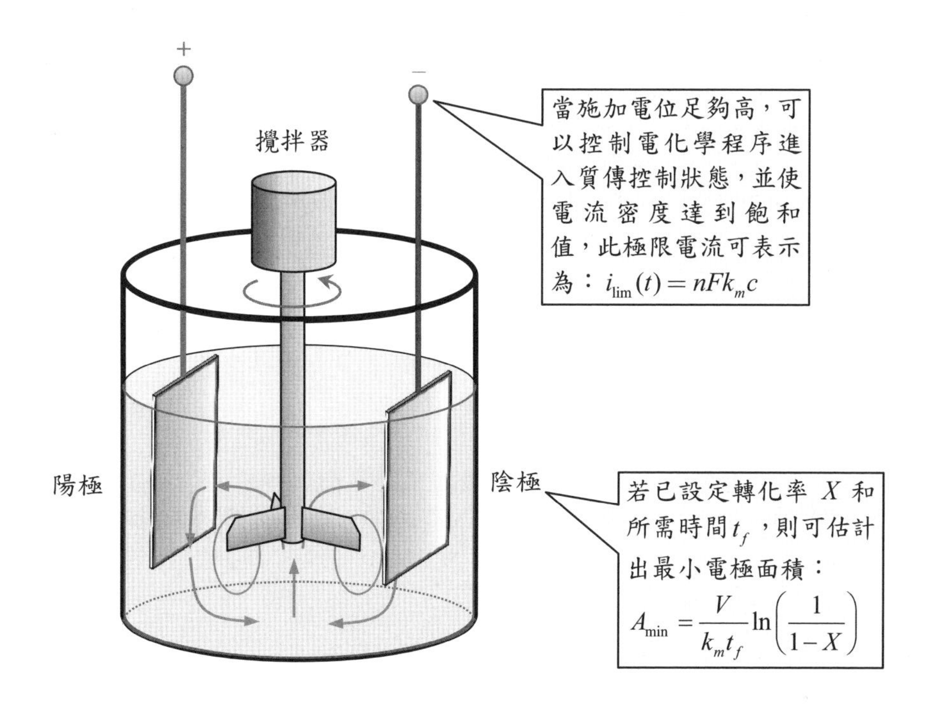
+
−
攪拌器
當施加電位足夠高，可以控制電化學程序進入質傳控制狀態，並使電流密度達到飽和值，此極限電流可表示為：$i_{\lim}(t) = nFk_m c$
陽極
陰極
若已設定轉化率 X 和所需時間 t_f，則可估計出最小電極面積：
$A_{\min} = \frac{V}{k_m t_f}\ln\left(\frac{1}{1-X}\right)$

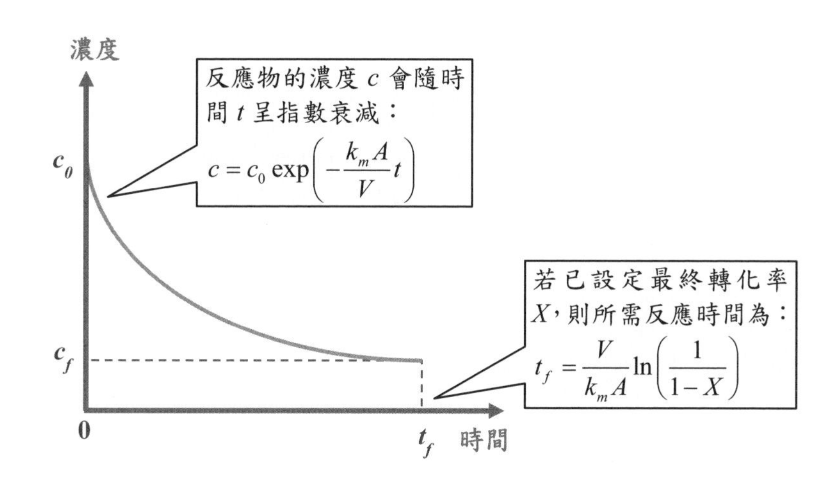
濃度
反應物的濃度 c 會隨時間 t 呈指數衰減：
$c = c_0 \exp\left(-\frac{k_m A}{V}t\right)$
c_0
c_f
0
t_f
時間
若已設定最終轉化率 X，則所需反應時間為：
$t_f = \frac{V}{k_m A}\ln\left(\frac{1}{1-X}\right)$

2-46 連續操作

如何利用電化學反應器進行連續生產？

考慮一種單程操作的連續式電化學反應器，含有反應物的溶液從一端流入，流動至電極區進行反應，最終從出口離開，代表案例爲 PFR 和 CSTR。已知溶液的體積流率爲 Q，反應物在入口處（$x=0$）的濃度爲 c_i，在出口處（$x=L$）的濃度爲 c_o。當操作進入穩定態，反應物的濃度將不再隨時間而變，只存在空間的分布。利用質量均衡和法拉第定律，可以描述總電流 I 對濃度的關係：

$$c_iQ-c_oQ=\frac{I}{nF} \tag{2.132}$$

但式中的 I 是總電流，必須由各位置 x 的電流密度積分而成。當施加電位足夠高，程序進入質傳控制狀態，使電流達到極限值 $I_{\lim}$：

$$I_{\lim}=\int_0^x nFk_mc(x)wdx \tag{2.133}$$

對於 PFR，若流速夠快，還可假設側向擴散的效應遠低於軸向對流的效應，使濃度變化只出現在軸向上，因此透過（2.132）式和（2.133）式，可得到軸向濃度的變化：

$$\frac{dc}{dx}=-\frac{1}{nFQ}\frac{dI_{\lim}}{dx}=-\frac{k_mw}{Q}c \tag{2.134}$$

再從入口積分至出口，可得到出入口的濃度與轉化率 X：

$$c_o=c_i\exp\left(-\frac{k_mA}{Q}\right) \tag{2.135}$$

$$X=1-\frac{c_o}{c_i}=1-\exp\left(-\frac{k_mA}{Q}\right) \tag{2.136}$$

此外，CSTR 也屬於單程操作，但其出口濃度相同於反應槽內各處的濃度，有別於 PFR。此反應器的總極限電流 $I_{\lim}$ 可以直接使用出口濃度 c_o 來表示，進而得到出口濃度 c_i 與入口濃度 c_o 之間的關係：

$$c_i-c_o=\frac{I_{\lim}}{nFQ}=\frac{k_mA}{Q}c_o \tag{2.137}$$

接著可快速地求得轉化率 X：

$$X=1-\frac{c_o}{c_i}=\frac{k_mA}{Q+k_mA} \tag{2.138}$$

連續式反應器

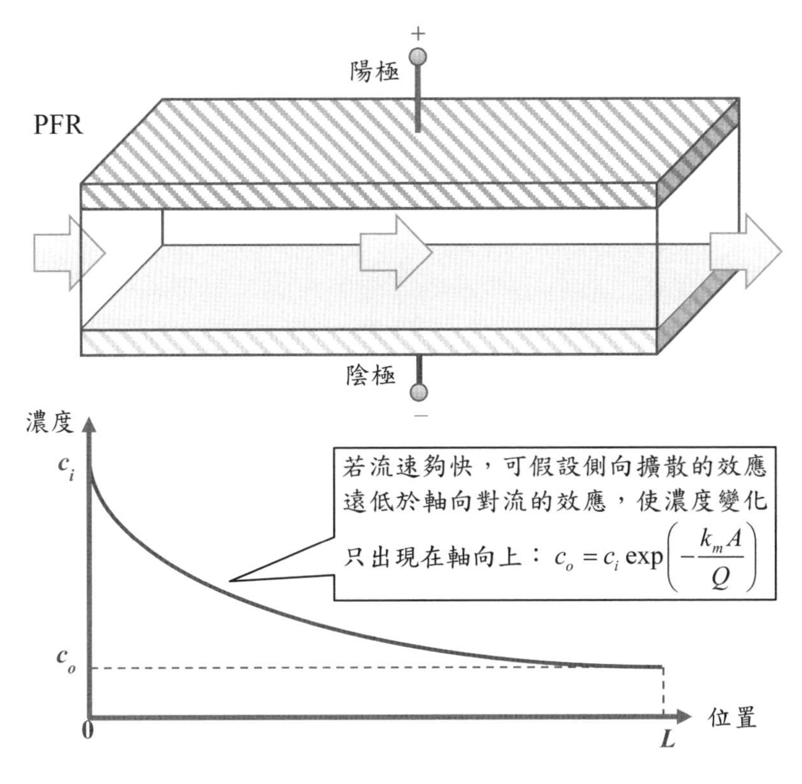

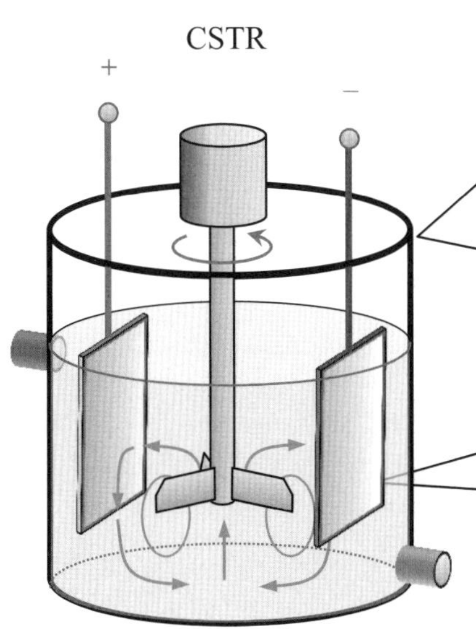

在電極面積、質傳係數與流量皆相同的情形下，CSTR 的轉化率會低於 PFR 的轉化率；若再給定相同的入口濃度後，PFR 將擁有較高的極限電流。然而，真實的反應槽無法均勻攪拌，使槽內各處的質傳不同，通常會使用回流模式來促進溶液的混合

CSTR 也屬於單程操作，其出口濃度相同於反應槽內各處的濃度，轉化率為 $X = 1 - \frac{c_o}{c_i} = \frac{k_m A}{Q + k_m A}$

第3章
電化學分析

3-1 電化學分析原理
3-2 電化學分析方法
3-3 電化學分析系統
3-4 工作電極
3-5 旋轉盤電極
3-6 旋轉盤環電極
3-7 參考電極
3-8 電化學工作站
3-9 電位與電流測量
3-10 穩態極化曲線測量
3-11 腐蝕電位與腐蝕電流測量
3-12 暫態極化曲線測量
3-13 階梯電流分析 -（I）反應控制
3-14 階梯電流分析 -（II）質傳控制
3-15 控制電量分析
3-16 階梯電位分析 -（I）反應控制
3-17 階梯電位分析 -（II）質傳控制
3-18 線性掃描伏安法
3-19 循環伏安法 -（I）反應控制
3-20 循環伏安法 -（II）質傳控制
3-21 溶出伏安法
3-22 脈衝伏安法
3-23 等效電路
3-24 電化學阻抗譜 -（I）電荷轉移
3-25 電化學阻抗譜 -（II）質量輸送
3-26 電化學阻抗譜 -（III）時間常數
3-27 電化學阻抗譜 -（IV）數據解析
3-28 電化學雜訊法
3-29 電化學活性面積測量
3-30 電化學電容測量
3-31 擴散係數測量
3-32 電化學原位測量
3-33 電化學原位紅外線光譜分析
3-34 電化學原位拉曼光譜分析
3-35 電化學原位質量分析
3-36 電化學原位掃描探針分析
3-37 掃描電化學顯微鏡

本章將說明電化學的分析系統與方法，分析的系統包括所需電極、電化學池與電化學工作站；分析的方法包括暫態測量和穩態測量，以及光譜技術、質量技術與探針技術結合電化學測量。

3-1 電化學分析原理

電化學分析依據什麼原理？

透過電化學方法進行的測量工作可簡稱為電分析（electroanalysis），對象是具有電化學活性的成分，亦即可氧化或可還原的成分。進行電化學分析時，需要外部能量刺激系統以產生變化，之後才能從變化中推測系統內部的特性。可提供的能量包含電、熱與光等多種類型，所施加的電能又可分為定電壓、定電流或變電壓等型式，對系統施加電壓時可得到電流回應，對系統施加電流時可得到電位回應。

在電化學的分析程序中，藉由分析儀器可測量出系統的電壓和流通的電量，求得電壓的工具是伏特計（voltmeter），求得電量的工具是庫倫計（coulometer）。若能計算電荷流動的平均速率，還可得到系統的電流，所用的工具為安培計（amperemeter）。因此，電分析可分為兩種類型，其一是針對無電流通過的系統，另一則為有電流通過的系統。從化學的觀點，沒有電流通過時，可視為電極系統進入平衡狀態，此時只能測得電極的電位；若存在電流時，則電極系統偏離平衡狀態，此時不僅測得電極的電位，也能測得通過電極的電流。

然而，受限於測量工具的設計原理，完全沒有電流通過時，無法測得電壓，所以在實務上只存在一種分析類型。但若能抑制系統之電流至極小的程度，所得到的電壓仍會趨近平衡狀態，壓抑電流的最佳方法是在測量工具內加裝極大的電阻，使整體迴路的總電阻提升到極大，因而導致電流限縮到極小，此即伏特計的設計原理。電流足夠小時，迴路中的導線效應和異質材料的界面效應也能降低到極小，以得到誤差很小的電極電位，這類分析技術稱為電位分析法（potentiometry）。

電化學系統內的電荷流動除了起因於陰陽離子遷移到電極表面形成電雙層，也來自於陰陽兩極的反應。陽極發生的反應會釋出電子至導線，陰極進行的反應會接收來自導線的電子，兩電極之間所夾電解液或固態電解質則透過離子傳遞來導電，因而組成完整的迴路。將電子傳遞的過程簡化，可假設電解液中含有活性成分 O 和 R，前者代表氧化態，後者代表還原態，兩者合稱為氧化還原對，當電極進行氧化反應時，R 減少而 O 增多，且同時釋出電子進入電極材料。因此，從電極材料的觀點來看，發生氧化反應的陽極負責接收電子，之後再傳遞給導線，所以 IUPAC 依此定義氧化電流為負值。另一方面，發生還原反應的陰極則負責提供電子，之後傳遞給 O 以反應成 R，所以 IUPAC 定義還原電流為正值。然而，若從氧化還原對的角度來看，發生氧化反應的 R 將會釋出電子，之後再傳遞給電極材料，所以氧化電流可定為正值；相對地，發生還原反應的 O 將會接收來自電極材料的電子，以反應成 R，所以還原電流可定為負值。上述兩種觀點都被許多分析工作者採用，但其原理相同，僅表達方式相異，兩種系統可以輕易地轉換。

分析原理

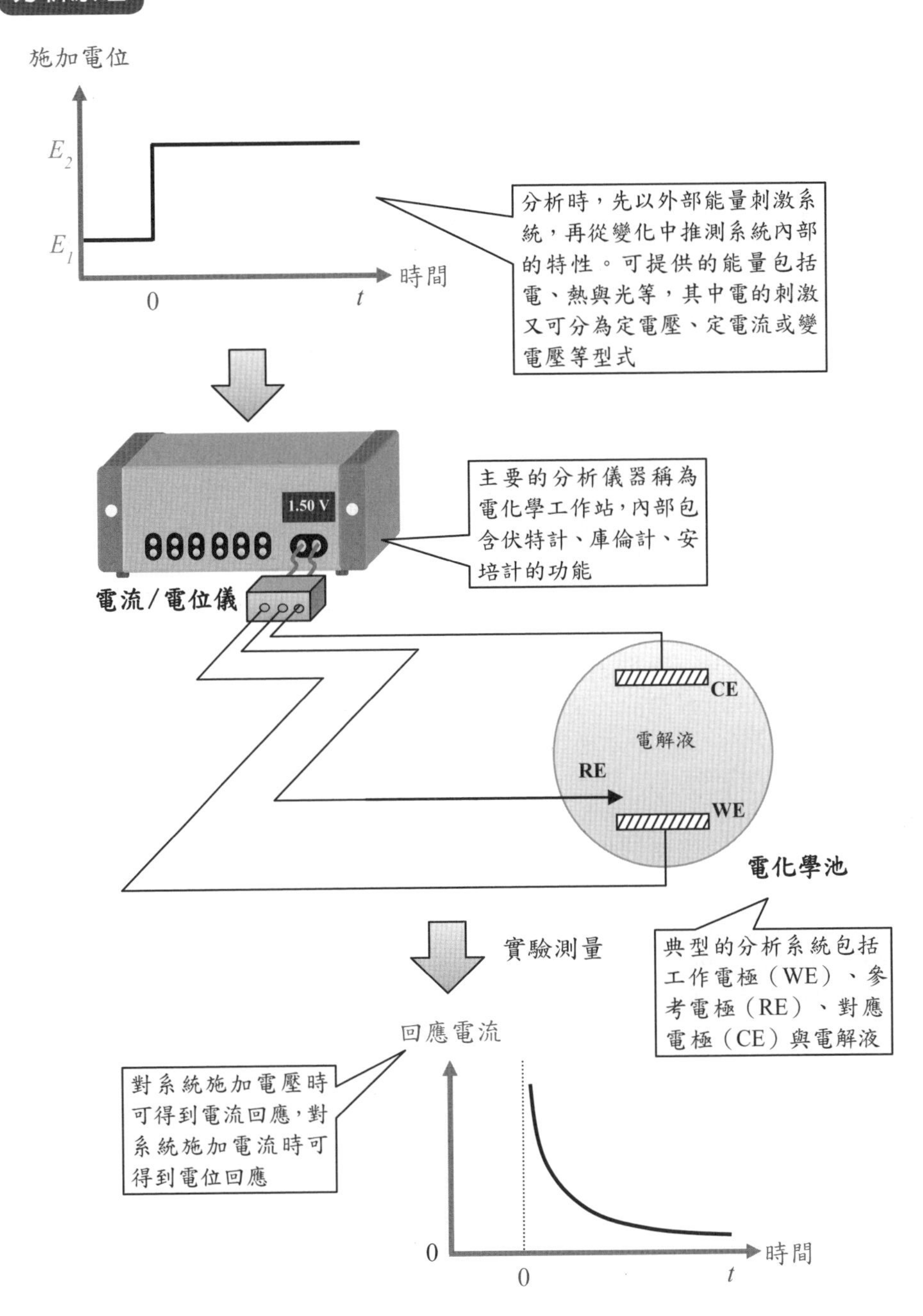

施加電位
E_2
E_1
0
t
時間
分析時，先以外部能量刺激系統，再從變化中推測系統內部的特性。可提供的能量包括電、熱與光等，其中電的刺激又可分為定電壓、定電流或變電壓等型式
1.50 V
電流/電位儀
主要的分析儀器稱為電化學工作站，內部包含伏特計、庫倫計、安培計的功能
CE
電解液
RE
WE
電化學池
實驗測量
典型的分析系統包括工作電極（WE）、參考電極（RE）、對應電極（CE）與電解液
回應電流
對系統施加電壓時可得到電流回應，對系統施加電流時可得到電位回應
0
0
t
時間

3-2 電化學分析方法

電化學分析裝置需要什麼組件？

如前所述，電分析分爲無電流通過與有電流通過的系統，沒有電流通過的電極已達平衡，可測得電極的電位；有電流通過的電極偏離平衡，可同時測得電極的電位和電流。

但因測量工具的極限，測量電壓時仍需要微小的電流通過，否則無法測得，所以實務上會使用極大電阻的裝置來壓抑電流，以降低測量誤差，這類分析技術稱爲電位分析法（potentiometry）。測量電流時，則會以電壓作爲驅動系統的能量來源，驅使電極偏離平衡，所施加的電壓可以固定，也可以隨時間而變，還可以週期性地調整，因而產生多種分析技術，通稱爲電流分析法（amperometry）。因爲分析時，藉由施加電壓得到電流回應，故又稱爲伏安法（voltammetry）。若對系統施加週期性電壓變化，並且設定變化的頻率，最終可得到回應電流的頻譜。尤其當施加電壓圍繞在電極平衡電位的附近往復變化時，測得電流與施加電位將會出現相位差，反映出電極和溶液界面的特性，此形情如同交流電路，可用阻抗來表示分析結果，故被稱爲交流阻抗法（AC impedance），或電化學阻抗譜（electrochemical impedance spectroscopy）。

從另一個角度，在測量的時間內，若電化學槽的特性幾乎不變，代表系統進入穩定態（steady state），但不一定是平衡狀態。例如金屬腐蝕的溶解反應和氫氣生成反應同時發生且速率一致，並非電極達到平衡，溶解出的金屬離子以特定速率擴散離開表面，且擴散速率相等於離子生成的速率，則可導致表面的濃度維持固定，此時的測量可以稱爲穩態分析。進入此狀態之前，表面的離子濃度還在累積中，此時稱爲暫態，對應的測量稱爲暫態分析。然而，絕對的穩態在理論上需要無窮久的時間才會達到，因此穩態分析通常是指一段時間內系統特性的變化幾乎可以忽略，或此變化小於儀器的測量極限，不屬於此情形者，皆歸類爲暫態分析。

由於電極與電解液界面存在法拉第程序和非法拉第程序，進入穩態後，電極表面的電雙層也應維持固定，代表電荷已無法再累積，使電雙層電容不再改變，因而測得的電流中不包含電雙層的充電電流。另因溶液測的離子濃度也不再變化，所以表面的吸附或脫附速率也將固定，擴散層的厚度不再改變，離子的表面擴散速率將成爲定値。

暫態分析的種類較多，系統可受到外加的電壓、電流或電量而產生回應。若外加的變因視爲一種擾動（purtabation）訊號，則可透過訊號的性質發展出不同的分析技術，例如脈衝式訊號、階梯式訊號、三角式訊號、簡諧式訊號等，在後續的小節中，將會逐一探討。

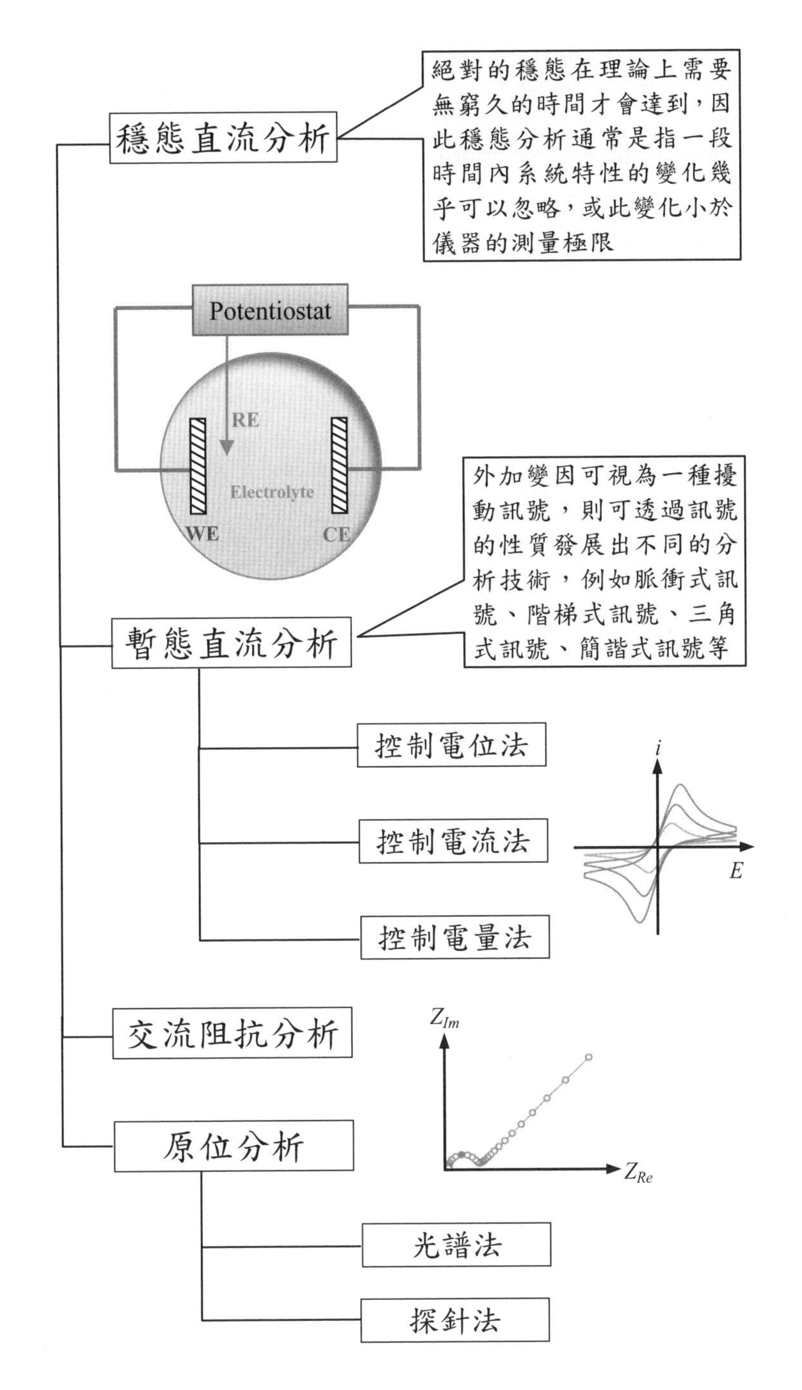

電化學分析技術
穩態直流分析
絕對的穩態在理論上需要無窮久的時間才會達到，因此穩態分析通常是指一段時間內系統特性的變化幾乎可以忽略，或此變化小於儀器的測量極限
Potentiostat
RE
Electrolyte
WE
CE
暫態直流分析
外加變因可視為一種擾動訊號，則可透過訊號的性質發展出不同的分析技術，例如脈衝式訊號、階梯式訊號、三角式訊號、簡諧式訊號等
控制電位法
控制電流法
控制電量法
i
E
交流阻抗分析
Z_{Im}
Z_{Re}
原位分析
光譜法
探針法

3-3 電化學分析系統

電化學分析裝置需要什麼組件？

電化學分析所使用的系統已經逐漸趨於制式架構，出現特殊需求時則可加以改裝。傳統的實驗器具常包含兩個容器、一支鹽橋與三個電極，兩容器分別稱爲陽極室與陰極室，之內分別盛裝陽極電解液和陰極電解液，三個電極分別爲工作電極、對應電極和參考電極，工作電極可選擇一個容器放置，但參考電極必須緊臨著工作電極，對應電極則置入另一容器。

兩容器之間以鹽橋相連，其目的在於減低離子跨越兩種電解液所需克服的接面電位差。適當選擇鹽橋中的成分可以達到此目標，常用的成分爲高濃度的 KNO_3，因爲 K^+ 和 NO_3^- 擁有相當的離子遷移率，其他符合此條件的陰陽離子組合亦可作爲鹽橋中的主成分，例如 KCl。鹽橋通常由 U 形玻璃管構成，兩端可用濾紙、多孔玻璃或多孔陶瓷塞住，以防止鹽橋溶液大量流入兩個電解室。另一種防止鹽橋溶液洩漏的方法是製成膠態電解質，例如在 KCl 溶液中加入瓊脂（agar，或稱爲洋菜），經過加熱後即可成爲膠態電解質。使用鹽橋還可以避免寄生反應，因爲只用到單一容器盛裝電解液和三個電極的實驗中，陰陽兩極的產物容易會擴散到對極，繼而發生寄生反應而消耗反應物，使分析出現顯著誤差。因此，使用鹽橋分開兩個電極室可以有效避免寄生反應。

參考電極必須緊臨工作電極，但不能接觸，否則無法測得兩者的電位差。但若間距過大，即使流通的電流非常小，其間的電解液將導致顯著的電位差，影響工作電極的電位分析，因此前人提出數種方案。目前常用的一種方案是 W 型分析槽，槽體擁有三個開口，可以分別放入三個電極，相鄰兩電極皆以交換膜分隔，而且參考電極仍須盡量靠近工作電極；另一種方案則是在分析槽中嵌入毛細管，稱爲 Luggin 毛細管，管的一端放入參考電極，另一端的開口則極爲接近工作電極的表面，此結構可省去一片隔離膜。

隨著新材料的開發，新式的電化學分析系統可以避免複雜的結構，只採用單一槽體，但其中必須使用隔離膜。目前常用的有效隔離膜爲離子交換膜（ion exchange membrane），一種類型稱爲陽離子交換膜，理論上只允許陽離子穿越，另一種則稱爲陰離子交換膜，理論上只允許陰離子透過。無論使用何種交換膜，都能限制兩側的電解液互相流通，因此能避免寄生反應，但缺點是交換膜的價格高，會顯著地提升分析成本。

另有一些副反應則來自電解液中的雜質，例如溶解的 O_2 可能會和強還原劑發生反應，影響分析結果。爲了去除電解液中已溶解的 O_2，常會加裝一根氣體導管，通入 N_2 或 He，逐出溶解的 O_2，有時會在分析前除氧，有時會在分析之中不斷除氧。

電化學分析裝置

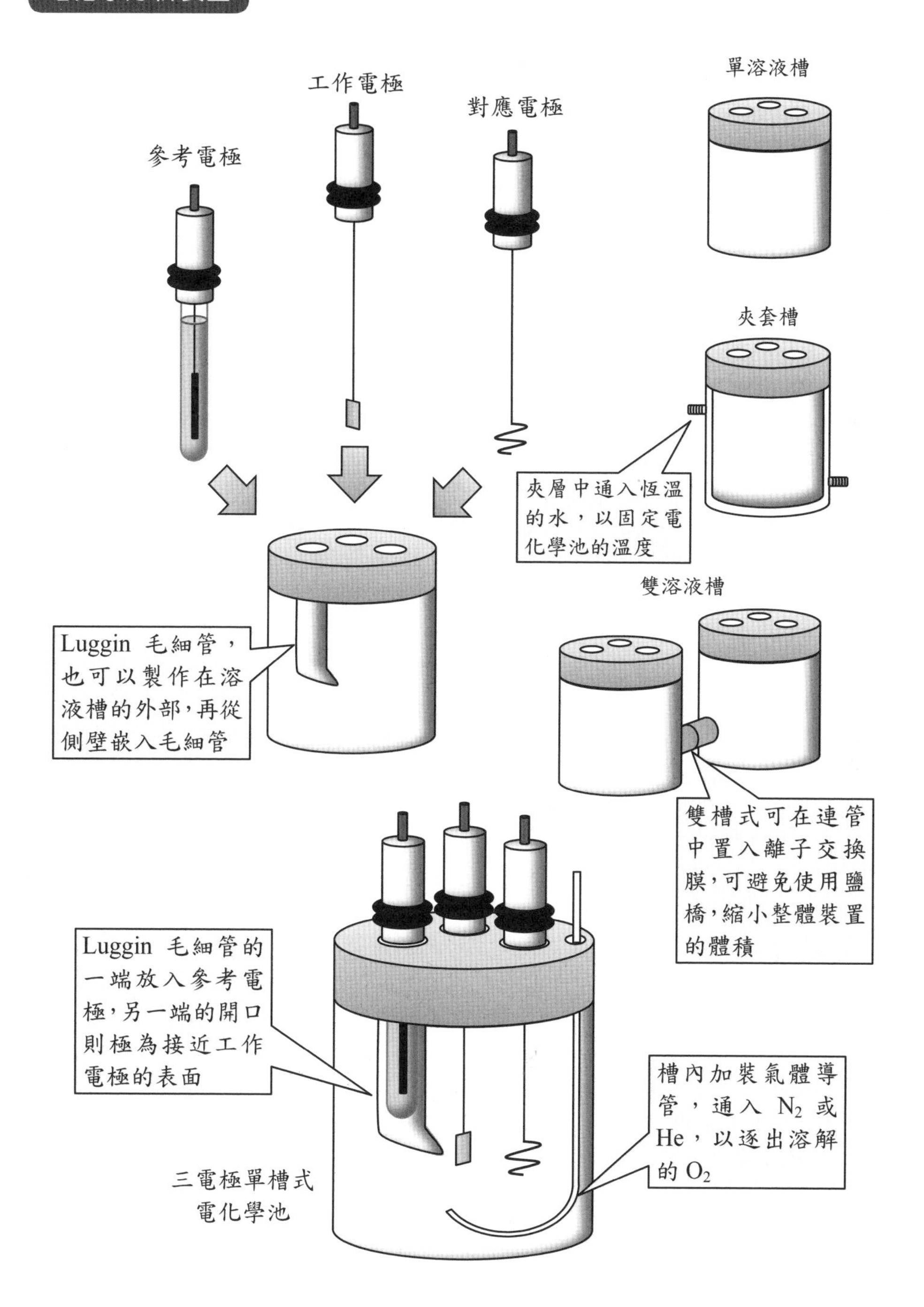

工作電極
對應電極
參考電極
單溶液槽
夾套槽
夾層中通入恆溫的水，以固定電化學池的溫度
雙溶液槽
Luggin 毛細管，也可以製作在溶液槽的外部，再從側壁嵌入毛細管
雙槽式可在連管中置入離子交換膜，可避免使用鹽橋，縮小整體裝置的體積
Luggin 毛細管的一端放入參考電極，另一端的開口則極為接近工作電極的表面
槽內加裝氣體導管，通入 N_2 或 He，以逐出溶解的 O_2
三電極單槽式電化學池

3-4 工作電極

電化學分析的主要電極為何？

由前述可知，電化學分析系統中會使用三個電極，其中一個要角是工作電極（working electrode）。當分析系統與外部的電錶連接後，通過工作電極的電流將被記錄，工作電極與參考電極之間的電位也被記錄，因此工作電極也常被稱爲研究電極，是分析工作的主角。

在特定的實驗中，電極將由選定的材料構成，並具有特別的形狀與結構，以完成實驗前設定的目標。最常見的電極形狀爲平板型，但也存在網狀、棒狀、圓盤狀、環狀或球狀。此外，依據測量系統中的電極扮演的角色，適用的電極材質與形狀將會不同。在電極的末端，還必須連接至銅線以利於電流的輸入與輸出，通常電極會用焊接的方式對外接線。有時爲了能緊密地連接電極與導線，還會使用玻璃包覆，藉由加入熔化再冷卻，可使連接處被密封。有時也可使用環氧樹脂（epoxy）或膠帶固定連接處，但此材料較不穩定，不只會被測試溶液分解，也可能釋放汙染物而影響測量。

實施電化學分析時，工作電極有兩種型態，第一種是不參與反應，只提供表面接觸溶液中的活性成分，以傳遞電子；第二種則會參與反應，透過氧化反應溶解成離子，或形成氧化膜。不參與反應的電極需要使用鈍性材料，常用白金、鈦鍍白金或不溶性陽極，後者也稱爲形穩陽極（簡稱 DSA）。

白金的價格較高，因此需要白金催化反應進行時，會在鈦上鍍白金，以降低材料成本。在使用之前，要先清除白金上吸附的有機物、氧化物或硫化物，短暫浸泡於濃硫酸、濃硝酸或王水中可以去除有機物，但不能去除無機吸附物，而且此時還會導致表面形成微米級的 PtO_2 薄層。若不去除氧化層，在電位分析時常會導致誤差。使用含有金鋼砂或氧化鋁的黏糊來研磨表面，可以刮除氧化物，之後再用甲醇洗去黏糊和殘留的研磨粒，即可得到新的金屬表面。使用電解法也可去除氧化層，當白金接上電源的負極，可以先產生吸附的氫原子，此氫原子可將氧化層還原成金屬，之後變更成陽極，使表面產生氧氣，並且多次切換白金的極性，直至最後一次切換成陰極，以確保表面不再存有氧化層。

此外，樹脂經過加熱至 1800℃後，可形成玻璃碳，其導電性良好、熱膨脹係數小、質地堅硬且、可拋光成鏡面，而且化性穩定，對產氫的過電位夠高，因而適合作爲工作電極。相同地，玻璃碳電極在使用前需要經過表面清洗或研磨，以去除吸附的有機汙染物。

不溶性陽極是指分析中用於陽極的鈍性材料，是由鈦基材表面鍍上多種氧化物而構成，但導電度高，且具有高抗蝕性，不會在分析中溶解，常鍍上的氧化物包括 RuO_2、IrO_2、PtO_2，使內部金屬獲得保護，並且提供具有催化性的表面，電解時可促進氧氣生成，有些組成可以促進氯氣生成。

工作電極

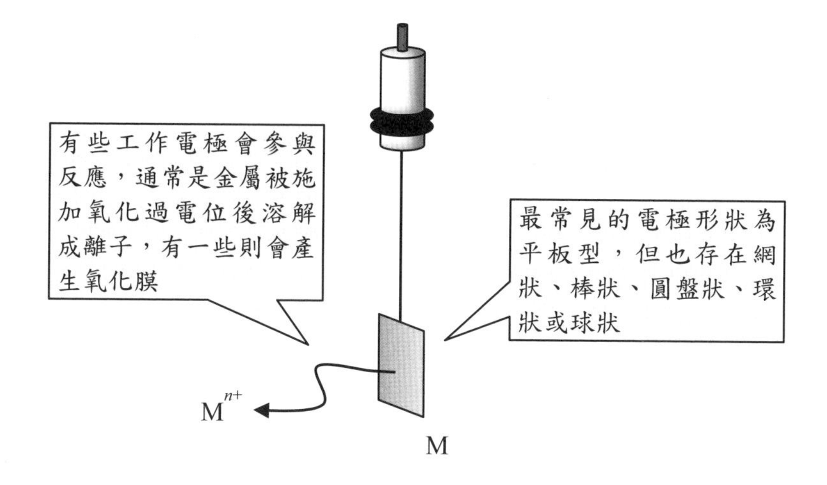
有些工作電極會參與反應，通常是金屬被施加氧化過電位後溶解成離子，有一些則會產生氧化膜
最常見的電極形狀為平板型，但也存在網狀、棒狀、圓盤狀、環狀或球狀
M^{n+}
M

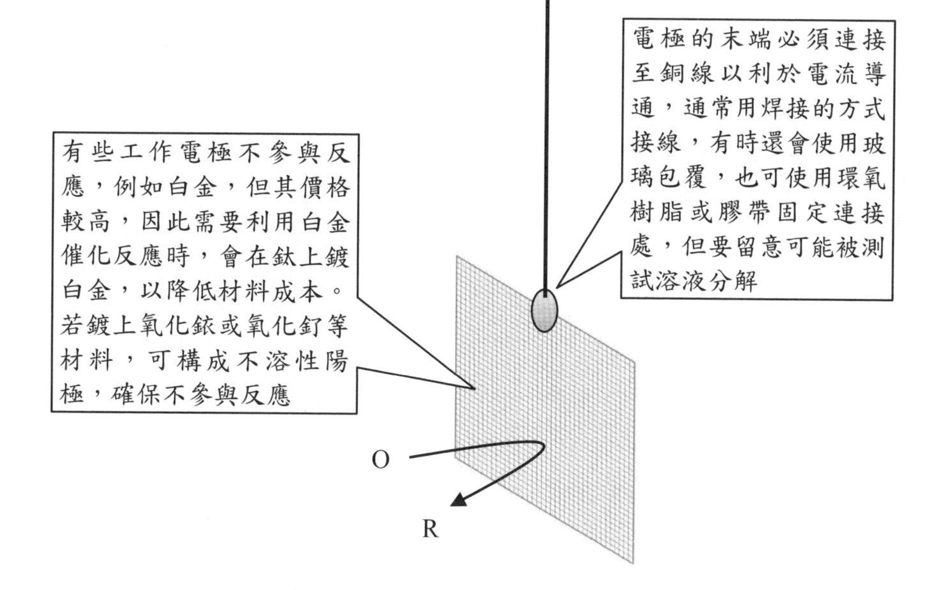
電極的末端必須連接至銅線以利於電流導通，通常用焊接的方式接線，有時還會使用玻璃包覆，也可使用環氧樹脂或膠帶固定連接處，但要留意可能被測試溶液分解
有些工作電極不參與反應，例如白金，但其價格較高，因此需要利用白金催化反應時，會在鈦上鍍白金，以降低材料成本。若鍍上氧化銥或氧化釕等材料，可構成不溶性陽極，確保不參與反應
O
R

3-5 旋轉盤電極

運動的電極會產生什麼效應？

另一種廣爲使用的工作電極是旋轉盤電極（rotating disk electrode，簡稱 RDE），主要結構是圓柱形絕緣材料的底面鑲嵌了金屬圓盤，而圓盤的背面連接至電源供應器，圓盤的正面則與待測溶液接觸。此外，圓盤電極還會連接可調控轉速的馬達，操作時將以定速旋轉，使周圍的溶液被帶動而產生強制對流。在旋轉電極正下方的流體，因爲無法跟上電極的轉速而往徑向旋開，離開的流體會移動到容器的側壁，再下沉至底部，於接近底部時又被吸回轉軸的下方，然後再上浮至旋轉電極之正下方，完成一個迴圈的繞行。旋轉盤電極的特點是其流體力學方程式與物質輸送方程式都擁有精確解，實際操作的結果可以對照理論，唯有操作時要避免轉速過高，並採用適合的容器，以排除紊流或渦流等不具再現性的現象。透過圓柱座標，從流體力學方程式可以解得緊鄰圓盤表面處的徑向速度 $\mathbf{v}_r$ 與軸向速度 $\mathbf{v}_z$：

$$\mathbf{v}_r \approx 0.51rz\omega^{3/2}\nu^{-1/2} \tag{3.1}$$

$$\mathbf{v}_z \approx -0.51z^2\omega^{3/2}\nu^{-1/2} \tag{3.2}$$

$\mathbf{v}_r$ 的正號說明流體向外滑出圓盤電極，$\mathbf{v}_z$ 的負號則代表流體向上接近圓盤電極。此系統存在流體邊界層，若定義邊界層邊緣的速度爲主體區速度之 80%，則可估計出邊界層的厚度 δ_B：

$$\delta_B = 3.6\sqrt{\frac{\nu}{\omega}} \tag{3.3}$$

對於水，動黏度約爲 0.01 cm^2/s，在轉速爲 100 rad/s 時，邊界層的厚度約爲 0.036 cm。

在分析系統中，假設只有電極表面發生氧化還原，其他位置都沒有出現化學反應，而且旋轉盤電極的面積不大，電極正下方的濃度分布只有軸向變化，使穩定態的質量均衡方程式簡化爲：

$$\frac{d^2c}{dz^2} = -\left(\frac{z^2}{1.96D\omega^{-3/2}\nu^{1/2}}\right)\frac{dc}{dz} \tag{3.4}$$

其中 D 是擴散係數，ω 是電極轉速，ν 是溶液的動黏度。此式搭配兩個邊界條件，可得到定解。其中一個條件是假設電極系統進入質傳控制狀態，使表面濃度下降爲 0；另一個則是假設溶液體積非常大，溶液的外緣視爲無限遠處，該區的濃度不曾改變。藉由法拉第定律，濃度的變化可轉換成旋轉盤電極上的極限電流密度 $i_{\lim}$：

$$i_{\lim} = 0.62nFD^{2/3}\omega^{1/2}\nu^{-1/6}c^b \tag{3.5}$$

其中 c^b 是主體區濃度。此式稱爲 Levich 方程式，主要應用於質傳控制下的旋轉電極系統。

旋轉盤電極系統

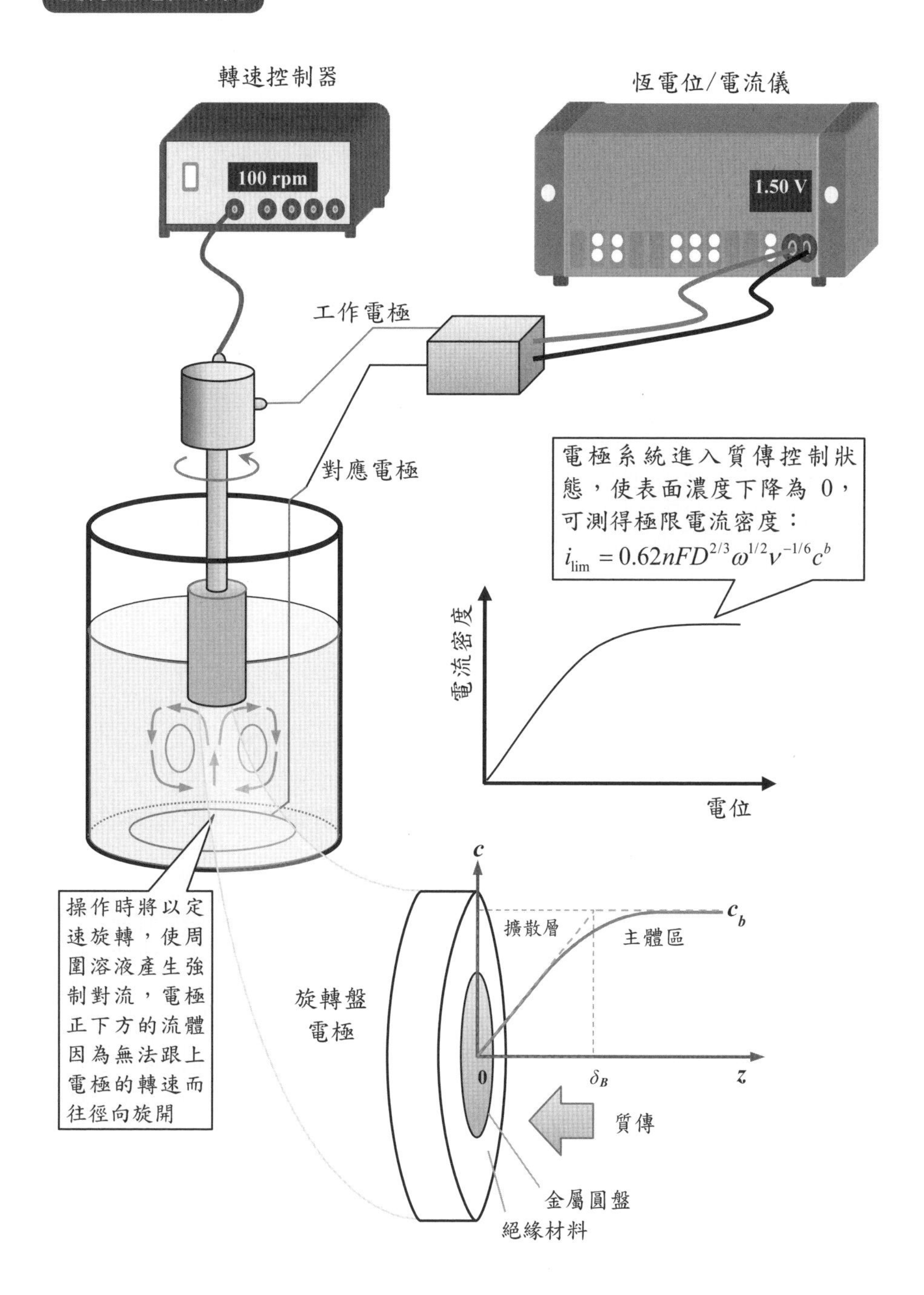
轉速控制器
100 rpm
恆電位/電流儀
1.50 V
工作電極
對應電極
電極系統進入質傳控制狀態，使表面濃度下降為 0，可測得極限電流密度：
$i_{\text{lim}} = 0.62nFD^{2/3}\omega^{1/2}\nu^{-1/6}c^b$
電流密度
電位
操作時將以定速旋轉，使周圍溶液產生強制對流，電極正下方的流體因為無法跟上電極的轉速而往徑向旋開
c
c_b
擴散層
主體區
旋轉盤電極
0
δ_B
z
質傳
金屬圓盤
絕緣材料

3-6 旋轉盤環電極

如何偵測電化學反應的中間物？

旋轉盤電極上的反應產物會隨著流體從徑向離開電極，所以施加逆向電位時，難以引發逆反應，不能確認氧化還原的可逆性。爲了克服此問題，有研究者設計出旋轉環盤電極（rotating ring-disk electrode，常簡稱爲 RRDE），亦即在旋轉盤的外圍多加一個同心圓環電極。在操作時，圓盤電極和圓環電極可以分別通電，亦即接上雙恆電位儀，再搭配溶液從徑向流經兩個電極，可用於偵測多步驟反應的中間物或單步驟反應的可逆性。假設 RRDE 的圓盤半徑爲 r_1，與其同軸的圓環具有內徑 r_2 和外徑 r_3。若先考慮在圓環電極上施加電位但圓盤電極不通電的例子，則可假設沿著徑向之擴散效應遠小於對流效應，因此成分 A 的質量均衡方程式可表示爲：

$$\mathbf{v}_r \frac{\partial c_A}{\partial r} + \mathbf{v}_z \frac{\partial c_A}{\partial z} = D_A \frac{\partial^2 c_A}{\partial z^2} \quad (3.6)$$

當圓環電極被施加足夠的過電位，程序將進入質傳控制，接著代入前一節所述的速度場，可求解濃度分布與圓環電極上的總電流 I_R。在極限狀況下，表面濃度爲 0，可得到圓環極限電流 $I_{R,\lim}$：

$$I_{R,\lim} = 0.62nF\pi(r_3^3 - r_2^3)^{2/3} D_A^{2/3} \omega^{1/2} \nu^{-1/6} c_A^b \quad (3.7)$$

若 I_R 與旋轉盤電極電流 I_D 作比較，可發現兩者的比値爲：

$$\frac{I_R}{I_D} = \left(\frac{r_3^3}{r_1^3} - \frac{r_2^3}{r_1^3}\right)^{2/3} = \beta^{2/3} \quad (3.8)$$

已知 $r_1 < r_2 < r_3$，且當圓盤面積與圓環面積相等時，亦即 $\pi r_1^2 = \pi(r_3^2 - r_2^2)$ 時，可以證明通過圓環的電流大於通過圓盤的電流。因此，旋轉圓環電極的靈敏度比旋轉盤電極更好，但它的製作比較困難，因而較少使用。

RRDE 的使用場合通常有兩類，第一類是進行收集（collection）實驗，亦即圓盤電極所生成的產物將流動到圓環上加以偵測；第二類則是屏蔽（shielding）實驗，是指主體區的反應物通過圓盤時，受其反應而擾動濃度，並在圓環上偵測此擾動情形。在收集實驗中，圓盤電極被施以電位進行還原反應 $A + ne^- \rightarrow B$；圓環電極則被施以電位進行氧化反應 $B \rightarrow A + ne^-$。假設圓環的過電位足夠大，可視爲圓環上的反應速率遠大於質傳速率，使成分 B 的濃度在此處降至 0，藉以分析圓盤電極產生的 B 有多少會被圓環電極所收集。在屏蔽實驗中，圓盤電極爲開路（open），因此無反應發生；但在圓環電極則被通電發生還原反應 $A + ne^- \rightarrow B$，可測得電流 I_R^0。但當圓盤電極突然施加電位後，消耗部分的 A，產生還原電流 I_D，使流到圓環電極的 A 較少而 B 較多，導致圓環電極上的電流成爲：$I_R = I_R^0 - NI_D$，比原本減少 NI_D，其中的 N 爲收集效率。

旋轉盤環電極系統

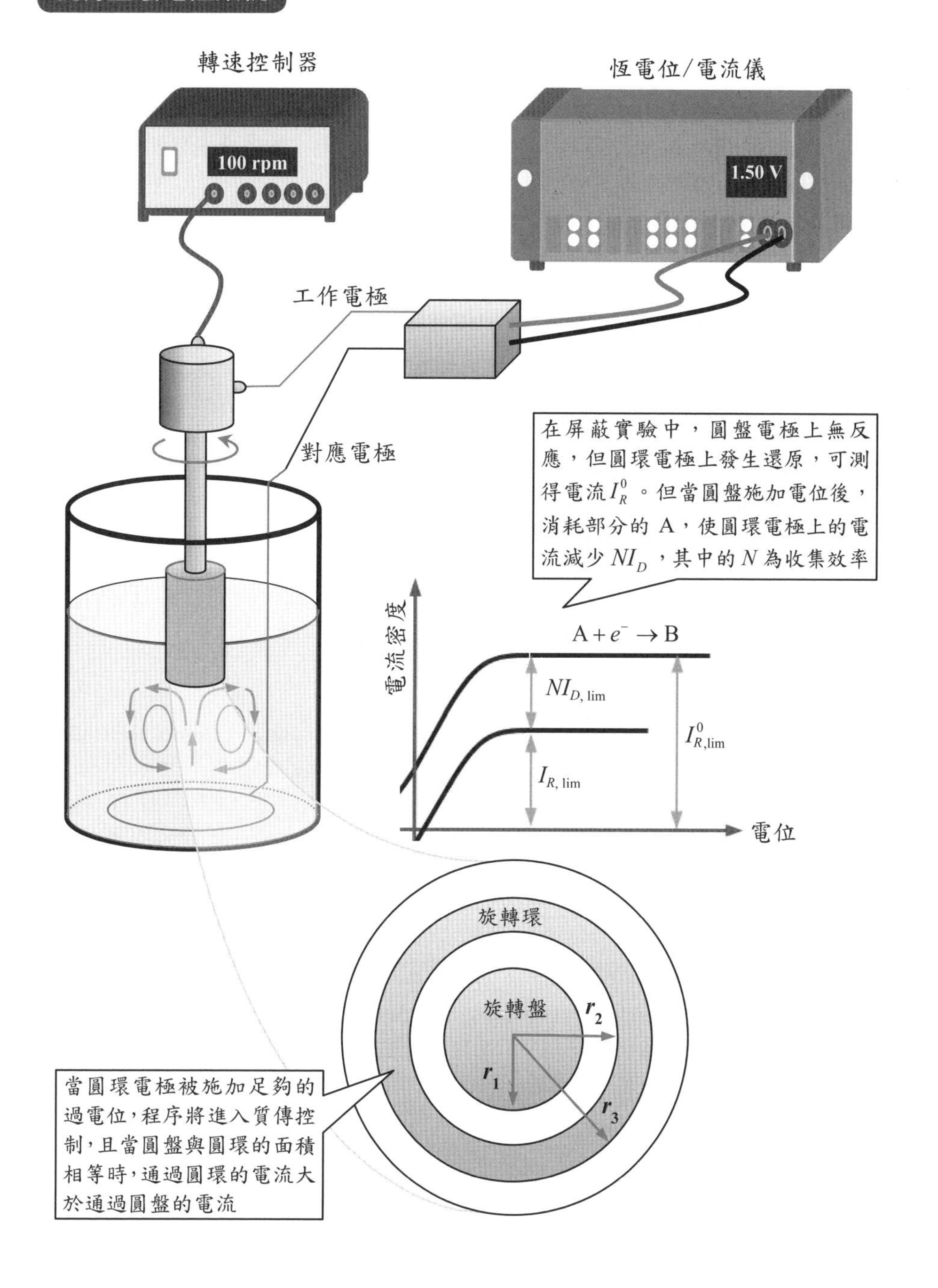
轉速控制器
100 rpm
恆電位/電流儀
1.50 V
工作電極
對應電極
在屏蔽實驗中，圓盤電極上無反應，但圓環電極上發生還原，可測得電流I_R^0。但當圓盤施加電位後，消耗部分的 A，使圓環電極上的電流減少NI_D，其中的N為收集效率
電流密度
$A + e^- \rightarrow B$
$NI_{D,\,lim}$
$I_{R,lim}^0$
$I_{R,\,lim}$
電位
旋轉環
旋轉盤
r_1
r_2
r_3
當圓環電極被施加足夠的過電位，程序將進入質傳控制，且當圓盤與圓環的面積相等時，通過圓環的電流大於通過圓盤的電流

3-7 參考電極

如何測量工作電極的電位？

測量工作電極的電位時，需要使用參考電極，常用的市售參考電極包括 Ag/AgCl 電極和甘汞電極（calomel electrode），反而不是 IUPAC 制定的標準氫電極（SHE），但目前也有商用的 SHE。

SHE 中的金屬可由 Pt 或 Pd 構成，接觸水溶液的區域還可鍍上鉑黑（platinum black），以擴增活性面積。製作時，金屬須固定在玻璃管中，以數個伏特的電壓驅動還原反應，直至 H_2 氣泡產生，若玻璃管密封，生成的 H_2 可以暫留其中，使氫電極的電位穩定。從數據處理的角度，使用 SHE 比較方便，因為電極上的 H_2 和溶液中的 H^+ 活性皆為 1 時，氫電極的電位被定為 0，以此作為電位基準點，即可快速地從電錶直接讀取待測電極的電位數值。然而，在實務中，設計不良的 SHE 可能會導致壓力或濃度的變異，使氫電極偏離零電位。

常用的 Ag/AgCl 參考電極是由填充在玻璃管中的 Ag 線和 KCl 溶液所組成，Ag 線的表面因而生成 AgCl。使用時，玻璃管的底部會盡量接近待測電極表面。在 25℃下，使用飽和 KCl 溶液時，其參考電位為 0.197 V（vs. SHE）。若溫度變化時，其電位隨著溫度的變化並不大，特性穩定。

甘汞電極則是由金屬 Hg、Hg_2Cl_2 與 KCl 溶液所組成，其中的 Hg_2Cl_2 也被稱為甘汞，因而以此命名。其反應為：

$$Hg_2Cl_{2(s)} + 2e^- \rightleftharpoons 2Hg_{(l)} + 2Cl^-_{(aq)} \tag{3.9}$$

相似地，使用飽和 KCl 溶液時，可構成飽和甘汞電極（saturated calomel electrode，簡稱 SCE），其參考電位為 0.241 V（vs. SHE），隨著溫度的變化也不大。

SHE 與 SCE 組成電化學池後，在 25℃下可測得 SCE 相對於 SHE 具有 +0.241 V 的電位差。若有同濃度的 $Fe(CN)_6^{3-}$ 和 $Fe(CN)_6^{4-}$ 溶液，在白金線上的達成平衡，使用 SCE 與這根白金線連接成電化學池，可先測得電位差為 +0.118 V（vs. SCE），後續再改用 SHE 為基準，可計算出 $Fe(CN)_6^{3-}/Fe(CN)_6^{4-}$ 的電位為 0.118 V + 0.242 V = 0.360 V（vs. SHE）。

此外，常用的參考電極還包括汞－氧化汞電極（mercury-mercuric oxide electrode）和汞－硫酸亞汞電極（mercury-mercurous sulfate electrode）。在25℃下，前者使用0.1 M NaOH 溶液時，電位為 0.926 V（vs. SHE）；後者使用飽和 K_2SO_4 溶液時，其電位為 0.64 V（vs. SHE）。兩種參考電極的主反應分別為：

$$HgO_{(s)} + H_2O + 2e^- \rightleftharpoons Hg_{(l)} + 2OH^-_{(aq)} \tag{3.10}$$

$$Hg_2SO_{4(s)} + 2e^- \rightleftharpoons 2Hg_{(l)} + SO^{2-}_{4(aq)} \tag{3.11}$$

汞－氧化汞電極和甘汞電極最主要的差別有兩點，其一是汞－氧化汞電極適用於鹼性溶液，而甘汞電極適用於酸性溶液；其二是汞－氧化汞電極適用於不含 Cl^- 的溶液，但甘汞電極接觸 Cl^- 的溶液時，可能會產生測量干擾。

標準氫電極

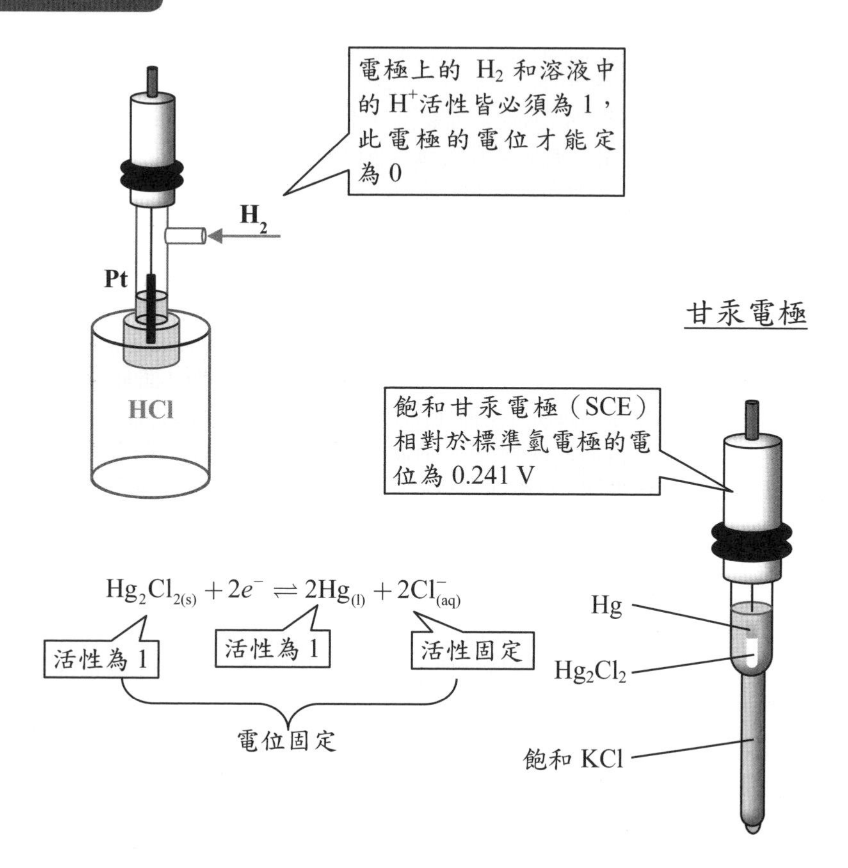

銀／氯化銀電極

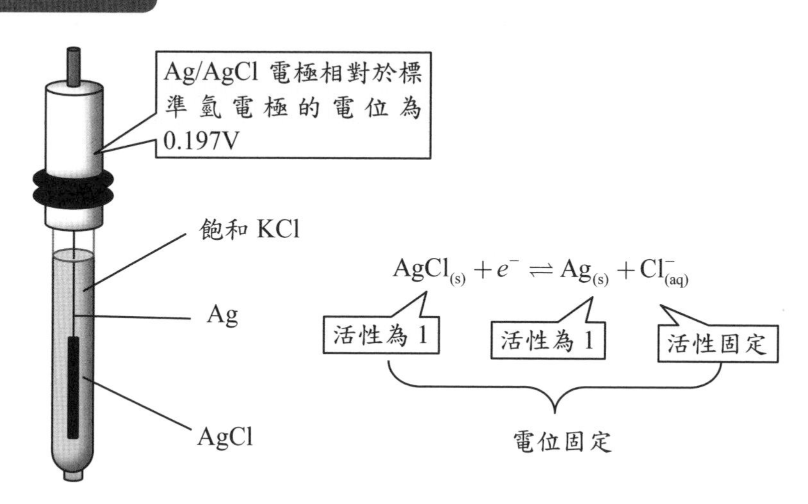

3-8 電化學工作站

如何提供電分析所需電源？

電化學工作站包含了電極電位訊號的控制器、產生擾動訊號的電路、濾波電路、訊號增益電路、IR 補償電路、收集測量數據的電路和顯示數據的系統所構成。使用運算放大器（amplifier），可以執行訊號的產生、放大和過濾，再結合回饋電路後，可進行加法、減法、微分、積分等運算。應用於電化學分析系統，可以構成恆電位儀（potentiostat）。

一個三電極分析系統中，包含兩個迴路，一是工作電極與參考電極之間，另一是工作電極與對應電極之間。對於單純的電位測量，使用簡單電錶即可完成，但要避免工作電極與參考電極之間有電流通過。利用多功能電錶測量電壓時，會切換至極大電阻的電路，再串聯至工作電極與參考電極後，即可減低電流至極小的程度，促使誤差縮小。然而，欲測量工作電極與參考電極之間的電流時，則必須切換至電阻極小的電路，而且還要維持上述兩電極之間的電壓，因而需要使用恆電位儀。透過適當安排的電阻與電流跟隨器（current follower），可維持工作電極與參考電極之間的電壓，並再藉由運算放大器可在工作電極與對應電極之間傳輸電流，最終得到電位擾動下的電流回應。若欲進行交流阻抗測量，在電路中還需要加入電壓加法器，以利於提供一個直流電位和一個正弦波電位組成的疊加訊號。

雙恆電位儀主要用於 3-6 節所述的旋轉盤環電極，分別提供電位於圓盤和圓環，藉以研究電化學反應的機制與動力學。雙恆電位儀需要連接兩個工作電極，其中一個工作電極的測量原理等同於單恆電位儀，但另一個工作電極的操作方式不同，需要以第一個工作電極爲基準，控制兩個電極的電位差。

另有一種恆電流儀（Galvanostat）用於控制電化學池的電流固定，以觀測工作電極到參考電極之間的電位差。其電路包含一個運算放大器和一個電壓跟隨器，前者的輸出端連接對應電極，後者則從參考電極的訊號作爲輸入；工作電極透過一個電阻而接地，利用流經電化學池的電流相等於這個電阻上的電流，可從輸入訊號來決定操作電流。

基本恆電位儀

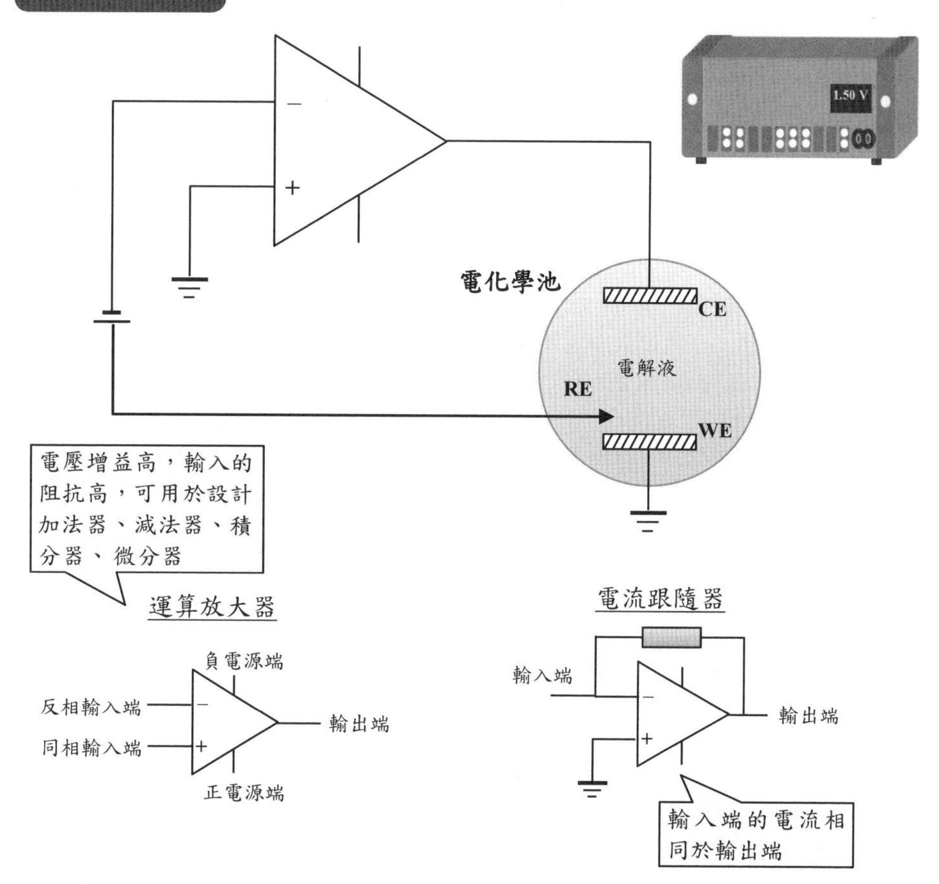

加法式恆電位儀

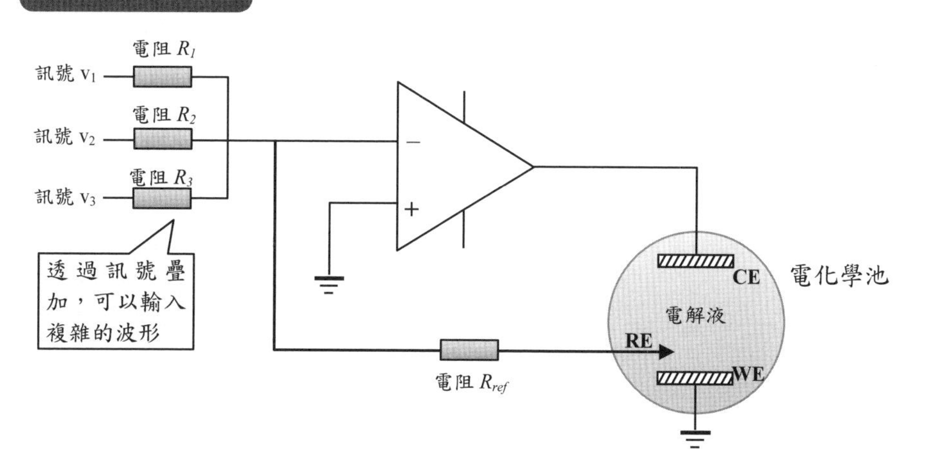

3-9 電位與電流測量

如何測量工作電極的電位與電流？

電位是相對性的物理量，所以電極電位需要一個基準點，才能標示出數值。IUPAC 所定的基準是標準氫電極（SHE），在 H_2 和 H^+ 的活性皆為 1 的條件下，此電極的電位定為 0，其他電極的電位可相對於 SHE 而測量並表示。另由 3-7 節可知，實驗中常用的參考電極並非 SHE，而是 Ag/AgCl 電極或甘汞電極。

任一種電極的電位，不只相關於電極材料，也相關於電極接觸的電解液。故在測量電極電位時，可以組裝一個電化學池，被研究的電極為工作電極，在工作電極旁需要放置一個參考電極，在電解液中還要一個對應電極。由外部電錶測到的電壓即為工作電極與參考電極之間的電位差，在已知參考電極的電位 E_{ref} 下，理論上可推得工作電極的電位為電錶測到的電壓 ΔE 加 E_{ref}。然而，此推論僅在工作電極與參考電極之間沒有電流通過時才會成立，實際上這兩個電極沒有接觸，其間仍有電解液，而且其間仍有微弱的電流通過。假設兩電極間的電解液具有電阻 R_s，通過的電流為 I，則電極電位 E 應為：

$$E = \Delta E + E_{ref} - IR_s \tag{3.12}$$

但兩電極之間的迴路還有其他電阻時，總電阻會更大，還將包含迴路的電阻 R_c。

此外，電極接觸電解液後，表面會出現極化現象，也會使測得的 ΔE 增大，需要補償才能更精確求得電極電位。減少補償的主要方法是加大迴路的總電阻，使通過兩電極的電流 I 降低到趨近於 0。因此，一般用於測量電位的電錶，會設計 10^6 Ω 以上的系統電阻，以降低電位誤差。

當電極有電流通過時，假設工作電極和對應電極之間的電阻到達 10^3 Ω 等級，則會有較大的電流經過對應電極，以及微小的電流經過參考電極，因而導致電位測量的誤差。為了解決此問題，可在伏特計之前加入電壓跟隨器。如果電壓跟隨器的電壓增益夠大，可使輸入的電壓幾乎相等於輸出的電壓，不影響測量值，但卻會增加電阻，降低測量誤差。

欲測量通過工作電極的電流，可以串聯安培計或一個電阻器，但這兩種負載都會占據一小部分電壓。為此，可在電路中加入並聯的電流跟隨器與電阻器，所添加的元件可以視為零電阻的安培計，因為電流跟隨器的正輸入端接地，負輸入端連接工作電極，輸出端的電壓為 V_{out}，當增益非常大時，可推得負輸入端和正輸入端的電壓幾乎無差別，且電流跟隨器的電阻很大，使電流幾乎都經過電阻器。藉由伏特計測出 V_{out} 後，除以電阻器的電阻 R，即可得到通過工作電極的電流：

$$I = \frac{V_{out}}{R} \tag{3.13}$$

電位／電流測量

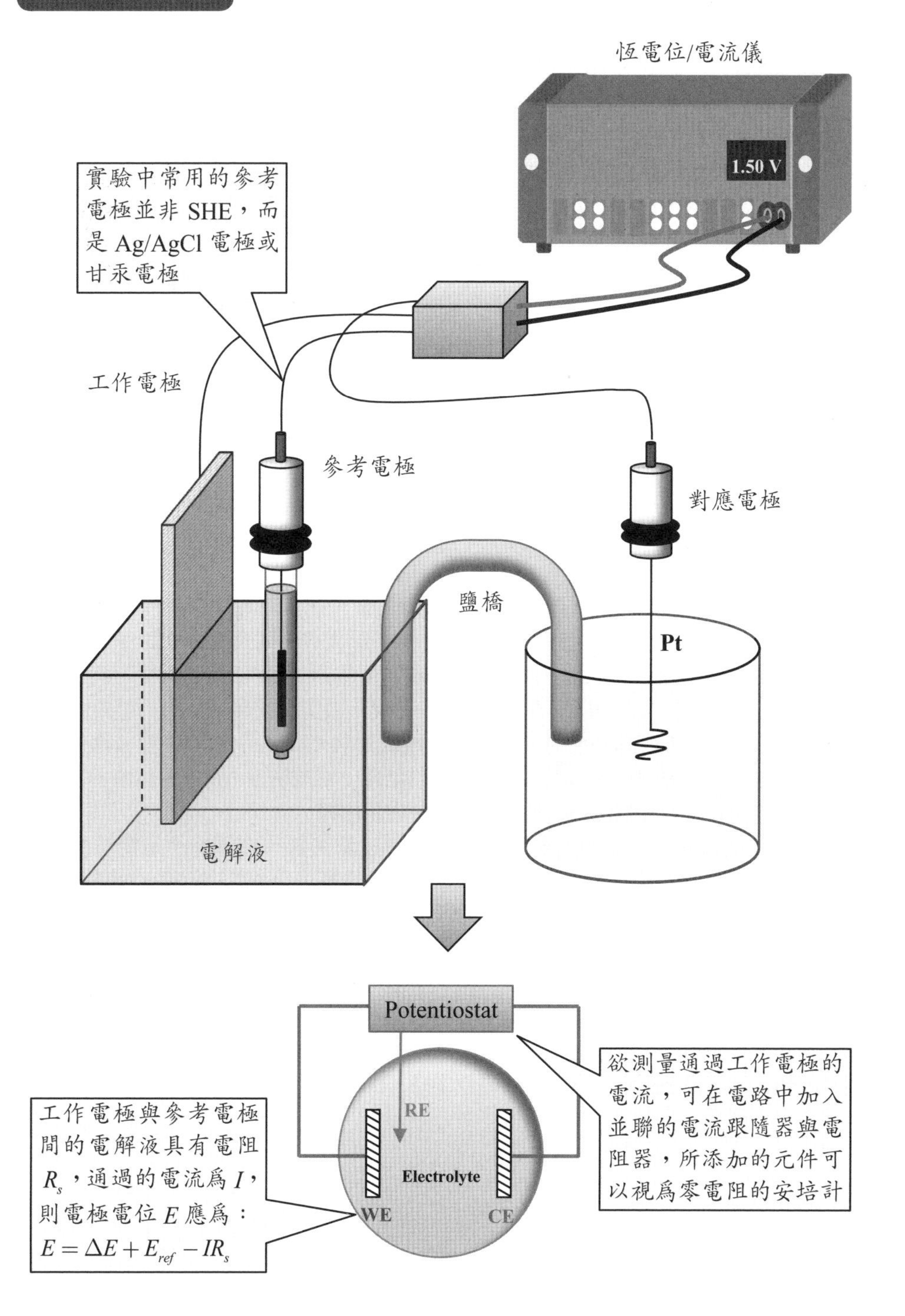

恆電位/電流儀
1.50 V
實驗中常用的參考電極並非 SHE，而是 Ag/AgCl 電極或甘汞電極
工作電極
參考電極
對應電極
鹽橋
Pt
電解液
Potentiostat
RE
Electrolyte
WE
CE
欲測量通過工作電極的電流，可在電路中加入並聯的電流跟隨器與電阻器，所添加的元件可以視爲零電阻的安培計
工作電極與參考電極間的電解液具有電阻 R_s，通過的電流爲 I，則電極電位 E 應爲：
$E=\Delta E+E_{ref}-IR_s$

3-10 穩態極化曲線測量

如何測量工作電極的電流對電位之關係？

在穩態分析中，可以採用定電位法，也可以採用定電流法。恆電位儀可以控制工作電極的電位爲定值，維持一段時間後，再改變到下一個電位進行測量，所測數據爲電流。由於每一個電位都經歷一段足夠的時間，故可假定系統進入穩定態。然而，每一電位維持的時間不能太長，因爲經過多次定電位分析後，工作電極的表面狀態將會顯著改變，使後面的測量基準不同於初期的測量。

假設分析系統中的反應爲$O + ne^- \rightleftharpoons R$，且還原方向的速率常數爲 k_f，氧化方向的速率常數爲 k_b，在表面的氧化態成分之濃度爲 c_O^s，表面的還原態成分之濃度爲 c_R^s，根據速率定律與法拉第定律，可計算出工作電極的電流密度 i：

$$i = nF(k_f c_O^s - k_b c_R^s) \tag{3.14}$$

上式再結合阿瑞尼士方程式後，可將速率常數表達成電位的函數，進一步推得 Butler-Volmer 方程式，將電流密度 i 表示成過電位 η 的函數：

$$i = i_0 \left[\frac{c_O^s}{c_O^b} \exp(-\frac{\alpha nF}{RT}\eta) - \frac{c_R^s}{c_R^b} \exp(\frac{\beta nF}{RT}\eta) \right] \tag{3.15}$$

其中的 c_O^b 和 c_R^b 是主體區濃度，α 和 β 是轉移係數，在 2-13 節曾詳細介紹過。

Butler-Volmer 方程式在不同的過電位下，可以簡化成不同形式，例如在過電位很小時，工作電極偏離平衡不遠，電流密度 i 與過電位 η 的關係近乎線性，但過電位增大到一定程度後，電流密度 i 與過電位 η 呈現指數函數的關係，因爲這時的正逆反應中，有一項的效應遠超過另一項。當過電位非常大時，c_O^b 或 c_R^b 降至非常低，使質傳速率遠低於反應速率，因而進入質傳控制階段，電流密度 i 到達飽和值。若上述特性繪成電流密度對過電位的座標圖，將得到極化曲線。

欲透過實驗得到工作電極的極化曲線，需要逐點測量，亦即施加定電位測量電流，之後切換到下一電位，且在每一電位下的電流取樣皆須處於穩定態。如前所述，施加電位的數量較多時，將使工作電極的表面狀態改變，因而偏離了理論的穩態極化曲線。爲了克服此問題，通常會採用電位掃描的方式進行，固定在一段時間後切換到下一電位，亦即維持固定的掃描速率，但又必須考量每次取樣要接近穩定態，所以會設定一個較慢的掃描速率。然而，過小的掃描速率會拉長整體測量時間，因此掃描速率必須適當。判別合適掃描速率的方法是在實驗中逐步減小其值，直至本次掃描速率對應的極化曲線幾乎相同於上一個掃描速率時，即可視爲此曲線符合穩定態的條件。

穩態極化曲線

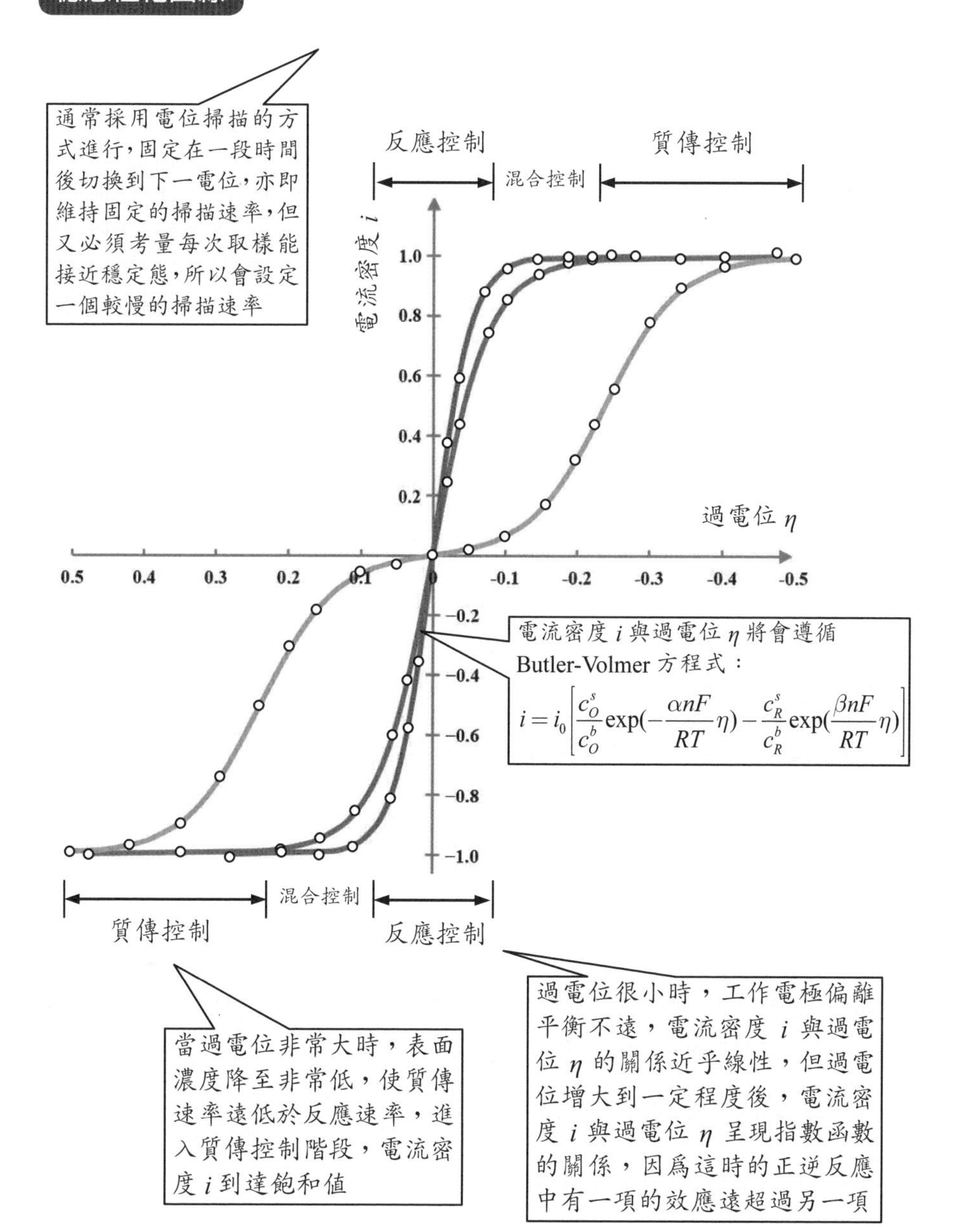
通常採用電位掃描的方式進行，固定在一段時間後切換到下一電位，亦即維持固定的掃描速率，但又必須考量每次取樣能接近穩定態，所以會設定一個較慢的掃描速率
反應控制
混合控制
質傳控制
電流密度 i
過電位 η
1.0
0.8
0.6
0.4
0.2
-0.2
-0.4
-0.6
-0.8
-1.0
0.5
0.4
0.3
0.2
0.1
0
-0.1
-0.2
-0.3
-0.4
-0.5
電流密度 i 與過電位 η 將會遵循 Butler-Volmer 方程式：
$i = i_0\left[\frac{c_O^s}{c_O^b}\exp(-\frac{\alpha nF}{RT}\eta) - \frac{c_R^s}{c_R^b}\exp(\frac{\beta nF}{RT}\eta)\right]$
質傳控制
混合控制
反應控制
當過電位非常大時，表面濃度降至非常低，使質傳速率遠低於反應速率，進入質傳控制階段，電流密度 i 到達飽和值
過電位很小時，工作電極偏離平衡不遠，電流密度 i 與過電位 η 的關係近乎線性，但過電位增大到一定程度後，電流密度 i 與過電位 η 呈現指數函數的關係，因爲這時的正逆反應中有一項的效應遠超過另一項

3-11 腐蝕電位與腐蝕電流測量

如何測量金屬的腐蝕速率？

金屬的腐蝕反應並非平衡狀態，但仍可進入穩定態。為了分析腐蝕的特性，可以採用慢速的電位掃描法，逐步得到每個穩態下的電流密度。在 2-18 節提及，正在發生腐蝕的金屬表面上，將會同時進行氧化與還原反應，氧化反應是指金屬的溶解，還原反應則來自腐蝕劑的消耗，例如氧氣還原成水。此時電極上的氧化速率與還原速率相等，而且氧化區（陽極）緊鄰著還原區（陰極），產生非常多的微電池，使陽極釋出的電子立刻傳遞到陰極，因而沒有淨電流輸出到電錶，但須注意，此時在電極的局部位置仍然存在陽極電流，也在其他局部位置存在陰極電流，只是兩種電流的方向不同，互相抵銷後沒有淨電流。其中的陽極電流格外重要，因為陽極反應來自金屬的溶解或鈍化，所以從陽極電流可以估計溶解或鈍化的速率，或通稱為腐蝕速率。

為了求得腐蝕速率，將金屬作為工作電極，另放置參考電極和對應電極，組成標準的三電極分析系統，再連接恆電位儀，以測量極化曲線。分析時，若外加電位偏正，則氧化反應的趨勢強於還原反應，亦即金屬腐蝕反應強於腐蝕劑的反應，成為強迫腐蝕的狀態。反之，外加電位偏負時，還原反應的趨勢強於氧化反應，亦即腐蝕劑的反應強於金屬腐蝕反應。但在某一特定電位下，兩者的趨勢相等，此時無電流輸出，恰為自然腐蝕的狀態，因而稱此電位為腐蝕電位 E_{corr}（corrosion potential）。

在 E_{corr} 下的淨電流密度為 0，但陽極電流密度非常重要，此即腐蝕電流密度 i_{corr}（corrosion current density），從極化曲線上無法直接觀察出。但從理論面，可藉由 Butler-Volmer 方程式先列出明顯偏離平衡時的半反應電流密度，再組合成總電流密度：

$$i = i_{0c}\exp\left(-\frac{E-E_c}{\beta_c}\right) - i_{0a}\exp\left(\frac{E-E_a}{\beta_a}\right) \quad (3.16)$$

其中的 E_c 和 E_a 代表還原和氧化的平衡電位，i_{0c} 和 i_{0a} 代表兩個反應的交換電流密度，不會相等。β_c 和 β_a 是 Tafel 方程式的指數項中除了電位以外的其他參數組合成的倍數，相關於溫度、轉移係數、參與電子數。在自然腐蝕的狀態下，電極電位為 E_{corr}，陽極電流密度為 i_{corr}，陰極電流密度為 $-i_{corr}$，故可得知：

$$i_{corr} = i_{0a}\exp\left(\frac{E_{corr}-E_a}{\beta_a}\right) = i_{0c}\exp\left(-\frac{E_{corr}-E_c}{\beta_c}\right) \quad (3.17)$$

經過再整理，輸出的總電流密度 i 將成為：

$$i = i_{corr}\left[\exp\left(-\frac{E-E_{corr}}{\beta_c}\right) - \exp\left(\frac{E-E_{corr}}{\beta_a}\right)\right] \quad (3.18)$$

此式可以模擬實驗所測得的極化曲線。當電極電位 E 明顯偏離 E_{corr} 時，電流密度的絕對值與電位將呈現單一指數關係，在半對數圖上可得到一條直線。因此 $E > E_{corr}$ 和 $E < E_{corr}$ 得到的兩條直線將交會於座標 (E_{corr}, i_{corr}) 上，藉由作圖法可求得腐蝕速率。

腐蝕分析

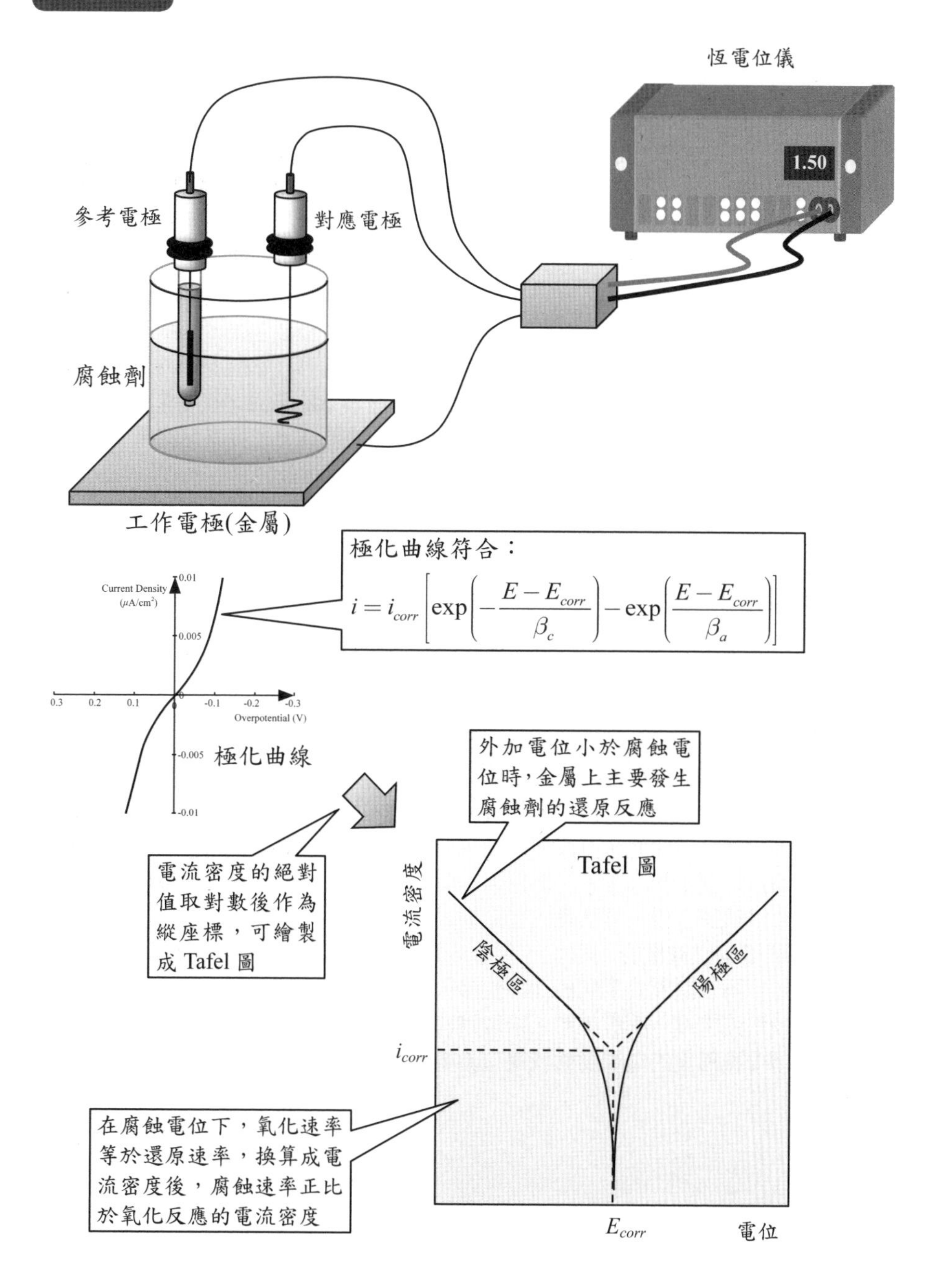
恆電位儀
1.50
參考電極
對應電極
腐蝕劑
工作電極(金屬)
極化曲線符合：
$i = i_{corr}\left[\exp\left(-\frac{E-E_{corr}}{\beta_c}\right)-\exp\left(\frac{E-E_{corr}}{\beta_a}\right)\right]$
Current Density (μA/cm^2)
0.01
0.005
-0.005
-0.01
0.3
0.2
0.1
0
-0.1
-0.2
-0.3
Overpotential (V)
極化曲線
外加電位小於腐蝕電位時，金屬上主要發生腐蝕劑的還原反應
電流密度的絕對值取對數後作為縱座標，可繪製成 Tafel 圖
Tafel 圖
電流密度
陰極區
陽極區
i_{corr}
在腐蝕電位下，氧化速率等於還原速率，換算成電流密度後，腐蝕速率正比於氧化反應的電流密度
E_{corr}
電位

3-12 暫態極化曲線測量

如何測量電極上的非法拉第電流？

電極程序進入穩定態之後，相關的參數將不再隨時間而變。然而，從初始狀態轉變成穩定態之間，這些參數會隨時間改變，此階段稱爲暫態。此外，一個穩定態的系統受到外部能量的刺激後，也將開始變化，直至下一個穩定態到達，所以兩個穩定態之間的變化過程也稱爲暫態。在電化學工程中，暫態的特性比穩態更重要，例如電池放電或電鍍薄膜時，因爲反應物有限或操作時間有限，欲維持相同的工作品質，無法等待穩定態的到來，必須在暫態期間完成工作。因此，這些系統的暫態測量比穩態測量更有意義。

使用電位掃描法，可以偵測到暫態電流的回應，其中包含了法拉第程序的電流貢獻和非法拉第程序的電流貢獻，前者是指氧化還原反應導致的電流，後者則是指電雙層充放電引發的電流。假設電極的電雙層電容爲 C_{dl}，電位爲 E，零電點的電位爲 E_0，則電雙層充放電的電流密度 i_{nF} 可表示爲：

$$i_{nF}=\frac{d}{dt}\left[C_{dl}(E-E_0)\right]=C_{dl}\frac{dE}{dt}+(E-E_0)\frac{dC_{dl}}{dt} \tag{3.19}$$

若電極沒有顯著的離子吸附或脫附現象發生，C_{dl} 幾乎不變，可以忽略（3.19）式右側的第二項。此時進行線性電位掃描，可發現 i_{nF} 幾乎爲定值，且掃描速率愈大，i_{nF} 愈大。若電極出現了顯著的離子吸附或脫附，進行線性電位掃描可發現電流峰。

當分析系統受到外部能量的擾動時，會導致暫態特性，因此可以偵測其變化。依據外部擾動的方式，暫態測量的技術可以分爲電位控制法、電流控制法和電量控制法。前述的電位掃描即爲一種電位控制法，此法所得到的回應是電流，電流控制法的回應是電位，兩種分析模式的結果都可以轉成極化曲線。從施加訊號的角度，可依據訊號的波形來分類，包括階梯型、方波型、三角波型、正弦波型、脈衝型等。其中的階梯型和脈衝型可以帶領系統進入下一個穩態，但方波型、三角波型、正弦波型則因爲訊號的大小一直隨時間改變，無法進入穩定態。

電極程序依據工作電極的過電位，可分成反應控制、混合控制、質傳控制，透過暫態分析，可求得三種模式下的表面特性參數、動力學參數和質傳參數，分別如電雙層電容、交換電流密度、擴散係數。求取這些參數前，需要先建立暫態分析的數學模型，藉由模型中推導出的電流動態或電位動態，有助於擬合實驗數據。

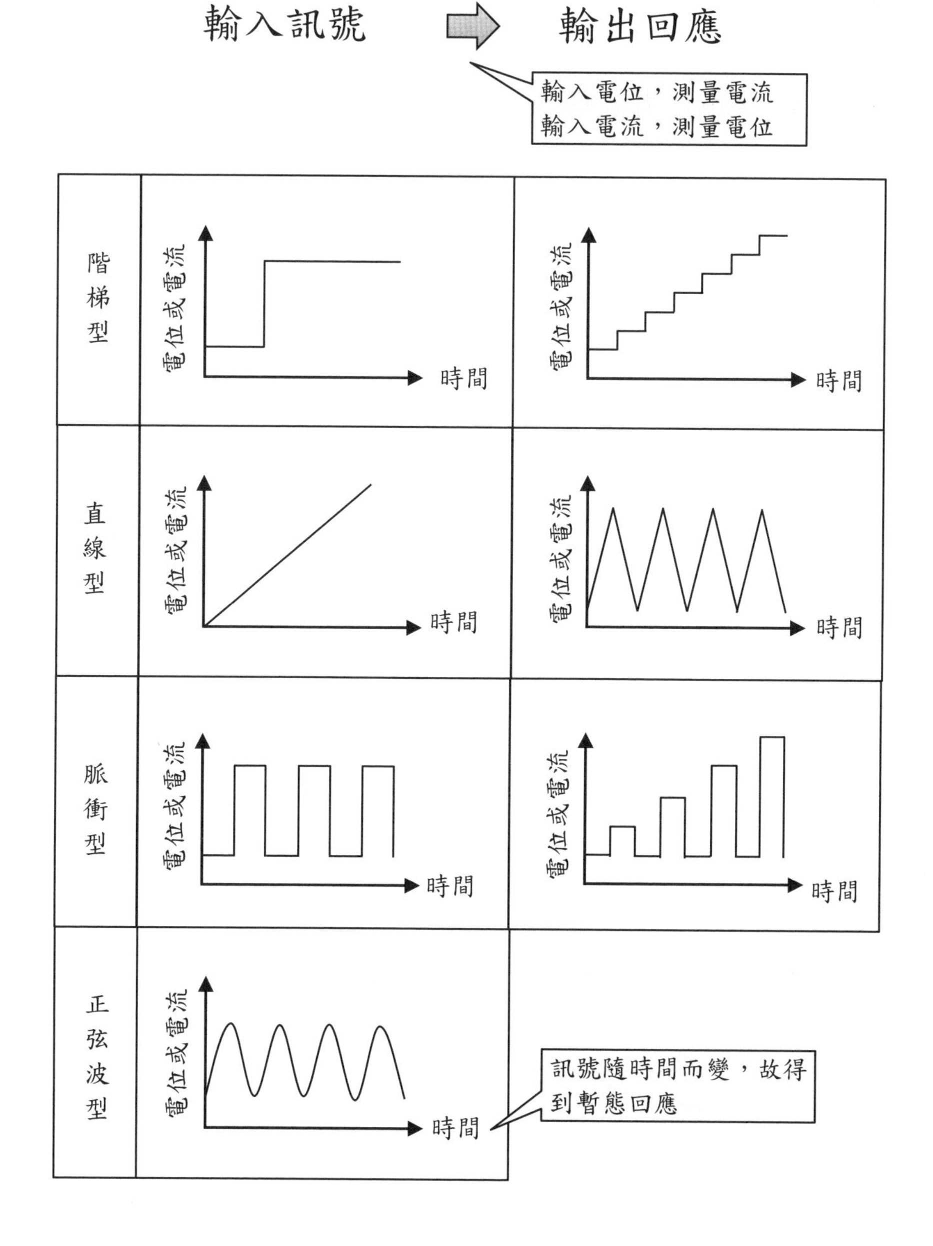
輸入訊號
輸出回應
輸入電位，測量電流
輸入電流，測量電位
階梯型
直線型
脈衝型
正弦波型
電位或電流
時間
訊號隨時間而變，故得到暫態回應

3-13 階梯電流分析－（I）反應控制

使用定電流分析時，電化學系統會有什麼回應？

控制輸入工作電極的電流，將得到電極電位隨時間的變化。若提供的電流保持定值，亦即自 $t = 0$ 開始，電流從 0 提升到特定數值，電極的電位將會產生變化，因而稱爲計時電位法（chronopotentiometry）。反之，也可在系統已有電流的情形下切斷電源，使電流從特定數值降到 0，也會導致電位的變化。除了電流維持定值的模式，也可以輸入方波或正弦波電流，以探討電極電位的變化。

由於輸入電流的大小會引導電化學系統進入反應控制或質傳控制模式，其電位變化的趨勢不同，本節先說明反應控制模式。在暫態分析中，總電流密度 i 包含了法拉第部分 i_F 與非法拉第部分 i_{nF}。若對工作電極施加階梯式電流，測到的電位變化 ΔE 來自於表面的電荷轉移與工作電極到參考電極之間的溶液，這兩個現象分別使用電荷轉移電阻 R_{ct} 和溶液電阻 R_s 表示，因此法拉第電流密度 i_F 可表示爲：

$$i_F = \frac{\Delta E - iR_s}{R_{ct}} \tag{3.20}$$

另假設電雙層電容 C_{dl} 維持不變，使非法拉第電流密度 i_{nF} 表示爲：

$$i_{nF} = C_{dl}\frac{d}{dt}(\Delta E - iR_s) \tag{3.21}$$

因此，總電流密度 $i = i_F + i_{nF}$。在 $t = 0$ 時，電雙層尚未充電，可假設 $\Delta E = iR_s$。以此作爲起始條件，則從總電流密度的微分方程式可解出以下電位變化：

$$\Delta E = iR_s + iR_{ct}\left[1 - \exp(-\frac{t}{R_{ct}C_{dl}})\right] \tag{3.22}$$

式中的 $R_{ct}C_{dl}$ 可定爲階梯電流法的時間常數 τ。

執行定電流分析後，可發現電位持續上升，起始值約爲 iR_s，大約上升到 $t > 4\tau$ 後，電位達到飽和，其值約爲 $i(R_s + R_{ct})$。因此，藉由定電流分析，理論上可以求出溶液電阻 R_s 和電荷轉移電阻 R_{ct}。然而，其準確性必須依賴時間常數 τ。當時間常數 τ 很大時，電位需要更多時間達到飽和值，若分析系統不夠大，有可能出現反應物顯著消耗的情形，在後期出現質傳控制的現象，因而偏離理論。另因儀器測量的限制，起始電位不一定準確，可能得到誤差較大的溶液電阻 R_s。

在分析初期，電位變化的趨勢接近直線，由（3.22）式可計算出：

$$\frac{d\Delta E}{dt} = \frac{i}{C_{dl}} \tag{3.23}$$

所以從直線的斜率還可求出電雙層電容 C_{dl}。

階梯電流分析－反應控制

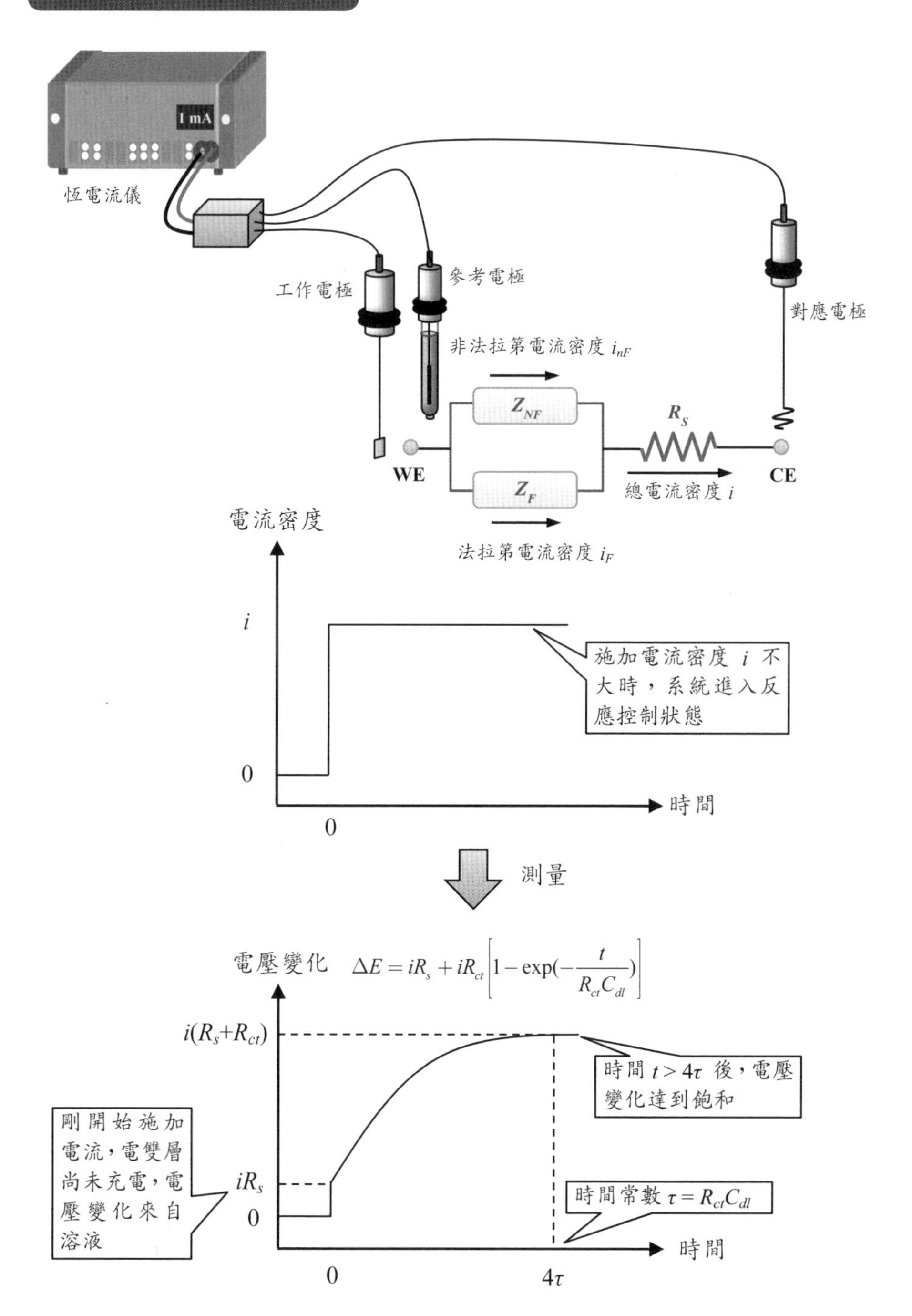
1 mA
恆電流儀
工作電極
參考電極
對應電極
非法拉第電流密度 i_{nF}
Z_{NF}
R_S
WE
CE
Z_F
總電流密度 i
法拉第電流密度 i_F
電流密度
i
施加電流密度 i 不大時，系統進入反應控制狀態
0
時間
0
測量
電壓變化 $\Delta E = iR_s + iR_{ct}\left[1-\exp(-\frac{t}{R_{ct}C_{dl}})\right]$
$i(R_s+R_{ct})$
時間 $t>4\tau$ 後，電壓變化達到飽和
剛開始施加電流，電雙層尚未充電，電壓變化來自溶液
iR_s
0
時間常數 $\tau=R_{ct}C_{dl}$
時間
0
4τ

3-14 階梯電流分析－（II）質傳控制

使用定電流分析時，電化學系統會有什麼回應？

當輸入工作電極的固定電流較大時，電化學系統將會進入質傳控制模式。假設分析中進行的可逆反應為$A+e^- \rightleftharpoons B$，且在反應前不存在 B，電極相對於溶液非常小，使 A 與 B 的質量均衡方程式所搭配的起始條件與邊界條件分別為：

$$c_A(x,0)=c_A^b \tag{3.24}$$

$$c_B(x,0)=0 \tag{3.25}$$

$$\lim_{x\to\infty} c_A(x,t)=c_A^b \tag{3.26}$$

$$\lim_{x\to\infty} c_B(x,t)=0 \tag{3.27}$$

根據法拉第律，在電極表面上還有一個邊界條件為：

$$D_A \left.\frac{\partial c_A}{\partial x}\right|_{x=0} = -D_B \left.\frac{\partial c_B}{\partial x}\right|_{x=0} = \frac{i}{F} \tag{3.28}$$

使用 Laplace 變換可解出 A 和 B 的濃度分布，進而得到 A 的表面濃度：

$$c_A^s = c_A^b - \frac{2i}{nF}\sqrt{\frac{t}{\pi D_A}} \tag{3.29}$$

此式說明 A 的表面濃度可下降至 0，所需時間為：

$$\tau = \pi D_A \left(\frac{nFc_A^b}{2i}\right)^2 \tag{3.30}$$

此式稱為 Sand 方程式。

對於可逆的電化學系統，A 和 B 的表面濃度滿足 Nernst 方程式，故可得到：

$$\tau = \pi D_A \left(\frac{nFc_A^b}{2i}\right)^2 \tag{3.31}$$

從此式可發現，當 $t=\tau/4$ 時，等式右側第三項為 0，此時的電位稱為四分波電位 $E_{1/4}$（quarter-wave potential）：

$$\tau = \pi D_A \left(\frac{nFc_A^b}{2i}\right)^2 \tag{3.32}$$

當 A 與 B 的擴散係數接近時，$E_{1/4}$ 約等於形式電位E_f°，可用來標定反應。分析數據時，可將$\ln(\sqrt{\tau/t}-1)$作為縱軸，電位 E 為橫軸，理想的結果將呈現直線，在 25℃下的斜率為 59.1 mV（單電子反應）。

階梯電流分析—質傳控制

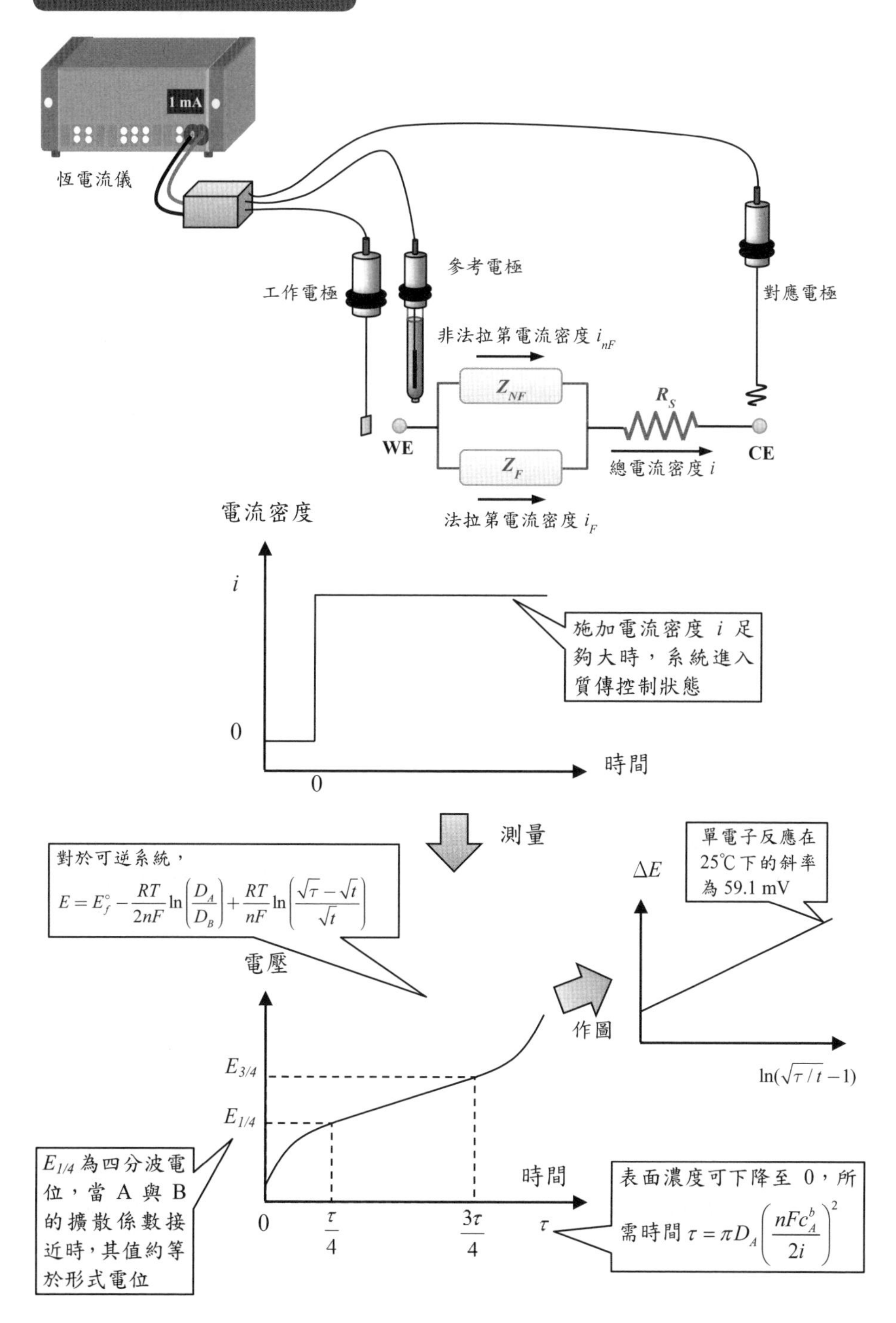

1 mA
恆電流儀
工作電極
參考電極
對應電極
非法拉第電流密度 i_{nF}
Z_{NF}
R_S
WE
CE
Z_F
總電流密度 i
法拉第電流密度 i_F
電流密度
i
0
時間
0
施加電流密度 i 足夠大時，系統進入質傳控制狀態
測量
對於可逆系統，
$E=E_f^{\circ}-\frac{RT}{2nF}\ln\left(\frac{D_A}{D_B}\right)+\frac{RT}{nF}\ln\left(\frac{\sqrt{\tau}-\sqrt{t}}{\sqrt{t}}\right)$
電壓
$E_{3/4}$
$E_{1/4}$
$E_{1/4}$ 為四分波電位，當 A 與 B 的擴散係數接近時，其值約等於形式電位
0
$\frac{\tau}{4}$
$\frac{3\tau}{4}$
τ
時間
表面濃度可下降至 0，所需時間 $\tau=\pi D_A\left(\frac{nFc_A^b}{2i}\right)^2$
作圖
ΔE
單電子反應在 25℃ 下的斜率為 59.1 mV
$\ln(\sqrt{\tau/t}-1)$

3-15 控制電量分析

輸入脈衝電流時，電化學系統會有什麼回應？

輸入工作電極的電訊號還包括電量，可透過儀器設定一個特定電量，在工作電極處於開路的情形下，利用脈衝電流輸入上述電量，之後開始記錄電位的變化。若脈衝的時間非常短，可視爲電極反應來不及發生，所以輸入的電量皆用於電雙層的充電，等脈衝結束後，才有可能發生反應。

若電雙層電容 C_{dl} 爲定值，脈衝電流提供的電量爲 Q，則電極電位將會上升 ΔE：

$$\Delta E = \frac{Q}{C_{dl}} \tag{3.33}$$

脈衝電流結束後，電極恢復開路，所以電雙層將會放電，形成非法拉第電流 i_{nF}，但這些電荷也會提供電極表面進行反應，產生法拉第電流 i_F，並使 $i_F + i_{nF} = 0$。對於 i_{nF}，可表示爲：

$$i_{nF} = C_{dl}\frac{d\Delta E}{dt} \tag{3.34}$$

對於 i_F，則依輸入電量的多寡分爲反應控制模式或質傳控制模式。在反應控制下，i_F 相關於電荷轉移電阻 R_{ct}，可表示爲：

$$i_F = -\frac{\Delta E}{R_{ct}} \tag{3.35}$$

因爲 $i_F + i_{nF} = 0$，可推得：

$$\Delta E = \frac{Q}{C_{dl}}\exp(-\frac{t}{R_{ct}C_{dl}}) \tag{3.36}$$

代表電位會呈指數型衰減，亦即電位的對與時間 t 成線性關係，其斜率的倒數爲負的時間常數：$-\tau = -R_{ct}C_{dl}$，且其截距爲 $\ln(Q / C_{dl})$。在已知輸入電量 Q 的條件下，可先從截距求出電雙層電容 C_{dl}，再從斜率求出電荷轉移電阻 R_{ct}。

若輸入電量較大，將進入質傳控制模式。經求解擴散方程式後，可得到 ΔE：

$$\Delta E = \frac{Q}{C_{dl}} + \frac{2Fc^b}{C_{dl}}\sqrt{\frac{Dt}{\pi}} \tag{3.37}$$

其中 c^b 是主體區的反應物濃度，D 是擴散係數。將 ΔE 的數據對時間的平方根作圖，應可得到一條直線，其斜率將正比於反應物在主體區的濃度。

雖然上述理論中不涉及溶液電阻 R_s，但 R_s 很大時，輸入電量對電雙層的充電較慢，無法確保充電完成後才放電，致使實驗結果明顯偏離理論值。因此，本技術的使用不如控制電位法或控制電流法普遍。

控制電量分析

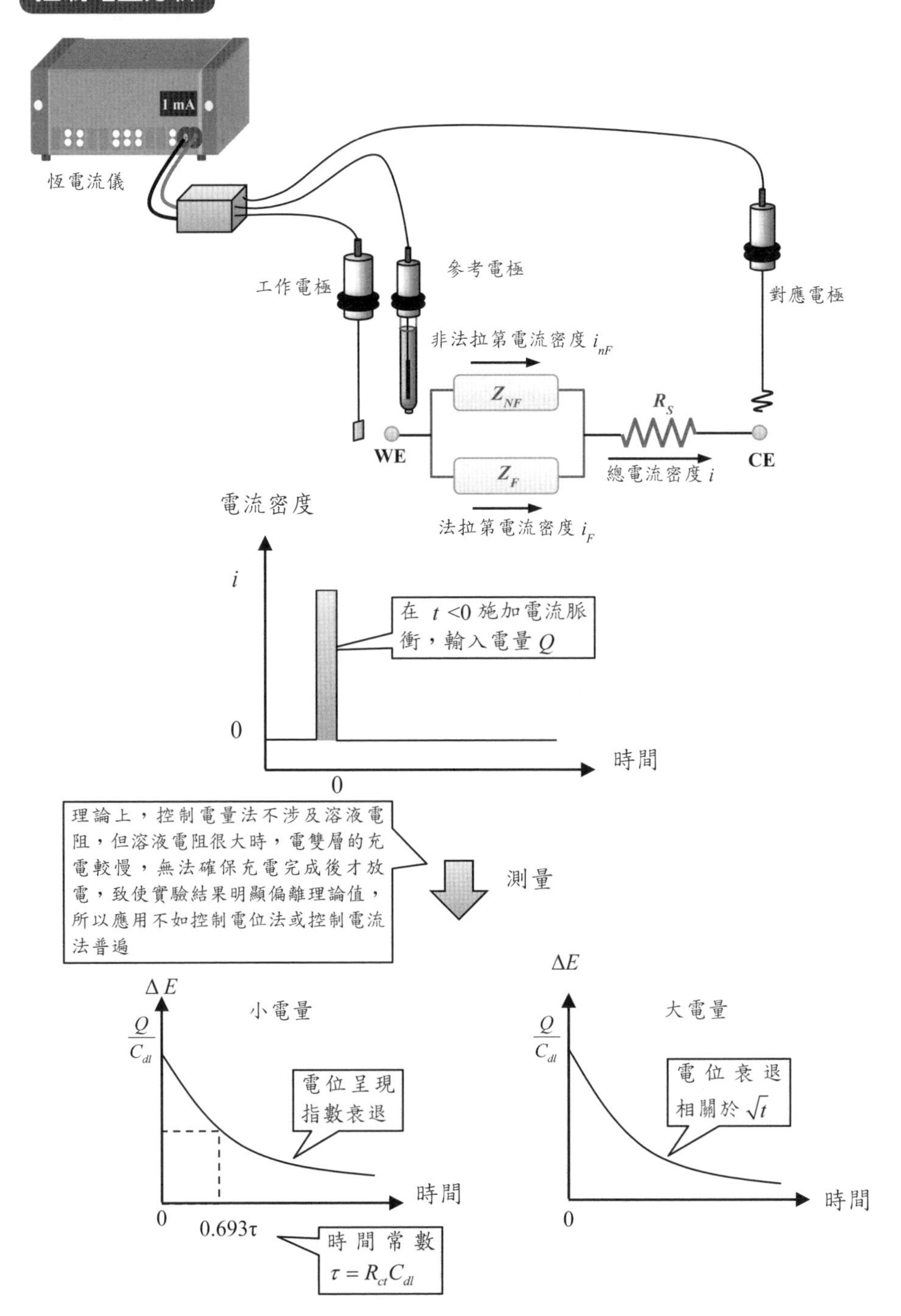
1 mA
恆電流儀
工作電極
參考電極
對應電極
非法拉第電流密度 i_{nF}
Z_{NF}
R_S
WE
CE
Z_F
總電流密度 i
法拉第電流密度 i_F
電流密度
i
在 t <0 施加電流脈衝，輸入電量 Q
0
時間
0
理論上，控制電量法不涉及溶液電阻，但溶液電阻很大時，電雙層的充電較慢，無法確保充電完成後才放電，致使實驗結果明顯偏離理論值，所以應用不如控制電位法或控制電流法普遍
測量
ΔE
小電量
$\frac{Q}{C_{dl}}$
電位呈現指數衰退
時間
0
0.693τ
時間常數 $\tau = R_{ct}C_{dl}$
ΔE
大電量
$\frac{Q}{C_{dl}}$
電位衰退相關於 $\sqrt{t}$
時間
0

3-16 階梯電位分析—（I）反應控制

如何測量電極上的電流對電位之關係？

工作電極受到外部電壓擾動時，會導致暫態的電流，若擾動電壓不大，系統只受到反應控制，可依此分析動力學特性；若擾動電壓較大，系統將進入質傳控制，可依此分析擴散特性。可施加的電壓訊號包括階梯型、方波型、三角波型、正弦波型、脈衝型等，其中的階梯型和脈衝型可以帶領系統進入下一個穩態，方波型、三角波型、正弦波型雖然無法進入穩定態，但可以觀察反應的可逆性。本節先探討階梯型擾動，亦即從 $t = 0$ 起，施加一個固定電位到工作電極上，觀察回應電流對時間的變化，所以稱爲計時電流法（chronoamperometry）。若連續對分析系統施加數個固定電位，可以得到多條電流對時間的變化曲線，對這些結果選取固定的取樣時間，即可得到多個電位對應電流的關係，繪製在電流對電位的座標圖中，可以連接成曲線，這種圖示稱爲伏安圖（voltammogram），其他不同擾動訊號得到此圖的方法，也都稱爲伏安法（voltammetry）。

從 $t = 0$ 起，工作電極的電位提升到 ΔE，在短時間內維持定值，反應物的消耗少，不影響分析系統的平均濃度。當 ΔE 不大時，系統屬於反應控制，通過溶液的總電流密度爲 i，包括法拉第電流密度 i_F 和非法拉第電流密度 i_{nF}，但只有前者牽涉電荷轉移反應，兩種種程序共同消耗 ΔE：

$$\Delta E = (i_F + i_{nF})R_s + i_F R_{ct} \tag{3.38}$$

其中 R_s 是溶液電阻，R_{ct} 是電荷轉移電阻。已知 i_{nF} 相關於電雙層電容 C_{dl}，電雙層兩側的電壓可表示爲 $\Delta E - iR_s$，因此：

$$i_{nF} = C_{dl}\frac{d}{dt}(\Delta E - iR_s) = -R_s C_{dl}\frac{di}{dt} \tag{3.39}$$

在 $t = 0$ 時，電雙層尚未充電，可假設：

$$i = \frac{\Delta E}{R_s} \tag{3.40}$$

結合上述關係後，可解出總電流密度 i 隨著時間的變化：

$$i = \frac{\Delta E}{R_s + R_{ct}}\left[1 + \frac{R_{ct}}{R_s}\exp\left(-\frac{R_s + R_{ct}}{R_s R_{ct} C_{dl}}t\right)\right] \tag{3.44}$$

在理想情形下，工作電極可以進入穩定態（$t \to \infty$），達到飽和的穩態電流密度 i_s。在此之前，超過 i_s 的電流密度提供電雙層充電，故可藉此計算出 C_{dl}。

然而，前已說明本方法的限制，分析系統內的反應物消耗必須小到可以忽略，所以施加電壓不宜太高，且操作時間不宜太長，但進入穩定態若需時較久，在實驗後期將明顯偏離理論。

階梯電位分析—反應控制

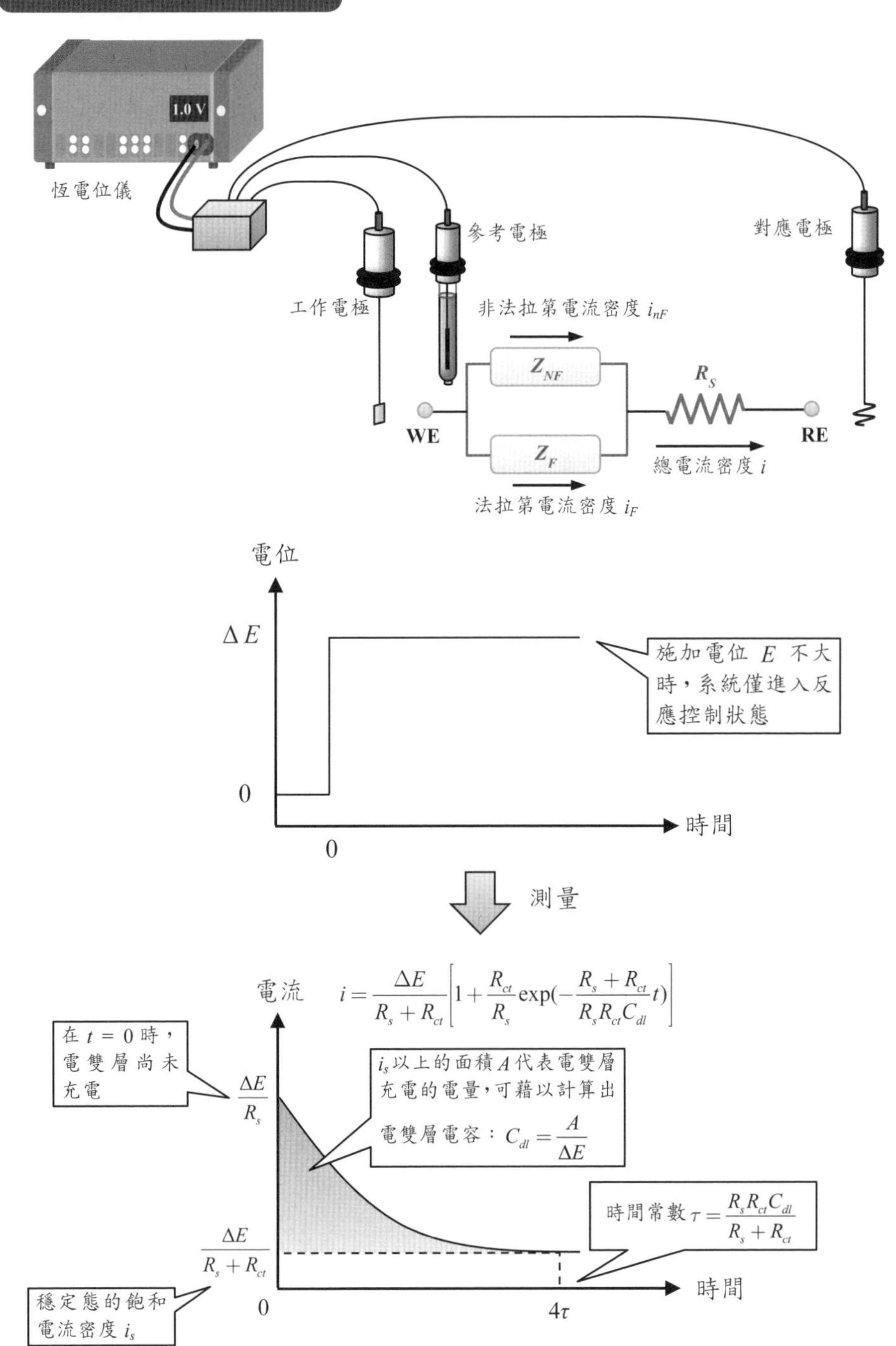

1.0 V
恆電位儀
參考電極
對應電極
工作電極
非法拉第電流密度 i_{nF}
Z_{NF}
R_S
WE
RE
Z_F
總電流密度 i
法拉第電流密度 i_F
電位
ΔE
施加電位 E 不大時，系統僅進入反應控制狀態
0
時間
0
測量
電流
$i = \frac{\Delta E}{R_s + R_{ct}}\left[1 + \frac{R_{ct}}{R_s}\exp\left(-\frac{R_s + R_{ct}}{R_s R_{ct} C_{dl}}t\right)\right]$
在 $t = 0$ 時，電雙層尚未充電
$\frac{\Delta E}{R_s}$
i_s以上的面積A代表電雙層充電的電量，可藉以計算出
電雙層電容：$C_{dl} = \frac{A}{\Delta E}$
時間常數 $\tau = \frac{R_s R_{ct} C_{dl}}{R_s + R_{ct}}$
$\frac{\Delta E}{R_s + R_{ct}}$
穩定態的飽和電流密度 i_s
0
4τ
時間

3-17 階梯電位分析—（II）質傳控制

如何測量電極上的電流對電位之關係？

若 $t=0$ 起，工作電極的電位提升 ΔE 足夠大，將使表面的反應速率非常快，在短時間內使表面的反應物幾乎消耗殆盡，產生顯著的濃度梯度，使質傳步驟限制了電極程序。為了尋求數學處理的方便性，可假設平面型工作電極的反應極快，使反應物的表面濃度 c^s 在 $t>0$ 後能夠下降到 0。並再假設擴散層的厚度遠小於溶液主體區的尺寸，成為一種近似半無限（semi-infinite）的情形，使另一個邊界條件成為：$\lim_{x\to\infty} c(x,t)=c^b$。接著採用 Laplace 變換求解反應物的質量均衡方程式，可得到：

$$c(x,t)=c^b erf(\frac{x}{2\sqrt{Dt}}) \quad (3.42)$$

其中的 erf 是誤差函數（error function）。再根據 Faraday 定律，電流密度將正比於擴散通量，可表示為：

$$i=nFD\frac{\partial c}{\partial x}\bigg|_{x=0}=nFc^b\sqrt{\frac{D}{\pi t}} \quad (3.43)$$

此式稱為 Cottrell 方程式，描述了足夠大的固定過電位下的質傳控制模式，電流密度將反比於時間的平方根，並持續遞減到 0，代表擴散層厚度將會逐漸增加到無窮大。

在一般的分析實驗中，常使用兩片平板電極與相應的容器，但操作後常無法符合上述理論，例如在十微秒內，只進行電雙層的充電，要等電子轉移反應發生後才進入 Cottrell 方程式的預測範圍。反應後，生成物與反應物的密度通常不同，逐漸導致自然對流，進而攪拌溶液，不是上述的純擴散模型，亦即符合 Cottrell 方程式預測的時間範圍有限，超過特定時間後，所得電流必將偏離理論。

進一步考慮反應物 A 和產物 B 在電極表面的反應，則可藉由 Nernst 方程式得到電位與電流的關係：

$$E=E_f^{\circ}-\frac{RT}{2nF}\ln\frac{D_A}{D_B}+\frac{RT}{nF}\ln\frac{i_d(t)-i(t)}{i(t)} \quad (3.44)$$

其中的 i_d 是純擴散的電流密度。經過一系列的階梯電位實驗，選取固定的取樣時間 τ 以記錄每一次的電流，最終可以繪成 i-E 圖，呈現出單波曲線，在偏正的電位下 $i(\tau)=0$，電位往負向增加後，曲線經過一個反曲點後達到飽和，在偏負的電位下電流將趨近於 $i_d(\tau)$。另當 $i=i_d(\tau)/2$ 時，（3.44）式的第三項成為 0，故可定義此時處於半波電位 $E_{1/2}$（half-wave potential）。當 A 和 B 的擴散係數接近時，$E_{1/2}\approx E_f^{\circ}$，故可視為此反應的特徵參數。由此可發現，半反應影響極化曲線特性包含兩個參數，一是半波電位 $E_{1/2}$，另一是擴散限制電流密度 $i_d(\tau)/$。

階梯電位分析—質傳控制

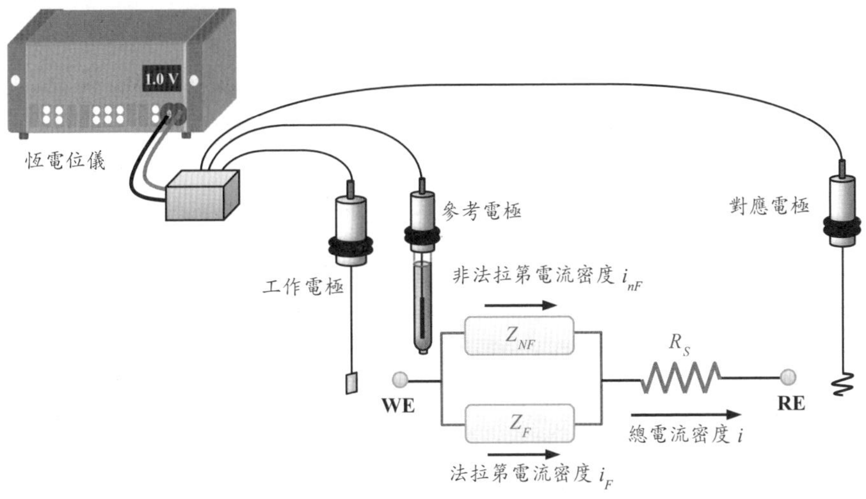
1.0 V
恆電位儀
參考電極
對應電極
工作電極
非法拉第電流密度 i_{nF}
Z_{NF}
R_S
WE
RE
Z_F
總電流密度 i
法拉第電流密度 i_F

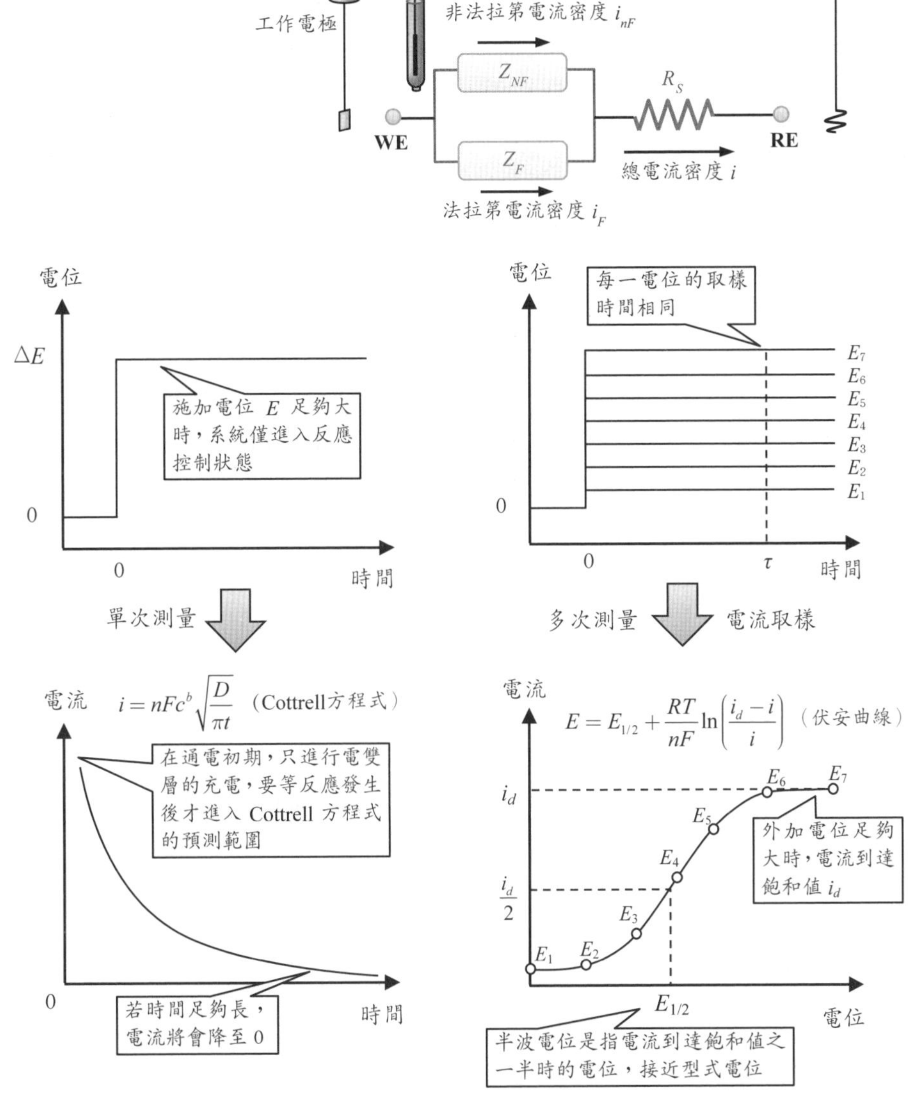
電位
ΔE
施加電位 E 足夠大時，系統僅進入反應控制狀態
0
0
時間
單次測量
電流
$i = nFc^b\sqrt{\frac{D}{\pi t}}$ （Cottrell方程式）
在通電初期，只進行電雙層的充電，要等反應發生後才進入 Cottrell 方程式的預測範圍
0
若時間足夠長，電流將會降至 0
時間
電位
每一電位的取樣時間相同
E_7
E_6
E_5
E_4
E_3
E_2
E_1
0
0
τ
時間
多次測量
電流取樣
電流
$E = E_{1/2} + \frac{RT}{nF}\ln\left(\frac{i_d - i}{i}\right)$ （伏安曲線）
i_d
$\frac{i_d}{2}$
外加電位足夠大時，電流到達飽和值 i_d
$E_{1/2}$
電位
半波電位是指電流到達飽和值之一半時的電位，接近型式電位

3-18 線性掃描伏安法

施加於電極的電位逐漸增大，電流會出現什麼變化？

施加線性電位至工作電極，可以得到不同的電流回應，預期會從反應控制模式轉換到質傳控制模式，從中應能觀察出多種電化學特徵，故常用於電分析實驗，稱爲線性掃描伏安法（linear sweep voltammetry，簡稱爲 LSV）。電位以線性增加或減少的速率稱爲掃描速率（scan rate），對測得的伏安曲線影響很大。

若施加電位的起點不會導致反應發生，此時測得的電流不大，來自於非法拉第程序，是由輸入電荷對電雙層充電造成，在電位持續增大後，電流才開始大幅度上升，代表法拉第程序開始進行，促使電荷轉移反應發生，因爲半反應的速率常數會隨著電位提升，故電流逐漸增大。到達到某個電位後，電極表面的反應物濃度將顯著降低，反而導致電流減小，因而出現了電流峰，代表反應物的輸送限制了整體程序的進行。在測得的伏安圖中，依據發生的反應或設定的掃描速率，峰電流（peak current）、峰電位（peak potential）和峰形都會變化，因此可藉由伏安圖來反推電極程序的特性。

已知電極界面進行可逆的反應爲：$A + e^- \rightleftharpoons B$，開始時先施加不引起反應的電位 E_0，之後隨時間線性改變電位，掃描速率爲 v，亦即電位爲：$E = E_0 - vt$。當電極程序進入質傳控制，則 A 和 B 在電極表面的濃度應滿足 Nernst 方程式：

$$E = E_f^\circ + \frac{RT}{nF}\ln\frac{c_A^s}{c_B^s} = E_0 - vt \tag{3.45}$$

由於 A 和 B 互爲反應物與生成物，兩者在電極表面的擴散通量將互相平衡：

$$D_A \left.\frac{\partial c_A}{\partial x}\right|_{x=0} = -D_B \left.\frac{\partial c_B}{\partial x}\right|_{x=0} \tag{3.46}$$

若反應前不存在 B，A 的起始濃度爲 c_A^b，且電解液的體積足夠大，可視爲半無限空間。用數值方法來求解質量均衡方程式後，可得到具有最大值的電流密度，也就是峰電流密度 i_p，其值正比於 c_A^b，也正比於 $\sqrt{v}$。發生 i_p 的電位稱爲峰電位 E_p，其值與 n 無關，但 E_p 與半波電位 $E_{1/2}$ 有關，對於 25℃下的單電子反應：

$$E_p = E_{1/2} - 28.5 \text{ mV} \tag{3.47}$$

另可定義電流密度爲 i_p 之一半的電位爲半峰電位 $E_{p/2}$（half-peak potential），對於 25℃下的單電子可逆反應：

$$|E_p - E_{p/2}| = 56.5 \text{ mV} \tag{3.48}$$

當線性伏安法用於分析不可逆反應，可發現 $|E_p - E_{p/2}|$ 偏離 56.5 mV，且 E_p 與 v 有關。如需判斷反應的可逆性，可使用 LSV 的延伸方法，將在下一節中詳述。

線性掃描電位分析

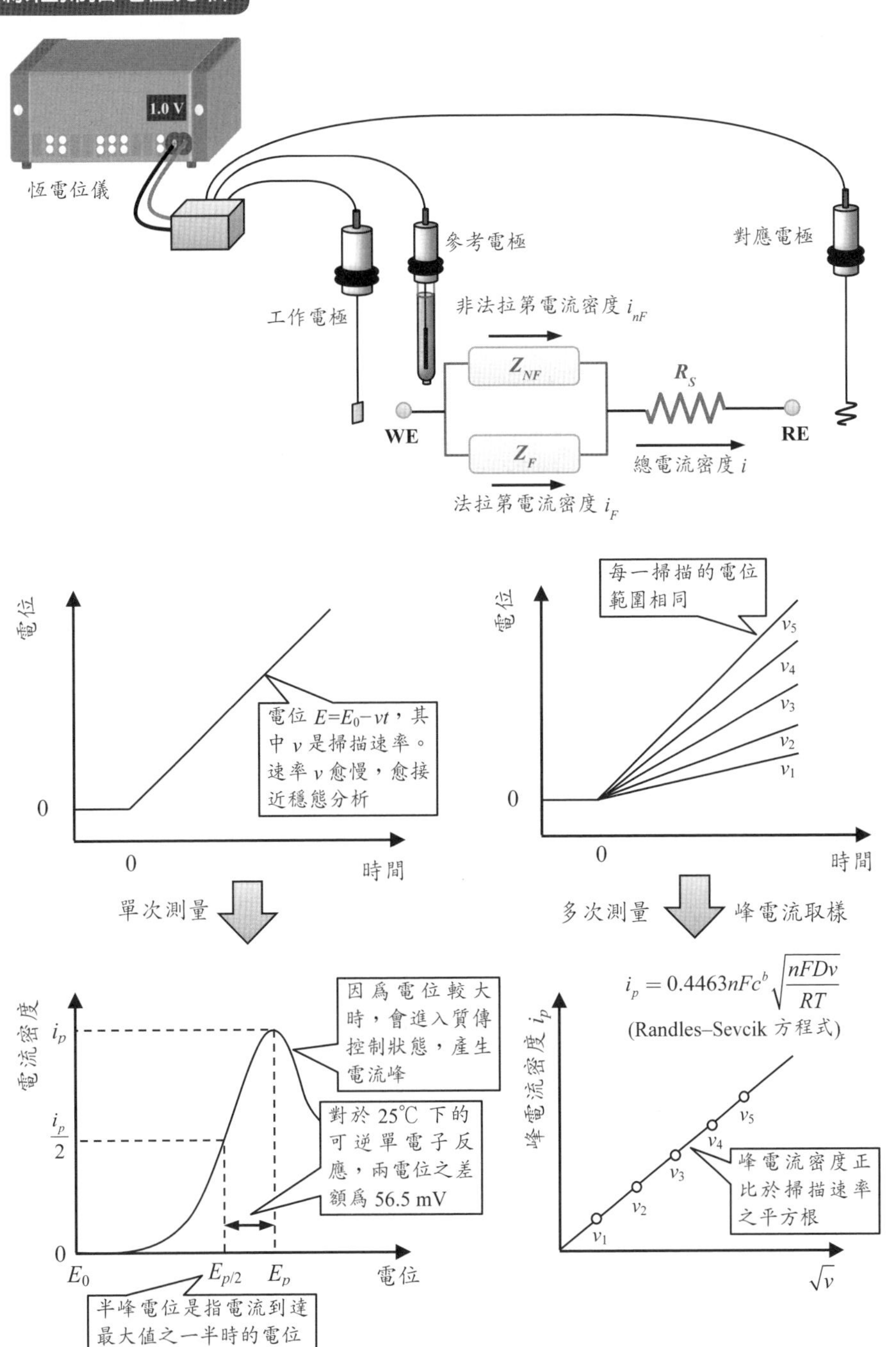
1.0 V
恆電位儀
參考電極
對應電極
工作電極
非法拉第電流密度 i_{nF}
Z_{NF}
R_S
WE
RE
Z_F
總電流密度 i
法拉第電流密度 i_F
電位
0
0
時間
電位 $E=E_0-vt$，其中 v 是掃描速率。速率 v 愈慢，愈接近穩態分析
每一掃描的電位範圍相同
v_5
v_4
v_3
v_2
v_1
單次測量
多次測量
峰電流取樣
$i_p = 0.4463nFc^b\sqrt{\frac{nFDv}{RT}}$
(Randles–Sevcik 方程式)
電流密度
i_p
$\frac{i_p}{2}$
因爲電位較大時，會進入質傳控制狀態，產生電流峰
對於 25℃ 下的可逆單電子反應，兩電位之差額爲 56.5 mV
E_0
$E_{p/2}$
E_p
半峰電位是指電流到達最大值之一半時的電位
峰電流密度 i_p
峰電流密度正比於掃描速率之平方根
$\sqrt{v}$

3-19 循環伏安法—（I）反應控制

施加於電極的電位回轉，電流會出現什麼變化？

爲了測試分析系統的反應可逆性，還可使用三角波的電位掃描法，或稱爲循環伏安法（cyclic voltammetry，簡稱爲 CV）。三角波的電位可分爲上升階段與下降階段，起點電位爲 E_0，轉折時間爲 $t = \lambda$，轉折電位爲 E_λ，兩階段的電位掃描速率之絕對值相等：

$$E = E_0 + vt \text{ for } 0 \le t \le \lambda \tag{3.49}$$

$$E = E_0 + 2v\lambda - vt \text{ for } \lambda \le t \le 2\lambda \tag{3.50}$$

完成第一個循環後，依實驗需求還可以進行第二循環的掃描。

對於 $\Delta E = |E_\lambda - E_0|$ 小於 10 mV 的情形，有可能在電位上升或下降的階段都沒有發生電化學反應，只出現電雙層的充放電。若電雙層電容 C_{dl} 可視爲定值，則兩階段的電流密度應爲：

$$i_f = C_{dl}\frac{dE}{dt} = C_{dl}v \text{ for } 0 \le t \le \lambda \tag{3.51}$$

$$i_b = C_{dl}\frac{dE}{dt} = -C_{dl}v \text{ for } \lambda \le t \le 2\lambda \tag{3.52}$$

因此可發現兩階段的掃描都會得到定電流的回應，使電流對時間的變化成爲方波，若應用（3.49）式和（3.50）式，可轉成電流對電位的伏安圖，呈現出矩形。藉由電流的高低值差額，可以求出電雙層電容 C_{dl}：

$$C_{dl} = \frac{|i_f - i_b|}{2v} \tag{3.53}$$

若 $\Delta E = |E_\lambda - E_0|$ 較小的情形中，仍可能發生電化學反應，則電極程序將屬於反應控制。假設電荷轉移電阻 R_{ct} 爲定值，使法拉第電流將正比於電位 E，所以會隨時間成線性增加。非法拉第電流則如前所述，在單向掃描內呈現定值，因此總電流將隨著電位變化呈現遞增與遞減的斜線，循環伏安圖將成爲平行四邊形。由此變化可估計出電荷轉移電阻 R_{ct}：

$$R_{ct} = \frac{v\lambda}{|\Delta i_f|} = \frac{v\lambda}{|\Delta i_b|} \tag{3.54}$$

但須注意，工作電極與參考電極之間的溶液電阻必須足夠小，才不會導致嚴重的誤差。若此電阻不能忽略，循環伏安圖將會偏離平行四邊形，上升與下降的階段皆呈現曲線。

循環伏安分析—反應控制

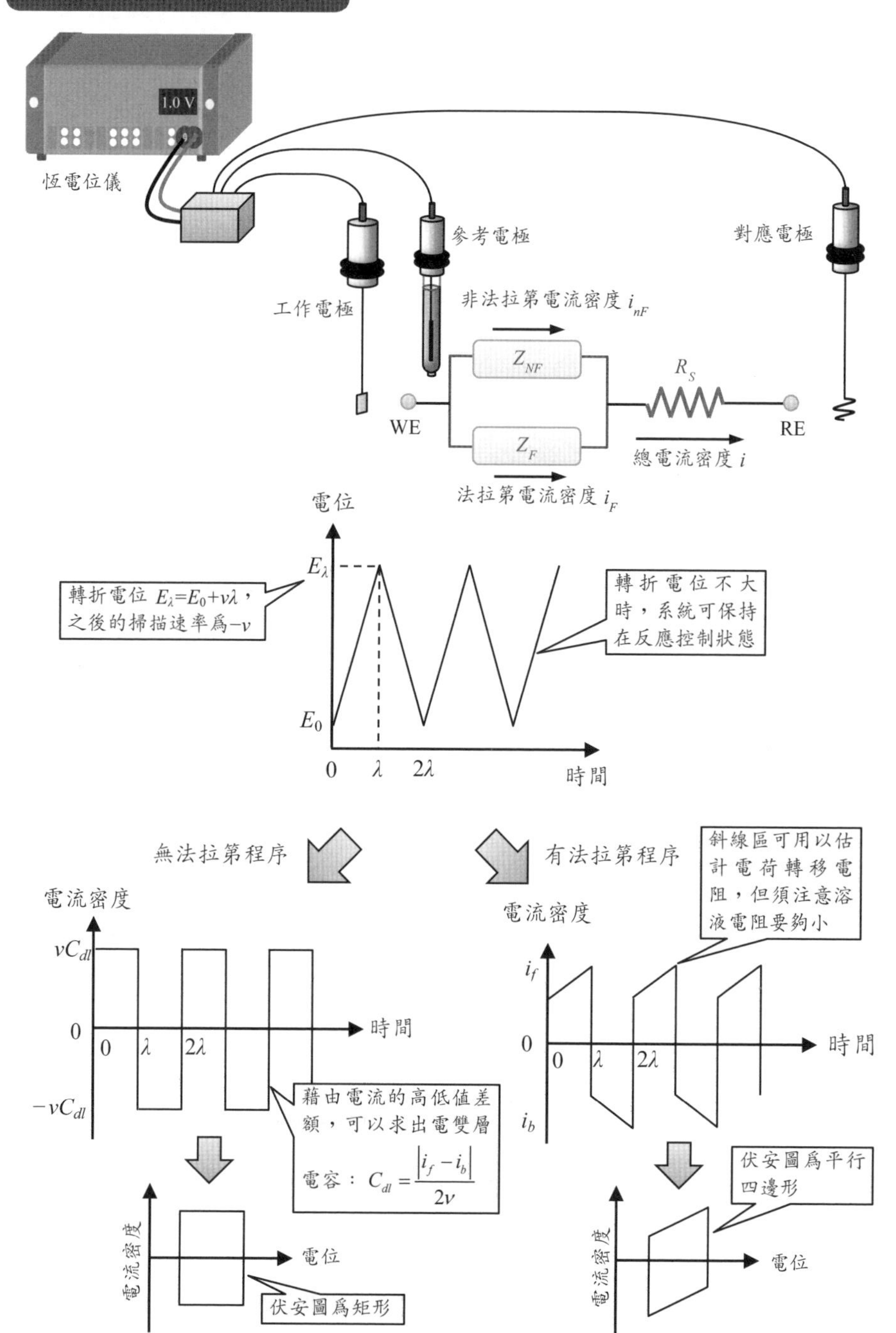
1.0 V
恆電位儀
參考電極
對應電極
工作電極
非法拉第電流密度 i_{nF}
Z_{NF}
R_S
WE
RE
Z_F
總電流密度 i
法拉第電流密度 i_F
電位
E_λ
轉折電位 $E_\lambda=E_0+v\lambda$，之後的掃描速率為$-v$
轉折電位不大時，系統可保持在反應控制狀態
E_0
0
λ
2λ
時間
無法拉第程序
有法拉第程序
斜線區可用以估計電荷轉移電阻，但須注意溶液電阻要夠小
電流密度
vC_{dl}
$-vC_{dl}$
藉由電流的高低值差額，可以求出電雙層電容：$C_{dl}=\frac{|i_f-i_b|}{2v}$
i_f
i_b
電流密度
電位
伏安圖為矩形
伏安圖為平行四邊形

3-20 循環伏安法—（II）質傳控制

施加於電極的電位回轉，電流會出現什麼變化？

當循環伏安法的轉折電位為 E_λ 與起點電位為 E_0 相差很大時，將使電極程序從反應控制模式轉換成質傳控制模式。以氧化反應：$R \rightarrow O + e^-$ 為例，首先對工作電級施加往正向增加的電位，起點為 E_0，使 O 持續生成，之後於 $t = \lambda$ 時，扭轉施加電位的方向，改成負向增加，由於前一階段生成的 O 也具有反應性，可發生還原反應 $O + e^- \rightarrow R$，所以在 $t > \lambda$ 時，電極附近的 R 逐漸增加。當電位回到 E_0 時，即完成第一個循環，之後依實驗需求還可以進行第二循環的三角波掃描。這兩個階段的電位變化可分別表示為：

$$E = E_0 + vt \text{ for } 0 \leq t \leq \lambda \tag{3.55}$$

$$E = E_0 + 2v\lambda - vt \text{ for } \lambda \leq t \leq 2\lambda \tag{3.56}$$

因此這兩式可用來轉換電流對時間的曲線，成為電流對電位的曲線，亦即伏安圖，通常可發現經歷一個循環後，可得到封閉的曲線。從實驗結果可發現正向掃描階段具有電流峰，逆向掃描階段則可觀察到電流谷，電流密度出現極大值和極小值的原理都相同於線性掃描伏安法，皆源自於電極表面的質傳控制現象。由於有研究者將氧化段繪於伏安圖的上半部，也有研究者將還原段繪於上半部，所以最大值與最小值都將稱為峰電流密度，分別還原峰電流密度 i_{pc} 和氧化峰電流密度 i_{pa}，所對應的還原峰電位為 E_{pc}、氧化峰電位為 E_{pc}，這四個數據是循環伏安圖的重要特徵。

然須注意，實驗中的第一階段常稱為正向掃描，第二階段稱為逆向掃描，從正向掃描得到的峰電流密度較為明確，只需要扣除非法拉第電流即可換算成反應速率。但在逆向掃描中，出現的峰電流密度則會受到轉折電位 E_λ 的影響，因為迴轉時間 $t = \lambda$ 較早，會得到絕對值較小的峰電流密度，反之迴轉時間較遲，則會得到絕對值較大的峰電流密度，但兩者的理論值應該相同，所產生的偏差來自於計算逆向峰電流密度的基線（base line）。透過良好的基線選擇，完全可逆性反應的兩個峰電流必須相等，皆正比於掃描速率的平方根，且兩個峰電位的差額必須為定值，但與掃描速率無關，對 25℃下的單電子反應，峰電位的差額約為 59 mV：

$$|i_{pa}| = |i_{pc}| \tag{3.57}$$

$$|E_{pa} - E_{pc}| = 59 \text{ mV} \tag{3.58}$$

對可逆性較低的反應，伏安圖的形狀會受到掃描速率的影響，而且兩峰的電位差會隨著掃描速率而增大。對於不可逆反應，因為正向掃描的產物難以回復成原本的反應物，使逆向掃描不會出現對稱的電流峰。另對多電子轉移的程序，在正向掃描的過程中，將會陸續出現數個電流峰，但可能互相重疊，而且接續的峰電流密度會因為基線不明而難以估計其值。因此，循環伏安法多用於定性，因為還有其他方法更適合定量。

循環伏安分析—質傳控制

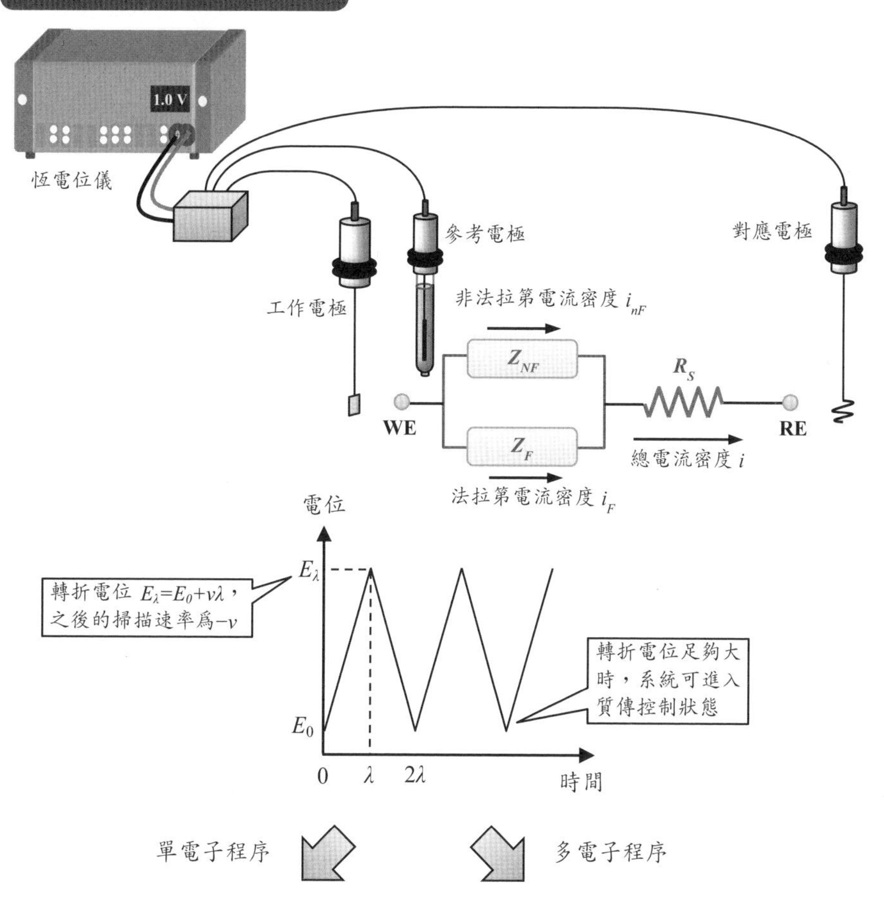
1.0 V
恆電位儀
參考電極
對應電極
工作電極
非法拉第電流密度 i_{nF}
Z_{NF}
R_S
WE
RE
Z_F
總電流密度 i
法拉第電流密度 i_F
電位
E_λ
轉折電位 $E_\lambda=E_0+v\lambda$，之後的掃描速率爲$-v$
轉折電位足夠大時，系統可進入質傳控制狀態
E_0
0
λ
2λ
時間
單電子程序
多電子程序

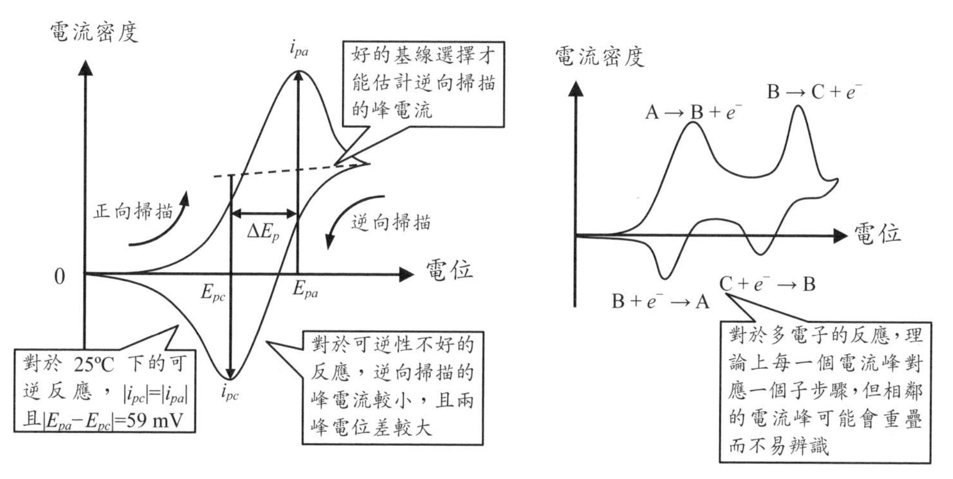
電流密度
i_{pa}
好的基線選擇才能估計逆向掃描的峰電流
正向掃描
ΔE_p
逆向掃描
0
電位
E_{pc}
E_{pa}
對於 25ºC 下的可逆反應，$|i_{pc}|=|i_{pa}|$ 且$|E_{pa}-E_{pc}|$=59 mV
i_{pc}
對於可逆性不好的反應，逆向掃描的峰電流較小，且兩峰電位差較大
電流密度
$B \to C + e^-$
$A \to B + e^-$
電位
$C + e^- \to B$
$B + e^- \to A$
對於多電子的反應，理論上每一個電流峰對應一個子步驟，但相鄰的電流峰可能會重疊而不易辨識

3-21 溶出伏安法

如何測量水中的微量金屬濃度？

20 世紀的電化學分析技術有重大進展，例如在 1922 年，Heyrovský 發明了極譜法（polarography），採用滴汞電極（dropping mercury electrode）或懸汞電極（hanging mercury drop electrode）來進行實驗，因爲汞具有寬廣的穩定電位，且其表面易於更新，非常適合用於電化學分析。藉由此工具，發展出溶出伏安法（stripping voltammetry），具有非常高的測量靈敏度，甚至可用於分析水中所含的 10^{-10} M 痕量金屬。

其中一種廣泛使用的技術是陽極溶出伏安法，分爲兩步驟進行，第一步先對汞電極施加負電位，使溶液中可還原的金屬離子在汞電極中形成汞齊：

$$M^{n+} + ne^- + Hg \rightarrow MHg \tag{3.59}$$

此步驟常稱爲濃縮，實際上屬於電沉積，需要依據金屬離子的濃度決定操作時間。通常濃縮步驟會操作在質傳控制模式下，故需透過攪拌製造對流，以提升質傳速率。從測得的極限電流 $I_{\lim}$、操作時間 t 和汞電極的體積 V，可以推算沉積的金屬濃度：

$$c = \frac{I_{\lim} t}{nFV} \tag{3.60}$$

第二步則對汞電極施加正電位，使預先濃縮的金屬從汞中溶出，發生（3.59）式的逆反應。此階段不加以攪拌，且電位以線性遞增，可觀察到電流峰，其原理相同於線性掃描伏安法。若溶液中原已含有多種金屬離子，則在溶出階段，標準電位偏負的金屬先溶出，偏正的金屬後溶出，因此可以檢測多種金屬的含量。然而，有些金屬的標準電位接近，同時檢測時會互相干擾。

另有一種誤差來源是水中溶解的氧氣，在汞齊形成後，氧氣可能與金屬反應，使金屬溶出，減少了收集量。爲了避免這種誤差，開發出電位溶出分析法（potentiometric stripping analysis），在濃縮後切斷電極連接的電源，藉由溶液中的氧化劑將金屬溶出，此時電極電位會往正向移動，但溶出時出現電位平台，類似氧化還原滴定，可加以定量。藉由軟體處理電位的變化，可繪製出時間對電位的微分曲線，每一種金屬的溶出將對應曲線中的一個波峰。此外，有的待測物在正電位下才能與汞結合，因此在濃縮階段，要對汞電極施加正電位，在溶出階段則施加負電位，稱爲陰極溶出伏安法，可用於分析鹵素離子、硫化物、氰化物等成分。

溶出伏安法所用的汞電極已從液滴狀改變成薄膜狀，以提供更大的表面積和更高的靈敏度，而且可以製成微電極或結合旋轉電極，提升濃縮步驟的質傳速率。目前在環工、冶金或電鍍等工業中獲得廣泛應用。

溶出伏安分析

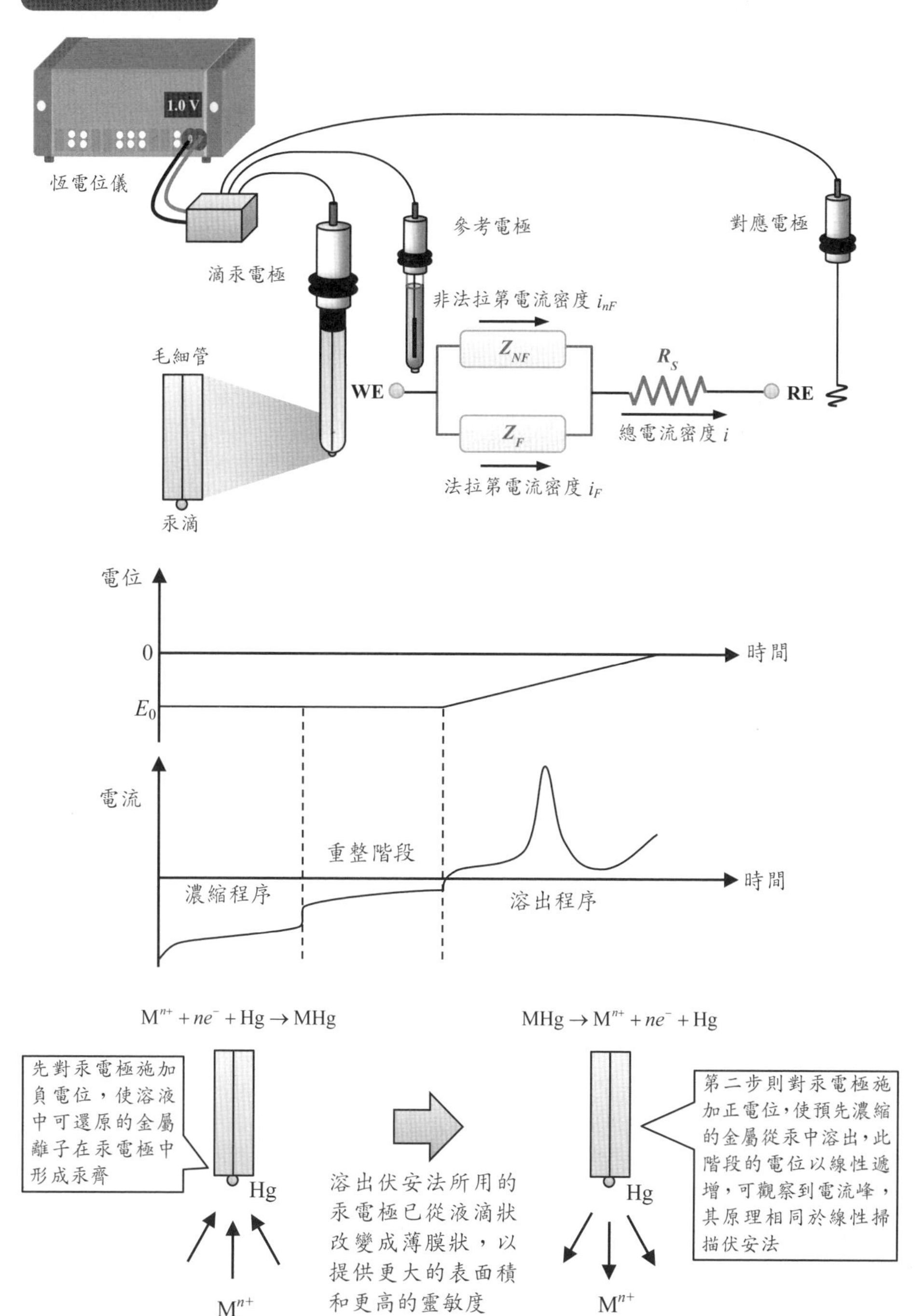
1.0 V
恆電位儀
滴汞電極
參考電極
對應電極
非法拉第電流密度 i_{nF}
Z_{NF}
R_S
WE
RE
Z_F
總電流密度 i
法拉第電流密度 i_F
毛細管
汞滴
電位
0
E_0
時間
電流
重整階段
濃縮程序
溶出程序
時間
$M^{n+} + ne^- + Hg \rightarrow MHg$
$MHg \rightarrow M^{n+} + ne^- + Hg$
先對汞電極施加負電位，使溶液中可還原的金屬離子在汞電極中形成汞齊
Hg
M^{n+}
溶出伏安法所用的汞電極已從液滴狀改變成薄膜狀，以提供更大的表面積和更高的靈敏度
第二步則對汞電極施加正電位，使預先濃縮的金屬從汞中溶出，此階段的電位以線性遞增，可觀察到電流峰，其原理相同於線性掃描伏安法
Hg
M^{n+}

3-22 脈衝伏安法

在分析中如何降低電雙層的影響？

前一小節提及滴汞電極適合用於電化學分析，其裝置是一個汞槽連接一支毛細管，在管末會有汞滴冒出，而且隨著時間成長，等汞滴大到浮力和表面張力無法支撐重量時，汞滴會脫落，下一顆汞滴又會冒出並成長，周而復始地進行。理論上，每一顆汞滴的週期相同，約 2～6 秒會脫落，若外加的電位脈衝也配合此週期，可展現高靈敏度的分析結果。

由於汞滴成長後，表面積會隨著時間 t 的 2/3 次方增大，所以可推導出質傳控制模式下的極限電流 $I_{\lim}$：

$$I_{\lim} = kD^{1/2}m^{2/3}ct^{1/6} \quad (3.61)$$

其中 D 和 c 是反應物的擴散係數和濃度，m 是汞的質量流率。所以可發現，在汞滴脫落時，法拉第電流會到達最大值。另一方面，電雙層的充電電流 I_c 反比於時間 t 的 1/3 次方，代表汞滴愈大，非法拉第電流會愈小。因此，法拉第電流對非法拉第電流的比值會隨著時間而擴大，將電流的取樣時間定在汞滴恰將脫落之前，可以得到高靈敏度的結果。在汞滴脫落之前的週期內，也可以施加振幅逐漸加大的電位脈衝，此方法稱爲常規脈衝伏安法，在每一脈衝開始後、汞滴脫落前進行電流取樣，可以降低電雙層充電的效應，使其偵測靈敏度高於直流極譜法。

對於施加在工作電極的電位，可採用兩種訊號的疊加，其一是固定振幅的脈衝，另一是逐漸提升的階梯，此方法稱爲差分脈衝伏安法（differential pulse voltammetry）。階梯高度的提升發生在每次汞滴脫落之前，也在每一個脈衝結束時。電流取樣的時間分爲脈衝開始前與開始後，兩次取樣的電流差將對施加電位作圖，可得到具有特徵峰的伏安圖，此尖峰的電流差 ΔI_p 爲：

$$\Delta I_p = nFc\sqrt{\frac{D}{\pi t}}\left(\frac{1-\sigma}{1+\sigma}\right) \quad (3.62)$$

其中的$\sigma = \exp(\frac{2RT}{nF\Delta E})$，$\Delta E$ 是脈衝的振幅。（3.62）式類似 Cottrell 方程式，但多了一個修正項，振幅愈大時，修正項將會趨近於 1，成爲 Cottrell 方程式。使用此方法偵測到的電雙層充電電流比常規脈衝伏安法小一個數量級，因此可以用於分析 10^{-8} M 的痕量濃度，而且差分脈衝伏安圖中，即使待測成分的氧化還原電位相近，仍能顯現可分辨的特徵峰，所以非常適合用於分析混合物。

若此方法中的脈衝振幅足夠大，且在正向脈衝結束後緊接著施加反向脈衝，再週期性地改變電位，則另稱爲方波伏安法（square wave voltammetry）。在反向脈衝期間，將發生逆反應。正向期間與反向期間的電流相減後，電流差對電位的伏安圖將呈現一個特徵峰，其高度正比於濃度。由於此法的電流差額大於差分脈衝法，所以靈敏度更高，且分析時間更短。

脈衝伏安分析

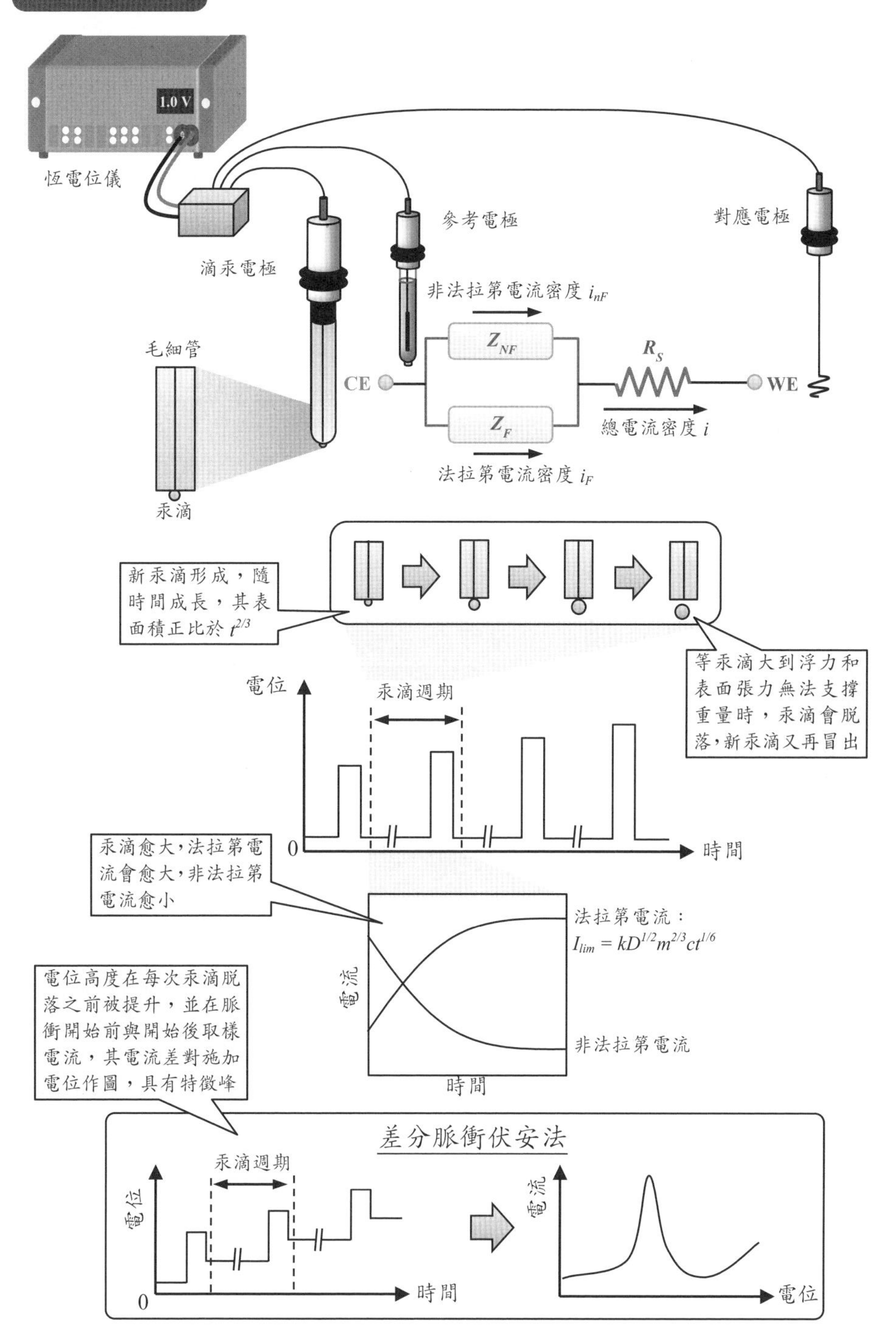
1.0 V
恆電位儀
滴汞電極
參考電極
對應電極
非法拉第電流密度 i_{nF}
Z_{NF}
R_S
CE
WE
Z_F
總電流密度 i
法拉第電流密度 i_F
毛細管
汞滴
新汞滴形成，隨時間成長，其表面積正比於 $t^{2/3}$
等汞滴大到浮力和表面張力無法支撐重量時，汞滴會脫落，新汞滴又再冒出
電位
汞滴週期
0
時間
汞滴愈大，法拉第電流會愈大，非法拉第電流愈小
法拉第電流：
$I_{lim} = kD^{1/2}m^{2/3}ct^{1/6}$
電流
非法拉第電流
時間
電位高度在每次汞滴脫落之前被提升，並在脈衝開始前與開始後取樣電流，其電流差對施加電位作圖，具有特徵峰
差分脈衝伏安法
汞滴週期
電位
0
時間
電流
電位

3-23 等效電路

分析系統如何比擬成電路？

電化學分析系統連接電源後，皆可從施加的電壓得到回應的電流。然而，電化學反應的過程非常複雜，包括質傳、吸附、電子轉移與新相生成，這些步驟難以單純地對應到某種電路元件，例如電子轉移雖然類似電阻，但在新相生成並覆蓋表面時，此覆膜除了具有電阻效應，還會在兩側界面展現出電容效應，甚至在覆膜擁有孔洞時出現電阻或電容都不能描述的特性。

爲了分析電化學系統的電學行爲，可以從預測反應機制開始，從而推想出電極程序具有的電路組件，並搭配溶液電阻和電雙層電容，即可構成足以反映電極界面電性的等效電路（equivalent circuit）。接著透過擾動電位或擾動電流的方法測量電路的回應，以得到電流對電位的關係，再依據等效電路來分析其中包含的電阻或電容等元件之數值。依兩端電壓對電流的變化關係，電路元件可分爲電阻、電容或電感，但也包括其他類型的複雜元件，這些元件對電流傳輸的阻礙作用通稱爲阻抗（impedance）。描述電極程序的簡單電路是兩個串聯的元件，包括電解液的電阻 R_s 和電極界面的阻抗 Z_E。由於影響電極界面的因素衆多，因此界面的等效元件需要表示成簡單元件的串聯或並聯組合。

當電流通過電化學池，電極與電解液界面的平衡狀態被破壞，此破壞分成兩類，第一類是外部而來的電荷只停留在電雙層上，改變界面的電容量，此時的充電現象屬於非法拉第程序，但當電子穿越電極與電解液的界面時，代表發生了電化學反應，屬於第二類的法拉第程序。因此，前述之電極界面阻抗 Z_E 可進一步分成非法拉第阻抗 Z_{nF} 與法拉第阻抗 Z_F，前者主要取決於電雙層的特性，後者則由反應的性質決定。在理想狀況下，電雙層可視爲純電容 C_{dl}，反應可視爲純電阻，稱爲電荷轉移電阻 R_{ct}，但反應物從主體溶液輸送至電極界面也會遇到阻力，所以質傳效應將以 Warburg 阻抗 Z_W 來代表，此概念是由 Warburg 在 1899 年所提出。Z_W 與 R_{ct} 串聯後，再與 C_{dl} 並聯，即可構成典型的電極界面阻抗 Z_E。

然而，在實際的電極上，可能會出現孔洞、粗糙表面、選擇性吸附、氣泡覆蓋或薄膜形成等現象，這些情形皆使電雙層不再成爲理想的電容，需要引入更複雜的元件才能組成界面阻抗，例如以電感描述氣泡、以電容與電阻描述薄膜、以有限擴散阻抗描述多孔膜。對於非理想的電容，可使用常相位元件（constant phase element，簡稱爲 CPE）來代替，Warburg 阻抗其實也是 CPE 的一個特例。通常一個由電阻 R 與電容 C 組成簡單電路只具有一個時間常數 $\tau = RC$，但對於結構特殊的電極表面，會導致時間常數沿著表面的橫向改變，也可能沿著表面的縱向改變，使用 CPE 可以表達時間常數分布的概念。

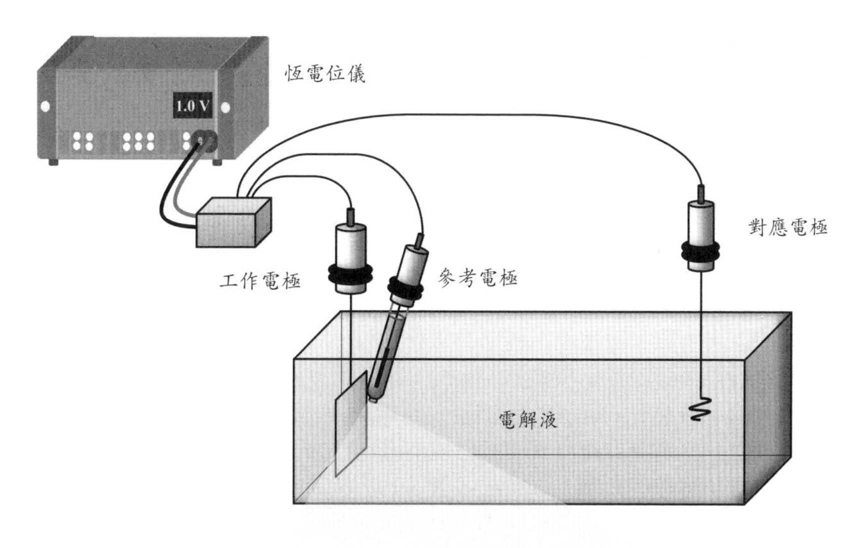
恆電位儀
1.0 V
對應電極
工作電極
參考電極
電解液

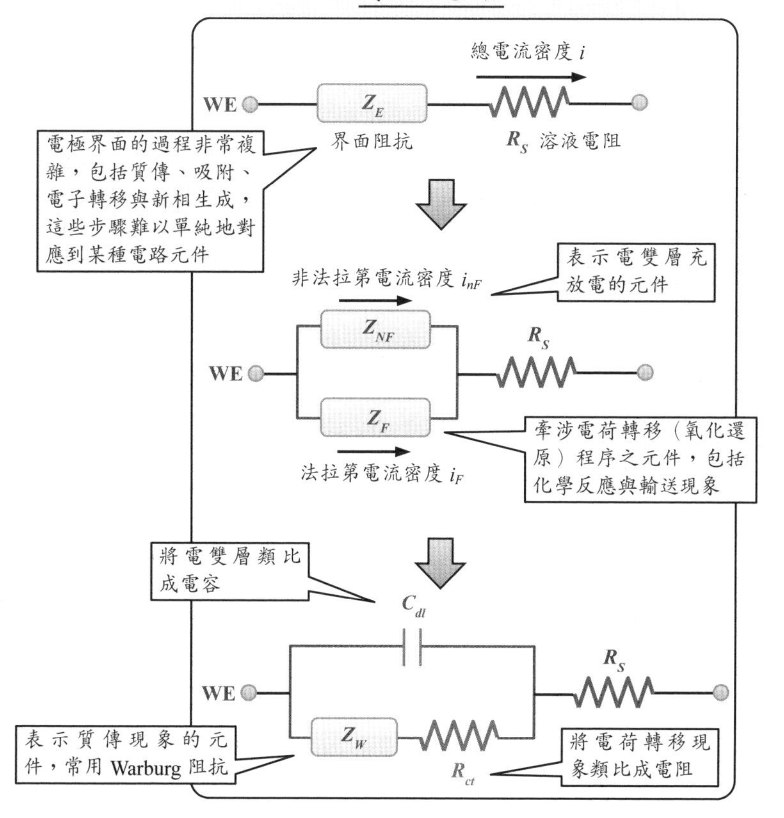
等效電路
總電流密度 i
WE
Z_E
界面阻抗
R_S 溶液電阻
電極界面的過程非常複雜，包括質傳、吸附、電子轉移與新相生成，這些步驟難以單純地對應到某種電路元件
非法拉第電流密度 i_{nF}
表示電雙層充放電的元件
WE
Z_{NF}
R_S
Z_F
法拉第電流密度 i_F
牽涉電荷轉移（氧化還原）程序之元件，包括化學反應與輸送現象
將電雙層類比成電容
C_{dl}
WE
R_S
Z_W
R_{ct}
表示質傳現象的元件，常用 Warburg 阻抗
將電荷轉移現象類比成電阻

3-24 電化學阻抗譜—（I）電荷轉移

如何找出分析系統的等效電路？

分析等效電路的實驗方法稱爲電化學阻抗譜（electrochemical impedance spectroscopy，簡稱爲 EIS），通常使用不同頻率的正弦波電位作爲擾動訊號，引導系統輸出電流。在擾動訊號與回應信息之間，只要符合因果性、線性、穩定性與有限性的關係，即可驗證等效電路的可行性。其中的因果性是指測得電流必須來自擾動的電位，而非其他因素所致；線性是指擾動的訊號足夠小時，即使是非線性的電化學系統也可呈現線性行爲；穩定性是指擾動停止後，系統可以回復到原始狀態；有限性是指擾動訊號的頻率不會使等效元件的阻抗發散到無窮大。因此，EIS 分析對電極表面的干擾微小，適合用於研究界面反應，故已成爲電化學分析的主流技術。

考慮一個單電子轉移的反應：$O + e^- \rightarrow R$，其法拉第電流密度 i_F 相關於過電位 η，若 η 的絕對值較大，則可忽略逆反應，但 η 不能太大以避免進入質傳控制模式。在此狀態下的電極界面可用電雙層電容 C_{dl} 並聯電荷轉移電阻 R_{ct}，再串聯溶液電阻 R_s，組成等效電路，其中的電荷轉移電阻$R_{ct} = \dfrac{\partial \eta}{\partial i_F}$。分析阻抗時，所有參數被分成穩態部分與暫態部分，例如法拉第電流密度$i_F = \bar{i}_F + \mathrm{Re}\{\tilde{i}_F \exp(j\omega t)\}$，其中的 ω 爲角頻率，$j = \sqrt{-1}$，Re 代表複數的實部，$\bar{i}_F$代表 i_F 的穩態部分，其餘爲暫態部分，$\tilde{i}_F$稱爲相量（phasor）。使用 Butler-Volmer 方程式可描述$\bar{i}_F$，其中的電位也表示成 $V = \bar{V} + \mathrm{Re}\{\tilde{V} \exp(j\omega t)\}$，當電位擾動很小時，可用 Taylor 級數展開電流，並捨去高階項，經化簡後得到法拉第程序的阻抗 Z_F，亦即電荷轉移電阻$R_{ct} = Z_F = \tilde{V} / \tilde{i}_F$。

電極界面還存在非法拉第程序，其充電電流爲$i_{nF} = C_{dl} \dfrac{dV}{dt}$。在穩定態下，$\bar{i}_{nF} = 0$，且$\tilde{i}_{nF} = j\omega C_{dl} \tilde{V}$，可得到非法拉第阻抗$Z_{nF} = \dfrac{\tilde{V}}{\tilde{i}_C} = \dfrac{1}{j\omega C_{dl}}$。由於電極表面的法拉第程序與非法拉第程序同時進行，故其阻抗並聯，再加上溶液阻抗 R_s，總阻抗 Z 成爲：

$$Z = R_s + \frac{R_{ct}}{1 + j\omega R_{ct} C_{dl}} \quad (3.63)$$

若將 Z 整理成 $Z_{\mathrm{Re}} - jZ_{\mathrm{Im}}$ 的形式，再以 Z_{Im} 對 Z_{Re} 作圖，則可發現在 ω 很大（高頻）時，曲線與橫軸交於 R_s，在低頻時，曲線與橫軸交於 $R_s + R_{ct}$。此外，當 $\dfrac{dZ_{\mathrm{Im}}}{d\omega} = 0$ 時，可得到特徵角頻率：$\omega_c = \dfrac{1}{R_{ct} C_{dl}}$，爲時間常數的倒數。

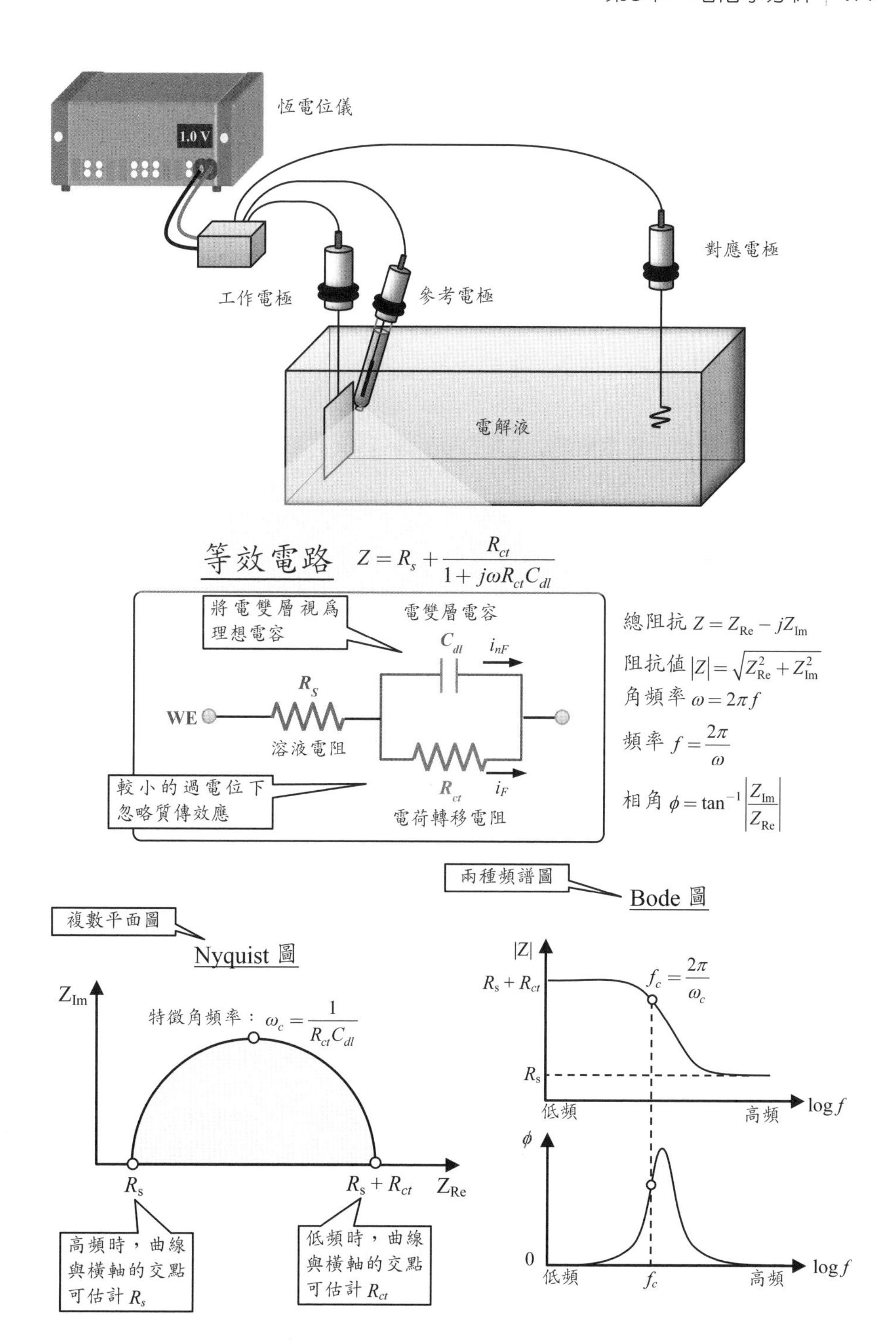

恆電位儀
1.0 V
對應電極
工作電極
參考電極
電解液
等效電路 $Z = R_s + \frac{R_{ct}}{1 + j\omega R_{ct} C_{dl}}$
將電雙層視為理想電容
電雙層電容
C_{dl}
i_{nF}
R_S
WE
溶液電阻
R_{ct}
i_F
較小的過電位下忽略質傳效應
電荷轉移電阻
總阻抗 $Z = Z_{Re} - jZ_{Im}$
阻抗值 $|Z| = \sqrt{Z_{Re}^2 + Z_{Im}^2}$
角頻率 $\omega = 2\pi f$
頻率 $f = \frac{2\pi}{\omega}$
相角 $\phi = \tan^{-1}\left|\frac{Z_{Im}}{Z_{Re}}\right|$
兩種頻譜圖
Bode 圖
複數平面圖
Nyquist 圖
Z_{Im}
特徵角頻率：$\omega_c = \frac{1}{R_{ct} C_{dl}}$
R_s
$R_s + R_{ct}$
Z_{Re}
高頻時，曲線與橫軸的交點可估計 R_s
低頻時，曲線與橫軸的交點可估計 R_{ct}
|Z|
$R_s + R_{ct}$
$f_c = \frac{2\pi}{\omega_c}$
R_s
低頻
高頻
log f
ϕ
0
低頻
f_c
高頻
log f

3-25 電化學阻抗譜—（II）質量傳送

如何找出質量輸送對應的等效元件？

當電極程序進入質傳控制時，成分 A 的擴散可使用 Fick 第二定律描述。若電極電位受到擾動，濃度分布也將產生波動。已知濃度的穩態值爲$\overline{c}_A$，電位擾動的角頻率爲 ω，則濃度的變化可表示爲：$c_A=\overline{c}_A+\mathrm{Re}\{\tilde{c}_A\exp(j\omega t)\}$，其中的 $\tilde{c}_A$ 爲相量。由於穩態濃度不隨時間而變，所以 Fick 第二定律可以轉變成 $\tilde{c}_A$ 的方程式：

$$D_A\frac{\partial^2\tilde{c}_A}{\partial x^2}-j\omega\tilde{c}_A=0 \tag{3.64}$$

若使用半無限的條件，離電極無窮遠處的擾動量是 0，可解得：

$$\tilde{c}_A(x)=\tilde{c}_A^s\exp(-x\sqrt{\frac{j\omega}{D_A}}) \tag{3.65}$$

已知電流密度 i 取決於施加電位 E 和表面濃度 c_A^s，在小幅度的擾動下，可將 i 的 Taylor 展開式線性化，以求得電流擾動。對於表面濃度的波動$\tilde{c}_A^s$，可從質傳控制下的法拉第定律來推導，去除穩態值之後，將得到：$\tilde{i}=-nF\tilde{c}_A^s\sqrt{j\omega D_A}$，此結果有助於得到電位擾動$\tilde{E}$對$\tilde{i}$的關係：

$$\tilde{E}=-R_{ct}\tilde{i}-\left(\frac{\partial i}{\partial c_A^s}\right)_E\frac{R_{ct}}{nF\sqrt{j\omega D_A}}\tilde{i} \tag{3.66}$$

已知電極系統的等效電路包含了溶液電阻 R_s、電雙層電容 C_{dl}、電荷轉移電阻 R_{ct}，發生質傳現象時，還包含 Warburg 阻抗 Z_W，故從（3.66）式可發現：

$$Z_W=-\left(\frac{\partial i}{\partial c_A^s}\right)_E\frac{R_{ct}}{nF\sqrt{j\omega D_A}}=\frac{\sigma}{\sqrt{\omega}}-j\frac{\sigma}{\sqrt{\omega}} \tag{3.67}$$

從此式可發現 Z_W 的實部與虛部擁有相等的絕對值。若繪製於 Nyquist 圖中，由 R_s、C_{dl}、R_{ct} 組合的電路將在圖中呈現出半圓弧。在低頻的電位擾動下，質傳效應較顯著，由（3.67）式所述的 Z_W 將會成爲一條斜率爲 1 的直線。但須注意，平面電極外只發生純擴散時，此結果才會成立。

當實驗中使用到旋轉電極，其擴散層厚度可被轉速控制，不會無限大。重新求得的總阻抗顯示，在中頻區會呈現類似 Warburg 阻抗的 45° 直線，但到了低頻區則會出現一個電容弧，使 Nyquist 圖中擁有兩個圓弧，此情形稱爲有限層擴散阻抗。另有一種情形是擴散現象只發生在電極表面的一薄層中，稱爲阻擋層，更換邊界條件後，所得到的 Nyquist 圖的中頻區將呈現 45° 直線的擴散阻抗，但在低頻區則會出現垂直線，屬於純電容特性，此情形稱爲阻擋層擴散阻抗。

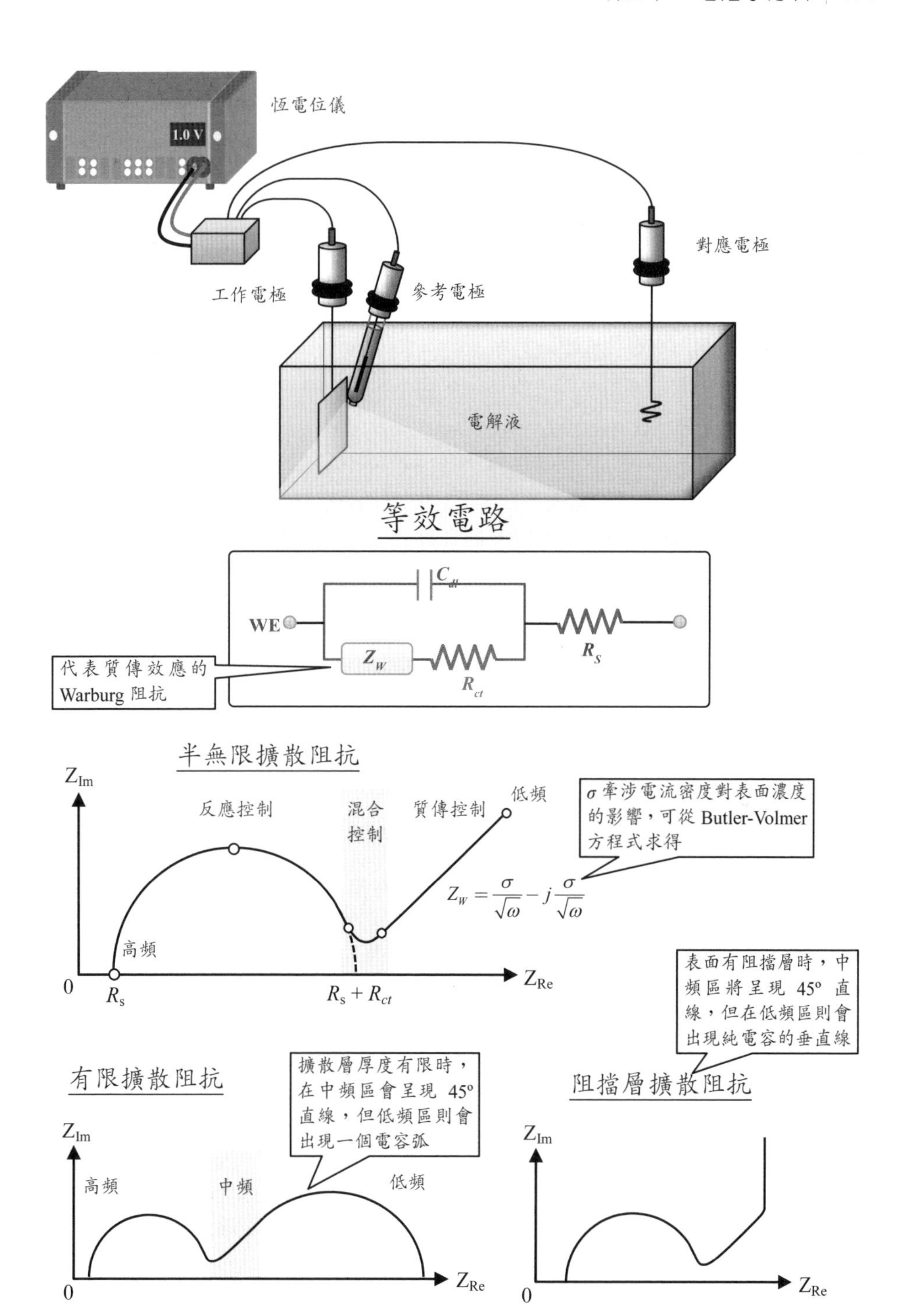

恆電位儀
1.0 V
對應電極
工作電極
參考電極
電解液
等效電路
WE
C_{dl}
R_S
Z_W
R_{ct}
代表質傳效應的 Warburg 阻抗
半無限擴散阻抗
Z_{Im}
反應控制
混合控制
質傳控制
低頻
σ 牽涉電流密度對表面濃度的影響，可從 Butler-Volmer 方程式求得
$Z_W = \frac{\sigma}{\sqrt{\omega}} - j\frac{\sigma}{\sqrt{\omega}}$
高頻
0
R_s
$R_s + R_{ct}$
Z_{Re}
表面有阻擋層時，中頻區將呈現 45° 直線，但在低頻區則會出現純電容的垂直線
有限擴散阻抗
擴散層厚度有限時，在中頻區會呈現 45° 直線，但低頻區則會出現一個電容弧
阻擋層擴散阻抗
高頻
中頻
低頻

3-26 電化學阻抗譜—（III）時間常數

電極表面不均時的等效元件為何？

當分析系統經過電化學阻抗譜的測量後，往往無法得到如同理論敘述的曲線，而是偏向被壓扁的半圓弧。因爲標準圓弧的 Nyquist 圖根源於系統只擁有一個時間常數，代表電極表面的特性均勻，所以壓扁的弧線可推測爲系統擁有多個時間常數，稱爲彌散效應（dispersion effect），代表電極表面不均勻，其原因包括表面有電位或電流分布，或電極的孔洞內有電位或電流分布。

爲了模擬時間常數的彌散效應，可採用常相位元件（constant phase element，簡稱 CPE），其阻抗定義爲：

$$Z_{CPE} = \frac{1}{(j\omega)^n Q} \tag{3.68}$$

其中有兩個參數 n 與 Q，將決定 CPE 的性質。當 $n = 1$ 時，CPE 將成爲理想電容 C，且 $Q = C$。通常 $0.5 \leq n < 1$，相角小於 90°，使用阻抗的倒數可以更方便地表示 CPE，此倒數稱爲導納 Y（admittance）：

$$Y = \omega^n Q \left[\cos(\frac{n\pi}{2}) + j\sin(\frac{n\pi}{2}) \right] \tag{3.69}$$

當電荷轉移電阻 R_{ct} 與 CPE 並聯時，可以計算出總阻抗 Z，再經過整理，可以得到實部 Z_{Re} 與負虛部 Z_{Im} 之間的關係：

$$\left(Z_{\mathrm{Re}} - \frac{R_{ct}}{2} - R_s \right)^2 + \left(Z_{\mathrm{Im}} - \frac{R_{ct}}{2}\cos(\frac{n\pi}{2}) \right)^2 = \left(\frac{R_{ct}}{2}\csc(\frac{n\pi}{2}) \right)^2 \tag{3.70}$$

此結果在 Nyquist 圖中將呈現出圓形，但圓心落在第四象限。由於 Z_{Im} 必須大於 0，所以（3.70）式的圖形被橫軸切割出一段圓弧，位於第一象限，看似一段被壓扁的半圓弧，切割的兩點間距爲 R_{ct}，因此可從實驗數據首先求得 R_{ct}。之後藉由半徑，可進一步計算出參數 n。

然而，使用 CPE 雖然能模擬時間常數的彌散現象，但無法指出產生彌散的原因，因爲各種彌散現象會出現在不同的擾動頻率。例如電極表面粗糙時，會在高頻發生彌散現象，表面電容不均勻亦然。若電極表面的電荷轉移不均勻，或存在吸附現象、耦合反應，則會在低頻發生彌散現象。

另有一種彌散現象發生在法拉第電流與非法拉第電流耦合時，因爲某些反應物在電極附近的質傳也會促進電雙層的充電，並非原本假設法拉第電流與非法拉第電流互相獨立的情形。研究發現，在高頻區，兩種電流因爲耦合而形成更扁的圓弧，但無法用 CPE 模擬，需要從質傳方程式和電雙層模型重新推導阻抗。

理想等效電路

電荷轉移電阻 R_{ct}

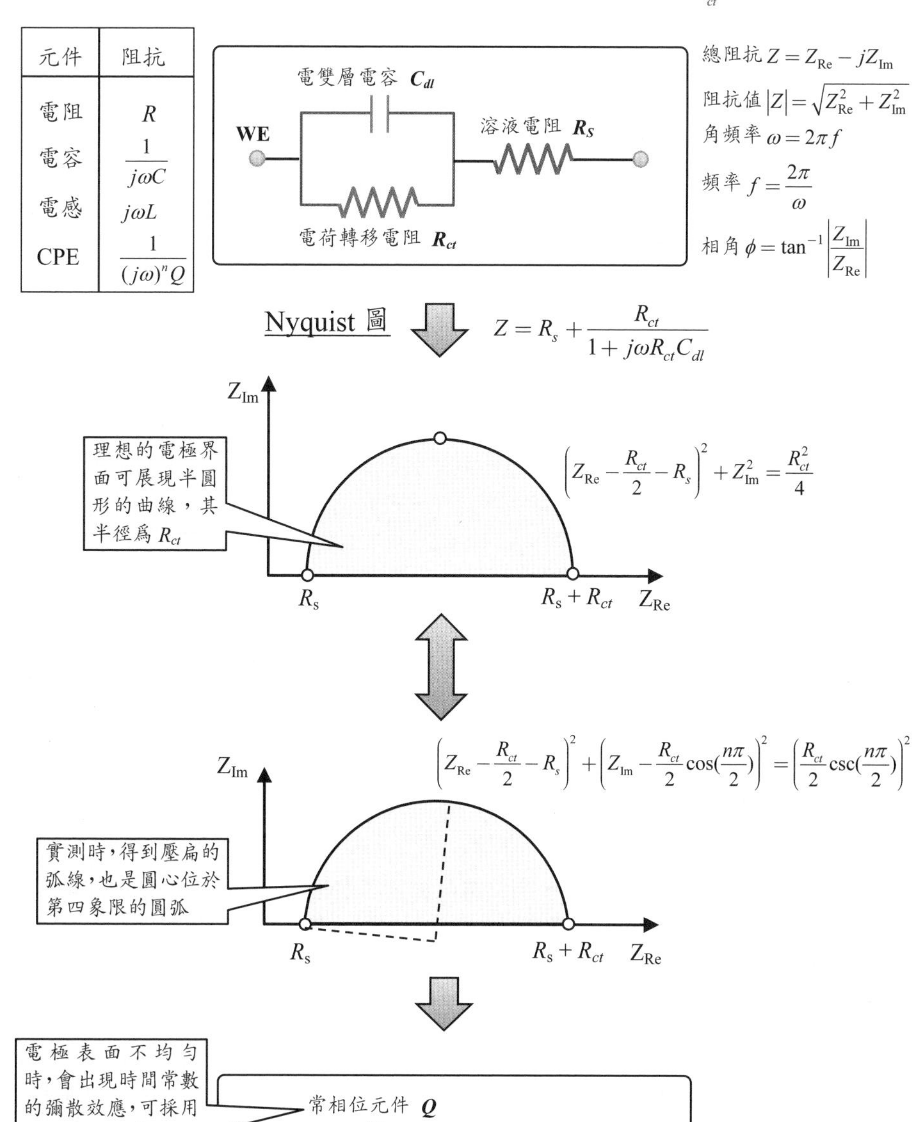

元件	阻抗
電阻	R
電容	$\frac{1}{j\omega C}$
電感	$j\omega L$
CPE	$\frac{1}{(j\omega)^n Q}$

電極表面不均勻時，會出現時間常數的彌散效應，可採用CPE來描述其阻抗

常相位元件 Q

WE

R_S

R_{ct}

3-27 電化學阻抗譜—（IV）數據解析

如何呈現與解釋電化學阻抗譜的數據？

電化學阻抗的研究可歸納成兩種模式，第一種是先預期反應機制，從而推究出電極程序所包含的電路組件，以構成足以反映電性的等效電路，之後透過實驗測量電路的回應，得到阻抗隨頻率的變化，再模擬各元件的數値，以推論電極程序的性質。第二種方法則是先對電極界面施加擾動，從測得的阻抗數據來推測電路，因爲每一種元件都擁有對應的電性，可從阻抗譜來推測各元件的連接方式，最終再推論出反應機制與動力學參數。建構等效電路時，對於電壓加成的效應，相關元件採用串聯；對於電流加成的效應，相關元件採用並聯。然須注意，電極界面的等效電路不具有唯一性，可以列出多種結構，而且各種結構都能滿足實驗結果，但只有一種具有較佳的物理詮釋。

對於一般的情形，法拉第電流與非法拉第電流互相獨立，例如腐蝕系統處於開環電位（OCP）或腐蝕電位時，無電流輸出，其等效電路將由界面充電電流、氧化電流、還原電流的元件互相並聯而成。若電極的電位偏離 OCP 達 50 mV 以上時，氧化電流或還原電流之一即可忽略，代表被忽略的元件阻抗非常小。

由於阻抗數據屬於複數，多採用 Nyquist 圖呈現，此圖由總阻抗的實部作爲橫軸，負的虛部作爲縱軸，兩軸的數値比例尺爲 1:1，連接不同頻率的數據點，通常會呈現出弧線，均勻的電極表面可顯示半圓弧，非均勻的表面則顯示壓扁的弧。另一種結果呈現的方式爲 Bode 圖，是由阻抗的絕對數值 $|Z|$ 對頻率作圖，以及由阻抗的相角 ϕ 對頻率作圖。其中：

$$|Z| = \sqrt{Z_{\mathrm{Re}}^2 + Z_{\mathrm{Im}}^2} \tag{3.71}$$

$$\phi = \tan^{-1}\frac{Z_{\mathrm{Im}}}{Z_{\mathrm{Re}}} \tag{3.72}$$

從 $|Z|$ 可以判斷電流傾向何種路徑，因爲電荷會選擇最小阻抗的路線傳遞，此選擇性會隨著頻率而變。在低頻時，從 Bode 圖可發現相角 ϕ 趨近於 0，代表界面電容的效應減到最低，使電流與電位同相（in phase）。但在高頻時，也發現相角 ϕ 趨近於 0，但改由溶液電阻主導，所以仍使電流與電位同相。爲了區分高頻與低頻的現象，可從總阻抗中減去溶液的效應，重新繪製 Bode 圖：

$$|Z|_{adj} = \sqrt{(Z_{\mathrm{Re}} - R_s)^2 + Z_{\mathrm{Im}}^2} \tag{3.73}$$

可發現在高頻區，$|Z|_{adj}$ 呈現斜率爲 -1 的直線，且相角 ϕ_{adj} 趨近於 $-90°$，代表高頻區是由界面電容主導。然而，實際的電極界面不易展現出理想電容的行爲，因此使用 CPE 替代電容，使 Bode 圖的高頻區呈現斜率爲 $-\alpha$ 的直線。在修正相角的 Bode 圖中，在高頻區呈現 $\phi = -(90\alpha)°$。另一個有用的工具是 Z_{Im} 對頻率作全對數圖，可發現在低頻與高頻區可分別呈現斜率爲 α 和 $-\alpha$ 的直線。

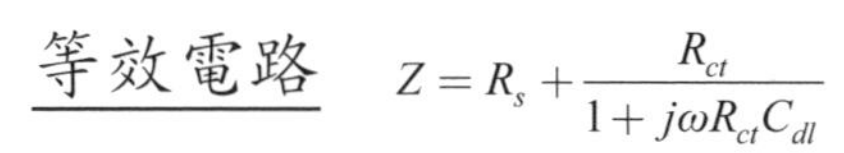

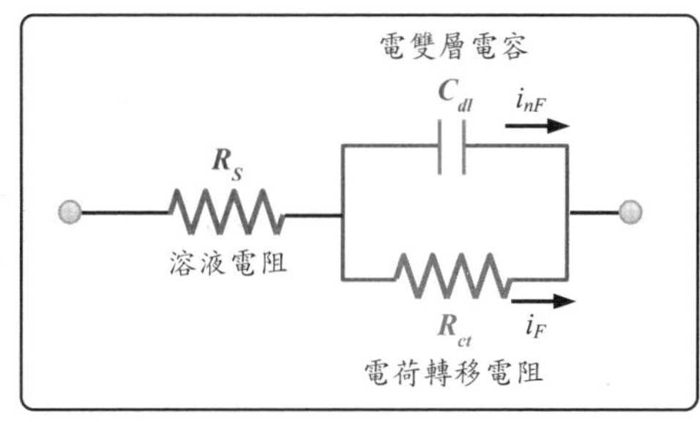

總阻抗 $Z = Z_{\text{Re}} - jZ_{\text{Im}}$

阻抗值 $|Z| = \sqrt{Z_{\text{Re}}^2 + Z_{\text{Im}}^2}$

角頻率 $\omega = 2\pi f$

頻率 $f = \frac{2\pi}{\omega}$

相角 $\phi = \tan^{-1}\left|\frac{Z_{\text{Im}}}{Z_{\text{Re}}}\right|$

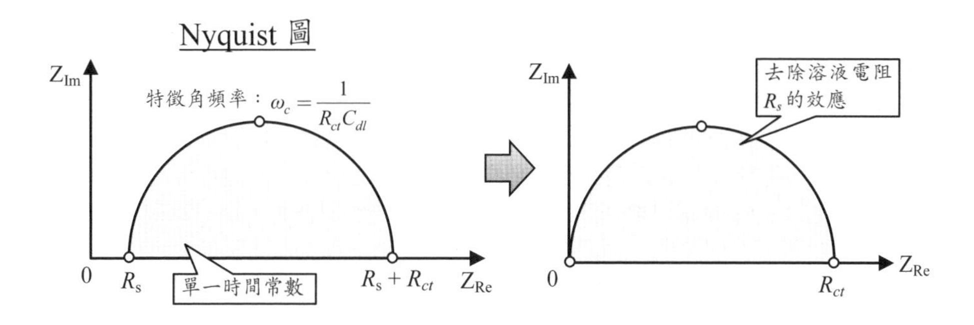

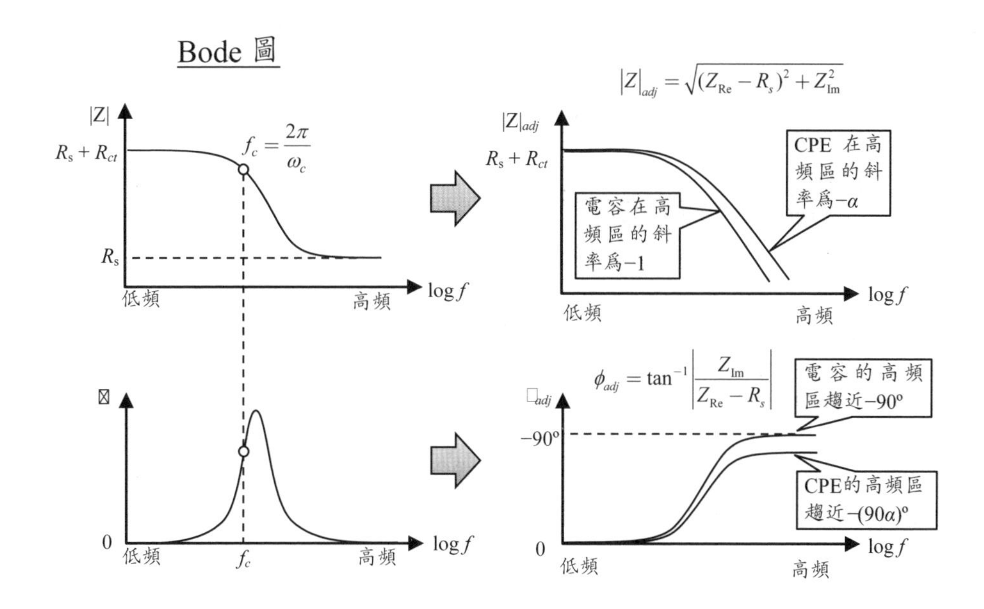

3-28 電化學雜訊法

如何進行非破壞性的測量？

無論是電位控制或電流控制的電化學分析法，都需要引入外部能量至系統中，以測量系統的回應，這種方法或多或少改變了系統的本性。因此，有研究者發展出無擾動的測量方法，稱爲電化學雜訊法（electrochemical noise，簡稱爲 EN），或稱爲電化學噪聲法。以腐蝕的測量爲例，電位掃描或交流阻抗法都會偏離實際腐蝕的狀態，但使用 EN 技術，可以在原狀態下解析其反應機制與動力學。

EN 技術主要分析系統電流或電位的波動，這些波動反映了電極表面的變化，同時包含了隨機性和決定性的程序，前者如鈍化膜的破壞與再生，後者如表面凹洞的形成與擴大。電流或電位的波動以暫態形式呈現，從這些變化可以推測電極程序的起始步驟。因此，EN 技術目前多應用於金屬腐蝕的分析，尤其在於預測孔蝕。

執行 EN 分析時，需要兩個相同的金屬作爲工作電極（WE），兩電極之間放置一個參考電極（RE），三電極同時置入腐蝕環境中，例如鹽水。由於兩個 WE 以導線相接，可在之間測量 Galvanic 電流，類似雙金屬腐蝕的情形，但因爲兩個 WE 的材料與所處環境相同，通過兩者的電流非常微小，只呈現小幅波動，稱爲電化學電流雜訊（簡稱爲 ECN）。同期間，因爲兩個 WE 相對於 RE 皆可測得電位差，所以兩個 WE 之間還可計算出電化學電位雜訊（簡稱爲 EPN）。整個系統在開環電位（OCP）下，可以測得 ECN 和 EPN 隨時間的變化，再從這些波動中去除穩態值，可求得訊號的頻率與振幅。若兩個 WE 是理想的同質電極，振幅的平均值應爲 0，接著藉由統計法，求出 ECN 的標準差 σ_I 和 EPN 的標準差 σ_E，以此定義雜訊電阻 R_n：

$$R_n = \left(\frac{\sigma_E}{\sigma_I}\right)A \tag{3.74}$$

其中的 A 爲電極表面積。理論上，R_n 等同於極化電阻，其倒數則正比於腐蝕速率。從 R_n 的時域是可以預測表面變化，例如 R_n 增大時，代表 σ_I 減小，可歸因於表面膜的生成；R_n 減小時，代表表面膜被破壞，電極回到活性狀態。高頻率低振幅的 R_n 變化代表局部腐蝕，低頻率高振幅的 R_n 變化代表均勻腐蝕。

另可透過傅立葉變換將 R_n 的時域變化轉成頻域變化，其中一種重要的結果是從電位頻譜推導出的功率譜密度（power spectrum density，簡稱爲 PSD）。PSD 頻譜的全對數圖由兩區域組成，在低頻時有一段水平的白雜訊區，在高頻時有一段線性區。白雜訊區反映了金屬的抗蝕性，其值愈小，抗蝕性愈高。高頻區的變化來自於鈍化膜的破壞與再生，其斜率可用於判斷腐蝕的類型，斜率爲 −1 時傾向均勻腐蝕，斜率爲 −2 時傾向孔蝕。此外，兩區域的轉折頻率和進入 PSD 背景值的截止頻率也有對應的腐蝕現象。

電化學雜訊分析

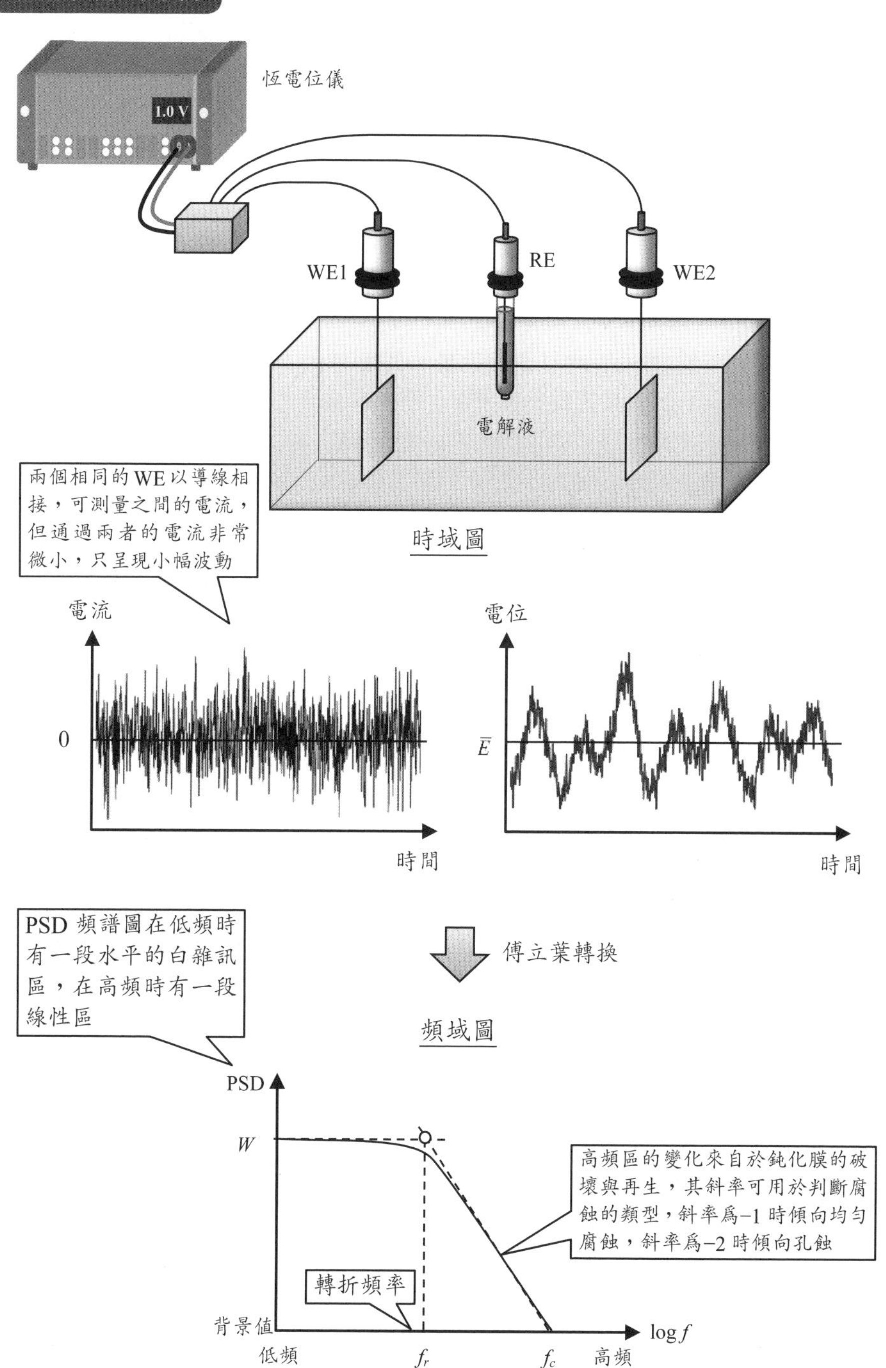
恆電位儀
1.0 V
WE1
RE
WE2
電解液
兩個相同的WE以導線相接，可測量之間的電流，但通過兩者的電流非常微小，只呈現小幅波動
時域圖
電流
0
時間
電位
$\bar{E}$
時間
PSD頻譜圖在低頻時有一段水平的白雜訊區，在高頻時有一段線性區
傅立葉轉換
頻域圖
PSD
W
高頻區的變化來自於鈍化膜的破壞與再生，其斜率可用於判斷腐蝕的類型，斜率爲−1時傾向均匀腐蝕，斜率爲−2時傾向孔蝕
轉折頻率
背景值
log f
低頻
f_r
f_c
高頻

3-29 電化學活性面積測量

電極表面可以吸附多少離子？

電催化反應也是電化學領域中的重要應用，例如燃料電池、水分解、二氧化碳還原等課題，其原理皆牽涉表面吸附。考慮含有電活性成分 O 的溶液，因為 O 需要吸附在電極表面才能進行反應，所以電流密度 i 將會相關於 O 往電極的輸送通量和表面吸附物的消耗速率。當電極的吸附力非常強時，i 將由吸附物的消耗速率主導：

$$i = -nFA\frac{\partial \Gamma_O}{\partial t} \tag{3.75}$$

其中的 A 為電極表面積，Γ_O 為 O 之吸附量，其產物 R 的吸附量為 Γ_R。若 O 還原成 R 屬於可逆反應，且 O 和 R 皆為單層吸附，則從 Nernst 方程式可得到 O 對 R 的吸附量比值：

$$\frac{\Gamma_O}{\Gamma_R} = k\exp\left(\frac{nF}{RT}(E - E_f^\circ)\right) \tag{3.76}$$

其中E_f°是形式電位，k 是相關於吸附特性的常數。採用循環伏安法進行分析時，設定起始電位為 E_0，電位掃描速率為 v，可推得電流密度 i 與電位 E 之關係：

$$i = -nFAv\left(\frac{\partial \Gamma_O}{\partial E}\right) \tag{3.77}$$

求解上式之後可發現，伏安圖具有單峰之電流密度，且峰電流密度 i_p 為：

$$i_p = \frac{n^2F^2A\Gamma_O(0)}{4RT}v \tag{3.78}$$

其中 $\Gamma_O(0)$ 是起始吸附量。此案例具有左右對稱的電流峰，不同於無吸附的氧化還原反應；而且 i_p 正比於掃描速率 v，也不同於非吸附反應的 i_p。再者，氧化還原的峰電位相同，亦即 $E_{pa} = E_{pc}$，非吸附反應則存在峰電位的差異。若吸附現象屬於不可逆反應，則電流峰之左右不對稱，且逆向掃描時無峰出現。

為了測試催化劑的活性，可利用伏安圖的面積來推算電極之活性面積，常用的方法包括氫原子吸脫附法、吸附 CO 溶出法、電雙層電容法、欠電位銅沉積法。以白金電極為例，在相對於 RHE 為 0～0.4 V 的電位範圍內，會發生氫脫附，此時可採用積分計算脫附的電量，再對比白金吸附單層氫原子的電量 $\Gamma_H = 210\ \mu C/cm^2$，即可估計出質量 m 的白金具有電化學活性比表面積 a（electrochemically active surface area）：

$$a = \frac{1}{mv\Gamma_H}\int_{E_1}^{E_2} IdE \tag{3.79}$$

電化學活性面積測量

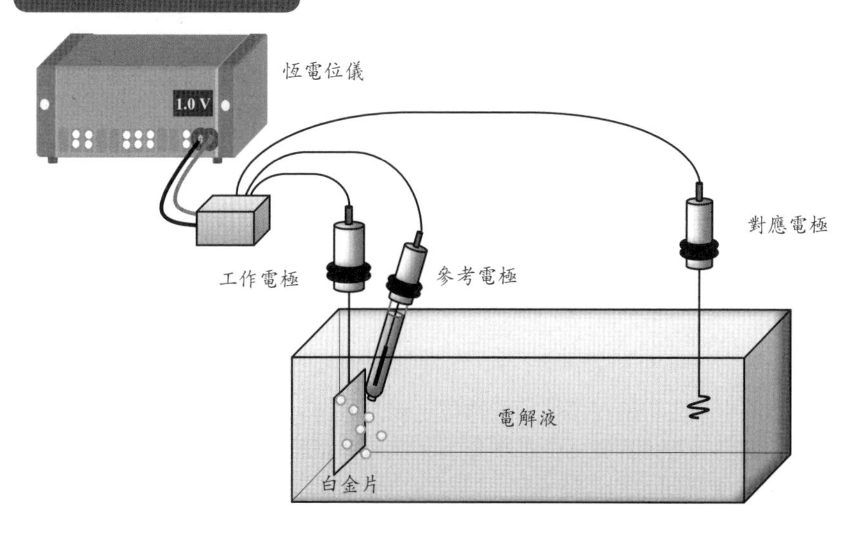

循環伏安分析

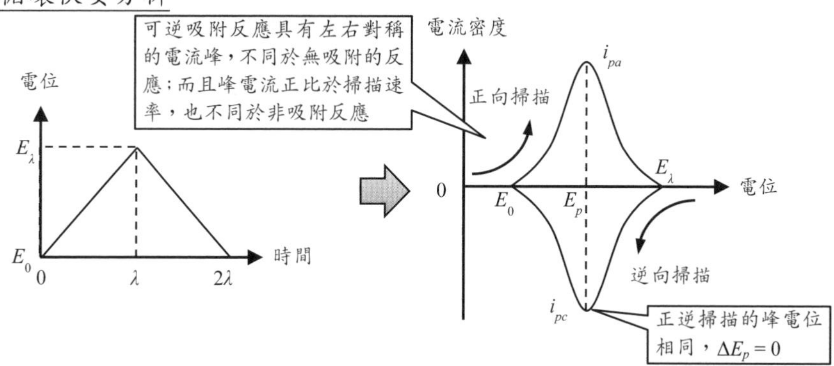

氫原子吸附分析

白金電極在 0～0.4 V（vs. RHE）的電位範圍內，會發生氫脫附，採用積分可計算脫附的電量，再對比白金吸附單層氫原子的電量 210 μC/cm²，即可估計出質量 m 的白金具有電化學活性比表面積：

$$a = \frac{1}{210mv}\int_{E_1}^{E_2} IdE$$

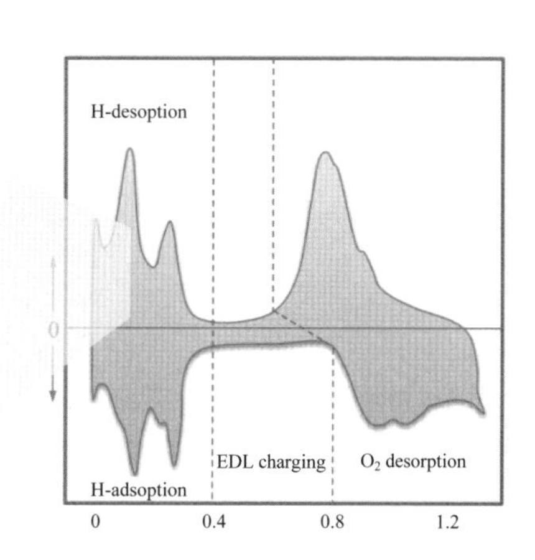

3-30 電化學電容測量

電極表面可以儲存多少電荷？

電解質與多孔碳電極組成的電容器在低電壓下可以儲能，擁有極高的電容量，稱爲電化學電容（electrochemical capacitor）或超電容（supercapacitor），當電極的電位被改變後，電極與電解液的界面兩側將會累積相反電性的電荷，產生極大的比電容。充電時，電解液中的陽離子會趨向連接電源負極的電極，陰離子則會移向連接電源正極的電極；放電時，兩種離子逐漸從界面脫離。基於此原理，之後又開發出氧化物薄膜電極，在充放電時不只吸引離子，也會進行法拉第程序，有別於電雙層電容，稱爲贋電容（pseudo-capacitor）。

前面的小節提及，進行線性電位掃描時，如果只對電雙層充電，其電流密度正比於掃描速率 v，但發生了法拉第程序後，若電位足夠大，進入質傳控制狀態，則電流密度將會正比於 v 的平方根。因此，對於贋電容，其充放電將同時兼具電雙層效應與擴散效應，故可將電流密度 i 表達爲：

$$i = \mathrm{k}_1 v + \mathrm{k}_2 v^{1/2} \tag{3.80}$$

其中的 k_1 爲電雙層效應常數，k_2 爲擴散效應常數。分別進行不同電位掃描速率的實驗後，可計算電流密度對掃描速率平方根之値：

$$\frac{i}{v^{1/2}} = k_1 v^{1/2} + k_2 \tag{3.81}$$

將此値對 $v^{1/2}$ 作圖，應可得到直線關係，由其截距可計算 k_2，由其斜率可計算 k_1，進而估計出法拉第程序的貢獻比例。上述方法是由 Dunn 提出，另有一種估計電容的方法由 Trassatti 提出，先利用循環伏安圖計算比電容 C_{sp}：

$$C_{sp} = \frac{\int_{E_1}^{E_2} I dt}{mv(E_2 - E_1)} \tag{3.82}$$

其中的 m 是電極的質量，E_1 和 E_2 是正向掃描的起點和終點，此計算也可併入逆向掃描，之後再換算出電位範圍內的儲存電荷 Q。考慮這些電荷可分成內表面貢獻的法拉第部分 Q_i 與外表面貢獻的非法拉第部分 Q_o，再根據 Cottrell 方程式而得到：

$$Q = k_3 v^{-1/2} + Q_o \tag{3.83}$$

$$\frac{1}{Q} = k_4 v^{1/2} + \frac{1}{Q_i + Q_o} \tag{3.84}$$

其中的 k_3 和 k_4 是常數。因此，分別藉由 Q 對 $v^{-1/2}$ 作圖外插，以及 $1/Q$ 對 $v^{1/2}$ 作圖外插，可求出 Q_i 和 Q_o。

電化學電容分析

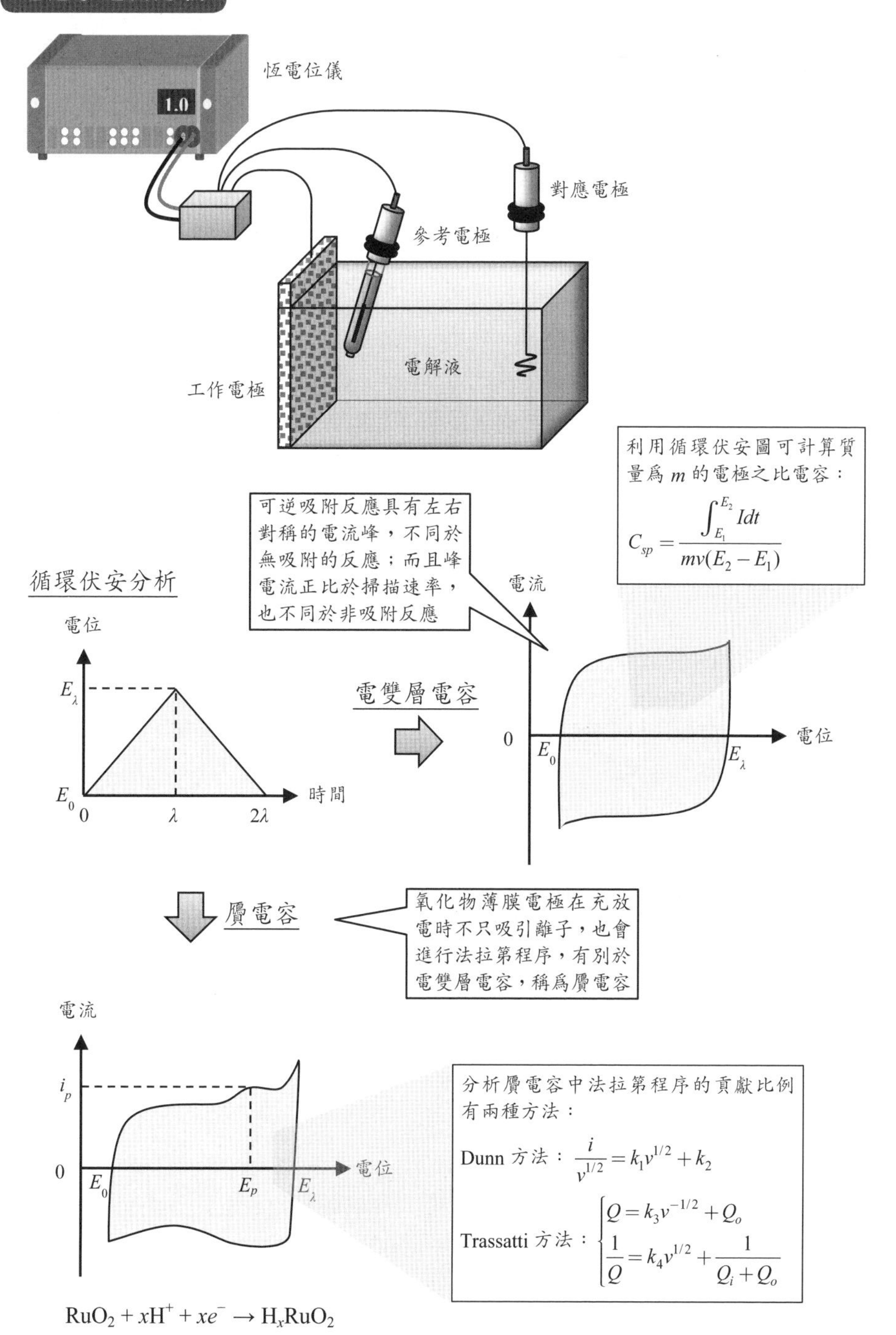

恆電位儀
1.0
對應電極
參考電極
電解液
工作電極
利用循環伏安圖可計算質量爲 m 的電極之比電容：
$C_{sp} = \dfrac{\int_{E_1}^{E_2} I dt}{mv(E_2 - E_1)}$
可逆吸附反應具有左右對稱的電流峰，不同於無吸附的反應；而且峰電流正比於掃描速率，也不同於非吸附反應
循環伏安分析
電位
E_λ
E_0
0
λ
2λ
時間
電雙層電容
電流
0
E_0
E_λ
電位
贗電容
氧化物薄膜電極在充放電時不只吸引離子，也會進行法拉第程序，有別於電雙層電容，稱爲贗電容
電流
i_p
0
E_0
E_p
E_λ
電位
分析贗電容中法拉第程序的貢獻比例有兩種方法：
Dunn 方法：$\dfrac{i}{v^{1/2}} = k_1 v^{1/2} + k_2$
Trassatti 方法：$\begin{cases} Q = k_3 v^{-1/2} + Q_o \\ \dfrac{1}{Q} = k_4 v^{1/2} + \dfrac{1}{Q_i + Q_o} \end{cases}$
$RuO_2 + xH^+ + xe^- \rightarrow H_xRuO_2$

3-31 擴散係數測量

離子的擴散能力如何估計？

電極程序涵蓋擴散現象，反應物的擴散速率會影響電流。擴散速率可由 Fick 第一定律計算，其中的關鍵因素包括濃度差與擴散係數。濃度差較易調整，但擴散係數屬於物性，將依據擴散的離子和周圍的媒介而定。從前述的電化學分析原理可知，有數種方法可以輔助推算擴散係數，例如循環伏安法與電化學阻抗譜等。

在循環伏安法的正向掃描中，可測得峰電流密度 i_p：

$$i_p = 0.4463nFc\sqrt{\frac{nFDv}{RT}} \tag{3.85}$$

其中的 n 爲參與電子數，c 爲離子濃度，D 爲擴散係數，v 爲電位掃描速率。分別進行不同掃描速率的實驗後，以 i_p 對掃描速率平方根作圖，理論上可得到線性關係，從其斜率，可以求出離子的擴散係數 D。

在電化學阻抗譜中，低頻區主要反映質傳控制狀態，故常在 Nyquist 圖中觀察到 45° 的斜線，此結果來自於 Warburg 阻抗：

$$Z_W = \frac{RT}{n^2F^2c\sqrt{2\omega D}}(1-j) \tag{3.86}$$

將阻抗的實部對 $\omega^{1/2}$ 作圖，在低頻區應可得到直線關係，由其斜率可估計出 D。

在電位控制法中，可對系統輸入方波脈衝，對應的離子濃度變化將透過 Fick 第二定律求得，之後再從法拉第定律可計算出電流密度。若測量時間足夠，則可得到每一週期內的電流密度衰退關係：

$$i = \frac{nFD\Delta c}{L}\exp\left(-\frac{\pi^2Dt}{4L^2}\right) \tag{3.87}$$

其中的 L 是擴散長度，Δc 是離子在溶液主體區和表面區的濃度差。之後藉由 $\ln(i)$ 對 t 作圖，可得到線性關係，從其斜率可估計出 D，此方法稱爲恆電位間歇滴定法（potentiostatic intermittent titration technique，簡稱 PITT）。

在電流控制法中，也可對系統輸入方波脈衝，測量脈衝內電位的上升和脈衝後電位的下降趨勢，扣除了歐姆電壓之後，可得到上升電壓 ΔE_τ，以及穩定電位與脈衝前的電位之差 ΔE_s，藉此可估計擴散係數 D：

$$D = \frac{4}{\pi\tau}\left(\frac{V_e}{A_e}\right)^2\left(\frac{\Delta E_s}{\Delta E_\tau}\right)^2 \tag{3.88}$$

其中的 τ 爲方波脈衝的週期，V_e 和 A_e 分別是電極的體積和活性表面積，此方法稱爲恆電流間歇滴定法（galvanostatic intermittent titration technique，簡稱 GITT）。

擴散係數分析

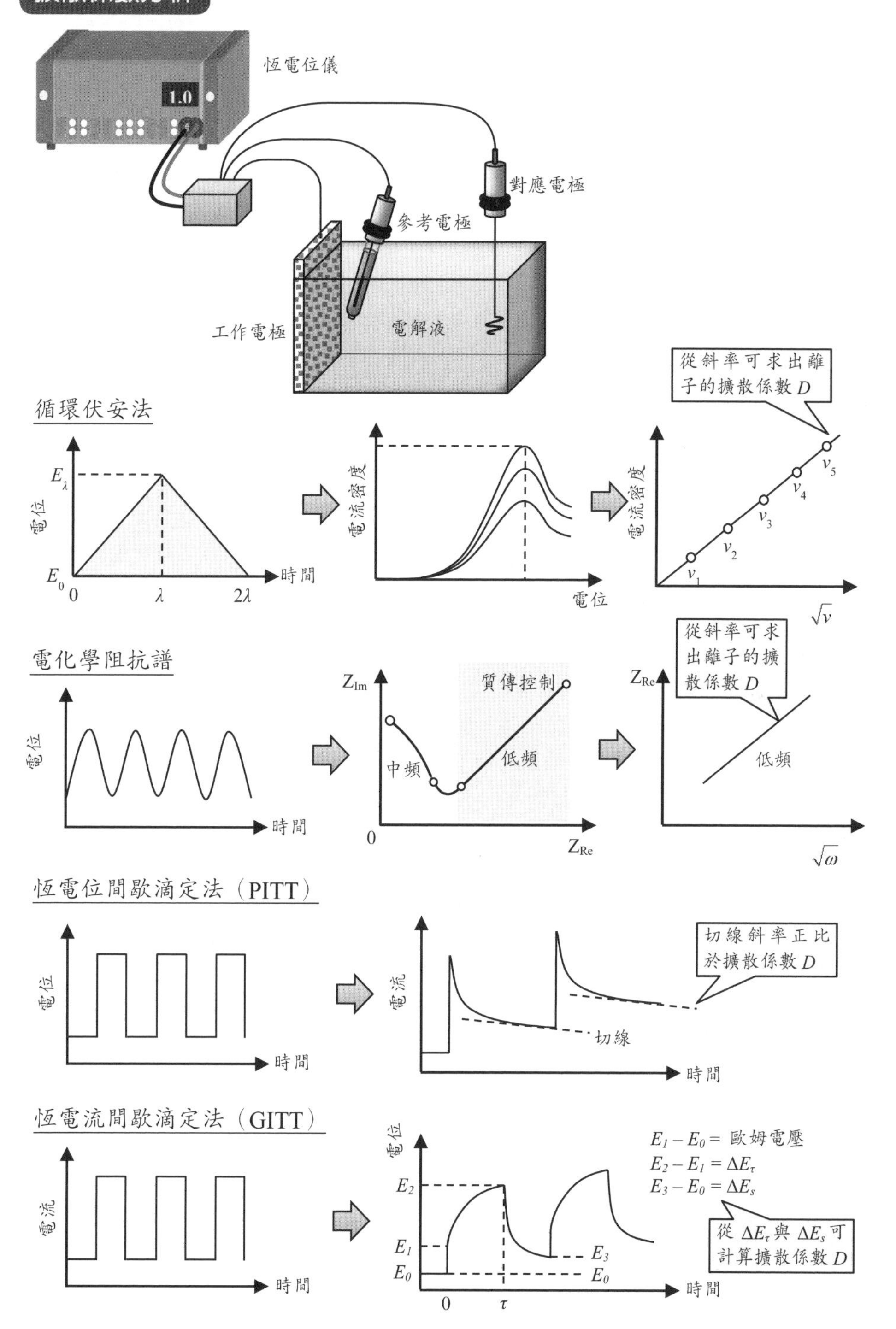

恆電位儀
1.0
對應電極
參考電極
工作電極
電解液
循環伏安法
電位
E_λ
E_0
0
λ
2λ
時間
電流密度
電位
從斜率可求出離子的擴散係數 D
電流密度
v_1
v_2
v_3
v_4
v_5
$\sqrt{v}$
電化學阻抗譜
電位
時間
Z_{Im}
質傳控制
中頻
低頻
0
Z_{Re}
從斜率可求出離子的擴散係數 D
Z_{Re}
低頻
$\sqrt{\omega}$
恆電位間歇滴定法（PITT）
電位
時間
電流
切線
時間
切線斜率正比於擴散係數 D
恆電流間歇滴定法（GITT）
電流
時間
電位
E_2
E_1
E_0
0
τ
E_3
E_0
時間
$E_1 - E_0 =$ 歐姆電壓
$E_2 - E_1 = \Delta E_\tau$
$E_3 - E_0 = \Delta E_s$
從 ΔE_τ 與 ΔE_s 可計算擴散係數 D

3-32 電化學原位測量

如何偵測電極表面的微觀現象？

電化學系統的關鍵區域是電極與電解液的界面，在界面附近輸送的帶電物可能包含電子、電洞、陰離子、陽離子，影響輸送的因素則包括電場、材料種類、表面分子排列、表面缺陷、表面吸附物等。然而，傳統的電性分析有侷限性，只能記錄電極表面上所有機制的總和效應，無法探究到局部的微觀區域，也難以分析出反應物與中間物或中間物與生成物之間的變化關係，因而促使研究者開發新式的原位（in-situ）測量方法。

一般的測量技術可以分成三種方式進行，分別稱爲原位分析、非原位（ex-situ）分析與在線（operando）分析。非原位分析是指樣品離開了原本的操作環境，移動到特定的測量儀器中；原位分析和在線分析都仍在原本的環境中直接測量，原位分析需要給予特定限制以利於測量，但在線分析則需要維持在原本的操作條件下進行測量，因此很難實現。

目前發展出的原位測量技術大致具有提供擾動與測量回應的特性，擾動系統的工具可分爲電磁波（光子）、電子、離子或金屬細針。可使用的電磁波來源包括微波、紅外光、可見光、紫外光、X 光，經測量後得到回應光譜，所以結合了電化學分析後，又被稱爲光譜電化學（spectroelectrochemistry）。分析化學中常用的光譜技術包括可見光－紫外光吸收光譜、光致發光光譜（photoluminescence spectroscopy）、紅外光譜、拉曼光譜（Raman spectroscopy）、核磁共振光譜（nuclear magnetic resonance spectroscopy）、電子順磁共振光譜（electron paramagnetic resonance spectroscopy）等。因爲光可以穿透多數材料，所以入射光到達電極與電解液的界面時，可以激發出光、電、熱等訊號，偵測表面發生的分子級變化，有助於推論反應機制。

另一種更新的技術是使用金屬或半導體製作尖銳的探針，精密控制探針的移動，使其接近電極界面。尤其當針尖只有數個原子的大小時，可以進行定位的分析，分辨出數奈米範圍內發生的變化，甚至透過探針的週期性運動，達到掃描表面並成像的效果。例如掃描穿隧顯微鏡（scanning tunneling microscope）結合了電化學分析後，可以測量針尖與電極表面的穿隧電流，得到原子級的訊息。若探針本身也參與了電化學反應，則成爲掃描式電化學顯微鏡（scanning electrochemical microscopy），這些技術合稱爲電化學掃描探針顯微鏡（electrochemical scanning probe microscopy）。

此外，電極因反應後產生的質量變化也可以進行原位測量，利用石英晶體的振盪可以推測。電極發生腐蝕、形成鈍化膜、析出氣體等情形，可用聲波給予刺激，透過壓電材料得到回應。

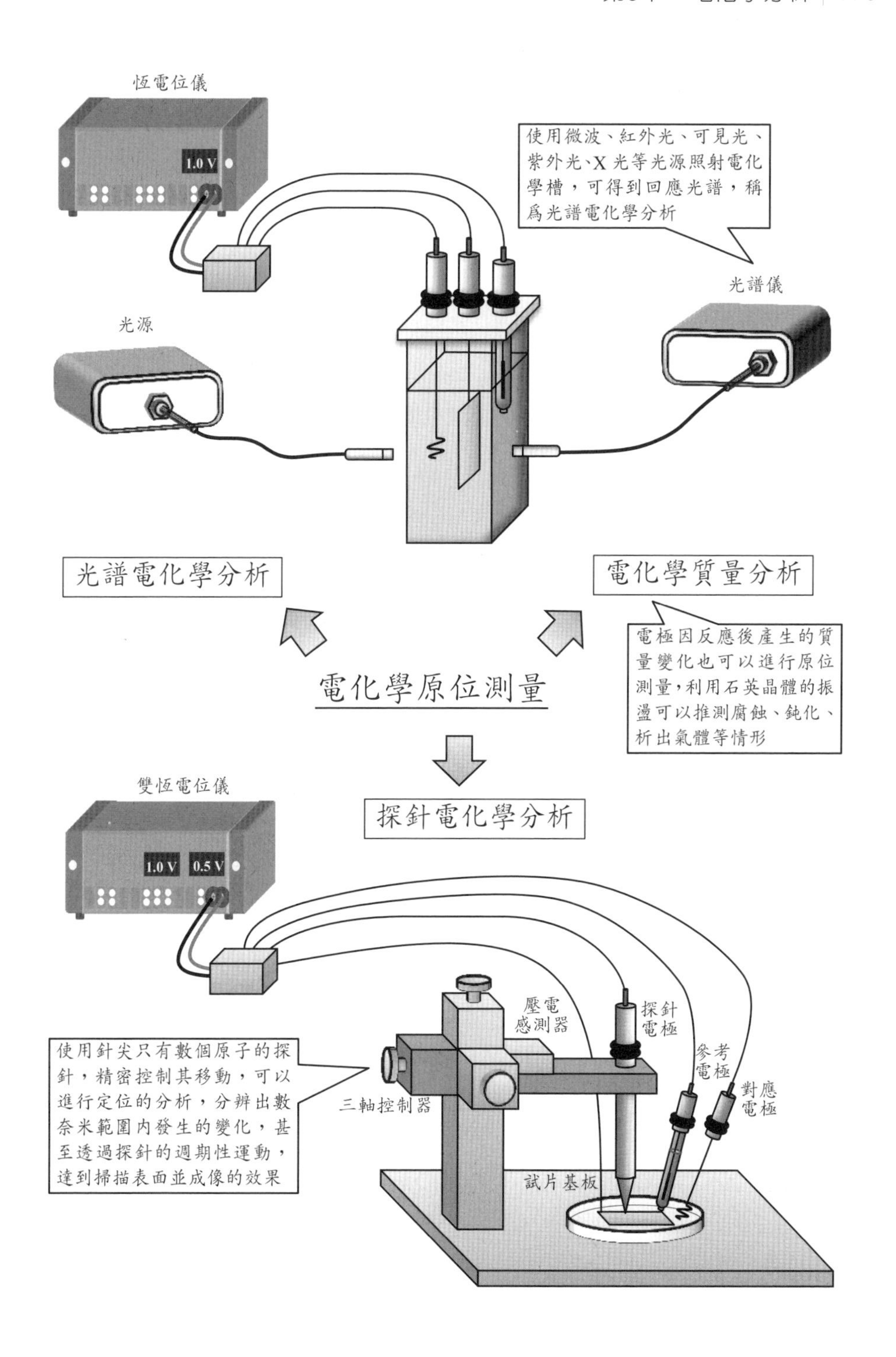
恆電位儀
1.0 V
使用微波、紅外光、可見光、紫外光、X 光等光源照射電化學槽，可得到回應光譜，稱爲光譜電化學分析
光譜儀
光源
光譜電化學分析
電化學質量分析
電極因反應後產生的質量變化也可以進行原位測量，利用石英晶體的振盪可以推測腐蝕、鈍化、析出氣體等情形
電化學原位測量
雙恆電位儀
1.0 V
0.5 V
探針電化學分析
壓電感測器
探針電極
參考電極
對應電極
使用針尖只有數個原子的探針，精密控制其移動，可以進行定位的分析，分辨出數奈米範圍內發生的變化，甚至透過探針的週期性運動，達到掃描表面並成像的效果
三軸控制器
試片基板

3-33 電化學原位紅外線光譜分析

如何偵測電極表面的分子變化？

使用紅外光（IR）照射分子，若其中某個基團的振動或轉動頻率等同於IR的頻率，則此IR將被吸收。因此，改變IR的頻率，再偵測光吸收的強度，可以推測分子中的特定振動或轉動模式，由此再對應出某種分子結構。反之，已知結構的分子經過IR照射後，將會呈現特定的吸收頻譜，可視爲該分子的指紋，所以未知物的光譜圖可以比對已知分子，用來分析未知物內含的基團，逐步推測其分子結構。IR的波長範圍位於2500至16000 nm之間，在光速恆定的假設下，波長的倒數正比於頻率，稱爲波數（wave number），所以一般的頻譜圖也使用波數作爲橫坐標，IR的波數範圍位於400至4000 cm^{-1}。一般分子常見的官能基，具有波數小於1500 cm^{-1}的振動模式，故此範圍內的光吸收需要特別分析。

後續爲了得到解析度更高、訊號更強、掃描速度更快的IR光譜，又結合了傅立葉轉換的演算法，開發出現今普遍使用的傅立葉轉換紅外線光譜儀（Fourier-transform infrared spectroscopy，簡稱FTIR）。FTIR內使用了麥克森干涉儀（Michelson interferometer），可同時接收多個波長訊號，能在更短時間內得到訊號大且靈敏度高的光譜，而且藉由干涉儀的光程差較長，使波數的解析度可以降低到傳統光譜儀的1/100。

FTIR結合電化學技術進行原位測量時，需要特別的電解槽設計。爲了使IR穿透電解槽，槽體的中心需要開孔，並在兩側覆蓋透明玻璃窗，常用氟化鈣、氟化鋇、硒化鋅、氯化鈉等材料。自玻璃窗至電級，仍有一段距離，其中充滿電解液，爲了避免干擾，會盡量縮短此間距至100 nm以下。

另有一種測量方式是收集樣品的反射光，但其強度小於透射光，且純鏡面反射無法提供表面的變化訊息，所以靈敏度較差。由於某些電極無法讓IR透射，所以只能採用反射型測量，測得的光譜是由反射率來表示。從收集到的反射訊號中，可得知電極表面的吸收量，但必須扣除電極材料的吸收，才能得到目標物的吸收度。

在每個波長下，偵測器收集到的IR吸收度爲A，但其中包含了目標物的訊號A_x，也包含電解液中其他成分的訊號A_P。透過空白實驗，可先測得無目標物的吸收度A'_P，接著假設$A_P = kA'_P$，k在某一段波長範圍內爲常數。進行電化學實驗時，扣除kA'_P後，即可得到目標物的吸收度A_x。

目前原位紅外線光譜技術已經用於電池中的氣體生成、鋰電池的SEI膜形成、添加劑的還原、電極表面分子的吸附等課題。

電化學原位 IR 光譜分析

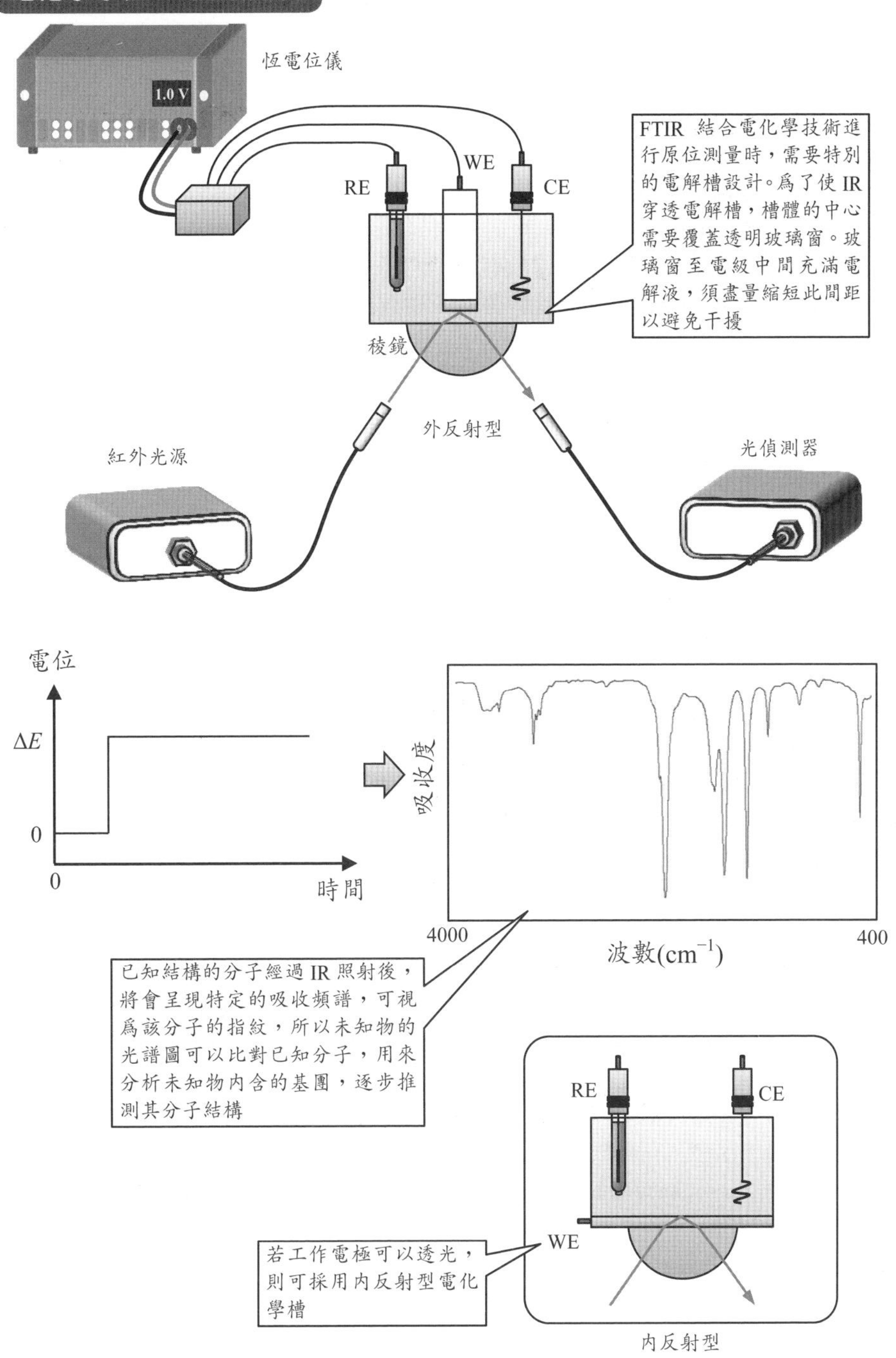

3-34 電化學原位拉曼光譜分析

如何偵測電極表面的吸附物？

光照射在材料上，將會產生穿透、吸收或散射等現象，其中的散射是一種二次電磁波輻射。因爲一道頻率爲 v_0 的單色光照射後，材料表面的分子會先被激發到某個不穩定的能態，簡稱爲虛態，之後又很快地散射出頻率爲 v 的光。若 $v = v_0$，屬於瑞立散射（Rayleigh scattering）；若 $v \neq v_0$，屬於拉曼散射（Raman scattering），代表散射光子的能量不同於入射光子。當散射光子的能量比較弱，稱爲 Stokes 散射，代表分子從基態轉變成振動激發態；比較強時，稱爲反 Stokes 散射，代表分子從振動激發態轉變成基態。測量散射光與入射光的頻率差，可得到拉曼位移（Raman shift），通常採用波數來代表，所得訊號的強弱則稱爲拉曼強度（Raman intensity），兩者作圖後得到拉曼光譜，從中可推測分子的訊息。然而，拉曼訊號通常很微弱，每 10^6～10^8 個入射光子才會得到一個拉曼散射的光子，導致偵測的靈敏度很低，早期很少有研究者採用。直至 1970 年代，Fleishmann 與 Van Duyne 等人發現，粗糙的分析表面可以增強訊號；1980 年代又發現粗糙的金、銀、銅更能增強訊號達百萬倍，因而產生表面增強拉曼光譜技術（Surface-enhanced Raman spectroscopy，簡稱 SERS）。雖然 SERS 的原理尚未確定，但已有數種機制被提出，包括電磁場增強模型與化學增強模型，且其應用已遍布界面化學、催化、生物化學、分析化學領域。

SERS 應用於電化學分析時，如同紅外光譜技術，可進行原位測量，但需要結合電解槽與光學系統。電解槽中含有工作電極、參考電極、對應電極和通氣管，透光的玻璃窗或石英窗與電極之間僅有 1 mm 以下的距離，因爲之間填充的電解液可能會干擾偵測訊號或改變光路，降低了拉曼散射訊號的收集效果。進行 SERS 分析前，要先粗化電極表面，使用氧化還原循環、化學蝕刻、沉積奈米粒子等，皆可達到目的。透過蝕刻或電化學溶解製備的表面，各處的增強效應不均勻，會影響測量的穩定性與再現性。然而，採用奈米技術改良表面，具有可控性與均勻性，能從中尋找最佳的訊號增強表面。

SERS 目前可應用於白金電極上吸附氫的分析，以及吸附水分子的分析，也用於檢測某些氧化還原反應的吸附中間物。對於電鍍或腐蝕反應，常需探究平整劑或緩蝕劑的吸附效應，也可採用 SERS 進行分析。在電催化領域，反應物與催化電極的吸附關係也可以使用 SERS 來研究。

在常規的拉曼光譜分析中，入射光的頻率較小，但使用較高頻率的光線來照射表面時，仍可使電子激發，在釋放能量後回到較高的振動能態，產生訊號增強百倍以上的共振拉曼散射（resonance enhanced Raman scattering），應用於生化分析中，可以避免水分子或蛋白質的干擾。

電化學原位拉曼光譜分析

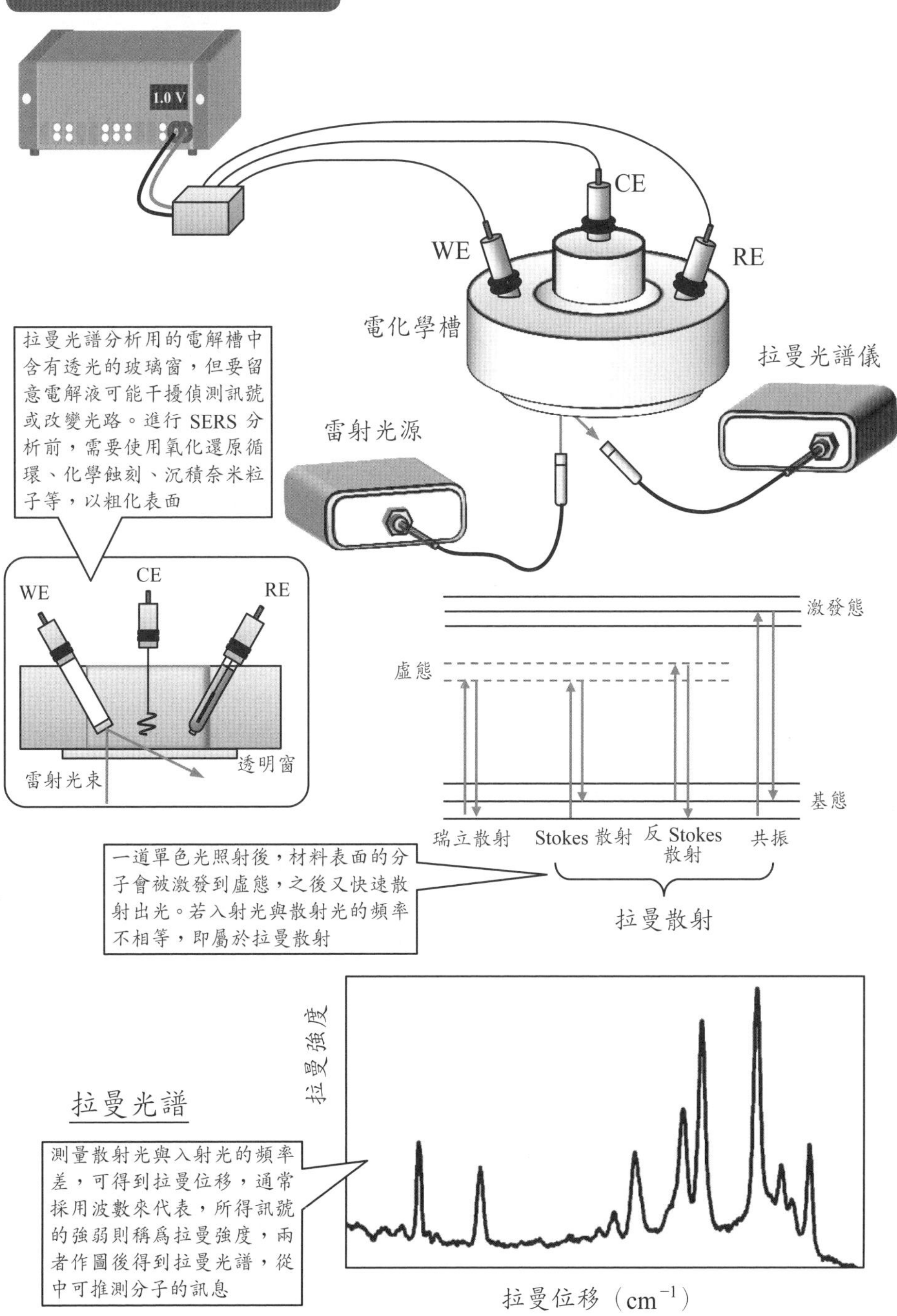

3-35 電化學原位質量分析

如何偵測電極表面成長的薄膜？

在電鍍或電溶解的程序中，電極的重量必會產生變化，若能執行原位測量，將可準確地分析出電極程序的特性。然而，一般的電子天平只能測到微克等級，無法用於只有奈克等級變化的電極反應，但有一種間接測得質量的方法，使用到共振現象，此裝置稱爲石英晶體微天平（quartz crystal microbalance，簡稱 QCM）。

QCM 的運作是基於石英晶體的壓電效應，若對薄片狀的晶體兩側施壓，會使晶格中的電荷偏移，並導致極化而產生電場，反之也可以對石英通電，使之產生形變，此特性稱爲壓電效應。若晶體兩側被施加的是交流電，則會出現振盪，且此振盪還會衍生出交流電場。當外加交流電之頻率爲特定值，晶體的振幅會擴大，出現共振現象。基於此原理，石英晶體可作爲振盪器，透過特定的切割方式，可確定幾何形狀和尺寸，精準預估共振頻率，經過測量後再將共振頻率轉換成電訊號輸出。石英晶體感測器具有堆疊結構，上下兩層是電極，通常以銀製作，中間的夾層是從一塊石英晶體上沿著主光軸的 35°15› 切割而成，兩電極各連接引線到封裝殼的外部，製成石英晶體振盪器。電極兩端將會連接交流電源，在特定頻率引發共振，此時關閉交流電源，使振動呈指數衰減，記錄此衰減過程，可推得共振頻率和耗散因子。

若石英晶體的共振基頻微 f_0，當其厚度、密度 ρ、剪切模量 μ、環境介質改變時，共振頻率將會出現變化 Δf，Sauerbrey 對此提出下列方程式：

$$\Delta f = -\frac{2f_0}{\sqrt{\rho\mu}}(\frac{\Delta m}{A}) \quad (3.89)$$

其中的 A 是鍍膜的面積，Δm 是鍍膜增加的重量。若 A 保持固定，f_0、ρ、μ 皆爲石英的特性，所以 Δf 將會正比於 Δm。然而，當環境介質是溶液時，溶液的密度與黏度也會影響 Δf，但實驗中若能固定密度與黏度，則可抵消其影響。因此，測量頻率變化可以推測質量變化。

QCM 結合了恆電位儀，即成爲電化學石英晶體微天平（electrochemical quartz crystal microbalance，簡稱 EQCM），可用於電沉積與電溶解、吸附與脫附、成核與晶體成長等研究，其靈敏度可達奈克等級。結合電化學測量時，可以搭配線性電位掃描法、循環伏安法、計時電流法等分析。例如針對銅離子溶液使用循環伏安法，在負電位掃描時，形成銅層，經由 Δf 的下降可以換算出銅層增加的質量 Δm 或厚度 d；在正電位掃描時，銅層溶解，使 Δf 上升，d 減少。若在掃描範圍內沒有其他副反應，則換算出的電量對時間的曲線應與銅層質量變化的曲線擁有相同形狀。

電化學原位質量分析

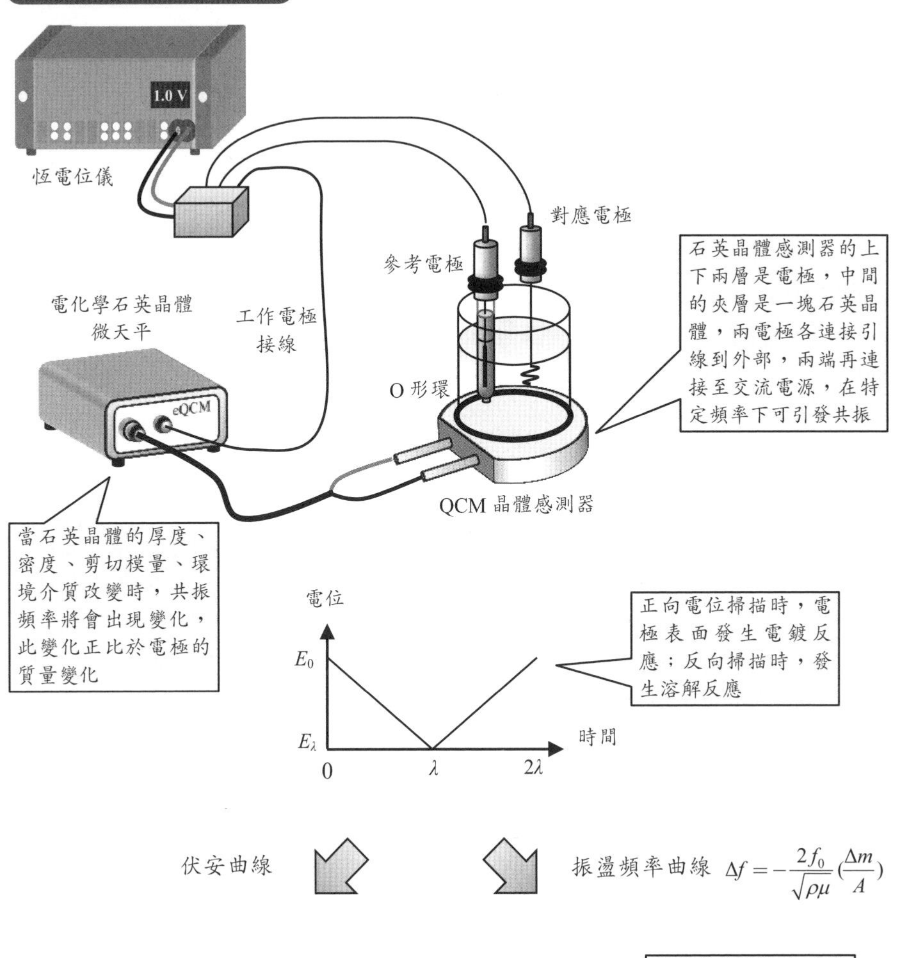
1.0 V
恆電位儀
對應電極
參考電極
電化學石英晶體
微天平
工作電極
接線
eQCM
O 形環
QCM 晶體感測器
石英晶體感測器的上下兩層是電極，中間的夾層是一塊石英晶體，兩電極各連接引線到外部，兩端再連接至交流電源，在特定頻率下可引發共振
當石英晶體的厚度、密度、剪切模量、環境介質改變時，共振頻率將會出現變化，此變化正比於電極的質量變化
電位
E_0
E_λ
0
λ
2λ
時間
正向電位掃描時，電極表面發生電鍍反應；反向掃描時，發生溶解反應
伏安曲線
振盪頻率曲線 $\Delta f = -\frac{2f_0}{\sqrt{\rho\mu}}(\frac{\Delta m}{A})$

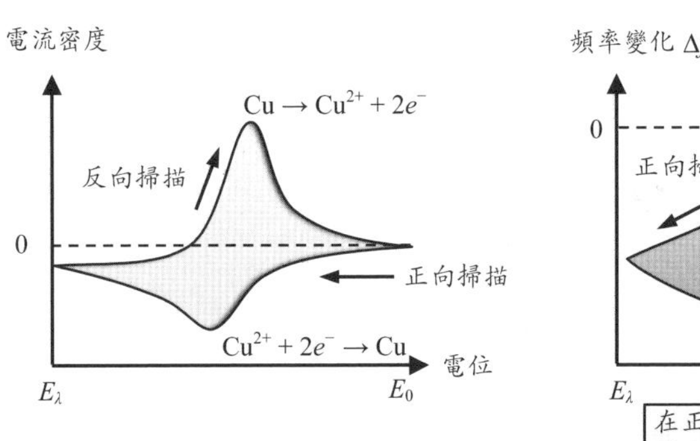
電流密度
$Cu \rightarrow Cu^{2+} + 2e^-$
反向掃描
0
正向掃描
$Cu^{2+} + 2e^- \rightarrow Cu$
電位
E_λ
E_0

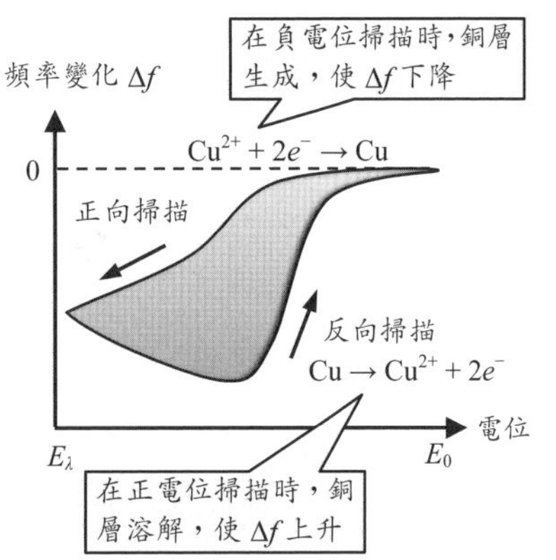
在負電位掃描時，銅層生成，使 Δf 下降
頻率變化 Δf
$Cu^{2+} + 2e^- \rightarrow Cu$
0
正向掃描
反向掃描
$Cu \rightarrow Cu^{2+} + 2e^-$
電位
E_λ
E_0
在正電位掃描時，銅層溶解，使 Δf 上升

3-36 電化學原位掃描探針分析

如何偵測電極表面的原子級變化？

對於固體材料的表面，常用的原位分析方法是利用探針技術，藉由探針與表面的作用可推測表面結構，例如常見的掃描穿隧顯微鏡（scanning tunneling microscope，簡稱 STM）與原子力顯微鏡（atomic force microscope，簡稱 AFM），可以分辨樣品表面的奈米級起伏，這兩種技術也能應用於電極與電解液界面的分析。

STM 透過探針和表面之間的量子穿隧電流來探測材料表面結構，可以觀察出單原子級的起伏，甚至可在低溫下利用探針尖端精確操縱單一分子或原子，成爲奈米加工裝置。若欲觀測非導體材料之表面，則須採用 AFM，其探針安裝於微米尺寸的懸臂（cantilever）上，探針尖端之曲率半徑則爲奈米尺寸。當探針接近樣品表面時，懸臂上的探針會受到阻力，出現彎曲偏移，阻力的來源包括接觸力、凡德瓦力、化學吸引力、靜電力、磁力等，藉由雷射光的反射、光學干涉、電容或壓電效應，可以測出偏移量。

STM 用於電化學分析簡稱爲 ECSTM，可以原位觀測表面的反應，被分析物即爲工作電極，另需加入參考電極與對應電極，還需利用 O 形環固定電解液的區間。操作時，工作電極的電位與探針的電位分別控制，所以需要雙恆電位儀（bipotentiostat），盡量設定在針尖不發生反應，但工作電極會反應，因爲針尖的反應會對穿隧電流產生干擾。常用的探針材料是 Pt/Ir 或 W，最理想的情形是只露出單一原子，其餘部位被絕緣材料包覆。ECSTM 可用於分析欠電位沉積，因爲第一層原子的沉積將會影響後續鍍物的附著力，以及鍍物的晶體成長。

AFM 用於電化學分析簡稱爲 ECAFM，成像的原理基於探針的作用力，所以不會受到探針電流的干擾，而且對於難以導電的樣品也可以測量。透過壓電元件的控制，探針和樣品表面可以保持固定的作用力，因此探針會隨樣品表面形貌而起伏。在探針進行二維掃描後，得到三維的表面輪廓圖。操作時，AFM 可選擇三種模式。第一種是接觸模式（contact mode），允許探針接觸樣品，可以得到原子級的圖像，但溶液的阻礙會扭曲結果，而且較軟的樣品可能會損壞。第二種是輕敲模式（tapping mode），探針將會在懸臂的共振頻率下振動，間歇性接觸樣品，振幅約 20～100 nm，此方法可以消除溶液的干擾，得到更高的水平分辨率，而且不易損壞樣品，但掃描速率較低。第三種是非接觸模式（non-contact mode），探針仍然維持振動，但振幅小於 10 nm，不會接觸到樣品，水平分辨率較低，通常只用於柔軟樣品或疏水性樣品之分析。ECAFM 的電解槽必須固定在樣品台上，周圍以 O 形環作爲側壁，上方以玻璃封閉，電解槽固定在掃描平台上，採用雷射光反射檢測探針位置，目前已用於研究電沉積、電聚合、表面鈍化、吸附等程序。

電化學原位掃描探針分析

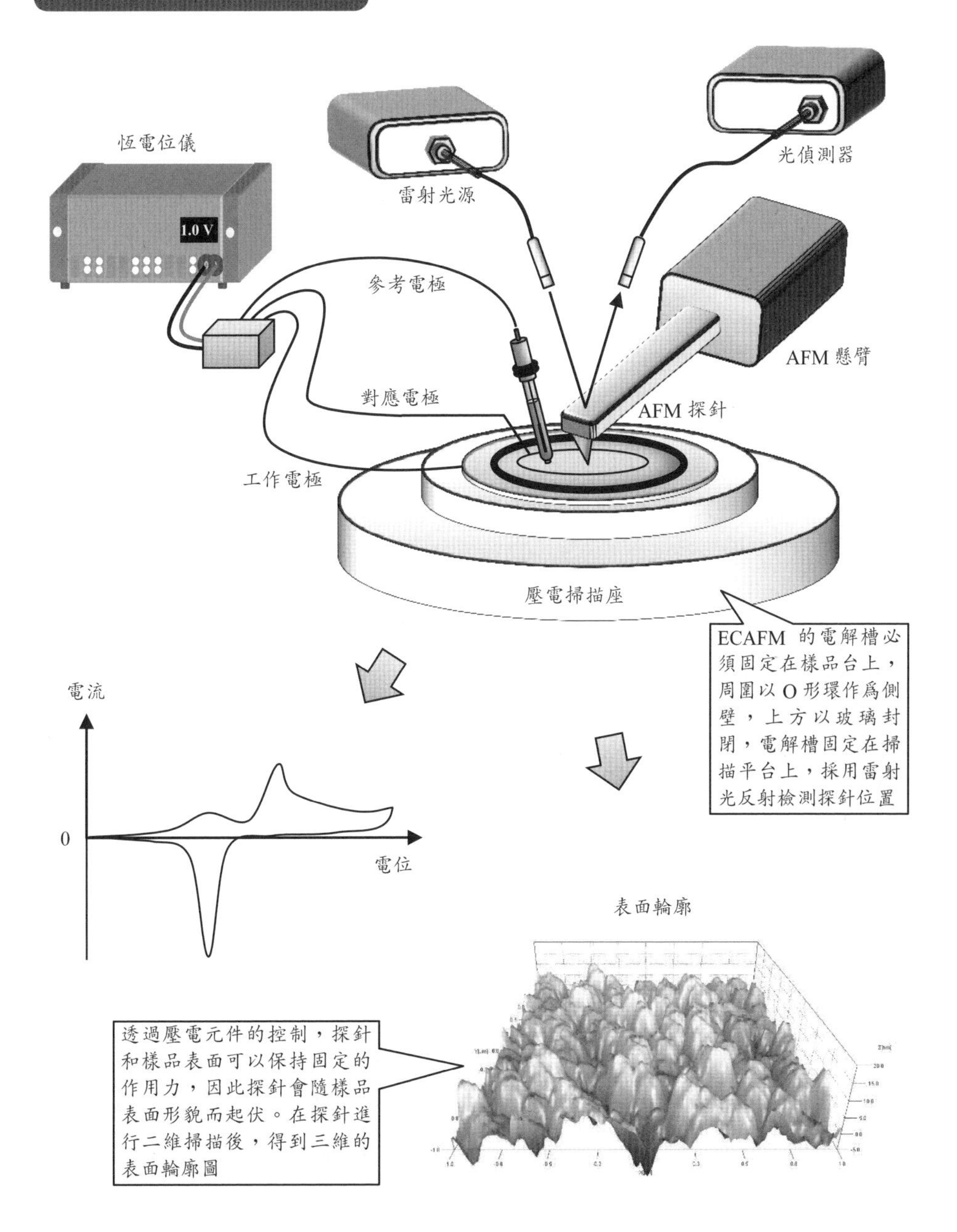

3-37 掃描電化學顯微鏡

如何利用探針分辨導電與絕緣表面的變化？

ECSTM 和 ECAFM 被用於研究後，又發展出掃描電化學顯微鏡（scanning electrochemical microscopy，簡稱 SECM），但其原理不同於 ECSTM。因爲 STM 或 AFM 只能偵測表面的幾何形貌，無法提供化學性的訊息，但 SECM 則可利用探針的電化學反應，來推測樣品表面的特性。

SECM 的裝置類似 ECSTM，需要使用雙恆電位儀，但 SECM 的探針中包含超微圓盤電極（ultramicro disc electrode，簡稱 UMDE）。超微電極（簡稱 UME）的尺寸在 100 μm 以下，接近擴散層厚度，常使用極細的 Pt、Au、碳纖維封入玻璃毛細管而製成，露出的一端經拋光後成爲圓盤。由於微電極的表面積很小，通過的電流也小，使溶液的歐姆電阻可以忽略不計，甚至可用雙電極系統取代三電極體系統。另對電雙層的充電現象，也因爲面積非常小而可降低非法拉第電流。但也因爲活性面積小，UME 外的擴散呈半球形，不能使用一維模型，必須考慮側向擴散，此效應可縮短達到穩態的時間，有利於研究快反應。在質傳控制模式下，UME 的穩態電流密度 i_s 並非 0，不同於 Cottrell 方程式所描述，約可表示爲：

$$i_s = 4\pi rnFDc \qquad (3.90)$$

其中的 r 是 UME 的半徑，n 是反應中參與的電子數，D 和 c 分別是反應物的擴散係數和主體濃度。

假設探針的 UME 上發生的反應是 $O + ne^- \rightarrow R$，O 會從各種方向擴散到電極表面，但當探針接近樣品表面時，O 的質傳路線受到影響。若樣品屬於非導體，探針接近時產生空間阻礙，將使探針電流密度 i_t 小於 i_s，而且探針到樣品的間距 d 愈小，i_t 也將愈小。由於探針接近後電流會下降，會得到負回饋，間距 d 縮短後會達極限値爲 i_s。若樣品屬於導體，雖然探針接近時也會產生空間阻礙，但可藉由恆電位儀提供逆反應所需電位，在底材上發生 $R \rightarrow O + ne^-$。因此，在探針與樣品之間，可形成 O 轉變成 R，R 又轉變回 O 的迴圈，O 和 R 作爲反應物時，到達電極的擴散距離皆可因爲探針靠近樣品而縮短，導致探針電流密度 i_t 超過 i_s，得到正回饋，但 d 縮短後仍會回到極限値爲 i_s。

另有一種操作模式是以探針來收集樣品表面的產物，但是探針需要進入樣品電極的擴散層內，原理類似旋轉盤環電極。由於樣品面積較大，此模式的歐姆過電位較可觀，而且探針電流對樣品電流的比值不大，亦即收集效率較低，使其應用受限。

目前SECM用於樣品表面的活性分布分析，若表面化性均勻，則可得到表面形貌。若探針的尺寸可以降低到 20 nm，其解析度甚至可以比擬電子顯微鏡。用於快反應的分析時，傳統的暫態電化學法需要非常高的電位掃描速率，但在 SECM 中，只需要縮短探針至樣品到 1 μm 內，即可產生非常高的質傳係數，而且非法拉第電流極小，這些特性皆使 SECM 具有高應用潛力。

掃描電化學顯微鏡

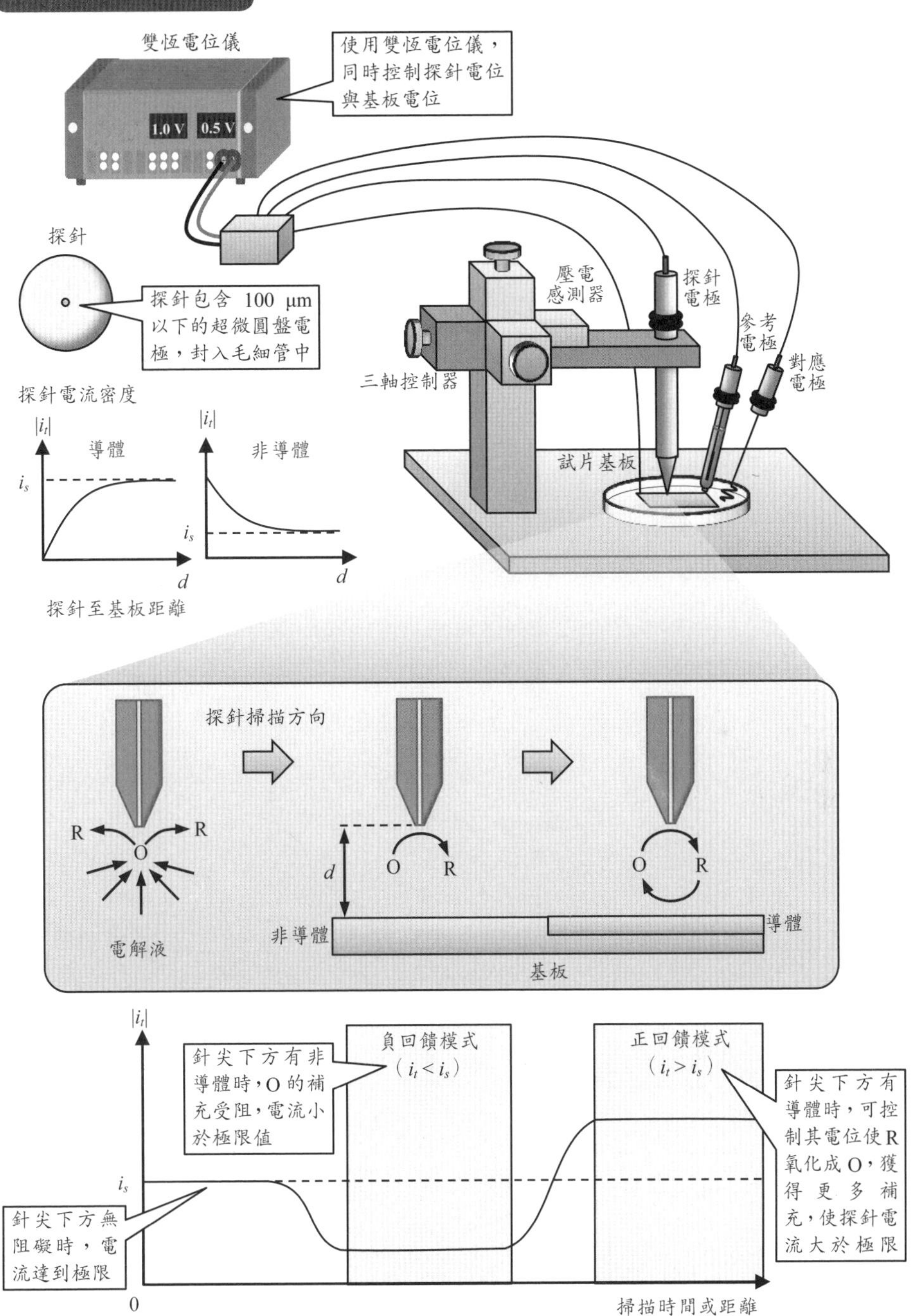
雙恆電位儀
1.0 V
0.5 V
使用雙恆電位儀，同時控制探針電位與基板電位
探針
探針包含 100 μm 以下的超微圓盤電極，封入毛細管中
壓電感測器
探針電極
參考電極
對應電極
三軸控制器
試片基板
探針電流密度
$|i_t|$
導體
非導體
i_s
d
探針至基板距離
探針掃描方向
R
O
電解液
非導體
導體
基板
負回饋模式
$(i_t < i_s)$
正回饋模式
$(i_t > i_s)$
針尖下方有非導體時，O 的補充受阻，電流小於極限值
針尖下方有導體時，可控制其電位使 R 氧化成 O，獲得更多補充，使探針電流大於極限
針尖下方無阻礙時，電流達到極限
0
掃描時間或距離

第4章
電化學應用

4-1 電化學冶金
4-2 電解提煉鋁
4-3 電解提煉鋅
4-4 鹼氯工業
4-5 電解水產氫
4-6 光電化學產氫
4-7 電鍍銅
4-8 電鑄
4-9 化學鍍鎳
4-10 陽極氧化鋁
4-11 電泳沉積
4-12 電解拋光
4-13 電化學加工
4-14 腐蝕防制
4-15 陽極保護法
4-16 陰極保護法
4-17 鋅錳電池
4-18 鉛酸電池
4-19 鋰離子電池
4-20 氫燃料電池
4-21 甲醇燃料電池
4-22 金屬空氣電池
4-23 液流電池
4-24 染料敏化太陽電池
4-25 電化學電容
4-26 薄膜蝕刻
4-27 銅製程
4-28 化學機械研磨
4-29 電路板通孔電鍍
4-30 電解回收
4-31 電浮除與電混凝
4-32 電化學降解
4-33 電化學整治土壤
4-34 電透析
4-35 離子選擇電極
4-36 氣體感測器
4-37 離子感測場效電晶體

本章將說明電化學的工業應用，涵蓋的領域包括冶金工業、化學工業、表面加工業、金屬防蝕工業、能源工業、電子工業、環境工程技術、感測技術。

4-1 電化學冶金

如何從礦石中提煉金屬？

冶金是從礦石中提取金屬的過程，但並非所有金屬都以元素態存在於自然界，因此除了物理方法，也需要採用化學方法來提煉金屬。古人發現某些礦石受熱後即可產生金屬，例如錫、鉛與銅等，因而發展出熔煉技術。當時是將礦石與木炭共同放入高爐中點火，並以風箱來供應氧氣，使爐內產生一氧化碳，進而將礦物還原成金屬。爲了提升冶金工程的產能，還可外加電能來提煉金屬，稱爲電化學冶金。

若從原料的角度來區別這些電化學程序，大致可分爲水溶液電解與熔融鹽電解。水溶液電解又可稱爲濕法冶金（hydrometallurgy），藉由通電可從陰極還原出金屬，但多數的鹼金屬、鹼土金屬、鋁或稀土金屬無法自陰極析出金屬，因爲這些金屬的標準電位負於 H^+ 還原成 H_2 的電位，通電時只會分解水。爲了成功提煉這類金屬，可以直接熔化這些金屬的化合物，再通電分解，此即熔融鹽電解。

提煉的過程還分爲電解提取（electrowinning）與電解精煉（electrorefining）。礦物經過前處理後得到金屬鹽，繼而電解還原成金屬，此程序稱爲電解提取，但所得金屬之純度通常不夠高。爲了繼續純化，可將電解提取的金屬再移入電解槽作爲陽極，再度執行電解。在陽極上，待提煉的金屬將會氧化而溶解，電位負於此金屬的雜質也會溶解成離子，但電位正於此金屬者則不反應，可能留在陽極內，或從電極脫落而沉澱至槽底。在陰極上，溶解的雜質因電位較負，不會比待提煉金屬先析出，因此陰極上將會得到純度高於陽極的金屬，此程序稱爲電解精煉，可以多次操作，不斷提高純度。

雖然電解提取與電解精煉的產品都來自陰極，但陽極反應卻存在差異，因爲電解提取採用不溶性陽極，亦即在底材上沉積氧化銥或氧化釕，通電後只生成 O_2 而不溶解；但電解精煉則採用待提煉的金屬作爲陽極，通電後持續溶解該金屬。此陽極材料的差異導致兩種程序的耗電量不同，因爲電解提取中的陽離子會隨著時間消耗，所以溶液電阻持續增加，但電解精煉中的陽離子雖在陰極被消耗，但也在陽極被產生，致使溶液電阻大致固定，耗電量不會隨時間增大。以提煉銅爲例，電解提取所需電能約爲 2.5 kW．h/kg，但電解精煉只需要 0.25 kW．h/kg。另一方面，由於電解精煉的電解液組成能夠維持穩定，故析出金屬的性質不變，但電解提取的電解液組成會隨時間變化，包括離子濃度與 pH 值，所以析出物的特性也不斷變化。

由於火法冶金的技術非常成熟，所以電化學冶金的實際應用不多，因爲電解所需成本不具優勢，除非處理對象是貴金屬或稀有金屬。目前藉由電解提取最多的金屬是鋁，但需要採用熔融鹽法，其次則是鋅，第三是銅。當金屬被初步提取後，若欲提高純度，則需採用電解精煉法，目前已廣泛用於銅、鎳和銀。

此外，有些加工過程會使用到金屬粉末，所需粉末也可透過特殊條件的電解法直接生成，目前已可製造高純度的鐵粉、鋅粉、鉛粉、銅粉或鎳粉。生產金屬粉末的過程如同電解精煉，必須以目標金屬作爲陽極，並採用此金屬的鹽類作爲電解質，即可在陰極析出金屬，但操作的電流密度必須夠高，才易於取得鬆散的海綿狀鍍層，以便於製成粉末。

溼法冶金

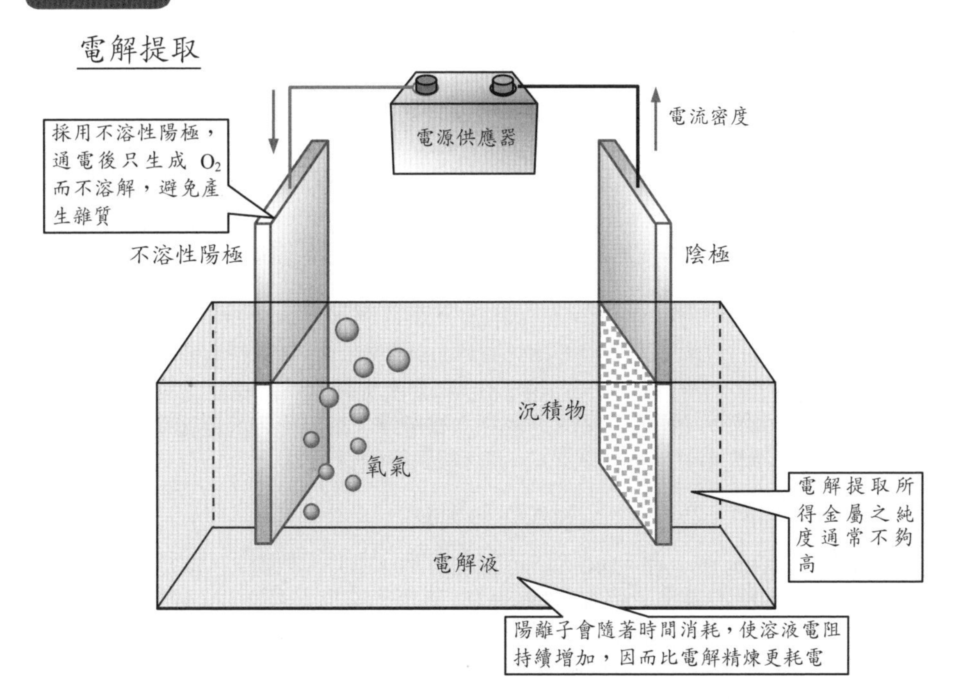
電解提取
電源供應器
電流密度
採用不溶性陽極，通電後只生成 O_2 而不溶解，避免產生雜質
不溶性陽極
陰極
沉積物
氧氣
電解提取所得金屬之純度通常不夠高
電解液
陽離子會隨著時間消耗，使溶液電阻持續增加，因而比電解精煉更耗電

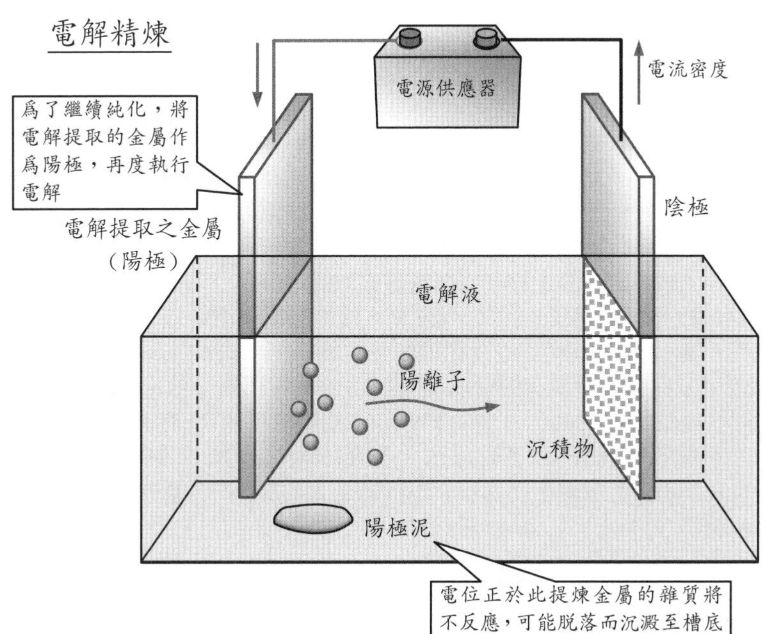
電解精煉
電源供應器
電流密度
爲了繼續純化，將電解提取的金屬作爲陽極，再度執行電解
電解提取之金屬（陽極）
陰極
電解液
陽離子
沉積物
陽極泥
電位正於此提煉金屬的雜質將不反應，可能脫落而沉澱至槽底

4-2 電解提煉鋁

電解含鋁的水溶液可以提煉出鋁嗎？

鋁雖然是地殼中含量第三多的金屬，但活性較高，在自然界中難以金屬狀態存在，多在泥土或礦石中。在 1807 年，英國化學家 Davy 嘗試電解 Al_2O_3，但未能分離出鋁。後續則有科學家使用鈉或鉀來還原鋁，產量很少，使鋁的價格幾乎等同於黃金。直至 1886 年，美國的 Charles Martin Hall 和法國的 Paul Héroult 分別發展出冰晶石（Na_3AlF_6）輔助熔融鹽電解的方法，才改變了鋁的冶煉。Hall 在當時成立了美國鋁業公司（ALCOA），成爲美國工業史上最成功的產業之一。由於他們發現電解法的時間接近，後人將此構想稱爲 Hall-Héroult 法。1887 年，奧地利工程師 Bayer 發現鋁土礦轉化成純 Al_2O_3 的方法，以此作爲原料可降低電力成本，促進量產。

Hall-Héroult 程序所用原料爲 Na_3AlF_6 和 Al_2O_3 的混合鹽，因爲直接挖取的鐵礬土礦石中含有太多雜質，必須先行處理才能送入電解槽。鐵礬土中的雜質有矽酸鹽和氧化鐵等，因此必須先用強鹼溶出 Al_2O_3，使之成爲鋁酸鹽：

$$Al_2O_3 \cdot 3H_2O + 2NaOH \rightarrow 2NaAlO_2 + 4H_2O \quad (4.1)$$

過濾分離出 $NaAlO_2$ 後，在 1200℃下可濃縮得到 Al_2O_3。然而，Al_2O_3 的熔點高達 2020℃，且熔化後不導電，但加入 Na_3AlF_6 後可形成共晶物，使熔點降低至大約 1000℃，並使熔化液具有導電性。現代的電解程序會控制 Al_2O_3 的含量在 1.5～3 wt% 間，且隨著還原程序進行，熔點會變化，所以操作中要持續添加 Al_2O_3。在陰極還原出的純鋁爲液態，會下沉至槽底。在陽極側，通常使用石墨電極，氧化後會形成 CO_2。因此，電解提取鋁的總反應可表示爲：

$$2Al_2O_3 + 3C \rightarrow 4Al + 3CO_2 \quad (4.2)$$

Hall-Héroult 程序所使用的陽極以棒狀碳磚製成，在反應期間會消耗，所以要持續降低電極以提供新的反應表面，此外還必須不斷添加瀝青，並藉由反應熱或焦耳熱焙燒瀝青而成爲焦炭，以降低電極製作的成本；陰極則使用內嵌鋼條的預焙碳磚，內嵌的鋼材可以提升導電性。預培技術是指反應前即已完成材料之碳化，並製成一定形狀後才置入電解槽，以避免瀝青碳化的產物汙染了電解提取的 Al。

Hall-Héroult 電解槽的操作電壓約爲 4.0～4.5 V，槽內的電壓消耗以電極材料占最多，且兩極的間距不夠近，使電解質也消耗掉許多電能，但生成的焦耳熱可用於加溫，仍具有正面效用。此電解槽具有的電流效率約爲 90%，但能量效率僅有 33%，生產每噸鋁的電能消耗總計爲 13000～15000 kW · h，鋁純度可達 99.5%。

由於上述方法之能量效率過低，美國鋁業公司遂改以 $AlCl_3$、NaCl 與 LiCl 的混合物組成熔融鹽，可在 700℃下電解，比傳統方法降低了大約 300℃。新方法的前處理是將 Al_2O_3 轉化成 $AlCl_3$：

$$2Al_2O_3 + 3C + 6C_2 \rightarrow 4AlCl_3 + 3CO_2 \quad (4.3)$$

所形成的 $AlCl_3$ 經過電解後即可得到液態鋁：

$$2AlCl_3 \rightarrow 2Al + 3Cl_2 \quad (4.4)$$

改良方法的能量效率可提升至 43%。

熔融鹽電解冶金

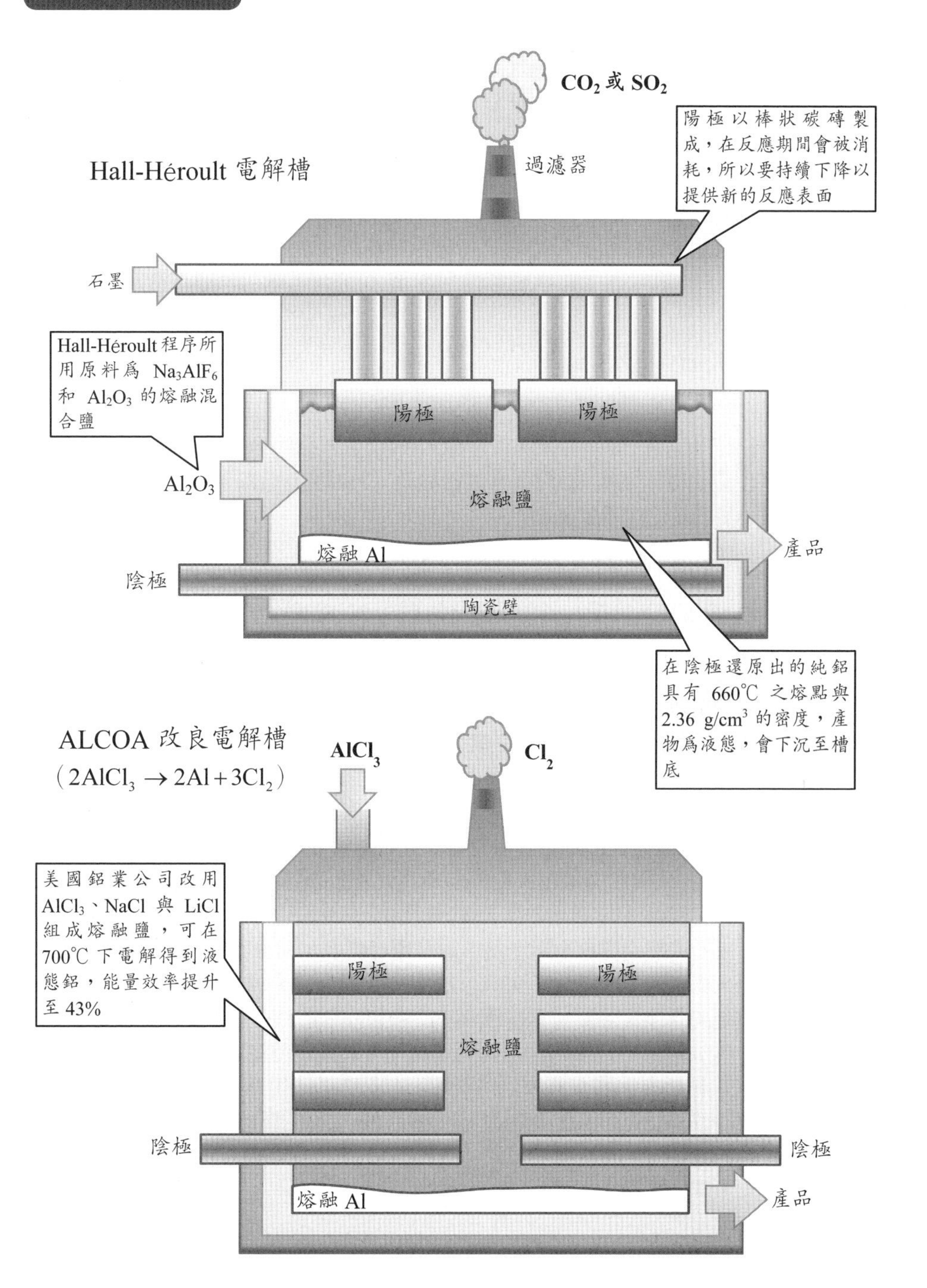

CO_2 或 SO_2
陽極以棒狀碳磚製成，在反應期間會被消耗，所以要持續下降以提供新的反應表面
過濾器
Hall-Héroult 電解槽
石墨
Hall-Héroult程序所用原料爲 Na_3AlF_6 和 Al_2O_3 的熔融混合鹽
陽極
陽極
Al_2O_3
熔融鹽
熔融 Al
產品
陰極
陶瓷壁
在陰極還原出的純鋁具有 660℃ 之熔點與 2.36 g/cm³ 的密度，產物爲液態，會下沉至槽底
ALCOA 改良電解槽
（$2AlCl_3 \rightarrow 2Al + 3Cl_2$）
$AlCl_3$
Cl_2
美國鋁業公司改用 $AlCl_3$、NaCl 與 LiCl 組成熔融鹽，可在 700℃ 下電解得到液態鋁，能量效率提升至 43%
陽極
陽極
熔融鹽
陰極
陰極
熔融 Al
產品

4-3 電解提煉鋅

電解含鋅的水溶液可以提煉出鋅嗎？

最常使用水溶液電解提取的金屬是鋅，約占總產量的 80%。取得硫化鋅（ZnS）礦石後，先置入高溫爐內加熱，轉化爲 ZnO。接著將氧化物浸入硫酸中，可促使礦石中含有的 Fe、As 或 Sb 形成沉澱物，但若含有 Cu 或 Cd，則仍會溶解成離子。之後加入 Zn 粉，藉由置換反應使 Cu 或 Cd 析出，即可過濾分離。置換後的溶液應含有高比例的 Zn^{2+}，可送入電解槽進行提取，所需電壓約爲 3.3～3.5 V，生產每噸 Zn 的能量約爲 3000～3500 kW．h。在陰極可得到金屬 Zn，在陽極的理論產物爲 O_2，所以總反應可表示爲：

$$2Zn^{2+} + 2H_2O \rightarrow 2Zn + 4H^+ + O_2 \tag{4.5}$$

所得到的 Zn 具有 99.9% 的純度，再經過 450～500℃的高溫即可鑄造成錠。

電解提取鋅時，通常會採用 Al 作爲陰極，Pb 合金作爲陽極。全新的 Pb 在電解初期，會先氧化成二價，並與 SO_4^{2-} 結合成硫酸鉛（$PbSO_4$）而覆蓋在電極表面，之後還會發生進一步的氧化，產生 PbO_2：

$$PbSO_4 + 2H_2O \rightarrow PbO_2 + 4H^+ + SO_4^{2-} + 2e^- \tag{4.6}$$

待陽極被 PbO_2 覆蓋後，後續的氧化反應將轉變爲水的分解：

$$2H_2O \rightarrow O_2 + 4H^+ + 4e^- \tag{4.7}$$

若使用批次反應器進行電解提取，則 Zn^{2+} 會隨著時間減少，pH 也會下降，使電流效率降低。當溶液的酸性增強後，陰極將會發生 H_2 生成的副反應。除了電流效率降低，Zn^{2+} 減少後也會使導電度下降，繼而導致溶液的歐姆電壓增高，能量效率降低，所以較佳的選擇是採用連續式反應器，使電解液中的 Zn^{2+} 可以獲得補充，並且穩定 pH 值。一般電解液含有 1.2 M 的 H_2SO_4 與 0.5～1.0 M 的 Zn^{2+}，而且還會加入如骨膠等物質，以增大 H_2 生成的過電壓。此外，爲了增加反應速率，可將槽內溫度提升到 40～55℃，但操作溫度不宜再增高，因爲 H_2 生成也會加快，且高溫下析出的 Zn 可能再度溶解。由於電解過程會不斷生熱，爲了穩定溫度，還須安裝熱交換器。在已發展出的技術中，電流效率約爲 85～90%，Zn 的純度以可達到 99.99%。

目前仍需改進的課題是陽極材料，因爲 Pb 電極的密度大、強度低、容易變形、導電度不夠高、O_2 生成的過電壓較高、表面氧化物會脫落、可能與 Cl^- 反應，而且溶解的 Pb^{2+} 也會在陰極析出。爲了解決這些問題，有研究者改用 Pb 合金或鈍性電極來取來純 Pb。此外，在電解液中加入 Mn^{2+}，可避免 Pb 電極的腐蝕，同時還能提升析出 Zn 的純度，避免其中含 Pb。添加 Co^{2+} 至溶液中，也可提高純度，而且可以降低 O_2 生成的過電壓，其反應爲：

$$Co^{2+} \rightarrow Co^{3+} + 4e^- \tag{4.8}$$

$$2Co^{3+} + H_2O \rightarrow \frac{1}{2}O_2 + 2Co^{2+} + 2H^+ \qquad (4.9)$$

此方法比電解水更容易生成 O_2，而且 Co^{2+} 能重複使用，並抑制鉛電極的溶解。

電解提取鋅

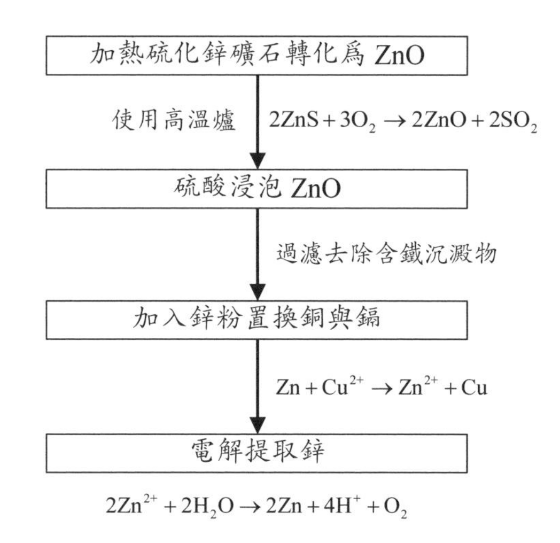

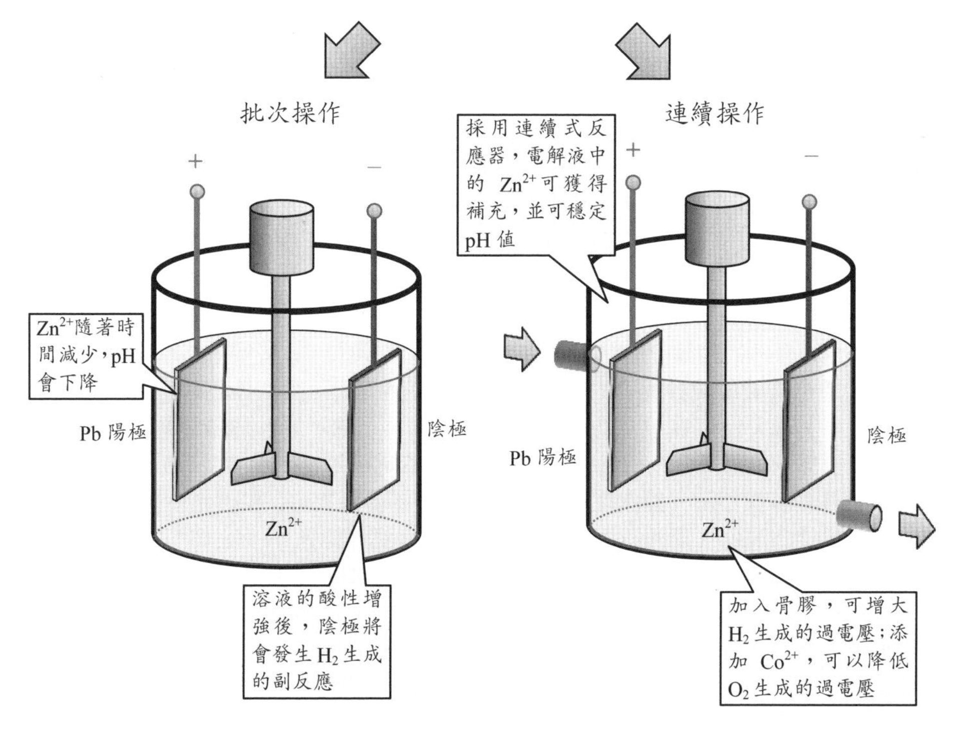

4-4 鹼氯工業

電解鹽水可以會得到什麼產物？

鹼氯工業是重要的電化學應用之一，經由電解鹽水，可以分解出氯氣（Cl_2）和氫氧化鈉（NaOH），再提供製造多種特用化學品，由於鹼氯工業的規模龐大，估計全球每年消耗 15 GW 的電能。電解鹽水的總反應可表示為：

$$2NaCl + 2H_2O \rightarrow 2NaOH + Cl_2 + H_2 \quad (4.10)$$

除了主產物，反應後也可得到 H_2。執行鹽水電解時，陽極表面會發生兩種反應：

$$Cl^- \rightarrow \frac{1}{2}Cl_2 + e^- \quad (4.11)$$

$$H_2O \rightarrow 2H^+ + \frac{1}{2}O_2 + 2e^- \quad (4.12)$$

另一方面，在陰極表面，只會發生 H_2 的生成反應，因為 Na 的還原無法與其競爭。

$$2H_2O + 2e^- \rightarrow H_2 + 2OH^- \quad (4.13)$$

若使用單槽進行電解，且不適時引導兩極的產物排出，則有可能發生二次反應，例如 Cl_2 和 H_2 在槽內的相對擴散，互相消耗而合成 HCl，或 OH^- 遷移至陽極區與 Cl_2 合成次氯酸（HClO）。為解決此問題，可更換陰極材料為汞，使（4.13）式的過電壓大幅增加，反而可以電解還原出鈉汞齊：

$$Na^+ + Hg + e^- \rightarrow NaHg \quad (4.14)$$

接著將 NaHg 送至解汞槽（denuder），同時在此槽注水。解汞槽內還填充了含有過渡金屬的石墨球，可催化汞齊的分解，進而得到 NaOH：

$$2NaHg + 2H_2O \rightarrow 2Hg + H_2 + 2NaOH \quad (4.15)$$

所得到的 NaOH 已具有高達 50 wt% 的濃度，送入蒸發器去除水分後，可以再濃縮。此程序稱為汞齊法，因為分成兩個階段進行，可有效避免 Cl_2 接觸 H_2 或 NaOH。

然而，汞會破壞環境且危害人體健康，所以後續提出隔膜法作為替代，隔膜的作用主要在於分開 Cl_2 和 H_2。初期採用的隔膜材料為石棉，屬於矽酸鹽類物質，具有多孔性，後期則改用高分子材料替代。在隔膜法的電解槽中，陽極板置於中間，陰極板則置於外緣。操作時，鹽水從兩極之間注入，陽極產物 Cl_2 和陰極產物 H_2 被石棉層隔開，生成的 NaOH 則被石棉層吸收，不會移動到陽極區，但是 Cl^- 也可進入石棉層，使最終得到的 NaOH 中含有些許 NaCl，而且 NaOH 的濃度有限。

到 1970 年代後，由高分子材料構成的陽離子交換膜（cation exchange membrane）被開發出，可取代傳統的石棉隔膜。交換膜的孔洞中擁有被固定的陰離子基團和可移動的陽離子，因此允許陽離子通過，並且抗拒陰離子穿越。理論上，Cl^- 無法穿透，所以在陰極區可以產出高濃度的 NaOH。然而，在實用中，薄膜仍會讓少量的 OH^- 進入陽極室，使 NaOH 的濃度略低於汞齊法，但高於隔膜法。另因兩極可以緊貼著交換膜而不短路，歐姆過電壓可以減少，使操作電壓降低至 2.7 V。由於薄膜法對環境友善，現已廣爲採用。

鹼氯工業

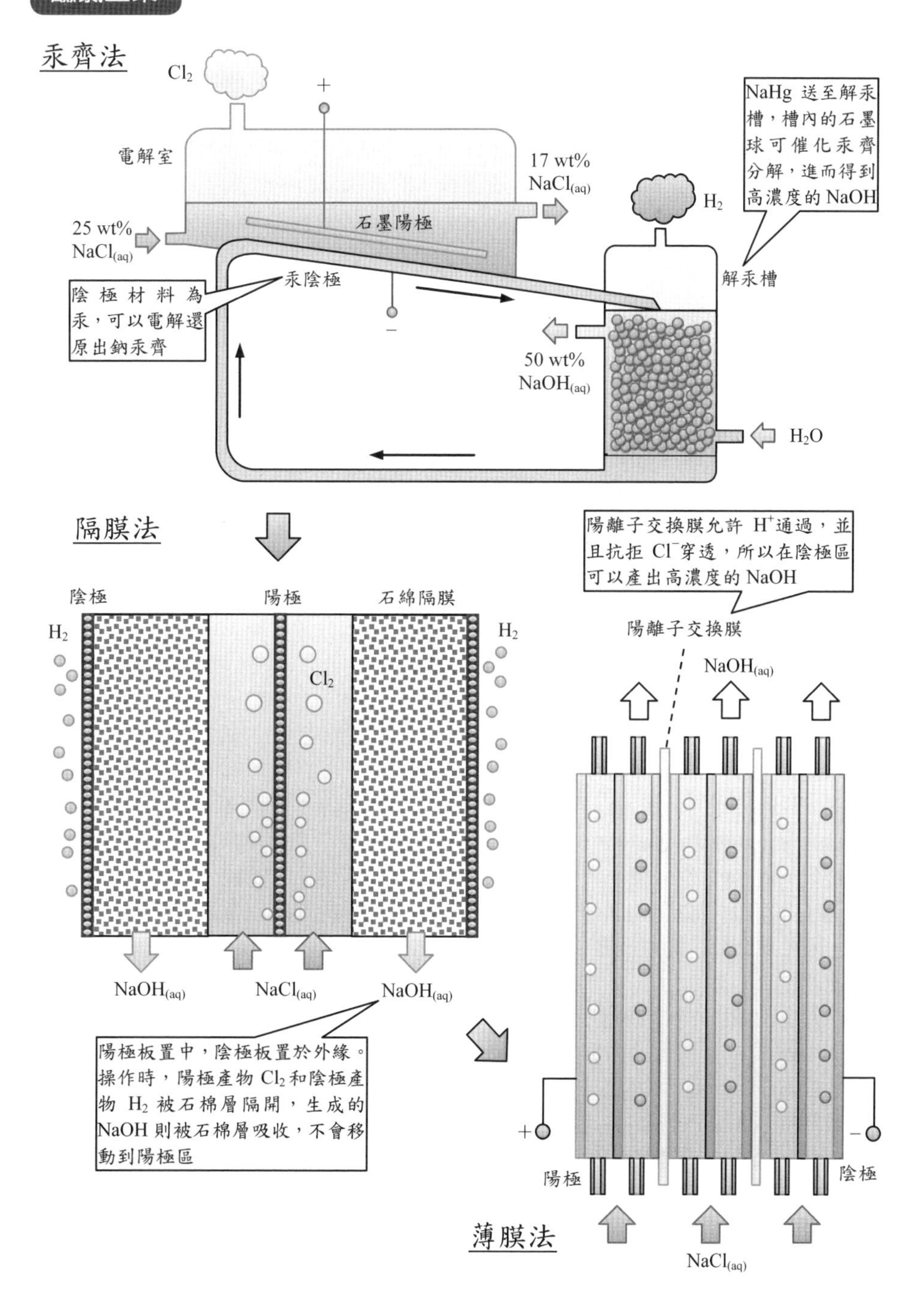

4-5 電解水產氫

如何製造高純度的氫氣？

從前一節可知，鹼氯工業的電解過程中，可從陰極得到 H_2，但電解其他水溶液也可以產生 H_2。事實上，電解水產氫可視爲能量的轉換過程，亦即發電能源先轉成電能，再從電能換爲化學能，所以電解水產氫具有儲能的功用。此構想已擁有兩百年的歷史，屬於衆所周知的技術，儘管所得 H_2 的純度極高，且裝置簡單，但因爲電能消耗大，導致成本偏高，難以勝過其他技術。除了能源產業，製氨與有機合成都要使用高純度的 H_2，所以電解法仍有需求。若電解水的系統沒有副反應，其總反應可表示爲：

$$2H_2O \rightarrow 2H_2 + O_2 \quad (4.14)$$

在標準狀態下啓動反應所需最小電壓爲 1.23 V。但在實務中，活化過電位與溶液歐姆電壓不可能爲 0，尤其電流愈大時，兩者都會加大，因此實際操作的電壓更高，有時要到達 2.0 V 才能進行。進行量產時，不會電解純水，而是加入鹼性的 NaOH 或 KOH 溶液。電解槽的耐蝕性也是生產時的重要考量，使用酸性溶液對槽體的破壞超過鹼性溶液，故在實務電解中，不採用酸性溶液。提升 NaOH 的濃度可以增加溶液導電度，並降低歐姆電壓，但須留意，當 NaOH 超過某個特定濃度後，導電度反而會下降。隨著電解進行，溶液中的水會逐漸消耗，使歐姆電壓持續提升，並迫使能量效率減低。

電解產氫的程序也牽涉電極材料，在陰極的要求是生成 H_2 之過電壓必須足夠低，符合此條件者爲 Fe 族金屬或其合金，所以常用不鏽鋼或鎳。雖然也可使用白金或石墨，但前者的價格較高，後者的過電壓不夠低。

電解水的系統可以分成三類，最簡單的溶液電解槽是由槽體、陰陽極、隔離膜與電解液所組成，一般的操作條件爲 70～90℃，施加電壓 2 V 或施加電流密度爲 2000 A/m^2。規模放大時，將連接多個電解槽而組裝成系統，採取並聯的系統稱爲單極式電解槽，採取串聯的系統稱爲雙極式電解槽。第二類電解槽則使用了固態聚合物電解質（solid polymer electrolyte，簡稱 SPE），亦即以質子交換膜來取代溶液電解槽中的隔離膜。此 SPE 是一種全氟磺酸聚合物，具有傳導離子的功能，導電時主要藉由 H^+ 沿著孔洞表面帶負電的磺酸根往陰極側移動。由於固態電解質可以更緊密的連接兩極，因此擁有較小的系統體積與較低的能量損失，且生成的 H_2 與 O_2 被薄膜隔開，所以純度更高。

第三類爲固體氧化物電解槽（solid oxide electrolysis cell，簡稱 SOEC），必須操作在大約 1000℃的高溫下，由於熱能可取代部分電能，使其能量效率更高，且熱能的成本低於電能，高溫下的反應速率也更快。這類電解槽的反應物爲熱蒸氣，所以也稱爲蒸氣電解（steam electrolysis），目前最常用的固體氧化物爲釔穩定氧化鋯（ZrO_2 stabilized by Y_2O_3，簡稱 YSZ）。當水蒸氣進入管狀電解槽後，會在陰極處被分解成 H^+ 和 O^{2-}，其中 O^{2-} 會穿過管壁的 YSZ，再到達位於外壁的陽極，繼而生成 O_2，留在陰極表面的 H^+ 則會接收電子而形成 H_2。

電解水產氫

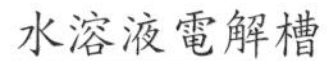
水溶液電解槽

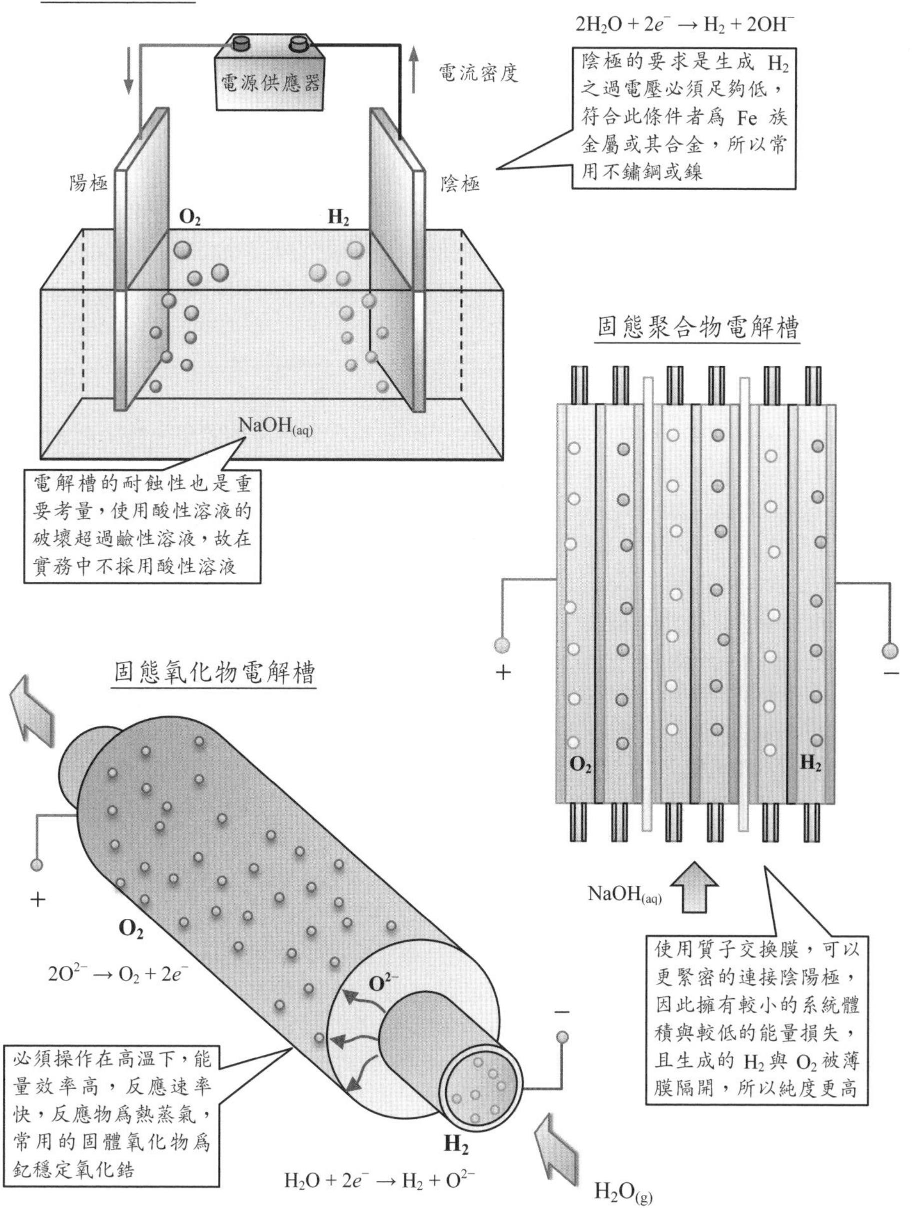
$2H_2O + 2e^- \rightarrow H_2 + 2OH^-$
電源供應器
電流密度
陰極的要求是生成 H_2 之過電壓必須足夠低，符合此條件者爲 Fe 族金屬或其合金，所以常用不鏽鋼或鎳
陽極
陰極
O_2
H_2
$NaOH_{(aq)}$
電解槽的耐蝕性也是重要考量，使用酸性溶液的破壞超過鹼性溶液，故在實務中不採用酸性溶液
固態聚合物電解槽
+
−
O_2
H_2
$NaOH_{(aq)}$
使用質子交換膜，可以更緊密的連接陰陽極，因此擁有較小的系統體積與較低的能量損失，且生成的 H_2 與 O_2 被薄膜隔開，所以純度更高
固態氧化物電解槽
+
O_2
$2O^{2-} \rightarrow O_2 + 2e^-$
O^{2-}
−
必須操作在高溫下，能量效率高，反應速率快，反應物爲熱蒸氣，常用的固體氧化物爲釔穩定氧化鋯
H_2
$H_2O + 2e^- \rightarrow H_2 + O^{2-}$
$H_2O_{(g)}$

4-6 光電化學產氫

利用光能可以分解水產氫嗎？

在 1839 年，Becquerel 發現兩個電極置入稀酸溶液後，其中之一受到光照即可產生電流，稱為 Becquerel 效應，這是光電化學研究的起源。後於 1972 年，藤嶋昭與本多健一在 Nature 期刊上發表了光分解水之論文，後稱為本多－藤嶋效應，也是光電化學的重要里程碑。他們偶然發現，分別以 TiO_2 和 Pt 作為電極置入水中，再用水銀燈照射，兩電極皆會產生氣泡，類似水被電解。經分析後證實，在 TiO_2 電極上產生的是 O_2，在 Pt 電極上生成的是 H_2。TiO_2 上的反應可表示為：

$$TiO_2 + hv \rightarrow TiO_2^* + h^+ + e^- \quad (4.15)$$

$$H_2O + 2h^* \rightarrow \frac{1}{2} O_2 + h^+ + e^- \quad (4.16)$$

其中 h 為 Planck 常數，n 為入射光的頻率，而 hv 可代表光子的能量。TiO_2 受到光照後會被激發成 TiO_2^*，代表價帶電子躍遷至導帶，而在價帶留下電洞 h^+。此電洞 h^+ 會與水反應而生成 O_2；導帶電子 e^- 會沿外部導線到達 Pt 電極，促成 H_2 的產生。

由於此程序只透過光照，無需施加電壓，即可分解水，在當時引起了學術界的震撼。分析此類分解反應，必須以半導體材料作為電極，才能使光能轉成化學能。由於反應前後半導體材料並無損失，因此這類可以藉由照光而促進化學反應的材料被稱為光觸媒（photo-catalyst）。光觸媒吸收光能的原因在於半導體材料的能帶中存在能隙，分隔了價帶與導帶，當入射光的能量超過能隙時，可促使價帶電子吸收能量，躍遷至導帶，同時在價帶留下電洞。這些光生電子與光生電洞，具有強反應性，可以移動到吸附於半觸媒表面的物質，再促使其分解。若吸附物接收了光生電子，則出現還原反應；若吸附物接收了光生電洞，則發生氧化反應，至於吸附物是否能夠接收電子或電洞，則取決於吸附物本身的氧化態能階與還原態能階。

以分解水的反應為例，當半導體受到能量足夠的光線照射時，被激發到導帶上的電子具有還原力，可和水分子反應而產生 H_2；價帶的電洞則具有氧化力，可與水分子反應而產生 O_2，但兩種反應能進行的前提是電子或電洞能夠進入更低的能量狀態。因此，對電子而言，半導體的導帶邊緣能階必須負於 H_2 生成之能階；對電洞而言，半導體價帶邊緣的電子能階必須正於 O_2 生成之能階。已知 O_2/H_2O 的能階比 H^+/H_2 的能階低 1.23 eV，若半導體材料在照光後能夠同時驅動這兩種反應，則其能隙必須大於 1.23 eV，但並非所有材料的能帶結構皆符合此條件，所以能夠有效分解水的光觸媒並不多見。目前最廣為使用的光觸媒是 TiO_2，但分解水的效率不高。影響分解效率的因素中，除了半導體的能帶結構以外，光生電子電洞對的有效分離非常重要。近來許多研究發現，在金屬氧化物中，如果金屬離子具有 d^0 及 d^{10} 的軌域，都可以作為分解水的光觸媒。具有 d^0 軌域的金屬元素包括 Ti、Zr、Nb、Ta、W 與 Mo；具有 d^{10} 軌域的金屬元素包括 In、Ga、Ge、Sn 與 Sb。

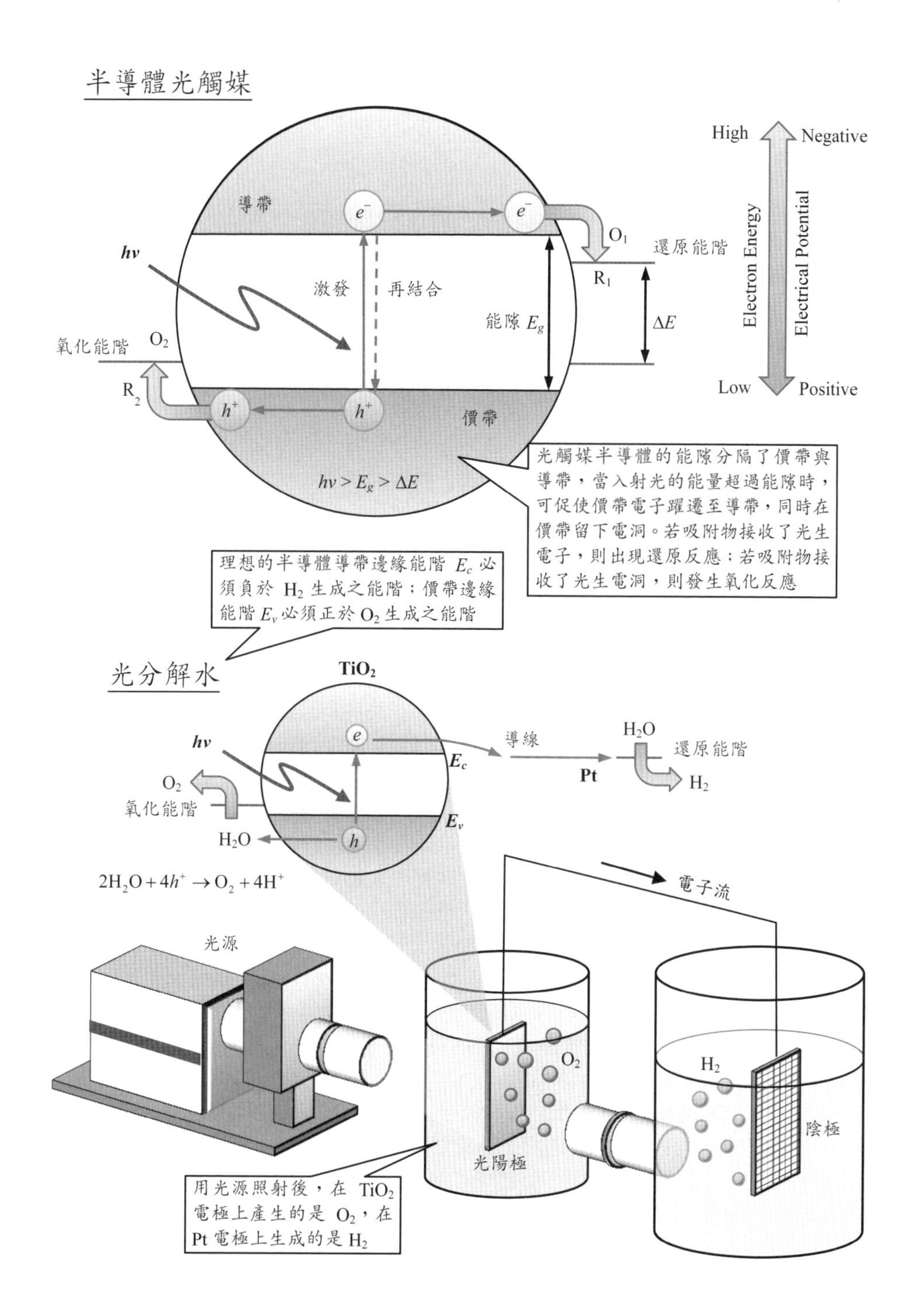
半導體光觸媒
High
Negative
Low
Positive
Electron Energy
Electrical Potential
導帶
e^-
e^-
O_1
還原能階
R_1
hv
激發
再結合
能隙 E_g
ΔE
氧化能階
O_2
R_2
h^+
h^+
價帶
$hv > E_g > \Delta E$
光觸媒半導體的能隙分隔了價帶與導帶，當入射光的能量超過能隙時，可促使價帶電子躍遷至導帶，同時在價帶留下電洞。若吸附物接收了光生電子，則出現還原反應；若吸附物接收了光生電洞，則發生氧化反應
理想的半導體導帶邊緣能階 E_c 必須負於 H_2 生成之能階；價帶邊緣能階 E_v 必須正於 O_2 生成之能階
光分解水
TiO_2
hv
e
導線
H_2O
還原能階
E_c
Pt
H_2
O_2
氧化能階
E_v
H_2O
h
$2H_2O + 4h^+ \rightarrow O_2 + 4H^+$
電子流
光源
O_2
H_2
陰極
光陽極
用光源照射後，在 TiO_2 電極上產生的是 O_2，在 Pt 電極上生成的是 H_2

4-7 電鍍銅

如何使器具呈現光澤？

伏打電池被發明後，立即吸引科學家投入研究電流產生的化學效應。在 1805 年，Allessandro Volta 的同事 Luigi Brugnatelli 首先發展出電鍍技術，成功地在銀板上鍍出黃金。幾年後，英國化學家 John Wright 發現使用 KCN 作爲電解質可以更有效地鍍出金或銀。在 1840 年，von Jacobi 利用酸性溶液電鍍銅的專利獲證，三年之後實際用於工業生產。後續鍍鎳、鍍鋅和鍍鉻等技術都被開發出來，促進了金屬工業的發展。除了單一金屬的電鍍，今日還可電鍍貴金屬合金、鋅銅合金（黃銅）、錫銅合金（青銅）或錫鉛合金等多種薄膜。電鍍不僅可以提供保護與美觀的效果，還可改善物件表面的機械特性、電磁特性、導熱特性、光學特性與抗蝕性，例如硬鉻鍍層可使工件更耐磨，錫鉛鍍層可減少滑動機械的摩擦，高錫青銅鍍層可以反光，鎳鈷鍍層可以導磁，碳銅鍍層有助於導熱，因而使電鍍製程成爲表面處理中不可或缺的步驟。甚至在電子工業中，會在印刷電路板（PCB）、積體電路（IC）或微機電（MEMS）的製程中使用電鍍，將銅塡入介孔或塡渠，形成導線。

一個完整的電鍍程序可分爲三大階段。第一階段屬於前處理，因爲工件表面的特性會影響鍍膜的附著性或結晶性，常見的步驟包含表面拋光、除油、浸蝕（pickling）與水洗。浸蝕的目標在於去除切削、研磨或沖壓等機械力量導致的表面破損區，以利於後續鍍層與底材之間形成金屬鍵。此外，金屬在某些高溫製程中，表面會出現氧化膜，甚至常溫時接觸空氣也會形成氧化層，都需藉由酸洗而去除。

第二階段爲電沉積，目前已在工業中應用的銅沉積程序包括氰化物鍍銅、酸性鍍銅、光澤鍍銅、三乙醇胺鍍銅、酒石酸鹽鍍銅、焦磷酸鹽鍍銅、乙二胺鍍銅、檸檬酸鹽鍍銅、HEDP（羥基乙叉二膦酸）鍍銅等。只有氰化物鍍液中的 CuCN 在解離後會形成一價銅，其他鍍液則形成二價銅，所以使用氰化物鍍液的沉積速率最快。另在鹼性氰化物鍍液中，容易形成錯離子，可增大陰極極化，使鍍膜細緻且附著良好，常用於電鍍其他金屬之前的打底。然而，氰化物鍍銅無法產生光澤性，故需加入光澤劑。另因氰化物爲劇毒，廢液或廢氣之處理成本高，爲其缺點。使用硫酸銅和硫酸的鍍液，電流效率高，沉積速率也快，而且鍍液穩定，可在常溫下進行，鍍膜之覆蓋能力佳，符合印刷電路板的通孔電鍍需求。酸性鍍液中還會加入適量的 Cl^-，以作爲陰極與 Cu^{2+} 間的橋樑，協助電子從陰極導向 Cu^{2+}，因而降低了活化過電位，且可減少鍍膜的內應力。焦磷酸銅（$Cu_2P_2O_7$）和焦磷酸鉀（$K_4P_2O_7$）的鹼性鍍液中，會產生錯離子，可以沉積出平滑且細緻的鍍膜，電流效率也足夠高，但沉積速率較慢，但焦磷酸根會發生水解而形成亞磷酸根，使鍍液劣化，降低沉積速率，並且破壞鍍層的附著性，所以後來開發出的HEDP鍍液，能與Cu形成錯離子，鍍膜效果接近氰化物溶液。

第三階段爲後處理，包含水洗、乾燥與塗漆。結束電沉積後，會取出物件移至水洗槽，以洗淨殘留的鍍液，然後用高壓氣流吹乾表面，或送入烘箱內乾燥。由於酸性鍍液沉積的鍍層內常會包含副反應生成的 H_2，這些殘留氣體會導致內應力，進而使鍍層劣化，所以透過烘箱中的乾燥，可以進一步去除 H_2。

電鍍銅

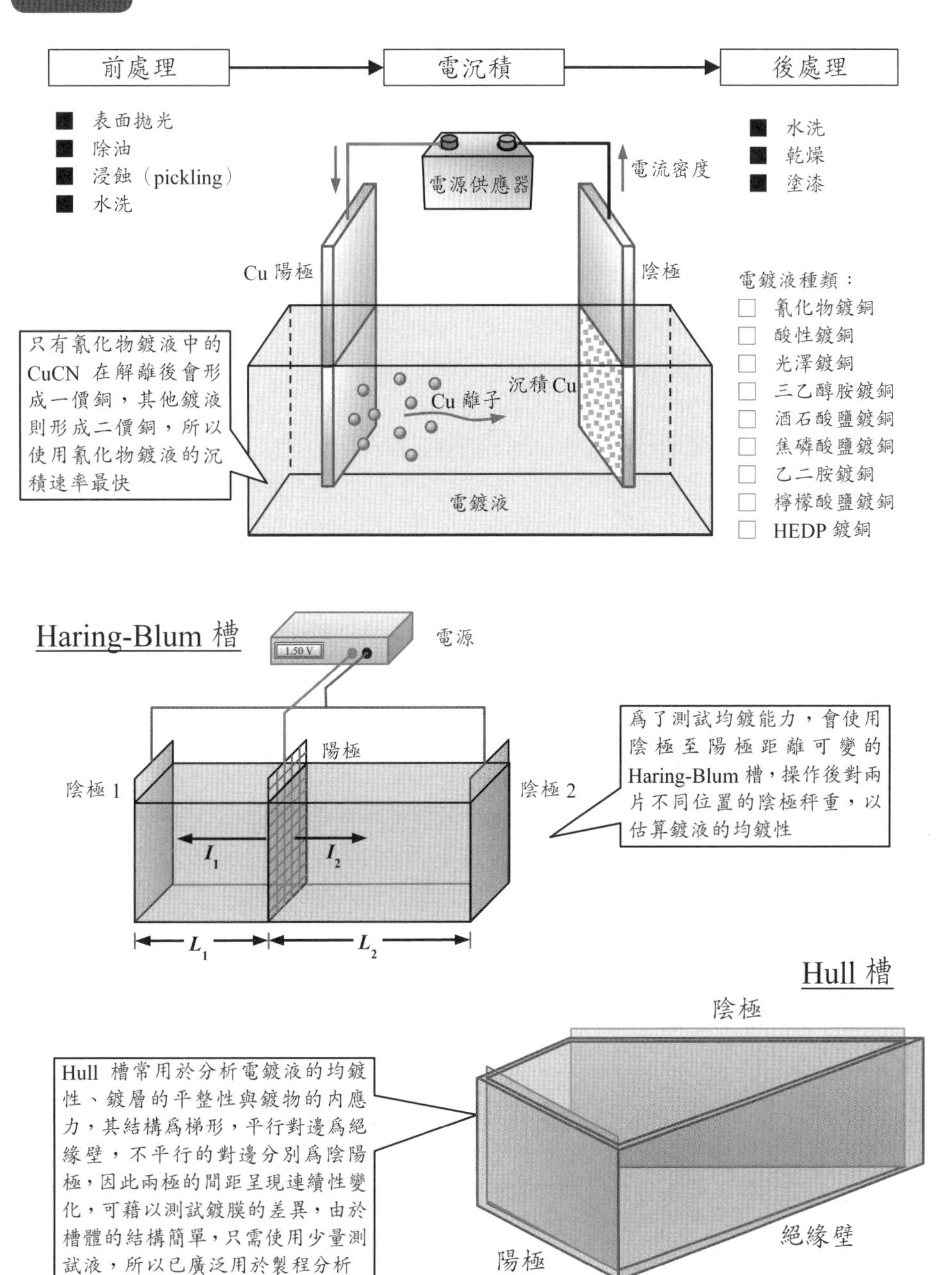
前處理
電沉積
後處理
表面拋光
除油
浸蝕（pickling）
水洗
電源供應器
電流密度
水洗
乾燥
塗漆
Cu 陽極
陰極
電鍍液種類：
氰化物鍍銅
酸性鍍銅
光澤鍍銅
三乙醇胺鍍銅
酒石酸鹽鍍銅
焦磷酸鹽鍍銅
乙二胺鍍銅
檸檬酸鹽鍍銅
HEDP 鍍銅
只有氰化物鍍液中的CuCN 在解離後會形成一價銅，其他鍍液則形成二價銅，所以使用氰化物鍍液的沉積速率最快
Cu 離子
沉積 Cu
電鍍液
Haring-Blum 槽
1.50 V
電源
陽極
陰極 1
陰極 2
I1
I2
L1
L2
爲了測試均鍍能力，會使用陰極至陽極距離可變的Haring-Blum 槽，操作後對兩片不同位置的陰極秤重，以估算鍍液的均鍍性
Hull 槽
陰極
Hull 槽常用於分析電鍍液的均鍍性、鍍層的平整性與鍍物的內應力，其結構爲梯形，平行對邊爲絕緣壁，不平行的對邊分別爲陰陽極，因此兩極的間距呈現連續性變化，可藉以測試鍍膜的差異，由於槽體的結構簡單，只需使用少量測試液，所以已廣泛用於製程分析
絕緣壁
陽極

4-8 電鑄

如何在器具上製作金屬圖案？

電鑄（electroforming）是 Moritz von Jacobi 於 1838 年發明的技術，首先應用在印刷業，所以也稱爲電鑄製版（electrotyping），後來擴展至裝飾品、雕像、仿製藝術品。早期的電鑄製品使用 Cu，之後則發展出 Ni 與 Fe，時至今日已應用於軍事、通訊、機電等精密產品中。

電鑄是指電沉積的金屬最後必須與基板分開，以大量製造形狀固定的產品。其中所用基板稱爲母模（mold），必須具有導電性，操作時作爲陰極，使鍍液中的陽離子於母模上還原，當鍍物的厚度到達目標時，隨即停止電鍍，並從母模上脫離，故其底部形狀應與母模的表面形狀相同。

進行電鑄時，希望鍍物能輕易地脫離母模，所得產物的內部結構與強度是重要的特性。另一方面，母模的特性格外重要，通常會用容易加工的材料來製成。有些母模只使用單次，有些可重複使用，因爲單次型在脫模時將被拆解、熔化或溶解，無法再用。母模也可採用石膏、石蠟或樹脂製成，但進行電鑄前，這些非金屬材料必須經過表面處理，產生導電性之後才能使用。製作導電層可採用乾式法或濕式法。乾式鍍膜藉由蒸鍍、濺鍍與離子鍍（ion plating）來完成，這三種方法都需要在眞空反應室內進行；濕式法透過化學鍍，母模會先置入 $SnCl_2$ 溶液以進行表面敏化，接著將吸附了 Sn^{2+} 的母模浸入含有 Ag^+ 或 Pd^{2+} 的溶液，使表面置換成 Ag 膜或 Pd 膜，最後再放入鍍液中，在表面成長出 Cu 膜或 Ni 膜。

電鑄的原理相同於電鍍，但所需時間較長，目標厚度較大，所以需要操作在更高的電流密度下，以提高生產速率，而且還要持續加熱與攪拌，另也需要使用過濾器來淨化鍍液，因爲鍍液的穩定性會直接影響鑄件的品質。在電鑄槽中，所使用的陽極必須由被鍍金屬組成，通電溶解後可以補充鍍液中損失的陽離子，但陽極的電流密度不宜過大，否則容易產生鈍化層。此外，爲了降低鑄件的表面粗糙度，常使用鑲嵌碳化矽磨料之不織布包覆陽極，再旋轉磨擦陰極，以去除突起物或樹枝狀物。由於不織布中含有許多孔隙，除了吸收鍍液，還可避免兩極短路。另一種做法則是在鍍液中添加硬質的陶瓷微粒，再藉由母模的振動或旋轉，使這些微粒撞擊陰極表面，以製作出平整的鍍物。

完成電鑄之後，將進行脫模作業，但鑄件的表面通常很粗糙，且稜邊可能會存在枝狀物，所以必須經過研磨後才能脫膜。脫膜時，會先從背面固定鑄件，再透過機械力、溫度變化或化學反應來脫離鑄件。形狀簡單的鑄件，可使用機械力脫膜，例如施力敲打或螺旋扭動。母模與金屬鑄件的熱膨脹係數如果差異夠大，則可透過加熱和冷卻的方法來脫膜。

電鑄銅

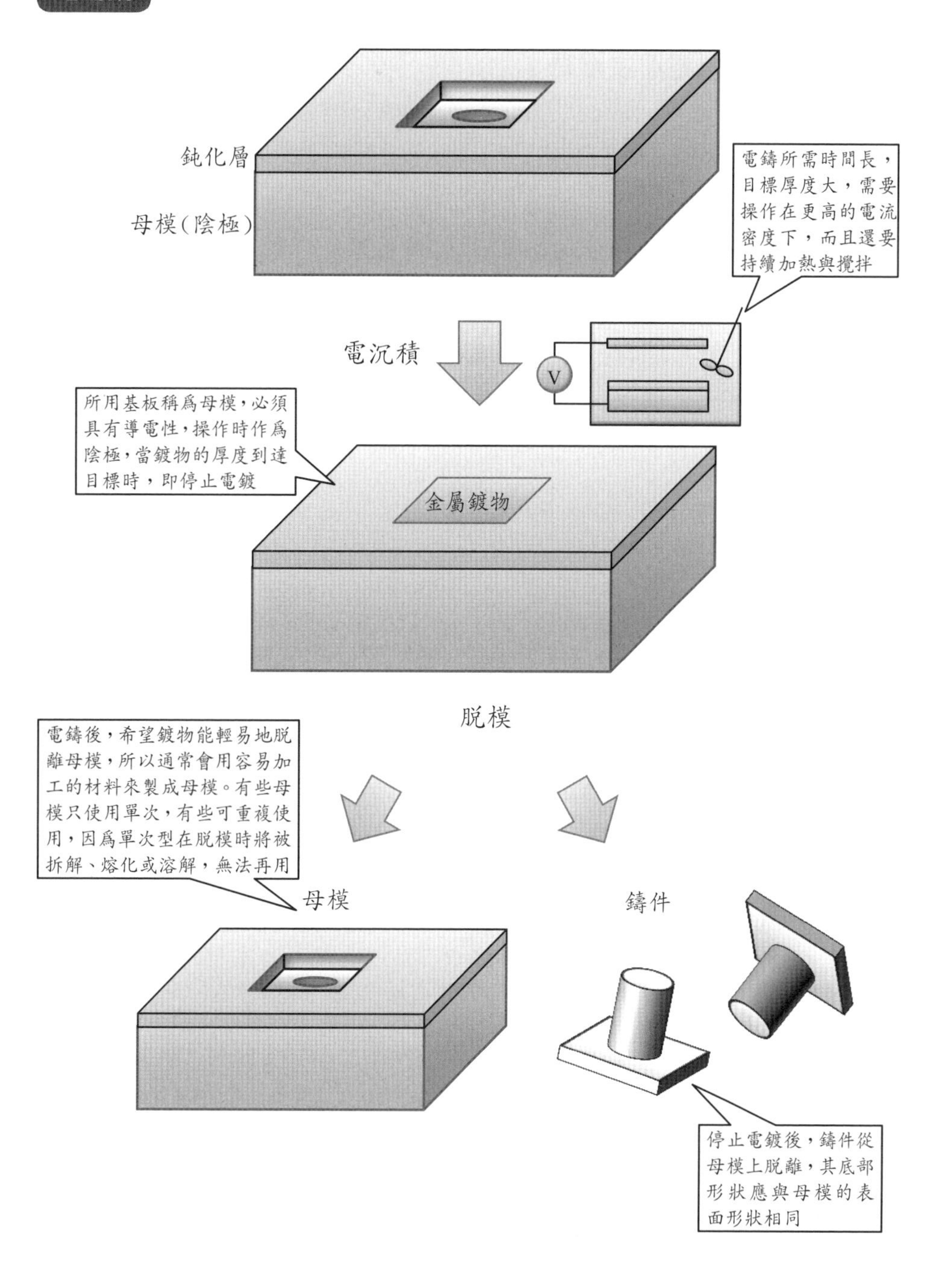
鈍化層
母模(陰極)
電鑄所需時間長，目標厚度大，需要操作在更高的電流密度下，而且還要持續加熱與攪拌
電沉積
V
所用基板稱爲母模，必須具有導電性，操作時作爲陰極，當鍍物的厚度到達目標時，即停止電鍍
金屬鍍物
脫模
電鑄後，希望鍍物能輕易地脫離母模，所以通常會用容易加工的材料來製成母模。有些母模只使用單次，有些可重複使用，因爲單次型在脫模時將被拆解、熔化或溶解，無法再用
母模
鑄件
停止電鍍後，鑄件從母模上脫離，其底部形狀應與母模的表面形狀相同

4-9 化學鍍鎳

在塑膠上也可以電鍍金屬嗎？

化學鍍也稱為無電鍍（electroless plating），亦即不需通電也可進行鍍膜的程序。在化學鍍中，引發陽離子還原的成分稱為還原劑，所進行的化學反應可表示為：陽離子＋還原劑→金屬＋氧化態產物，後者是指還原劑氧化後的生成物，仍溶於鍍液中。由此可知，只要參與反應的物種適當，使總反應的 $\Delta G < 0$，將成為自發反應，目前已開發的化學鍍膜包括 Ni、Cu、Co、Au、Ag 與 Pt 等。

在工業應用中，以化學鍍鎳最重要。典型的鍍液必須包含 Ni^{2+}、還原劑、錯合劑與穩定劑，其中的主鹽通常是 $NiSO_4$，常用的還原劑為次磷酸鈉（NaH_2PO_2）、硼氫化鈉（$NaBH_4$）、二甲基胺硼烷（$(CH_3)_2NHBH_3$，簡稱 DMAB）和肼（N_2H_4）。

化學鍍鎳的鍍膜並非純 Ni，可能含有 P、B 或 N，而且成膜的過程中會持續伴隨著 H_2 的生成，代表還原劑並非完全用於沉積 Ni。以 NaH_2PO_2 作為還原劑時，可能會發生以下反應：

$$Ni^{2+} + H_2PO_2^- + H_2O \rightarrow Ni + H_2PO_3^- + 2H^+ \qquad (4.17)$$

$$H_2PO_2^- + H_2O \rightarrow H_2PO_3^- + H_2 \qquad (4.18)$$

但這些反應卻無法解釋 Ni 膜中含有元素 P。後續由 Cavallotti 和 Salvago 指出化學鍍鎳的關鍵因素在於 Ni^{2+} 與 OH^- 的錯合。原本被水合的 Ni^{2+} 接觸 OH^- 後，水合層會逐漸被 OH^- 取代，形成吸附物 $Ni(OH)_{ad}$，接著再與 $H_2PO_2^-$ 反應，可得到 Ni 膜與 H_{ad}：

$$Ni(OH)_{ad} + H_2PO_2^- \rightarrow Ni + H_2PO_3^- + H_{ad} \qquad (4.19)$$

而 Ni 膜還會與 $H_2PO_2^-$ 反應，產生元素磷：

$$N + H_2PO_2^- \rightarrow Ni(OH)_{ad} + P + OH^- \qquad (4.20)$$

化學鍍雖然發展已久，但至今仍無法對其反應細節給予定論。儘管不同金屬的化學鍍非常類似，但無法使用同一套原理來描述，仍須依照金屬離子和還原劑的種類架構反應機制。

化學鍍鎳的溶液還含有機酸，作為錯合劑與緩衝劑，以防止 Ni^{2+} 形成沉澱物。常用的錯合劑包括單齒的醋酸（CH_3COOH）、丙酸（C_2H_5COOH）、丁二酸（$HOOC(CH_2)_2COOH$），雙齒的乙醇酸（$HOCH_2COOH$，羥基乙酸）、甘胺酸（NH_2CH_2COOH）、丙二酸（$HOOCCH_2COOH$）、乙二胺（$H_2NCH_2CH_2NH_2$），三齒的蘋果酸（$C_4H_6O_5$），以及四齒的檸檬酸（$C_6H_8O_7$）。這些錯合劑可透過其中的 O 原子或 N 原子與 Ni 配位，但也會與自由的 Ni^{2+} 達成平衡，其平衡常數稱為穩定常數 β（stability constant），其值愈大代表錯合物愈穩定，也代表鍍膜速率愈低。

由於無電鍍屬於自發性的反應，只要鍍液中存在膠體粒子，就會在溶液區內引發 Ni 的還原，所以鍍液會隨時間不斷分解，產生更多的 Ni 微粒，並且催化後續的分解。若要延長鍍液使用時間，可加入硫脲（$(NH_2)_2CS$）、碘酸根（IO_3^-）、Pb^{2+} 或順丁烯二酸（HOOCCH=CHCOOH）等穩定劑。

化學鍍

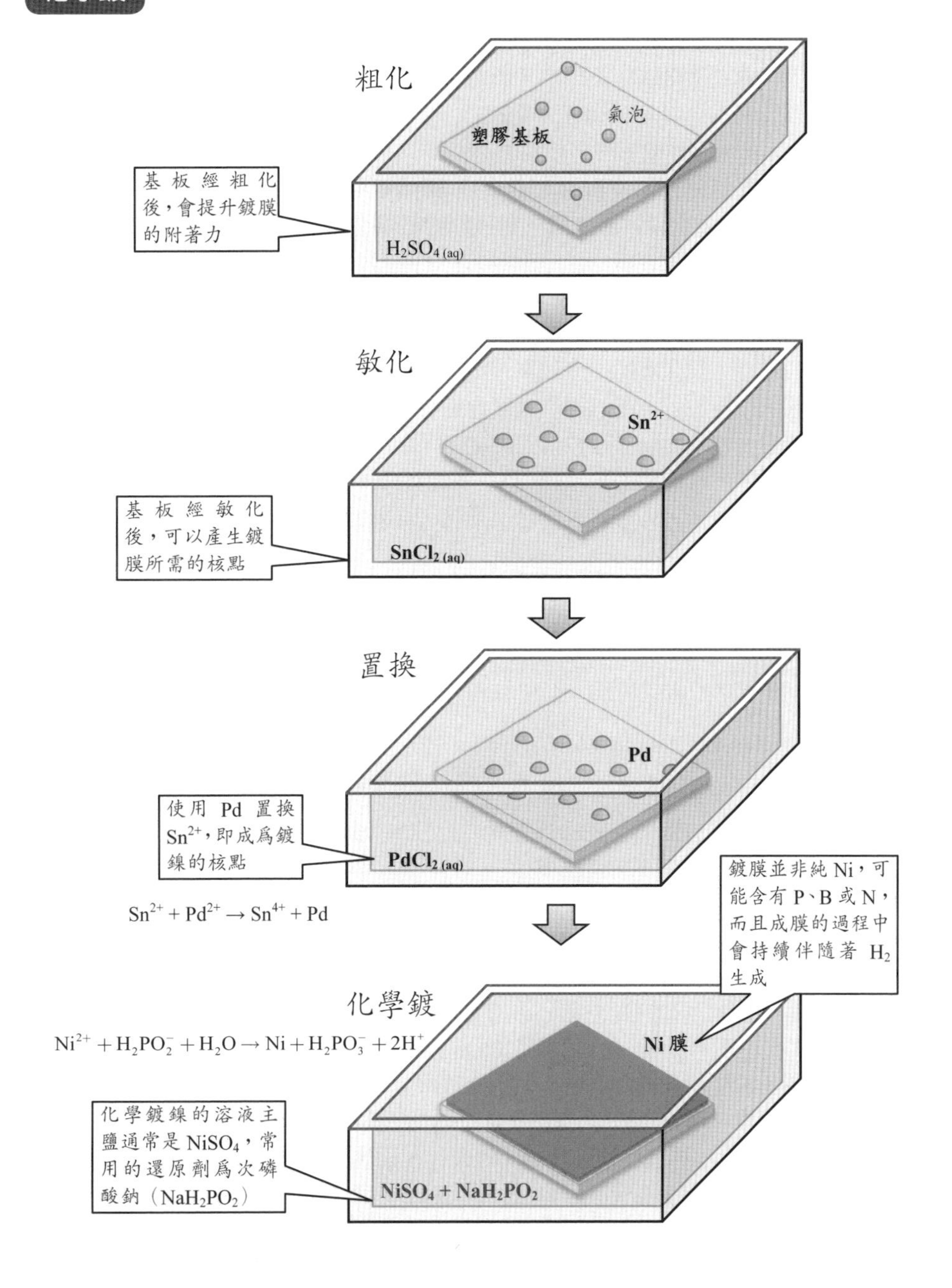

4-10 陽極氧化鋁

鋁為何不會持續腐蝕？

陽極氧化法最常用於鋁，因爲氧化鋁的覆蓋性佳，具有極佳的保護性。若將鋁浸泡於 Na_2CO_3 溶液或 H_2SO_4 溶液中，也可在表面產生一層氧化膜，但其保護力有限。若欲提升保護力，唯有使用陽極氧化法才能有效成長出厚度適宜的氧化膜。

進行陽極氧化時，常使用 H_2SO_4、$H_2C_2O_4$（草酸）、H_2CrO_4（鉻酸）、H_3BO_3（硼酸）或 H_3PO_4（磷酸）等電解液。使用 H_2SO_4 時，氧化膜較厚，抗蝕力較強，且成本較低，所以獲得廣泛應用；使用 $H_2C_2O_4$ 時，雖然成本較高，但氧化膜具有顏色；使用 H_2CrO_4 時，雖然氧化膜較薄，但具有良好的絕緣性；使用 H_3BO_3 時，氧化膜的介電常數較高，可應用於電容器。

陽極氧化程序所需陰極材料爲 Pb 或不鏽鋼，標準的反應是產生 H_2，通常的氧化時間少於 60 分鐘，因爲時間過長會導致孔洞擴大與硬度降低。以 H_2SO_4 型的電解液爲例，若濃度較低時，氧化膜的硬度較高，但濃度較高時，氧化膜的孔隙密度高且較具彈性。由於鋁氧化會放熱，所以操作溫度會影響氧化膜的品質。在較高的溫度下，氧化膜的成長較慢，質地偏軟；在較低的溫度下，則可得到較硬的氧化膜。此外，施加的電流密度過高時，雖然會增加成膜速率，但也會導致熱量難以排出，因而促進了逆反應，使膜厚增加緩慢，爲了有效排除反應熱，必須促進電解液流動，或採用熱交換器。

在酸性環境中，形成氧化膜的反應可表示爲：

$$2Al + 3O^{2-} \rightarrow Al_2O_3 + 6e^- \quad (4.21)$$

其中的 O^{2-} 可能來自於水或酸根。但在 H_2SO_4 中，所形成的氧化物可能被溶解：

$$Al_2O_3 + 3H_2SO_4 \rightarrow Al_2(SO_4)_3 + 3H_2O \quad (4.22)$$

因此，氧化膜的成長是發生在氧化與溶解的競爭中，其成長速率不能完全從法拉第定律估計。而且有些配方對氧化物的溶解能力太強，不適合用在 Al 的陽極氧化製程，$H_2C_2O_4$、H_2CrO_4 或 H_3BO_3 的溶解力較弱，適合加入電解液中。

所形成的氧化膜是由兩部分組成，在接近 Al_2O_3/Al 界面之處爲緻密的無水氧化層，一般稱爲阻擋層，其厚度約爲 0.01～0.10 μm。阻擋層上覆蓋了多孔層，其孔洞筆直、尺寸固定，且常以六角形的槽室均勻排列，而且每個槽室的中央具有一個圓孔，調整製程參數可控制圓孔的孔徑和分布密度，分布範圍約從每 1 cm^2 中包含 10^9 個到 10^{12} 個孔洞，孔徑則可從 10 nm 變化到 300 nm。在定電壓操作下，若陽極氧化能達到穩定態，阻擋層厚度將會維持定值，而多孔層厚度則可隨時間增加。在特定條件下生成的規律孔洞薄膜，稱爲陽極氧化鋁（anodic aluminum oxide，簡稱 AAO），所得到的 AAO 可作爲模板，再透過轉印技術即能製作規則排列的奈米材料。

由於氧化鋁能與底材緊密結合，因此大幅提升了耐蝕性、耐磨性與隔熱性。表面的多孔層則另有用途，例如作爲微製造技術的模板，或浸於有色染料中，使染料留存在孔洞內，進而美化工件，有時也可使用黑色染料作爲抗反射應用，此法稱爲電解著色。

陽極氧化鋁

所形成的氧化膜是由兩部分組成，在接近 Al_2O_3/Al 界面之處爲緻密的無水氧化層，一般稱爲阻擋層，其厚度約爲 0.01～0.10 μm。阻擋層上覆蓋了多孔層，其孔洞筆直、尺寸固定，且常以六角形的槽室均勻排列，而且每個槽室的中央具有一個圓孔，調整製程參數可控制圓孔的孔徑和分布密度

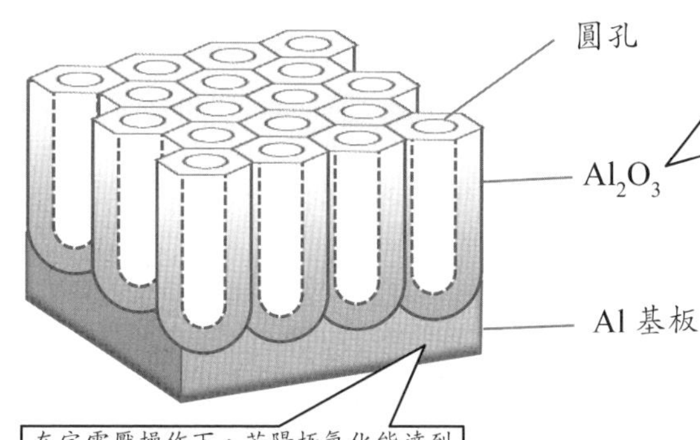

在定電壓操作下，若陽極氧化能達到穩定態，阻擋層厚度將會維持定值，而多孔層厚度則可隨時間增加。在特定條件下生成的規律孔洞薄膜，稱爲陽極氧化鋁（AAO），所得到的AAO可作爲模板，再透過轉印技術即能製作規則排列的奈米材料

陽極氧化所需要的 O 雖可來自 H_2O，但因 H_2O 的解離度低，故 O^{2-} 必須來自含 O 的酸根。陽極氧化反應通常發生在多質子酸中，例如 H_2SO_4、$H_2C_2O_4$ 或 H_3PO_4，因爲多質子酸可解離出多價酸根，使 H_2O 分子與其產生氫鍵，進而造成 O-H 鍵斷裂

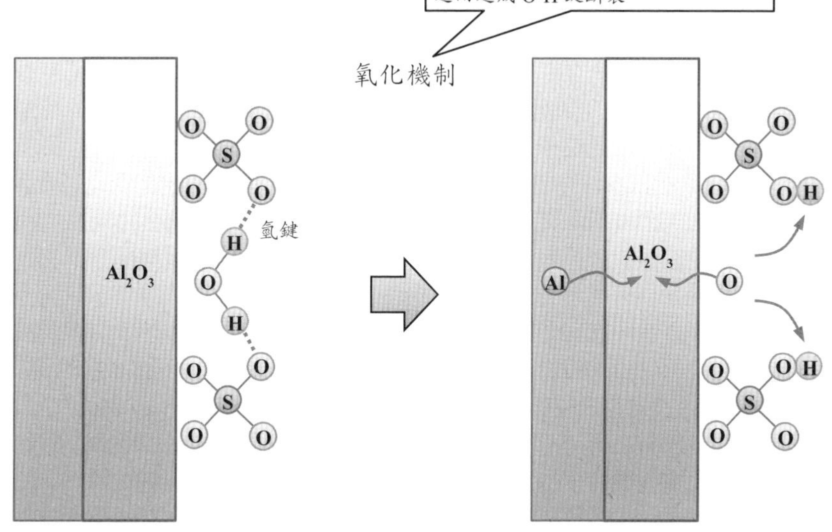

4-11 電泳沉積

如何沉積陶瓷材料於金屬表面上？

在金屬加工業中，常使用電泳沉積（electrophoretic deposition，簡稱 EPD）處理物件的表面，因為電場可引導帶電膠體顆粒附著在電極表面，又常稱為電泳塗漆（electrophoretic painting）。電泳沉積法主要用於陶瓷材料成膜，金屬或高分子材料亦可，近年來已廣泛應用於製作半導體、生醫、能源、機械、防蝕、耐熱材料，採用此法可以形成多孔薄膜，也可形成緻密薄膜，即使形狀複雜的物件也能加工。電泳沉積的設備簡單，材料利用率高，成膜速率快，操作程序可自動化，而且可使用水作為溶劑，能減少環境危害，比有機溶劑的塗漆製程更安全。

俄國物理學家 Reuss 於 1808 年從通電的黏土漿料中發現，分散或溶解於液體中的膠體粒子與極性分子互相接觸時，會產生表面電荷而形成帶電物，之後受電場作用而移動，稱為電泳。進行電泳的顆粒將被電極阻擋，並在其表面凝聚而堆積成膜，此即電泳沉積。自 1917 年，通用電氣公司取得全世界第一個電泳沉積的專利後，工業應用陸續出現。至 1960 年代，福特汽車公司已將此技術用於汽車工業。

使用 DLVO 理論可說明兩粒子的間距對相互作用力之關係，此理論是由 Boris Derjaguin、Lev Landau、Evert Verwey 和 Theodoor Overbeek 於 1940～1948 年所提出。當兩個膠體粒子互相接近時，除了出現凡德瓦力（Van der Waals force）而導致吸引，也存在靜電庫倫力（Coulombic force）而導致排斥，當兩者靠近到彼此的電雙層互相重疊時，排斥力會顯著提升。若吸引力仍然較強，兩顆膠體會凝聚；若排斥力較強，兩者會維持在溶液中。這兩顆膠體的總位能在相距 1～4 nm 時會出現最大值，形成能障（energy barrier），大約在 5 nm 附近則會出現極小值。通常增加電解質濃度或調整 pH 值，可以降低表面電荷密度並縮小能障，使膠體更易凝聚。此理論也可用於解釋施加電場後，膠體粒子將受到電泳力（electrophoetic force）而移往電極，當電泳力遠大於彼此間的排斥力時，粒子即可跨越能障而堆積成膜。

電泳沉積可在有機溶劑或水中進行，可用的有機溶劑包括醇類與酮類。在水溶液中，常使用環氧樹脂、醇酸樹脂與丙烯酸樹脂等水溶性成分，這些聚合物含有高親水性的基團，在氨水或有機酸中擁有高溶解度。之後將電極浸入，於兩電極間施加直流電場，使帶電膠體粒子沿著電場方向移動，最終沉積在電極上形成鍍層。在製程上可分為陽極沉積和陰極沉積，前者的膠體顆粒帶負電，工件放在陽極；後者的膠體顆粒帶正電，工件放在陰極。例如帶有羧基（$-COOH$）的樹脂膠體屬於陽極塗料，帶有胺基（$-NH_2$）的樹脂膠體則為陰極塗料。電泳沉積的操作電壓約在 40～250 V 之間，電壓較高時，沉積速率快，但速率過快時所得薄膜容易含有孔洞，過慢時薄膜的均勻性不佳。沉積之後還需要烘烤，主要的目的是去除水分，並使樹脂交聯。

陰極電泳沉積所得薄膜的品質比陽極沉積者更好，而且將工件置於陰極不會發生氧化或溶解。目前已開發出的塗料包括環氧樹脂、丙烯酸樹脂和聚胺脂，它們都可以提供優於陽極沉積膜的抗蝕性，而且還能為工件上色，現已用於首飾、鐘錶、眼鏡、汽車鋼圈、家具、廚具或電子產品外殼等金屬製品上。

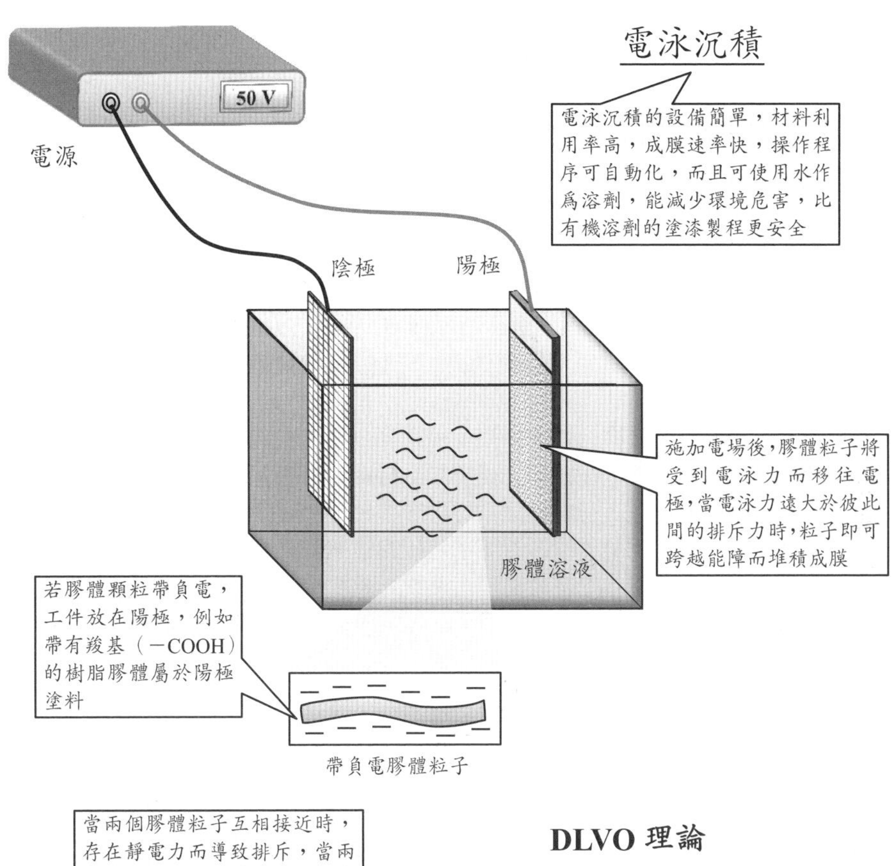

電泳沉積
電泳沉積的設備簡單，材料利用率高，成膜速率快，操作程序可自動化，而且可使用水作爲溶劑，能減少環境危害，比有機溶劑的塗漆製程更安全
50 V
電源
陰極
陽極
施加電場後，膠體粒子將受到電泳力而移往電極，當電泳力遠大於彼此間的排斥力時，粒子即可跨越能障而堆積成膜
膠體溶液
若膠體顆粒帶負電，工件放在陽極，例如帶有羧基（－COOH）的樹脂膠體屬於陽極塗料
帶負電膠體粒子

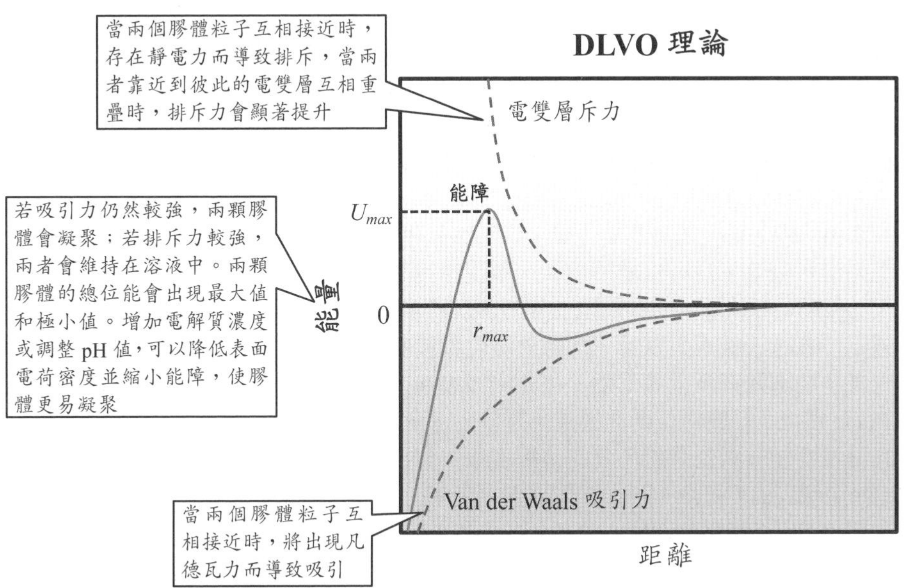

DLVO 理論
當兩個膠體粒子互相接近時，存在靜電力而導致排斥，當兩者靠近到彼此的電雙層互相重疊時，排斥力會顯著提升
電雙層斥力
能障
U_{max}
若吸引力仍然較強，兩顆膠體會凝聚；若排斥力較強，兩者會維持在溶液中。兩顆膠體的總位能會出現最大值和極小值。增加電解質濃度或調整 pH 值，可以降低表面電荷密度並縮小能障，使膠體更易凝聚
能量
0
r_{max}
Van der Waals 吸引力
當兩個膠體粒子互相接近時，將出現凡德瓦力而導致吸引
距離

4-12 電解拋光

如何亮化金屬的表面？

進行電解拋光（electrolytic polishing）的金屬工件必須連接至電源的正極，並且浸泡在合適的電解液中。施加適當的電壓後，可開始處理表面，金屬表面將逐漸平坦化或亮化，因而稱爲電解拋光，也常稱爲電化學拋光（electrochemical polishing）。除了表面平整之外，電解拋光還可降低摩擦係數，提升抗蝕性，增加磁性材料的磁導率。此構想首次出現於 1911 年的俄羅斯專利中，後於 1930 年代，法國的 Jacquet 研究銅的表面處理，成爲現代電解拋光技術的先驅。自 1970 年代起，電解拋光成爲金屬加工中的基本程序。

發展至今的電解拋光技術已可應用在多種金屬，例如汽車工業中的裝修作業，在製藥工業中的容器表面處理，在醫學工程中的器材用具或植入物的平滑化，在化工或電子製程中的管件表面處理，在材料分析時用於金相分析顯微技術，皆可透過電解拋光達到平滑與美觀之目的。上述情形若使用傳統的機械研磨，容易在表面留下刮痕或在內部殘存應力，因此不適合處理大面積工件或極細微結構。相反地，電解拋光程序並無施加應力，只有結合電學和化學作用，故能突破傳統加工的精度限制，達到次微米以下的平整品質。

電解拋光的原理在於氧化溶解，當電壓施加於工件時，表面會逐漸溶解，若能控制表面凸處的去除速率大於凹處的速率，隨著時間，凹凸兩區的高度差將會縮減，進而改善表面的平坦度。程序中會使用高濃度的酸液，操作時無需攪拌，兩極間距不小於 1 cm，並操作在低電流密度下。拋光的效果將以表面粗糙度（surface roughness）作爲判斷指標，當表面粗糙度超過 1 μm 時，主要進行表面整平（levelling）；當表面粗糙度低於 1 μm 時，則進行亮化（brightening）。

電解拋光的機制可使用極化曲線來說明，當施加電位加大時，電流密度會逐漸到達最大值，此時金屬持續溶解成陽離子，屬於活化（active）狀態，但表面累積了陽離子後，將導致質傳限制，迫使電流密度下降，稱爲過活化（trans-active）狀態，此時的表面可能附著金屬鹽或氧化層，皆稱爲鈍化層，會減少金屬與溶液的接觸面積，因而降低了電流。當電位繼續加大，電流密度將減低至更小的數值，代表工件進入鈍化（passive）狀態，直到電位上升至某個特定點，電流才又顯著加大，此範圍稱爲過鈍化（trans-passive）狀態，此時會發現大量 O_2 產生，但也有可能沒有氣泡出現，因爲某些金屬擁有多重氧化態，在此階段會產生高價氧化膜。鈍化區的起點電位稱爲 Flade 電位，終點電位稱爲過鈍化電位，這兩者不只相關於金屬種類，也會隨著溶液的特性而變。活化狀態形成的溶解現象，無法整平輕微的表面起伏，但在鈍化狀態中，金屬表面可逐漸平滑，並使表面更光亮。前述的鈍化層是指抑制表面溶解的區域，有一些研究稱爲黏滯層，另有一些則視爲擴散層，不一定是氧化物薄膜。但無論其形式，電解拋光的效果主要取決於鈍化層的分布。若凸起區的鈍化層較薄，將使金屬離子的擴散較容易，所以溶解較快；相反地，凹陷區的鈍化層較厚，溶解得較慢，致使兩區的高度差逐漸縮小，最終產生微觀平坦的表面。

電解拋光

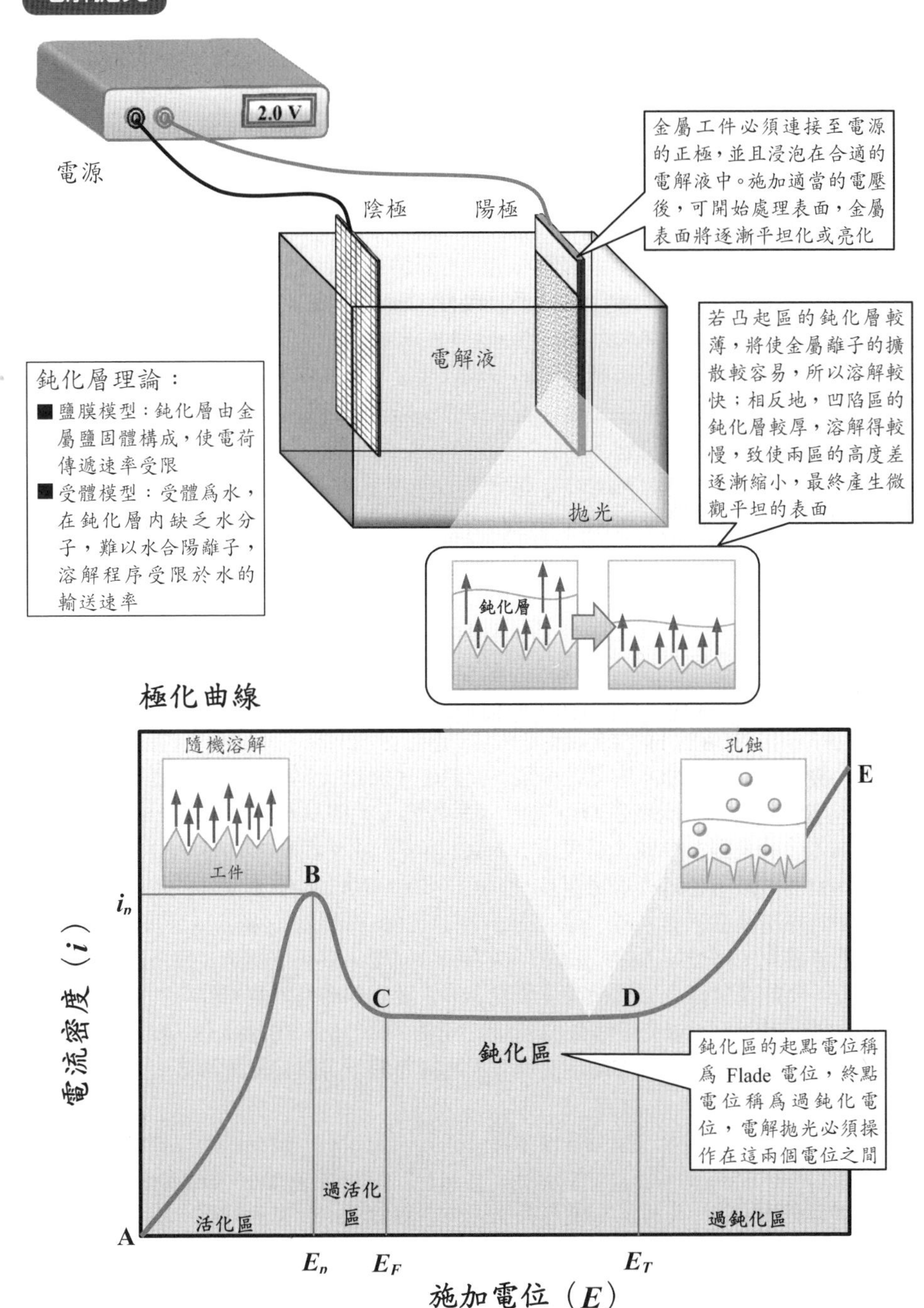

2.0 V
電源
陰極
陽極
金屬工件必須連接至電源的正極，並且浸泡在合適的電解液中。施加適當的電壓後，可開始處理表面，金屬表面將逐漸平坦化或亮化
電解液
拋光
若凸起區的鈍化層較薄，將使金屬離子的擴散較容易，所以溶解較快；相反地，凹陷區的鈍化層較厚，溶解得較慢，致使兩區的高度差逐漸縮小，最終產生微觀平坦的表面
鈍化層
鈍化層理論：
■鹽膜模型：鈍化層由金屬鹽固體構成，使電荷傳遞速率受限
■受體模型：受體爲水，在鈍化層內缺乏水分子，難以水合陽離子，溶解程序受限於水的輸送速率
極化曲線
隨機溶解
工件
孔蝕
A
B
C
D
E
i_n
電流密度（i）
鈍化區
鈍化區的起點電位稱爲 Flade 電位，終點電位稱爲過鈍化電位，電解拋光必須操作在這兩個電位之間
活化區
過活化區
過鈍化區
E_n
E_F
E_T
施加電位（E）

4-13 電化學加工

如何在金屬表面鑽出微孔？

電化學加工（electrochemical machining，簡稱 ECM）是透過電解去除工件中部分材料的程序，此工件必須連接至電源的正極，而且需要另一個連接負極的導體作為刀具，再依加工之目的，完成穿孔、擴孔、去毛刺、蝕刻、切割、銑削等製程。操作時，兩極會通以直流電，電壓通常設定在 6～24 V，兩極間距介於 0.1～1.0 mm，其縫隙內有電解液流通，此液流可帶走溶出的金屬離子、陰極生成的氫氣和反應產生的熱量。另一方面，陰極刀具會以定速靠近陽極，典型的移速約為 0.02 mm/s。隨著陰極逐漸接近，陽極的表面將會溶解成互補陰極的形狀。

電化學加工所需電解液是影響良率的關鍵因素之一，其中的成分不能導致工件表面腐蝕或鈍化，而且導電度要足夠高，所以中性鹽類溶液比較適合，少數情形才會使用酸性或鹼性溶液。以鋼鐵加工為例，常用的電解液為氯化鈉（NaCl）溶液、硝酸鈉（$NaNO_3$）溶液或氯酸鈉（$NaClO_3$）溶液。若使用 NaCl 溶液加工時，工件發生鐵的溶解，而 NaCl 幾乎不消耗，只負責提高導電度，所以可循環使用。若改用 $NaClO_3$ 作為電解質，則會促使鐵的表面鈍化，因為 $NaClO_3$ 屬於強氧化劑。為了能夠有效去除工件的表面物質，施加電壓必須控制在過鈍化區。此操作方法的優點是加工區與非加工區的溶解速率具有明顯差異，因為非加工區會受到鈍化膜保護，其電場強度遠小於加工區，所以能提升加工精度。然而，在相同的電流密度下，$NaClO_3$ 溶液提供的溶解速率大約只有 NaCl 溶液的一半，因為工件的表面受到鈍化層的阻礙。此外，$NaClO_3$ 會將初次生成的 Fe^{2+} 再氧化成 Fe^{3+}，因此在加工後，$NaClO_3$ 將會耗損，不同於 NaCl 溶液。使用 $NaNO_3$ 也可以導致表面鈍化，所以操作電壓也必須提高到過鈍化區，所以加工時陽極可能產生 O_2，電流效率較低，大約只有 25～28%，但透過鈍化作用，加工後的表面較平整，精度優於 NaCl 溶液。雖然使用 $NaNO_3$ 或 $NaClO_3$ 可以得較高的精度，但兩者的成本明顯高於 NaCl 溶液。由於 NaCl 對工件的腐蝕性較大，所以實用時添加濃度不能太高，而 $NaNO_3$ 和 $NaClO_3$ 的腐蝕作用較小，可以再提高濃度，但用於擴孔、拋光或去除毛刺時可採用較低濃度。這些電解液在實用時還會添加其他成分，例如磷酸鹽、硫酸鹽或溴酸鹽等，主要的效應是調整工件表面的活化與鈍化狀態，例如在 NaCl 溶液中常會加入抑制溶解的添加劑，在 $NaNO_3$ 溶液或 $NaClO_3$ 溶液中則加入促進溶解的添加劑。然而，過度複雜的配方無益於電解液的維護與循環使用。

陰極雖為刀具，但卻可以採用軟性金屬，其唯一要求是不能腐蝕，以便維持固定形狀。陰極的移動速度須搭配工件的溶解速度，若工件溶解變慢時，需要調降陰極的速率，以避免發生短路。工件溶解變慢的原因包括濃度極化或表面鈍化，增加電解液的流速應可解決前者的問題，但後者發生時則需要調整施加電壓。

電化學加工

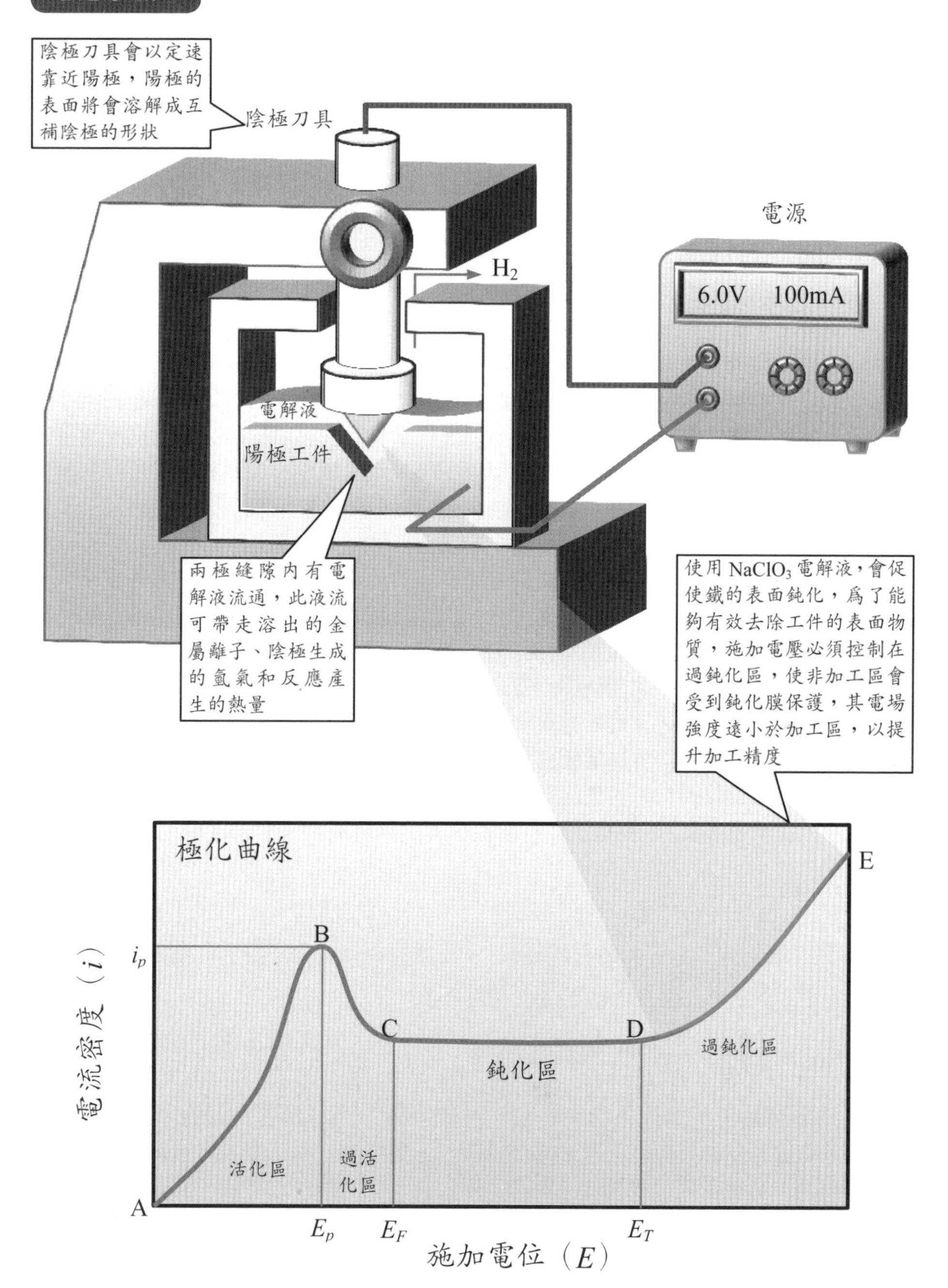
陰極刀具會以定速靠近陽極，陽極的表面將會溶解成互補陰極的形狀
陰極刀具
電源
6.0V 100mA
H_2
電解液
陽極工件
兩極縫隙內有電解液流通，此液流可帶走溶出的金屬離子、陰極生成的氫氣和反應產生的熱量
使用 $NaClO_3$ 電解液，會促使鐵的表面鈍化，爲了能夠有效去除工件的表面物質，施加電壓必須控制在過鈍化區，使非加工區會受到鈍化膜保護，其電場強度遠小於加工區，以提升加工精度
極化曲線
電流密度（i）
i_p
A
B
C
D
E
活化區
過活化區
鈍化區
過鈍化區
E_p
E_F
E_T
施加電位（E）

4-14 腐蝕防制

金屬的腐蝕應該如何防止？

金屬腐蝕是不可輕忽的議題，因為腐蝕至少會帶來三種負面效應，第一種是材料消耗造成的經濟損失，第二種是設備零件損壞造成的安全危害，第三種是水與能源浪費造成的環境衝擊。在 1824 年，英國化學家 Davy 提出陰極保護法，使用鋅來保護銅製船舶，以防止海水腐蝕。1830 年代，Faraday 探討了鐵的表面鈍化現象，同期的 de la Rive 則提出了腐蝕電池的理論。1903 年，Whitney 開啓了腐蝕電化學的領域。1932 年，Evans 透過實驗奠定了腐蝕電化學的理論基礎。1938 年，Pourbaix 則使用熱力學數據繪製大部分金屬的電位－酸鹼值圖，使腐蝕現象的立論更明確。

若金屬周圍的環境含有電解液，金屬可能發生氧化，形成陽離子並釋出電子，而電解液中若有氧化劑可接收此電子，將會生成還原反應的產物，常見的情形為鋼鐵在水中腐蝕，此情形稱為電化學腐蝕。雖然出現電化學腐蝕的區域很微小，但在理論上，仍可區分出陽極區與陰極區，如同電化學池一般，只是兩電極以短路方式相接，無法使用電錶測量腐蝕產生的電流。依據腐蝕發生的場所，可區分為自然環境腐蝕與工業環境腐蝕，前者包括大氣、海水與土壤中的腐蝕。

為了評估腐蝕的嚴重性，需要量化腐蝕速率。對於小體積的金屬，可用秤重法來估計，從失去的材料重量與經歷的時間可計算出腐蝕速率。因為腐蝕程序比常見的化學反應慢，所以常用的時間單位為小時、日或年等，常用的腐蝕速率單位則為 $g/m^2 \cdot h$ 等。當材料的密度固定，總面積亦固定時，腐蝕速率得以採用厚度減少速率來表達，此時的單位將成為 mm/year 等，在歐美國家則常用 mil/year（簡稱 mpy）。

然而，有些金屬腐蝕後會形成固態氧化物，以秤重法估計腐蝕速率不準確，而且船艦或建築等對象難以秤重，必須另尋測量方法。由於透過電化學分析法可以直接預估金屬腐蝕的電流密度 i_{corr}，再藉由法拉第定律即可換算成重量損失速率 r_{corr}：

$$r_{corr} = \frac{\Delta W}{\Delta t} = \frac{M i_{corr} A}{nF} \tag{4.23}$$

其中 M 為金屬的分子量，A 為金屬面積，n 為參與反應的電子數，F 為法拉第常數。若已知金屬密度為 ρ，還可求得厚度減少速率 $\mathbf{v}_{corr}$：

$$\mathbf{v}_{corr} = \frac{\Delta W}{\rho A \Delta t} = \frac{M i_{corr}}{nF\rho} \tag{4.24}$$

為了防制腐蝕，目前採用的策略包括系統設計、表面覆蓋、改變環境、改變電位。因為金屬器具如果擁有接縫、異質接面、流體運動、內部應力與殘留水分，都容易導致腐蝕，必須避免這些設計。對於金屬表面，使用顏料、塗漆、油脂或金屬，可以隔離水或氧氣等腐蝕劑，達到基本的腐蝕防制。但對於周邊的環境，還需要除去水、氧氣、鹽類與酸鹼等腐蝕劑，或在環境中添加鈍化劑與腐蝕抑制劑，以隔絕腐蝕劑，阻礙腐蝕的進行。若對金屬系統施加電位，可使金屬成為陽極，產生鈍化層以保護金屬，稱為陽極保護法；也可使金屬成為陰極，進行還原反應而避免氧化，稱為陰極保護法。

金屬腐蝕

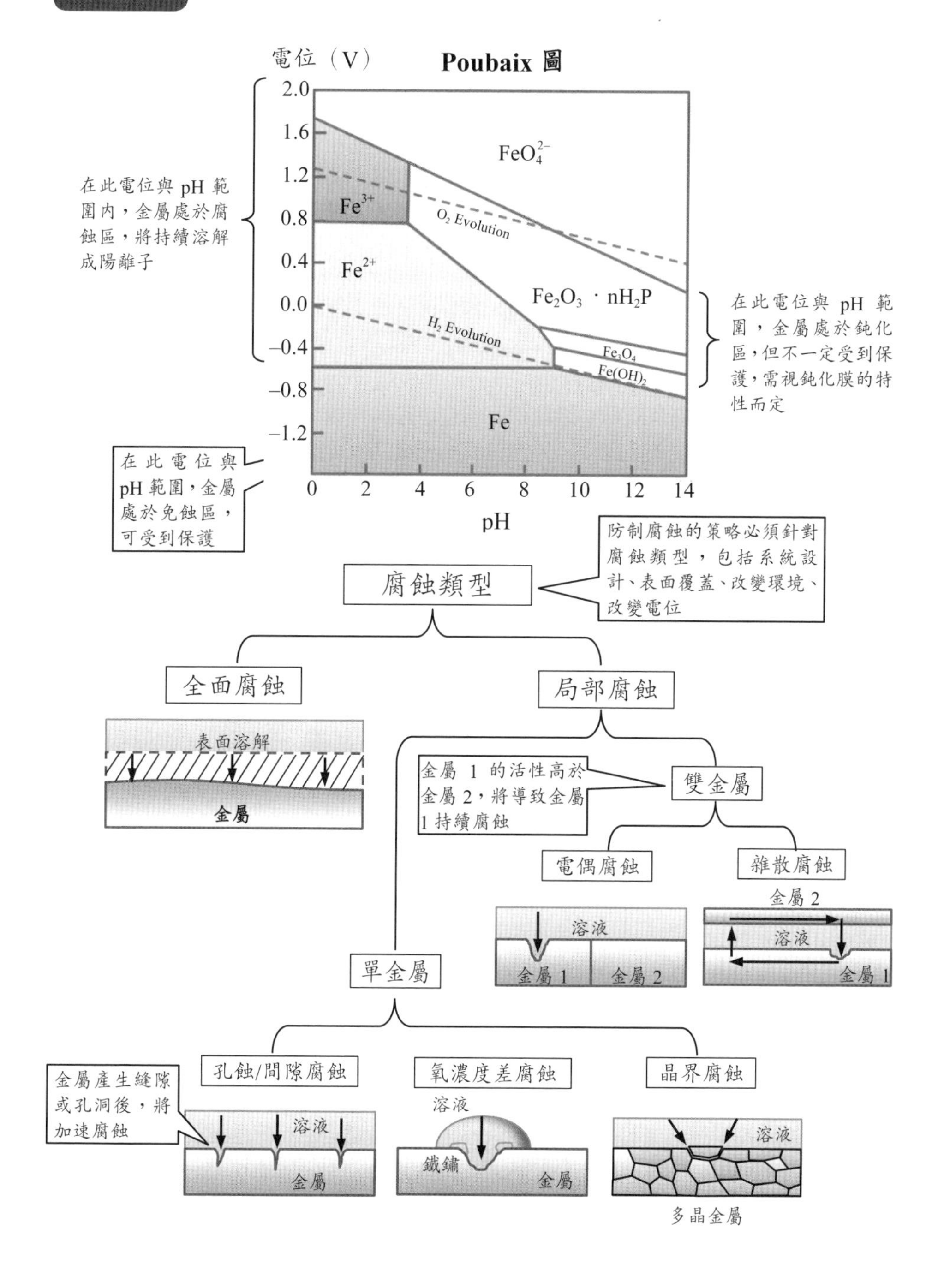

電位（V）
Poubaix 圖
2.0
1.6
1.2
0.8
0.4
0.0
−0.4
−0.8
−1.2
FeO_4^{2-}
Fe^{3+}
O_2 Evolution
Fe^{2+}
$Fe_2O_3 \cdot nH_2P$
H_2 Evolution
Fe_3O_4
$Fe(OH)_2$
Fe
0 2 4 6 8 10 12 14
pH
在此電位與 pH 範圍內，金屬處於腐蝕區，將持續溶解成陽離子
在此電位與 pH 範圍，金屬處於鈍化區，但不一定受到保護，需視鈍化膜的特性而定
在此電位與 pH 範圍，金屬處於免蝕區，可受到保護
防制腐蝕的策略必須針對腐蝕類型，包括系統設計、表面覆蓋、改變環境、改變電位
腐蝕類型
全面腐蝕
表面溶解
金屬
局部腐蝕
金屬 1 的活性高於金屬 2，將導致金屬 1 持續腐蝕
雙金屬
電偶腐蝕
雜散腐蝕
溶液
金屬 1
金屬 2
金屬 2
溶液
金屬 1
單金屬
孔蝕/間隙腐蝕
氧濃度差腐蝕
晶界腐蝕
金屬產生縫隙或孔洞後，將加速腐蝕
溶液
金屬
溶液
鐵鏽
金屬
溶液
多晶金屬

4-15 陽極保護法

如何利用金屬鈍化膜防止腐蝕？

陽極保護是指金屬被施加了電位之後，強制成爲陽極。雖然金屬發生腐蝕的時候也扮演陽極，但陽極保護法卻是利用金屬在高電位下可以鈍化的原理，藉此抑制腐蝕。由於金屬的陽極極化曲線可分成多個區域，當施加電位往正向提高時，將依序經歷活化區、過活化區、鈍化區和過鈍化區，之後則會轉變成電解水的反應。要使用鈍化膜來保護金屬，必須控制金屬的電位落於鈍化區。然而，電位過高有可能誘發孔蝕，所以陽極保護法的外加電位必須依據極化曲線。從測得的數據可先推測孔蝕電位 E_{pit}，所以外加電位不得超過 E_{pit}。再者，測量極化特性時，常將電位增大到超過 E_{pit} 再降回，可得到極化曲線的自我相交點，稱爲再鈍化電位 E_{rp}，代表施加電位還必須低於 E_{rp}，金屬表面才能覆蓋完整的鈍化膜。

然而，並非所有金屬皆能穩定地鈍化，而且金屬鈍化後，不一定具有保護力，因爲有些金屬的鈍化範圍很小，難以確保鈍化膜的完整性，也難以避免孔蝕出現，而且環境中如果存在腐蝕性陰離子，鈍化膜可能被溶解，難以穩定存在。

另須注意，處於陽極保護下的金屬，仍然會發生腐蝕，只是速率較慢，但使用陰極保護法則可達到無腐蝕的狀態。1950 年代，陽極保護法被提出，之後廣泛應用在化工產業，因爲其系統簡單，只需要直流電源與輔助陰極，即可有效保護金屬設備，但此電源必須精確地控制電位，並且提供足夠的電壓，而陰極材料則常使用石墨等惰性金屬。由於發生鈍化時的電流密度較小，所以陽極保護系統消耗的電能低於陰極保護系統，這是本方法的優勢。對於輸送濃硫酸或濃磷酸的泵、管件、儲存槽和反應器，不適合使用陰極保護法，因爲通電後會產生的大量氫氣，並導致酸霧，使空氣的易燃性增高，而且氫氣滲入金屬內部，還會引起氫脆現象，反而使金屬更易損壞。此時實施陽極保護，雖然不能完全免蝕，但卻可以控制金屬達到均勻且慢速的腐蝕，有效避免孔蝕、間隙腐蝕或應力腐蝕。

進行陽極保護時，採取定電位操作，必須控制在鈍化區。對於鈍化範圍較寬的金屬，還需要尋找最佳電位，亦即電流密度達到最小値的電位，此時的金屬表面會呈現電解拋光的效果。此外，可利用斷電法測試鈍化膜的保護力，停止供電後，金屬電位往負向移動，到達鈍化區與過活化區的交界，低於此電位則進入活化區，代表腐蝕即將發生。因此，從斷電之電位至活化區所需時間可用於估計鈍化層的壽命，這段時間愈長，代表保護力愈大。

陽極保護系統中的陰極會影響電流分布，因爲陰極的面積與形狀會導致陽極表面出現不均勻的電流，例如陽極的端點通常具有較集中的電流路徑。若陽極上的電流分布不均勻，離陰極較近之處可能進入過鈍化狀態，較遠之處則可能還處於活化狀態，反而導致更嚴重的腐蝕，無法得到保護效果。因此，爲了達到陽極電流的均勻性，需要使用適當設計的陰極。

陽極保護法

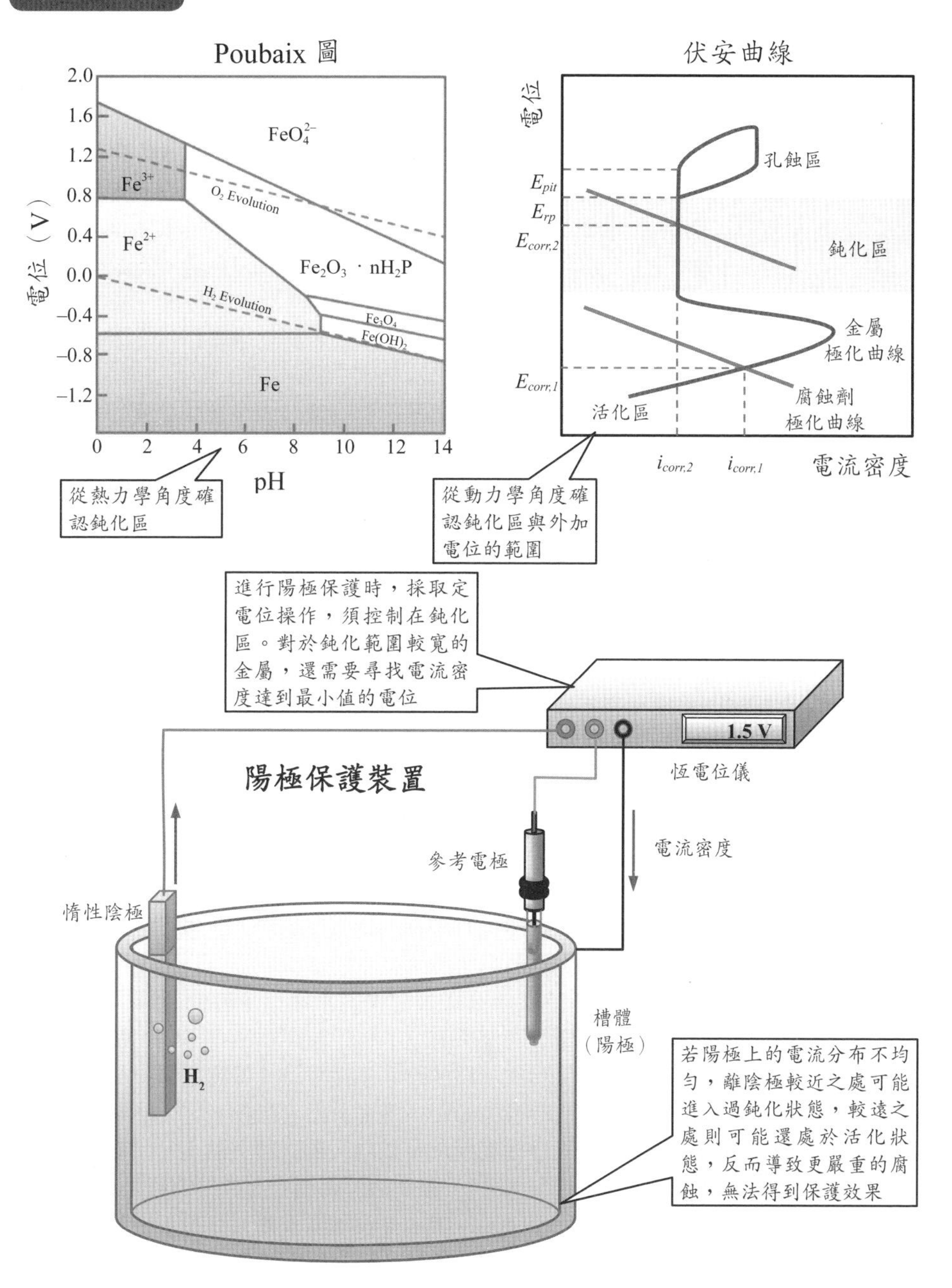

Poubaix 圖
2.0
1.6
1.2
0.8
0.4
0.0
–0.4
–0.8
–1.2
電位（V）
FeO_4^{2-}
Fe^{3+}
O_2 Evolution
Fe^{2+}
Fe_2O_3 · nH_2P
H_2 Evolution
Fe_3O_4
$Fe(OH)_2$
Fe
0 2 4 6 8 10 12 14
pH
從熱力學角度確認鈍化區
伏安曲線
電位
孔蝕區
E_{pit}
E_{rp}
$E_{corr,2}$
鈍化區
金屬極化曲線
$E_{corr,1}$
腐蝕劑極化曲線
活化區
$i_{corr,2}$
$i_{corr,1}$
電流密度
從動力學角度確認鈍化區與外加電位的範圍
進行陽極保護時，採取定電位操作，須控制在鈍化區。對於鈍化範圍較寬的金屬，還需要尋找電流密度達到最小值的電位
1.5 V
陽極保護裝置
恆電位儀
參考電極
電流密度
惰性陰極
H_2
槽體（陽極）
若陽極上的電流分布不均勻，離陰極較近之處可能進入過鈍化狀態，較遠之處則可能還處於活化狀態，反而導致更嚴重的腐蝕，無法得到保護效果

4-16 陰極保護法

如何使金屬不發生氧化反應？

強制金屬成爲陰極的防蝕技術稱爲陰極保護法，當金屬成爲陰極，表面幾乎只有還原反應，可有效避免溶解。從金屬的電位對 pH 圖可發現，金屬的電位往負向偏移後，將會進入免蝕區，此時陽離子狀態在熱力學上不具優勢，所以金屬不溶解。此概念是由 Davy 提出，當時使用鋅來保護船體中的銅，後人稱爲犧牲陽極法（sacrificial anode）。之後在 1928 年，Kuhn 使用電源的負極連接欲保護的金屬，使微小電流通過金屬，稱爲外加電流法（impressed current），也屬於陰極保護技術。犧牲陽極法中需要使用活性更高的金屬作爲陽極，外加電流法則使用鈍性金屬作爲陽極，但被保護的金屬上皆發生析氫反應或吸氧反應。

然須注意，外加電流法不能保證金屬的腐蝕速率會降低，因爲有些金屬的表面已受鈍化膜保護，降低電位反而使金屬回到活化區，繼而導致腐蝕。再者，外加電流過大時，金屬電位會負移到平衡電位以下，此時產生的大量氫氣，可能滲入金屬而降低其機械強度，產生氫脆現象。因此，控制電位是陰極保護法的重要條件，能精準控制電位的裝置稱爲恆電位儀，其內部擁有特殊電路，可以固定工作電極與參考電極間的電位差。

金屬受到陰極保護時，若發生的還原反應是析氫，則電位與電流呈現指數關係，故將耗費很多能量；若發生的還原反應是吸氧，由於氧氣從腐蝕介質擴散到金屬表面的速率有限，在反應速率增加到某個程度後，將轉爲質傳控制程序，此時金屬表面的氧氣濃度趨近於 0，外加的電流將等於極限電流，代表不需耗費太多能量，即可獲得良好的保護。

採用犧牲陽極時，高活性的材料將會逐漸消耗，其中包括了自腐蝕，因此必須先估計其陰極保護利用率，亦即先評估整體材料中並非消耗於自腐蝕的比率，目前已知利用效率較高的金屬爲鋅，可達 90% 以上，鋁至多只有 80%，鎂則只有 50%。活性高的金屬具有較強的自腐蝕趨勢，但也擁有較強的陰極保護能力，所以考慮成本因素後，不一定要採用保護力最強的陽極材料。

爲了降低陰極保護的成本，同時採用有機塗層覆蓋金屬是更好的選擇。塗層愈緻密，效果愈佳，可使陰極保護的電流降至千分之一以下，所以海中建物、輸油管或輸氣管皆同時採取有機塗層與陰極保護法。但此時必須注意陰極保護的電位，因爲被保護金屬的表面會進行析氫反應，同時產生 OH^-，進而分解有機物，促使塗層剝落。若用於保護土壤中的金屬管件，會先挖掘陽極坑，並填入硫酸鹽與黏土，以降低陽極至管件之間的歐姆阻抗，有時還會加入 NaCl，協助溶解陽極表面產生的鈍化層。

近年來有研究者提出一種光電化學陰極保護法，使用半導體材料覆蓋金屬，在日照之下，半導體內的價帶電子被激發到導帶，再注入被保護的金屬，使其電位降低，達到陰極保護的效果，而半導體內留下的價帶電洞則可分解水產生氧氣，扮演陽極的角色，而且不會消耗，比傳統方法更環保。

陰極保護法

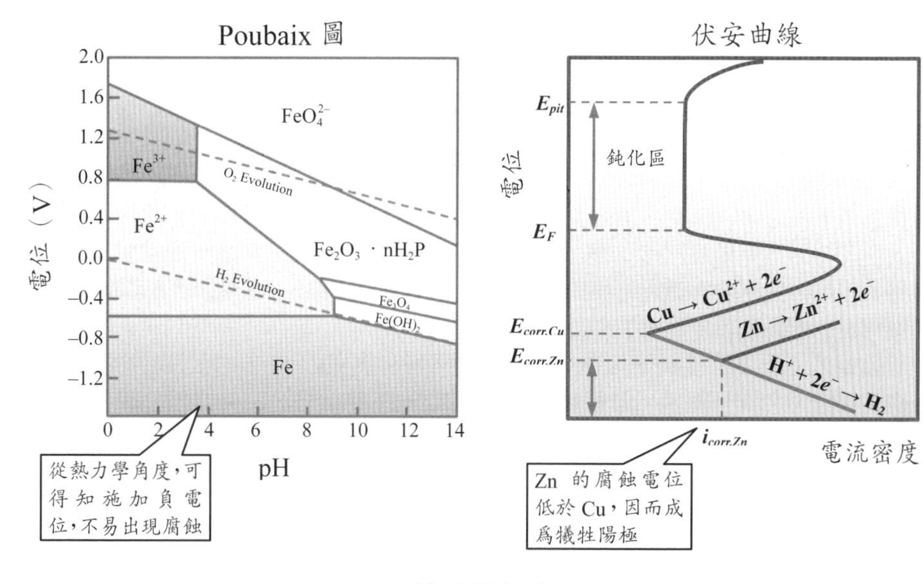
Poubaix 圖
2.0
1.6
1.2
0.8
0.4
0.0
–0.4
–0.8
–1.2
電位（V）
FeO_4^{2-}
Fe^{3+}
O_2 Evolution
Fe^{2+}
$Fe_2O_3 \cdot nH_2P$
H_2 Evolution
Fe_3O_4
$Fe(OH)_2$
Fe
0
2
4
6
8
10
12
14
pH
從熱力學角度，可得知施加負電位，不易出現腐蝕
伏安曲線
電位
E_{pit}
鈍化區
E_F
$Cu \rightarrow Cu^{2+} + 2e^-$
$Zn \rightarrow Zn^{2+} + 2e^-$
$E_{corr.Cu}$
$E_{corr.Zn}$
$H^+ + 2e^- \rightarrow H_2$
$i_{corr.Zn}$
電流密度
Zn 的腐蝕電位低於 Cu，因而成爲犧牲陽極

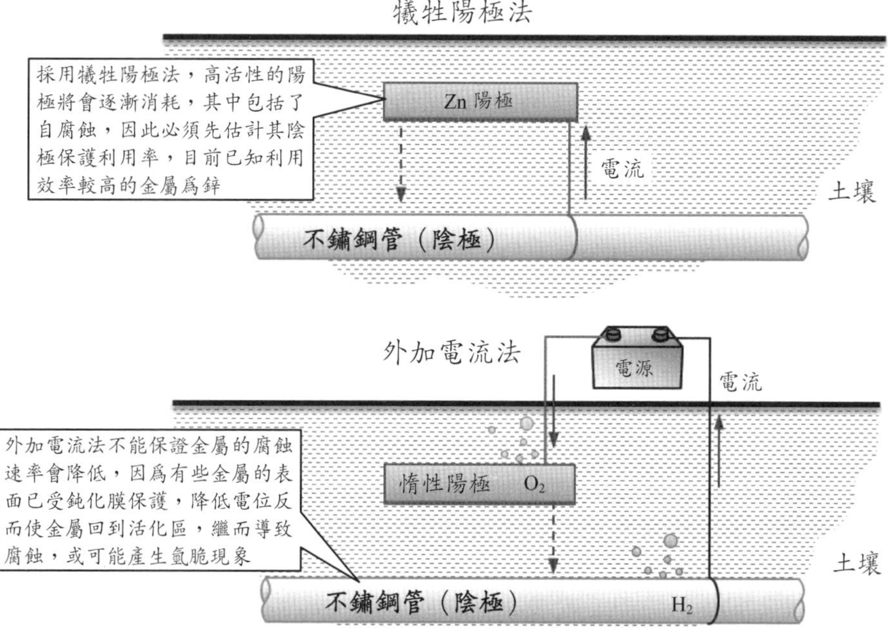
犧牲陽極法
採用犧牲陽極法，高活性的陽極將會逐漸消耗，其中包括了自腐蝕，因此必須先估計其陰極保護利用率，目前已知利用效率較高的金屬爲鋅
Zn 陽極
電流
土壤
不鏽鋼管（陰極）
外加電流法
電源
電流
外加電流法不能保證金屬的腐蝕速率會降低，因爲有些金屬的表面已受鈍化膜保護，降低電位反而使金屬回到活化區，繼而導致腐蝕，或可能產生氫脆現象
惰性陽極　O_2
土壤
不鏽鋼管（陰極）
H_2

4-17 鋅錳電池

如何使金屬不發生氧化反應？

自從伏打電池被發明後，一部分的電化學研究持續聚焦在電池的發展，包括至今仍被廣泛使用的鋅－二氧化錳（Zn-MnO_2）電池，簡稱爲鋅錳電池，其開路電壓（open circuit voltage）約爲 1.5～1.8 V，又因爲內部採用凝膠狀的電解質，或使用隔離膜保留電解液，使之難以流動，所以又常稱爲乾電池。當電池的正負極並未連接外部負載時，所測得的電壓稱爲開路電壓，其值決定於兩極的活性成分與電解液組成；若兩極連接負載時，所測得的電壓稱爲閉路電壓，也稱爲工作電壓，其值將小於開路電壓，因爲電池內的極化現象將會消耗部分能量。

鋅錳電池分爲中性與鹼性兩種，中性電池可採用 NH_4Cl 或 $ZnCl_2$ 爲電解液，因此分別稱爲銨型和鋅型電池，鹼性電池則使用 KOH。鋅錳電池的發展始於銨型電池，再進入鋅型電池，最後又轉爲鹼性電池。對於中性電池，其負極反應爲：

$$Zn \rightarrow Zn^{2+} + 2e^- \quad (4.25)$$

但銨型和鋅型電池的正極反應則比較複雜，主要的反應是：

$$MnO_2 + H^+ + e^- \rightarrow MnOOH \quad (4.26)$$

放電後，正極附近的 pH 值將會升高，影響後續的反應，而且銨型電池會生成 NH_3，使電池氣脹，還會產生 H_2O，因而導致漏液：

$$2MnOOH + 2NH_4^+ \rightarrow MnO_2 + Mn^{2+} + 2H_2O + 2NH_3 \quad (4.27)$$

但鋅型電池無此現象。鹼性電池中存在 OH^-，使負極反應成爲：

$$Zn + 2OH^- \rightarrow Zn(OH)_2 + 2e^- \quad (4.28)$$

Leclanché 將 Zn 棒和 MnO_2 粉裝入多孔陶瓷瓶，再插入裝有 NH_4Cl 溶液的玻璃瓶中，製作出第一個鋅錳電池。Gassner 則混合 $ZnCl_2$ 和熟石膏，製成濃稠且黏滯的電解液，即便倒置電池也不會漏液，後稱爲糊式鋅錳電池，是乾電池的原型。到了 1960 年代，又開發出以 KOH 爲電解液的鹼性鋅錳電池，大幅提高了體積比容量和放電電流密度。糊式鋅錳電池中不使用隔離膜，因爲難以流動的電解液可兼作隔離層，但兩極的間距較大。之後開發出紙板電池，改以紙作爲隔離層，縮短了兩極的間距，並使 MnO_2 粉的填充空間增大，進而提高電池性能。鹼性電池則沿用此構想，使用木質纖維製成的耐鹼隔膜，使兩極間距更接近。

若製成圓柱形電池，可採用鋅筒作爲容器，並扮演負極和集流體；其正極的集流體則使用碳棒，放置在電池的軸心位置，碳棒周圍填充 MnO_2 粉，使負極在外正極在內，故又稱爲碳鋅電池。但發展至鹼性電池，則改採正極在外負極在內的相反結構，因爲正極的導電性較弱，放置於外側可擁有較大的面積，有助於提高功率密度。負極處則使用比表面積大的鋅粉，以銅針爲集流體，可避免析出過多的 H_2。正極的集流體則爲不鏽鋼筒，並兼作容器。用於微型電子產品時，常使用薄型鈕扣電池，故將正極置於外殼底部，而負極置於頂部，兩極以隔離膜分開。

鋅錳電池

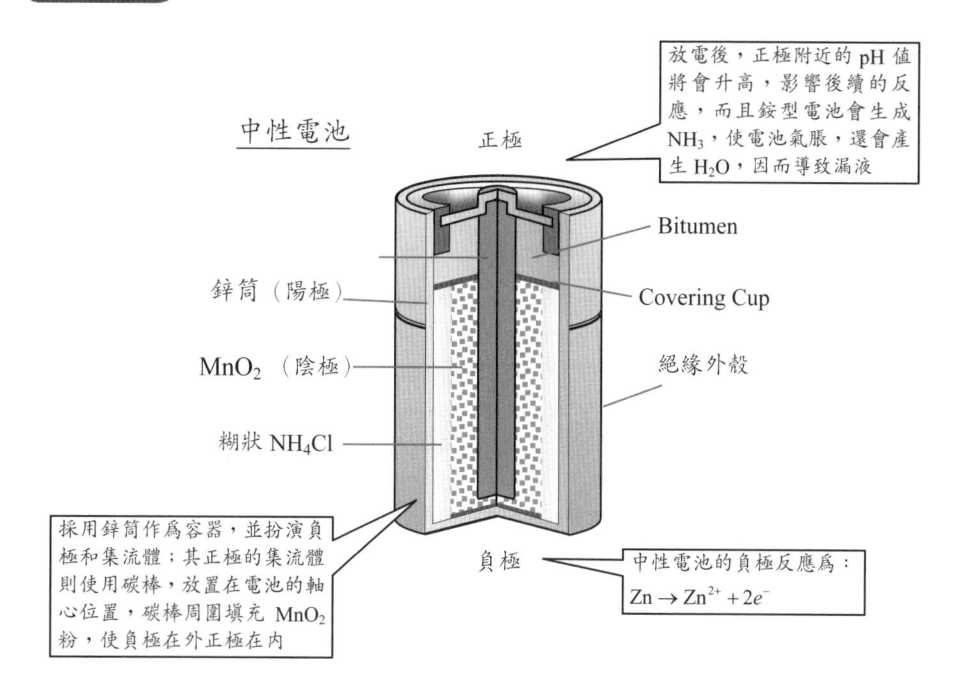

中性電池
正極
放電後，正極附近的 pH 值將會升高，影響後續的反應，而且銨型電池會生成 NH_3，使電池氣脹，還會產生 H_2O，因而導致漏液
Bitumen
鋅筒（陽極）
Covering Cup
MnO_2（陰極）
絕緣外殼
糊狀 NH_4Cl
採用鋅筒作爲容器，並扮演負極和集流體；其正極的集流體則使用碳棒，放置在電池的軸心位置，碳棒周圍填充 MnO_2 粉，使負極在外正極在內
負極
中性電池的負極反應爲：
$Zn \rightarrow Zn^{2+} + 2e^-$

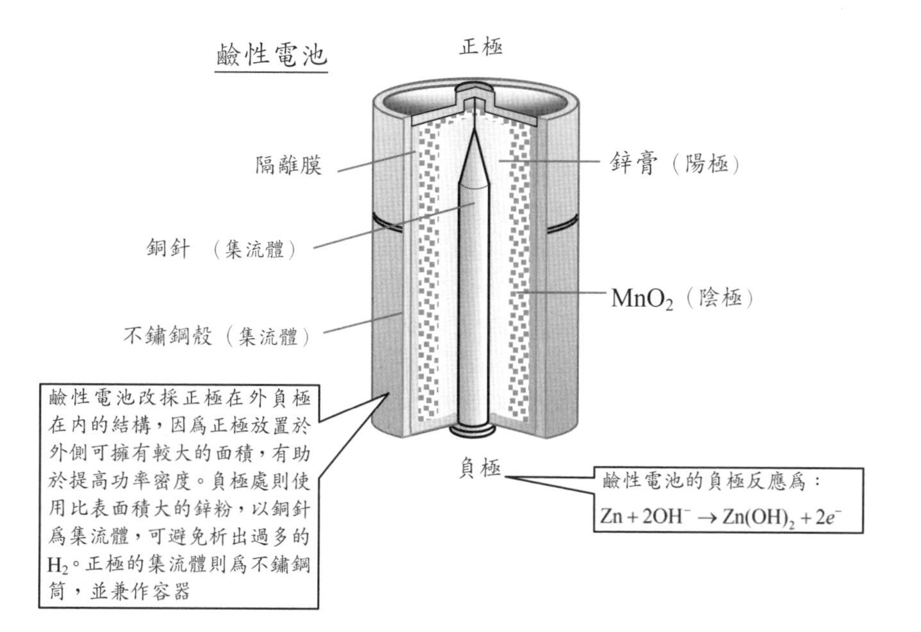

鹼性電池
正極
隔離膜
鋅膏（陽極）
銅針（集流體）
MnO_2（陰極）
不鏽鋼殼（集流體）
鹼性電池改採正極在外負極在內的結構，因爲正極放置於外側可擁有較大的面積，有助於提高功率密度。負極處則使用比表面積大的鋅粉，以銅針爲集流體，可避免析出過多的 H_2。正極的集流體則爲不鏽鋼筒，並兼作容器
負極
鹼性電池的負極反應爲：
$Zn + 2OH^- \rightarrow Zn(OH)_2 + 2e^-$

4-18 鉛酸電池

電池放電完還可以使用嗎？

前述的鋅錳電池完全放電之後便不能再用，稱爲一次電池，但鉛酸電池可再充電使用，屬於二次電池。這類電池內的活性成分容易發生逆反應，所以可透過充電儲存外部能量。除了鉛酸電池，鎳鎘電池、鎳氫電池與鋰離子電池皆屬於二次電池，目前已被廣泛應用在各種領域，例如交通工具、可攜式電子設備或不斷電系統等。若適當設計二次電池，使其循環壽命提升，則可取代一次電池，減少對環境的破壞。

鉛酸電池已擁有 150 年以上的發展史，在 1859 年首先由 Gaston Planté 提出，用於火車的照明，其優點包括材料便宜、適用溫度範圍大（−40～60℃）、使用壽命長、無記憶效應、安全性佳、可瞬間提供大電流，但缺點是能量密度僅約 30 W · h/kg 或 100 W · h/L，是二次電池中的最低者。即使如此，目前仍廣泛使用於汽機車的啓動，並常用於發電廠、變電所或醫院等地的儲能系統、不斷電系統、通訊用電源或照明用電源。

鉛酸電池的正極材料爲 PbO_2，負極材料爲金屬 Pb，電解液是 H_2SO_4 溶液。兩極的反應常表示爲：

$$Pb + H_2SO_4 \rightarrow PbSO_4 + 2H^+ + 2e^- \tag{4.29}$$

$$PbO_2 + H_2SO_4 + 2H^+ + 2e^- \rightarrow PbSO_4 + 2H_2O \tag{4.30}$$

所估計的電動勢約爲 2.0 V，但實際的工作電壓將取決於 H_2SO_4 濃度與溫度。由於正極反應需要多個 H^+ 和電子，顯然不是基元反應（elementary reaction），因此前人曾提出溶解－沉澱機制來解釋。此機制是指 PbO_2 先溶解成中間物 Pb^{2+}，再與硫酸形成沉澱物 $PbSO_4$。從原位（in-situ）觀測可發現，$PbSO_4$ 顆粒會在放電時成長，並在充電時消失，因而證實了溶解－沉澱機制。對於負極的反應，也可採用溶解－沉澱機制來說明，反應出現的中間物 Pb^{2+} 可與硫酸形成沉澱物 $PbSO_4$。充電時，負極將發生（4.29）式的逆反應，正極發生（4.30）式的逆反應。

在 pH < 6 的酸性環境中，$PbSO_4/Pb$ 的平衡電位低於 H_2 析出的平衡電位，且 $PbSO_4/PbO_2$ 的平衡電位高於 O_2 析出的平衡電位，所以從熱力學的觀點，鉛酸電池並不穩定，但在動力學上，H_2 析出的速度緩慢，使鉛酸電池仍可操作。

鉛酸電池自問世之後，其基本結構沒有重大改變，直到 1970 年代才出現閥控式電池（valve-regulated lead-acid battery，簡稱爲 VRLA）。因爲鉛酸電池被過度充電時，會發生電解 H_2O 而形成 H_2 與 O_2，若電池無密封，則 H_2 與 O_2 洩出後將使電解液逐漸損失，繼而改變特性，所以才開發出密封式的閥控電池，而且不需加水維護，此類型亦稱爲免維護鉛酸電池。

除了充放電的反應，鉛酸電池還存在一些導致自放電的副反應，例如 Pb 電極被 H_2SO_4 溶解並產生 H_2，以及溶液中的 O_2 也會和 Pb 反應，因此常使用改質的 Pb 材料，以提高析氫過電壓，或對電解液除氧。

鉛酸電池

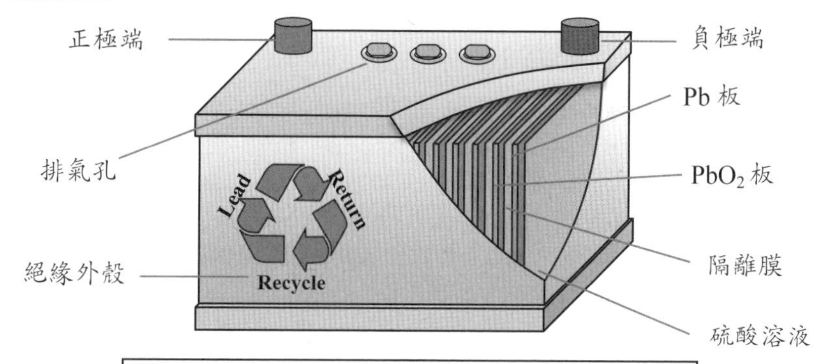

鉛酸電池的正極材料爲 PbO_2，負極材料爲金屬 Pb，電解液是 H_2SO_4 溶液。兩極的放電反應表示爲：

$Pb + H_2SO_4 \rightarrow PbSO_4 + 2H^+ + 2e^-$

$PbO_2 + H_2SO_4 + 2H^+ + 2e^- \rightarrow PbSO_4 + 2H_2O$

充電時則發生逆反應。

二次電池的特性

記憶效應是指電池經歷多次不完全放電又被充滿電後，導致電池容量減少或開路電壓下降，其原因爲過度充電時，電極上常會形成小晶體，增大電池的內電阻

鉛酸電池的能量密度與功率密度皆不高

類型	電壓（V）	能量密度（W · h/kg）	功率密度（W/kg）	能量效率	成本（W · h/USD）	備註
鉛酸電池	2.1	30～40	180	70～90%	5～8	存放壽命長
鎳鎘電池	1.2	40～60	150	70～90%	1.25～2.5	有記憶效應
鎳氫電池	1.2	30～80	250～1000	66%	2.75	無記憶效應 能量效率低
鋰離子電池	3.6	150～250	1800	99%	2.8～5	功率密度高 能量效率高 循環次數高
鋼硫電池	2.0	150～760	200	72～90%	0.4	能量成本低 存放壽命短

鋰離子電池的功率密度最高

4-19 鋰離子電池

鋰離子電池的電壓為何較高？

在 1910 年代，G. N. Lewis 提出鋰電池的構想，但從研究發現，鋰金屬進行充放電會產生不均勻的鋰枝晶，可能刺穿隔離膜而造成短路爆炸，使鋰電池的發展遭遇瓶頸。自此開始，研究者轉爲探討鋰化合物。在 1979 年，Godshall 指出 $LiCoO_2$ 可作爲鋰電池的正極材料，之後取得美國專利。在 1980 年，Goodenough 和水島公一則利用 $LiCoO_2$ 和鋰金屬分別作爲正極和負極，製作出 4 V 的二次鋰電池。Godshall 在其研究中還指出 $LiMnO_2$、$LiFeO_2$ 等材料也具有相似的特性，因此開啓了鋰離子電池的紀元。另一方面，Yazami 指出石墨可作爲負極材料，允許 Li^+ 在其中嵌入與脫出，因而成爲後來商品化的電池中最常使用的電極。後來 Goodenough 等人發現錳尖晶石是安全性高且特性佳的正極材料，因此被廣泛應用。在 1991 年，Sony 公司成功商品化，以 $LiCoO_2$ 爲正極，以石墨爲負極，開路電壓約 3.5 V，大幅超越傳統電池。

鋰離子電池屬於搖椅式電池，因爲操作期間 Li^+ 會在正負極之間嵌入與脫出，如同搖椅般往復運動。充電時，Li^+ 從正極材料脫出並且嵌入負極材料，相同當量的電子則從正極材料離開並沿外部導線進入負極材料；放電時，Li^+ 將從負極材料脫出並且嵌入正極材料，電子則從負極材料離開並沿外部導線進入正極材料。

目前常用含有鋰鹽的有機溶液或固態電解質作爲連接兩極的橋梁，銅或鋁作爲集流體，不鏽鋼或鋁合金作爲外殼。由於碳負極的比容量約爲 320 mA · h/g，正極材料的最高比容量僅達 180 mA · h/g，使鋰離子電池的能量密度受限於正極，因此吸引衆多開發正極材料的研究。目前可用的正極材料包括層狀化合物、尖晶石化合物、橄欖石化合物與釩化合物，代表性的材料爲 $LiCoO_2$、$LiMn_2O_4$、$LiFePO_4$ 與 V_2O_5。層狀材料通常具有 $LiMO_2$ 的形式，其中的 M 爲過渡金屬。以 $LiCoO_2$ 爲例，在充電時，電子離開正極，且 Li^+ 脫出晶格，使 Co 從三價氧化成四價，晶格成爲 $Li_{1-x}CoO_2$；放電時，電子輸入正極，且 Li^+ 嵌入晶格，使 Co 又從四價還原回三價。負極的碳材在 1.5 V 之下（相對於 Li^+/Li）會與有機溶劑發生反應，在表面生成固體－電解液界面（solid-electrolyte interphase，簡稱爲 SEI）。雖然 SEI 本身不導電，但允許離子穿越，其行爲類似核殼結構（core-shell structure）材料，若 SEI 能緻密且完整地包覆電極，將會增進電池的效能。

電解質主要作爲離子導通的介質，在充放電時協助 Li^+ 在兩極間輸送，因此電解質導通離子的能力非常重要。目前使用的電解質可略分爲四種類型，包括液態電解質、固態電解質、膠態電解質與離子液體（ionic liquid），這四類電解質中皆須加入鋰鹽，常添加的鋰鹽是 $LiPF_6$。由於鋰離子電池含有易燃物、氧化劑和還原劑，特性類似炸彈，因此還需要添加阻燃劑，$LiPF_6$ 即爲有效的阻燃劑。電解液中也常加入過充電保護劑，亦稱爲氧化還原穿梭劑，例如 I_2/I^-，在略高於充電電位時被氧化，所以正極電位不會高於保護劑被氧化的電位。

鋰離子電池

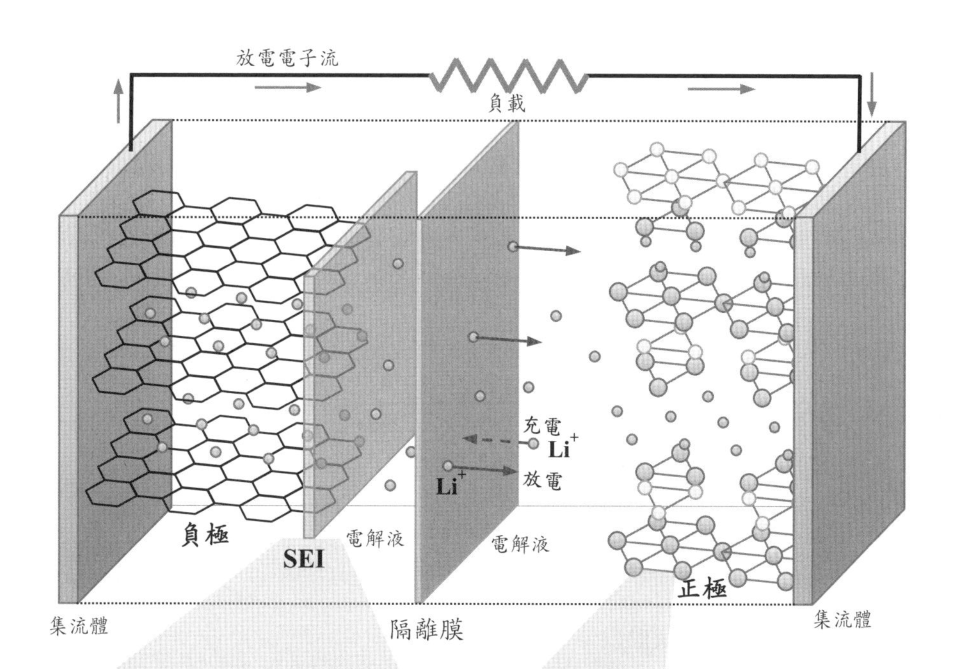
放電電子流
負載
充電
Li+
放電
Li+
負極
SEI
電解液
電解液
正極
集流體
隔離膜
集流體

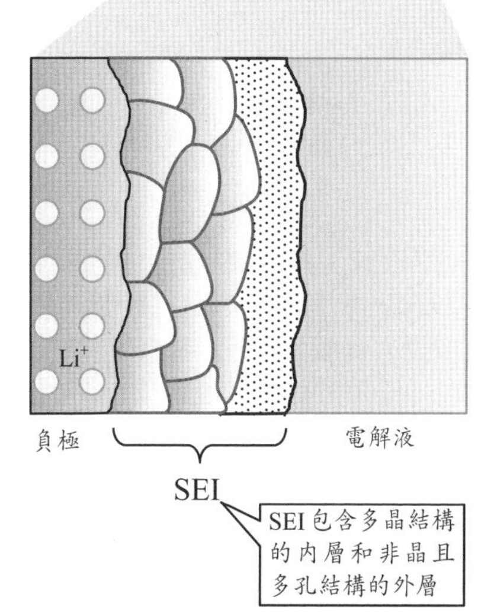
Li+
負極
電解液
SEI
SEI包含多晶結構的內層和非晶且多孔結構的外層

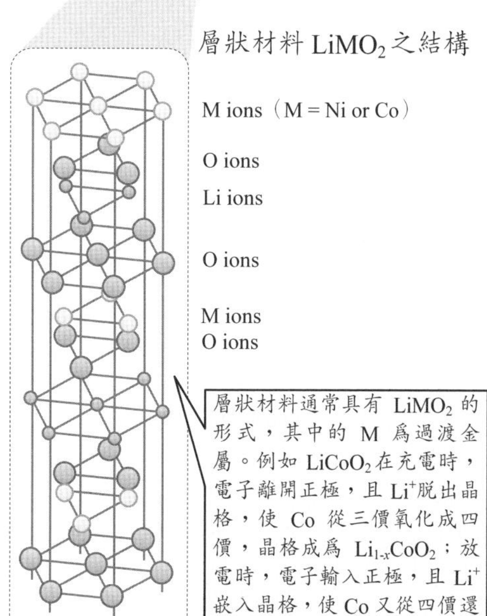
層狀材料 LiMO2 之結構
M ions（M = Ni or Co）
O ions
Li ions
O ions
M ions
O ions
層狀材料通常具有 LiMO2 的形式，其中的 M 爲過渡金屬。例如 LiCoO2 在充電時，電子離開正極，且 Li+脫出晶格，使 Co 從三價氧化成四價，晶格成爲 Li1-xCoO2；放電時，電子輸入正極，且 Li+嵌入晶格，使 Co 又從四價還原回三價

4-20 氫燃料電池

如何利用氫能發電？

前述的二次電池屬於封閉系統，在製作時已將反應物封存在電池中，但另有一種屬於開放系統的燃料電池（fuel cell，簡稱爲 FC），其反應物可持續輸入以進行放電，因此反應物被視爲燃料。燃料電池與一般電池不同之處在於本身僅扮演能量轉換的媒介，反應期間電極不發生變化，只提供活性位置以輸出電能。

燃料電池的概念早在 19 世紀初即已被提出，當時是以 H_2 作爲燃料，所以此電池的發展和氫能技術密切相關。在 1839 年，Grove 開發出氣體電池，是燃料電池的雛形，他在一個玻璃瓶中放置白金片並充滿 O_2，另一瓶也放入白金片但充滿 H_2，當兩個玻璃瓶都注入硫酸後，白金片之間的導線會有電流通過。在後續的技術發展中，鹼性燃料電池（alkaline fuel cell，簡稱 AFC）的構想首先被提出；到了 1960 年代，開發出性能更好的質子交換膜燃料電池（proton exchange membrane fuel cell，簡稱 PEMFC），之後成爲阿波羅登月計畫中的太空船電源。

燃料電池的組成中包括陽極、電解質與陰極，電解質必須能夠傳輸離子並阻止燃料和氧化劑直接接觸。當 H_2 作爲燃料時，陽極反應爲：

$$H_2 \rightarrow 2H^+ + 2e^- \tag{4.31}$$

而 O_2 作爲氧化劑時，陰極反應爲：

$$\frac{1}{2}O_2 + 2H^+ + 2e^- \rightarrow H_2O \tag{4.32}$$

因此，整個燃料電池的總反應可表示爲：

$$H_2 + \frac{1}{2}O_2 \rightarrow H_2O \tag{4.33}$$

標準電位差爲 1.229 V，發電效率可達 40～60%，若將反應生熱也加以應用，則能量轉換總效率可到達 80% 以上，發電規模可從 1 W 擴及 1 GW 等級。燃料爲純 H_2 時，反應後只產生水，幾乎沒有汙染，而且裝置中不需要動力機械，幾乎無噪音。

發展至今，已有多種燃料電池被提出，可依燃料種類加以區別，例如 AFC、PEMFC、磷酸燃料電池（PAFC）、熔融碳酸鹽燃料電池（MCFC）與固體氧化物燃料電池（SOFC）皆以 H_2 爲原料；直接醇類燃料電池（DAFC）以甲醇或乙醇爲燃料，直接甲酸燃料電池（DFAFC）使用甲酸，直接碳燃料電池（DCFC）以碳棒爲燃料且不需觸媒即可反應，類似燃煤火力發電，但效率更高。另有生物燃料電池（BFC）與微生物燃料電池（MFC），燃料爲葡萄糖等有機物或落葉等生物質。

這些燃料電池中，以 PEMFC 最具潛力，但尚未大量商品化的主要原因在於價格。PEMFC 的關鍵零組件爲膜電極組（membrane electrode assembly，簡稱 MEA），是由陰陽極、氣體擴散層、觸媒層和質子交換膜壓製而成，因爲特性最佳的觸媒爲白金，質子交換膜是特製的磺酸型固態聚合物，兩者價格都很高，因而限制其發展。目前取代品尚未開發成功，而且低溫操作和觸媒中毒仍有待解決。

質子交換膜燃料電池

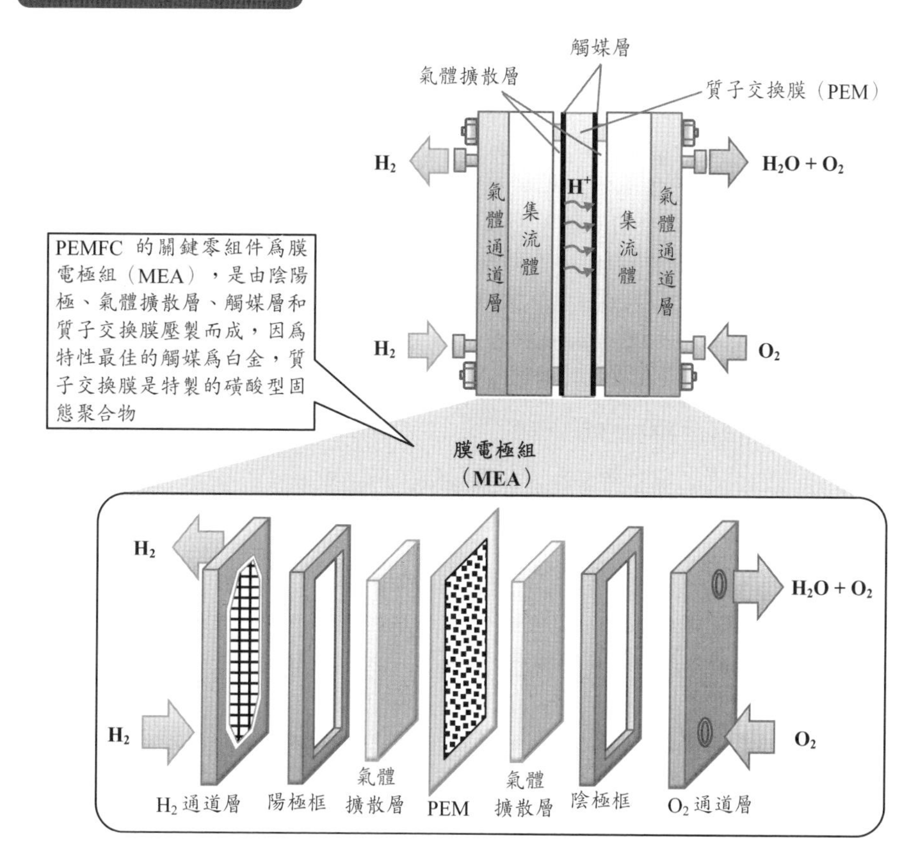

質子交換膜燃料電池

陽極燃料	中文名稱	英文名稱	英文縮寫
H_2	鹼性燃料電池	Alkaline Fuel Cell	AFC
	磷酸燃料電池	Phosphoric Acid Fuel Cell	PAFC
	質子交換膜燃料電池	Proton Exchange Membrane Fuel Cell	PEMFC
	熔融碳酸鹽燃料電池	Molten Carbonate Fuel Cell	MCFC
	固體氧化物燃料電池	Solid Oxide Fuel Cell	SOFC
非 H_2	直接醇類燃料電池	Direct Alcohol Fuel Cell	DAFC
	直接甲酸燃料電池	DirectFormic Acid Fuel Cell	DFAFC
	直接碳燃料電池	Direct Carbon Fuel Cell	DCFC
	直接硼氫化物燃料電池	Direct Borohydride Fuel Cell	DBFC
	生物燃料	Biological Fuel Cell	BioFC
	微生物燃料電池	Microbial Fuel Cell	MFC
	酶燃料電池	Enzymatic Biological Fuel Cell	EBFC
金屬	金屬半燃料電池	Metal Semi-Fuel Cell	MSFC

4-21 甲醇燃料電池

如何降低燃料電池的成本？

使用氫燃料電池有一大障礙，因爲純氫氣取得不易。如果不使用氫氣作爲燃料，還有醇類可供選擇，此類裝置稱爲直接醇類燃料電池，之中最常被探究的是甲醇（CH_3OH），故其裝置稱爲直接甲醇燃料電池（direct-methanol fuel cell，簡稱 DMFC）。甲醇的來源廣、價格低、易輸送且能量密度也夠高，可達 6.09 W · h/g，可以解決氫氣難以取得的問題，自 1990 年代後，應用在可攜式產品或電動車的 DMFC 已被開發出，尤其在 2004 年，Toshiba 公司公布了尺寸相當於手指的 DMFC，使用時只需填入 2 mL 的甲醇，即可供電 2 小時。DMFC 的結構與 PEMFC 相似，在陰極產生 H_2O，但在陽極會產生 CO_2：

$$CH_3OH + H_2O \rightarrow CO_2 + 6H^+ + 6e^- \tag{4.34}$$

DMFC 在標準狀態下的電壓爲 1.21 V，理論效率高達 97%，對環境的汙染遠低於化石燃料，相比於 PEMFC 也更安全。而且甲醇屬於液態燃料，更適合攜帶，所以在衆多燃料電池中最有可能大量商品化。

DMFC 中常用的陽極觸媒仍是 Pt，但容易被反應中間物 CO 毒化，因此 Pt-Ru 或 Pt-TiO_2 等複合式觸媒曾被探索。對於陰極，反而需要不催化甲醇反應的觸媒，因爲操作時，部分甲醇會穿透質子交換膜進入陰極區，接著甲醇會消耗氧氣，並毒化陰極觸媒。目前已研究出的陰極觸媒是添加 Ni、Cr 或 TiO_2 等 Pt 基材料，它們擁有更高的 O_2 催化能力和抗甲醇氧化能力。除了 Pt 以外，Pd 基觸媒也對 O_2 有很高的催化能力，尤其在酸性環境中，Pd 對甲醇沒有催化性，故可作爲 Pt 的替代物。

一般的質子交換膜直接用於 DMFC 時，大約會有 40% 的甲醇會穿透薄膜，所以需要先改質才能使用。一種改質的方法是在膜內孔洞中沉積奈米粒子，例如 Pd 或 SiO_2 等，以降低甲醇的穿透率，並維持 H^+ 的通過率，而且 SiO_2 奈米粒子還具有吸水性，可以保持交換膜的含水量。第二種方法則是在聚四氟乙烯（PTFE）薄膜的孔洞中填入一種全氟磺酸材料，稱爲 Nafion，此 Nafion 較不易讓甲醇通過，若改變 PTFE 的孔隙度或孔徑，則可調整 H^+ 的輸送率。若將純粹具有導通質子功用的高分子與單純阻擋甲醇功能的高分子混合製成薄膜，也可以作爲 DMFC 的特用交換膜。

除了 DMFC 之外，也有學者研究了直接乙醇燃料電池（direct-ethanol fuel cell，簡稱 DEFC），因爲乙醇（C_2H_5OH）可以從農作物中發酵取得，相較其他有機物而言，其來源更豐富且價格更低廉，但目前 DEFC 的進展有限。因爲在乙醇分子中的 C－C 斷鍵產生 CO_2 之過程，牽涉到 12 個電子，代表反應中間物衆多，這些中間物將會毒化觸媒；且交換膜浸泡在乙醇中會膨脹，導致觸媒層剝落，繼而使電池損壞，而且乙醇也會穿透交換膜，吸附到陰極表面上，減少活性面積。

直接甲醇燃料電池

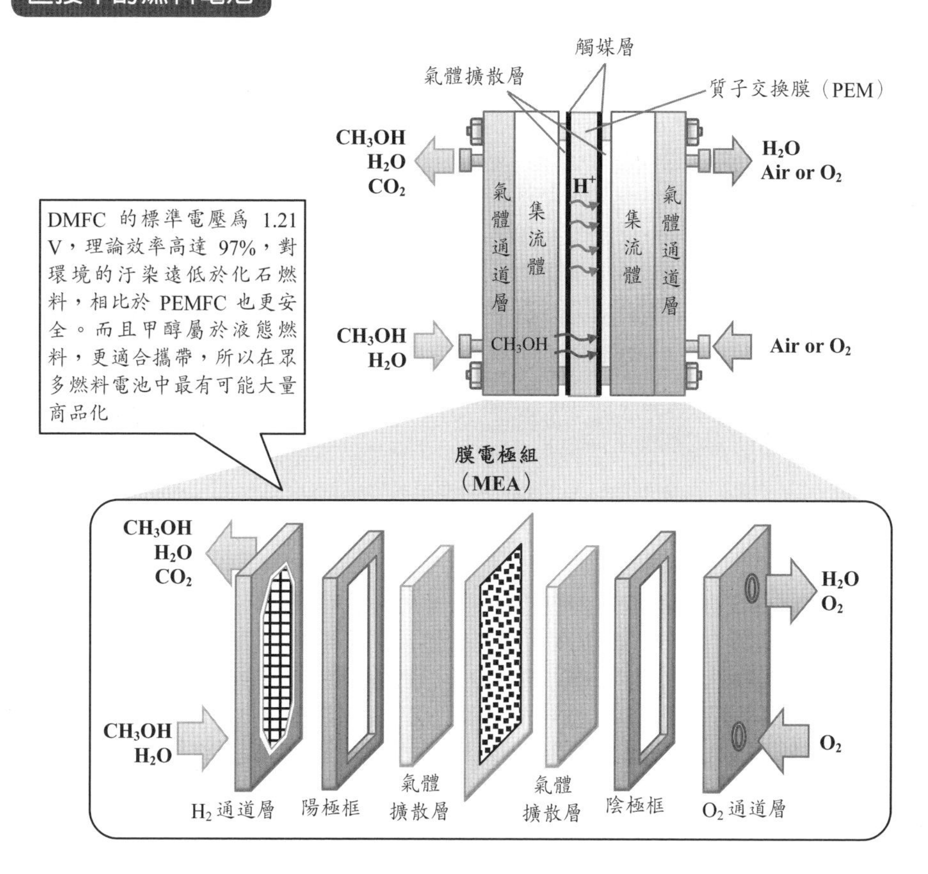

其他燃料電池之結構

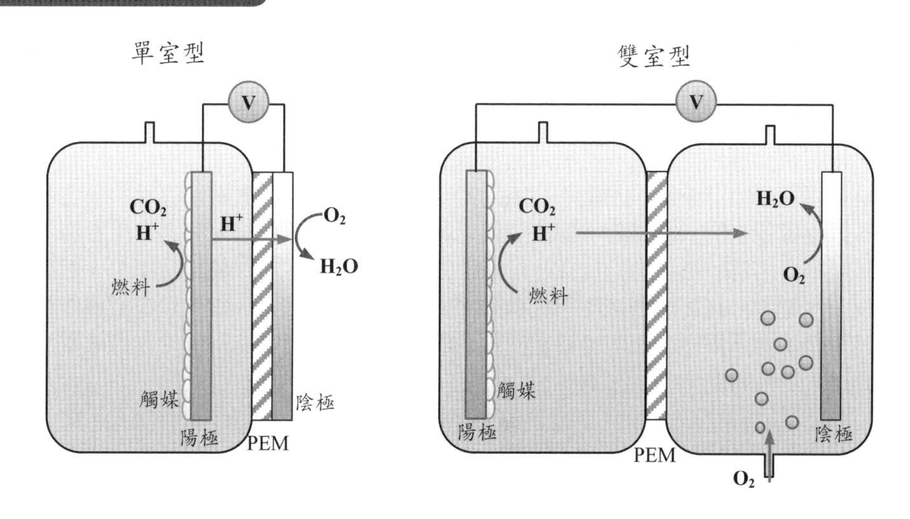

4-22 金屬空氣電池

如何利用空氣發電？

金屬－空氣電池（metal-air battery，簡稱為 MAB）比燃料電池的能量密度更高，而且不需使用催化劑，製作簡單，電性更好。常用的陽極金屬材料包括鋅、鋁和鎂。MAB 的放電電壓可達 1.4 V，高於氫燃料電池，因此適合用於電動車，也適合作為緊急備用電源，因為其能量密度約為鉛酸電池的 10 倍。若用於手機，則可待機 30 天，容量超過鋰離子電池許多。MAB 運作時，陽極金屬會持續消耗，但陰極的反應依靠氧氣輸入，相似於燃料電池，因此被稱為半燃料電池。由於陽極金屬在酸性環境容易溶解，所以 MAB 中多採用鹼性電解液，但鹼性溶液會吸收空氣中的 CO_2，導致碳酸鹽沉澱，使特性衰減。

MAB 的正極通常安排在外圍，負極置於內部，並使用集流體支撐，製作成以隔離膜包覆的卡匣，放電後可將卡匣抽出更換。另一種形式則是將金屬顆粒填充在集流體與隔離膜之間，電解液會因為反應過程中的密度變化而產生自然對流，以攪動金屬顆粒，待放電後，新的金屬顆粒可再從上方加入電池，反應過的電解液與金屬顆粒則自下方排出。

目前已獲得商業應用的是鋅－空氣電池，在 1970 年代後已被用於攜帶式電子產品。鋅在鹼性環境中的標準電位為 −0.216 V，反應後不會汙染環境，且價格便宜。氧化後的主要產物為 $ZnOH_4^{2-}$，但之後還會再分解成固態的 $Zn(OH)_2$ 或 ZnO，導致電極表面鈍化。由於鋅的活性高，會發生自腐蝕現象而破壞電池結構，因此必須使用添加劑，使鋅與添加物共熔成合金，或將鋅的表面置換，以抑制鈍化。添加劑的類型可分為含汞型與無汞型，所形成的合金可以提高析氫過電壓；加入緩蝕劑也可抑制鋅的腐蝕。鋅－空氣電池搭配的電解液分為弱酸性的 NH_4Cl 溶液和鹼性的 KOH 溶液，電解液可維持靜止，也可循環流動。對於鋅－空氣電池的結構，可設計為鋅負極包圍正極，稱為內氧式電池；也可設計為正極包圍鋅負極，稱為外氧式電池，此時外側電極還兼作電池的外殼。

另有一種鋁－空氣電池也具有發展潛力，因為地球上藏量最多的金屬是鋁。鋁在鹼性環境中的標準電位為 −2.35 V，負於鋅的電位，其體積能量密度也優於鋰和鋅。但鋁氧化之後會在表面產生緻密的氧化層，使極化現象嚴重，影響了電極的運作。因此，控制鈍化層的方法將成為應用鋁電極的關鍵。

MAB 的正極（陰極）結構與一般的燃料電池相當，使用透氣且防水的多孔電極製成，以提供穩定的三相界面，促使氧氣反應，而且無需考慮排水問題。用於海水環境時，可利用溶解的氧氣進行反應，但海中的溶氧量不高，所以輸出功率小。然而，金屬－海水電池具有高能量密度與長壽命，所以仍具應用潛力。當此類電池運作時，海水將連續地穿過兩極，不但可替正極帶來氧氣，也能將負極的固態產物帶離電池。

鋅—空氣電池

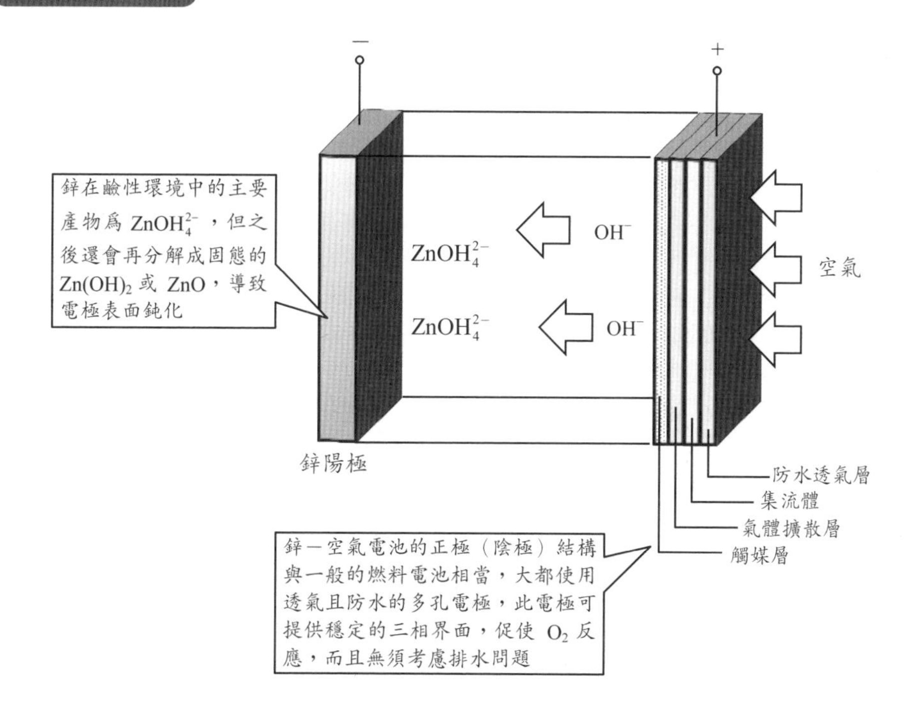

鈕扣式鋅—空氣電池

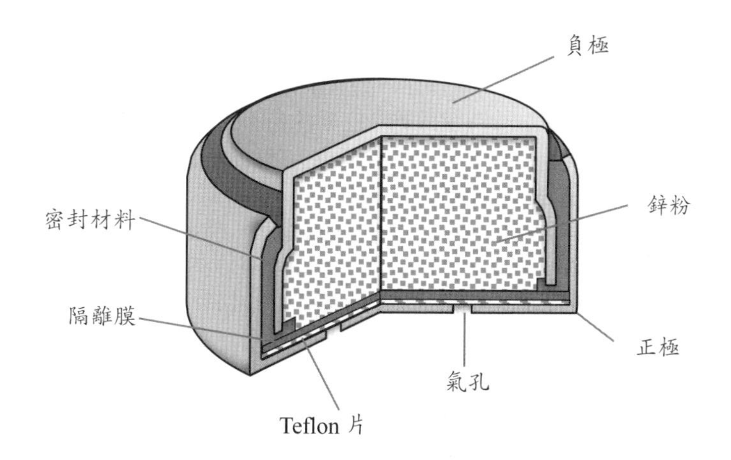

4-23 液流電池

化學電池如何結合再生能源發電系統？

在 1974 年，Thaller 首先提出液流電池（flow battery），利用泵將電解液輸入電池以進行反應，此電解液中含有的金屬成分具有多種氧化數，可藉由氧化數的變化將化學能轉換爲電能，或將電能轉換爲化學能，展現儲能的功用。風能、太陽能或洋流能等再生能源皆具有不連續性、不穩定性與不可控性，往往難以直接使用，因而需要大規模的儲能技術，才能有效處理間歇性或波動性的能源。液流電池比鋰離子電池更安全可靠，循環性佳，壽命亦長，且不會破壞環境，所以是一種良好的儲能方法。

液流電池中常用的金屬元素包括 Fe、V、Zn、Cr 或 Ni 等，此外也可應用 Br 等非金屬元素。早期開發的液流電池爲 Fe/Cr 系統，但 Cr 的半電池可逆性不佳，而且離子容易穿越隔離膜而發生副反應，致使效率不彰。爲了解決副反應問題，新提出的液流電池技術多採用單一金屬的不同價數離子作爲兩極的活性成分。

一個完整的液流電池系統是由單電池組成的電堆、電解液及其儲存槽、液體輸送泵與管路、儀表、輔助設備所構成，輔助設備則包括過濾器、流量計、壓力計與熱交換器。目前發展最成熟的是全釩液流電池（vanadium redox flow battery，以下簡稱 VRFB），已可達成大規模的應用。兩極的電解液分別含有不同價數的釩離子，在正極側使用 VO^{2+}/VO_2^+，之中的 V 分別爲四價和五價，在負極側使用 V^{3+}/V^{2+}，之中的 V 分別爲三價和二價，電解質爲硫酸。進行充電時，正極的反應爲：

$$VO^{2+} + H_2O \rightarrow VO_2^+ + 2H^+ + e^- \tag{4.35}$$

標準電位是 1.004 V。負極的反應爲：

$$V^{3+} + e^- \rightarrow V^{2+} \tag{4.36}$$

標準電位是 −0.255 V。隨著充放電操作，各種釩離子的濃度產生變化，使 VRFB 的開路電壓落於 1.5 V 左右。由於四種釩離子的顏色各不相同，二價時呈現紫色，三價時呈現綠色，四價時呈現藍色，五價時呈現黃色，故從陰陽極的溶液顏色即可估計電池的荷電狀態（state of charge，簡稱爲 SOC）。

一個液流電池包括陽極室、陰極室與離子交換膜。單電池之間經由壓濾機連結後，可成爲電堆。電堆中也包含了電流輸出系統和電解液循環系統，當液流電池與太陽能或風能等發電系統結合時，所需功率將超過千瓦等級，其可靠度與穩定性都是必要條件。相比於其他儲能技術，液流電池的安全性佳，不會引發火災，且因爲系統密閉，反應物不會外洩，所以對環境友善。再者，液流電池的輸出功率由電堆的規模決定，儲能容量則由電解液中的活性成分總量決定，兩個因素相互獨立，所以便於設計與裝配。液流電池在室溫下操作，能快速啓動，充放電的切換迅速，而且能量效率可達到 80% 以上。在電池特性上，液流電池具有足夠的抗過充電和抗過放電能力，唯有能量密度較低，且系統中涵蓋了泵和儲液槽，所以只適合應用在儲能電站中。

液流電池

類型	特性	案例
液—液型	活性成分皆溶於電解液中 反應後不會產生新相 必須使用隔離膜	全釩液流電池 全鉻液流電池 釩—鉻液流電池 鐵—鉻液流電池 釩—溴液流電池 多硫化鈉—溴液流電池
液—沉積型	負極反應會出現新相 必須使用隔離膜	鋅—溴液流電池 鋅—鈰液流電池 全鐵液流電池 鋅—釩液流電池
固—沉積型	負極反應會出現新相 正極為固體 兩極的電解液相同（不使用隔離膜）	鋅—鎳單液流電池 鋅—錳單液流電池 金屬—PbO_2 單液流電池
全沉積型	兩極都會發生沉積反應 兩極的電解液相同（不使用隔離膜）	鉛酸單液流電池

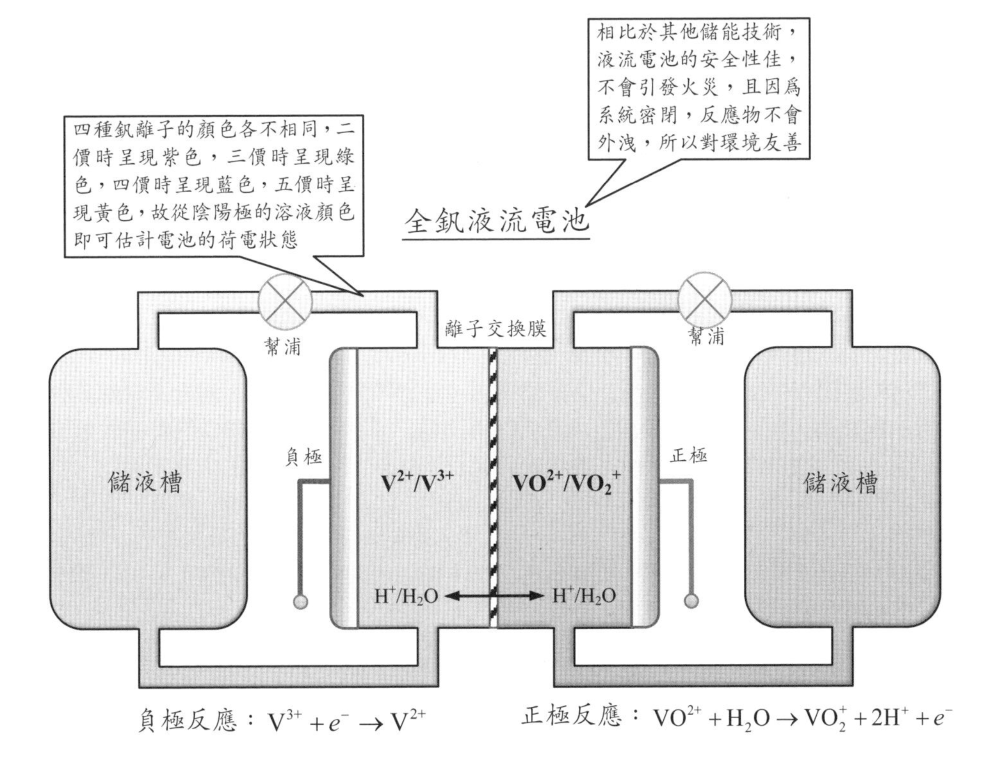

4-24 染料敏化太陽電池

化學電池如何結合再生能源發電系統？

自從 Becquerel 於 1839 年發現溶液中的白金受到光照後可產生電壓，開啓了光伏（photovoltaic）現象的研究。但進入 20 世紀後，研究對象轉往固態元件，例如 p-n 接面製成的太陽電池。由於轉換太陽能成爲電能的元件極具吸引力，後來成功開發出矽太陽電池，以及 III-V 族半導體、II-VI 族半導體、銅銦鎵硒（簡稱 CIGS）、有機半導體固態太陽電池與鈣鈦礦太陽電池。另有一派研究仍著重於溶液系統，並且聚焦於氧化物半導體，例如 TiO_2、SnO_2 或 ZnO 等，因爲這些材料擁有良好的耐熱性與穩定性，惟其缺點是能隙較寬，只能吸收紫外線，其光伏元件只能轉換少許太陽能。爲了解決此問題，研究者提出氧化物半導體吸附有機染料的方法，藉由染料對可見光的高吸收性，進行光敏作用（sensitization），將光生電子導入半導體中，充分利用可見光，因而稱爲染料敏化（dye-sensitized）半導體電極。

至 1985 年，Grätzel 首次使用氧化物半導體的奈米粒子來取代半導體薄膜，大幅增加了染料吸附的面積，有效提升光子捕獲率。其團隊使用含有釕（II）離子的 N-3 染料，吸附在 TiO_2 奈米粒子上，組成染料敏化電極，對應電極爲白金，並加入含有 I_3^-/I^- 的電解液，製作出光電轉換效率大約 7% 之染料敏化太陽電池（簡稱爲 DSC）。依據太陽電池的演進史，在矽晶圓上製作的電池稱爲第一代太陽電池，使用玻璃基板沉積薄膜者稱爲第二代太陽電池，使用溶液電解質者則稱爲第三代太陽電池。

DSC 運作時，先由染料分子 D 吸收太陽光，成爲激發態分子 D^*，不穩定的 D^* 氧化成 D^+ 而失去電子，此電子將會注入 TiO_2 之的導帶中，再從 TiO_2 流入透明導電薄膜 ITO 或 FTO 中，之後由外部導線送至負載，再到達對應的 Pt 陰極，由於 Pt 與電解液的界面附近有 I_3^- 可接收電子，故將還原成 I^-，I^- 再遷移到 TiO_2 光陽極的表面與 D^+ 反應，將電子轉移給 D^+ 後又回復成 I_3^-，完成一個週期的電路循環。

在 Grätzel 製作的 DSC 中，使用了含 Ru 的染料，但 Ru 具有毒性，且在地球中的藏量不多，不適合量產，因此後續出現許多新型染料的研究工作，期望開發出純有機染料，以降低 DSC 的材料成本。改進染料後，目前已出現效率超過 10% 的 DSC，且能吸收可見光與近紅外光。雖然此效率只達到單晶矽太陽電池的一半，但 DSC 可製作在透光玻璃或可撓塑膠上，所以能成爲透明、多彩或彎曲的產品，適合用於建築物的窗戶和屋頂，也可鑲嵌在交通工具的車窗與車頂。此外，DSC 的染料可在較低的光能量下達到飽和吸收狀態，能在各種光照條件下操作，且對光線的角度不敏感，故可充份利用折射光、反射光與入射光，因此無需搭配追日系統等輔助裝置。再者，DSC 可在 0～70℃的範圍內正常工作，比 Si 基太陽電池更穩定。雖然目前 DSC 並非主流的太陽電池產品，但在部分的利基市場中，期望成本低、可大面積化、可撓曲化與外型多樣化的產品，最適合採用 DSC。

染料敏化太陽電池

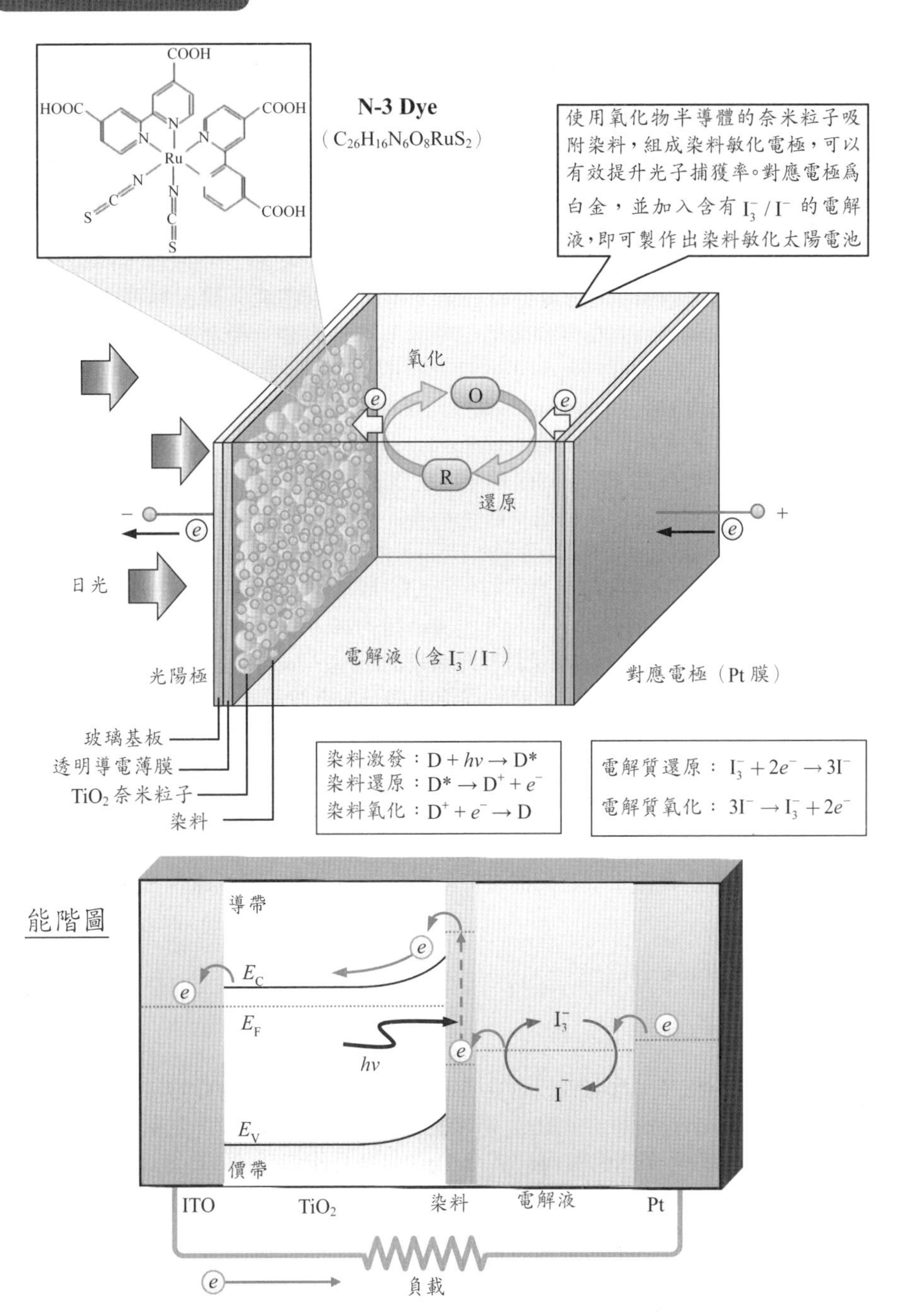

COOH
HOOC
COOH
COOH
N
Ru
N
C
S
N-3 Dye
（$C_{26}H_{16}N_6O_8RuS_2$）
使用氧化物半導體的奈米粒子吸附染料，組成染料敏化電極，可以有效提升光子捕獲率。對應電極爲白金，並加入含有 I_3^-/I^- 的電解液，即可製作出染料敏化太陽電池
氧化
O
R
還原
e
日光
光陽極
電解液（含 I_3^-/I^-）
對應電極（Pt 膜）
玻璃基板
透明導電薄膜
TiO_2 奈米粒子
染料
染料激發：$D + hv \rightarrow D^*$
染料還原：$D^* \rightarrow D^+ + e^-$
染料氧化：$D^+ + e^- \rightarrow D$
電解質還原：$I_3^- + 2e^- \rightarrow 3I^-$
電解質氧化：$3I^- \rightarrow I_3^- + 2e^-$
能階圖
導帶
E_C
E_F
hv
E_V
價帶
I_3^-
I^-
ITO
TiO_2
染料
電解液
Pt
負載

4-25 電化學電容

電極與電解液的界面可以儲存電能嗎？

約於 1745 年，van Musschenbroek 發明一種玻璃容器構成的驗電瓶，瓶口上端放置一個金屬球，球的下端則以金屬鏈連接至內側的金屬箔。進行充電時，金屬球與靜電產生器相連而帶電，瓶外另有一接地的金屬箔，使內外金屬箔攜帶大小相等且極性相反的電荷，此裝置被稱爲萊頓瓶（Leyden jar），實爲一種電容器（capacitor），意指兩片金屬夾住一層介電材料。至 1957 年，Becker 申請一項電容器的專利，指出電解質與多孔碳電極組成的電容器在低電壓下可以儲能，擁有極高的電容量。後來由 SOHIO 公司在 1966 年發展出由電解液取代固態介電材料的電容，稱爲電化學電容（electrochemical capacitor）。使用活性碳作爲電極，比電容（specific capacitance）可達到 16～50 $\mu F/cm^2$。此技術授權給 NEC 公司後，成功地採用超電容（supercapacitor）的名稱推出產品。

這類電容的原理可採用 Helmholtz 電雙層模型來說明，當電極的電位被改變後，電極與電解液的界面兩側將會累積相反電性的電荷，類似傳統電容器的兩片金屬板，但電雙層的電荷間距屬於分子等級，小於 1 nm，故可得到極大的比電容。若再配合比表面積很大的電極，即可製作出高電容。已知電雙層的比電容約爲 30 $\mu F/cm^2$，充電時約可使碳電極的電位到達 1 V，若其比表面積約爲 1000 m^2/g，則其理論能量密度爲 42 W · h/kg，即使實際的電容量只有理論値的 20%，但仍遠遠超過傳統電容器。

電化學電容是由兩組電極與電解液的界面組成，在充放電過程中，電流進入一個電極，再從另一個流出。充電時，電解液中的陽離子會趨向連接電源負極的電極，陰離子則會移向連接電源正極的電極；放電時，兩種離子逐漸從界面脫離。

在 1971 年，Trasatti 利用熱分解法，在 Ti 片上製作出 RuO_2，測試後發現 RuO_2 可作爲電容器的活性材料。1975 年，Conway 將 Ru 片置於 H_2SO_4 溶液中，再施加 0.05～1.40 V 的線性變化電位，反覆掃描後可得到氧化物薄膜。這類電容在充放電時，兩極的變化爲：

$$HRuO_2 \rightleftharpoons RuO_2 + H^+ + e^- \qquad (4.37)$$

$$HRuO_2 + H^+ + e^- \rightleftharpoons H_2RuO_2 \qquad (4.38)$$

從中可發現法拉第程序，故有別於電雙層電容，當電荷存入時會伴隨電位變化，被稱爲贋電容（pseudo-capacitor）。RuO_2 電極的充電電壓可達 1.2 V，其單位質量比電容約爲 720 F/g，理論能量密度爲 144 W · h/kg，是多孔碳的三倍。Conway 解釋了贋電容的機制，其充放電過程包含氧化還原、嵌入脫出和吸附脫附，同時牽涉電子與質子的輸送，有別於過往的電化學電容。

在每一個單元電容內，兩個電極若使用相同材料，則稱爲對稱型電容；若使用不同材料，則稱爲不對稱型，例如碳電極搭配 NiOOH 電極。電化學電容可快速充放電，所以具有更大的功率密度，而且可以全額充放電，轉成熱能的比例低，致使循環壽命可達 10 萬次以上，但目前仍有幾項缺點，包括放電可能發生火花，工作電壓不夠高，放電電壓不穩定，以及自放電趨勢較大，皆有待改善。

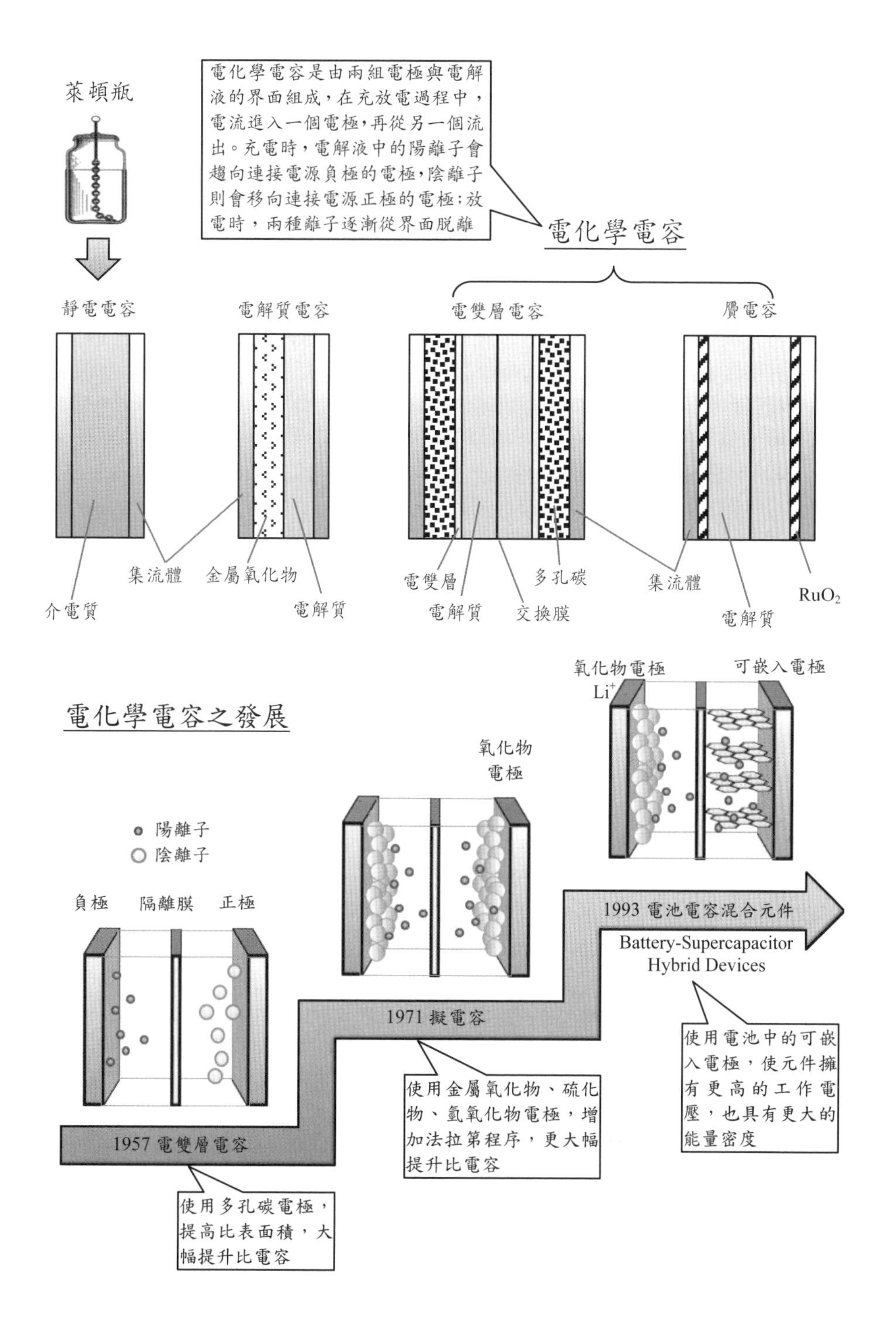
萊頓瓶
電化學電容是由兩組電極與電解液的界面組成，在充放電過程中，電流進入一個電極，再從另一個流出。充電時，電解液中的陽離子會趨向連接電源負極的電極，陰離子則會移向連接電源正極的電極；放電時，兩種離子逐漸從界面脫離
電化學電容
靜電電容
電解質電容
電雙層電容
贋電容
集流體
金屬氧化物
介電質
電解質
電雙層
多孔碳
集流體
RuO2
電解質
交換膜
電解質
電化學電容之發展
氧化物電極
可嵌入電極
Li+
氧化物
電極
陽離子
陰離子
負極
隔離膜
正極
1993 電池電容混合元件
Battery-Supercapacitor
Hybrid Devices
1971 擬電容
1957 電雙層電容
使用電池中的可嵌入電極，使元件擁有更高的工作電壓，也具有更大的能量密度
使用金屬氧化物、硫化物、氫氧化物電極，增加法拉第程序，更大幅提升比電容
使用多孔碳電極，提高比表面積，大幅提升比電容

4-26 薄膜蝕刻

如何在薄膜上刻畫圖案？

在 IC 製程中，需要採用移除製程，以完成圖案轉移（pattern transfer），蝕刻（etch）是最常使用的移除方法，而且此程序會搭配微影（photolithorgaphy）。當晶圓上覆蓋了某種薄膜，並在薄膜上塗佈正型光阻，之後可利用曝光程序使照光區的光阻材料發生化學反應，接著浸入顯影劑中溶解掉曝光的光阻，露出底下的薄膜材料，之後再送入蝕刻機台，透過物理性或化學性作用，將暴露的薄膜材料移除，覆蓋光阻之下的材料則會保留，最終洗去光阻，留下所需圖案。

蝕刻程序可分爲濕式與乾式，前者是在水溶液中經由化學反應移除材料，後者則是將晶圓置於電漿中，同時透過離子轟擊與化學反應來移除材料。由於 IC 技術已進入奈米等級，不再適合濕式蝕刻，因爲化學反應具有等向性（isotropic），發生在底部與側面的移除速率相當，難以精準地控制尺寸，所以只在少許步驟中用於全區材料之移除。然而，1990 年興起的平面顯示器（flat panel display）也成爲重要產品，由於人眼能辨識的尺寸有限，不需要精細到奈米等級，所以內部線路約只需要微米寬度，而且乘載的基板可能擁有 2 公尺的邊長，若使用電漿蝕刻，將導致成本過高，因此仍然使用濕式蝕刻，除了多層材料連續蝕刻時採用乾式。

濕式蝕刻屬於溶解或斷鍵的電化學反應，製程中最關鍵的條件是薄膜與蝕刻劑（etchant）的搭配。良好的蝕刻劑可生成揮發性或可溶性產物，並且具有高選擇性，幾乎不與光阻反應。此外，蝕刻劑的濃度、添加劑、pH 值與溫度，皆會影響蝕刻速率、選擇性、輪廓和殘餘物，若再考慮大範圍的圖案轉移，還需要評估蝕刻的均勻性和負載效應，後者是指圖案疏密不同時，局部蝕刻的速率可能會有差異，因爲整體蝕刻程序除了化學反應之外，還包含反應物與生成物的擴散，不同的疏密度會導致相異的擴散速率。最基本的金屬蝕刻方式是溶解成離子，溶液中的蝕刻劑將扮演氧化劑。因此蝕刻與腐蝕類似，可拆解成兩個半反應。類比腐蝕中的微電池理論，金屬溶解的區域將爲陽極，其周圍則爲陰極，提供蝕刻劑進行還原反應。由於氧化區與還原區同在金屬薄膜上，所以兩極之間將以此薄膜相連，等同於短路的原電池。但有一些材料氧化後傾向於相轉移或沉澱，產物依然爲固態，例如氧化物或氫氧化物，使蝕刻的效果不彰，此時可利用添加劑或緩衝劑加以改善，或加入錯合劑以形成可溶性的錯合物。添加 pH 緩衝劑或強酸時，主要的任務是避免反應產物成爲固態，因爲每種金屬在不同的 pH 值下都存在某種熱力學穩定的型態，常見情形是弱鹼性溶液中易產生固態氧化物或氫氧化物，所以將反應環境控制在低 pH 值下，有助於移除材料，但使用強酸蝕刻具有風險，因爲其他材料也會被腐蝕。

蝕刻中的材料移除速率是重要指標，可直接用儀器測量，也可透過電化學理論來估計。雖然藉由電子顯微鏡可從晶圓斷面來分析蝕刻前後薄膜的高度變化，可以計算出蝕刻速率，但這種方法具有破壞性。若透過電化學測量，可得到金屬溶解反應的電流－電位曲線，從中計算開路下的反應速率，之後藉由法拉第定律，即可換算成蝕刻速率。

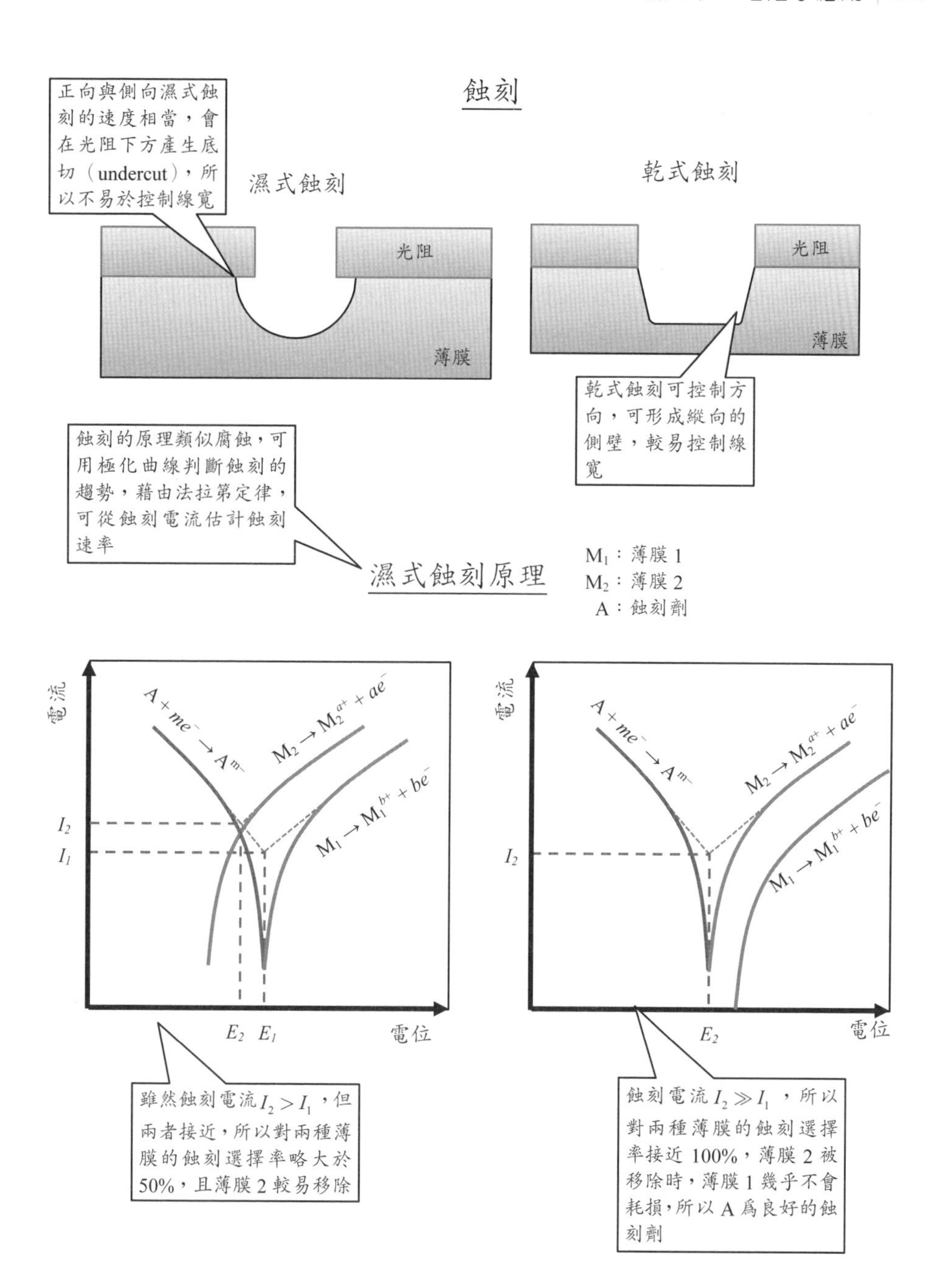

蝕刻
正向與側向濕式蝕刻的速度相當，會在光阻下方產生底切（undercut），所以不易於控制線寬
濕式蝕刻
乾式蝕刻
光阻
薄膜
光阻
薄膜
乾式蝕刻可控制方向，可形成縱向的側壁，較易控制線寬
蝕刻的原理類似腐蝕，可用極化曲線判斷蝕刻的趨勢，藉由法拉第定律，可從蝕刻電流估計蝕刻速率
濕式蝕刻原理
M_1：薄膜 1
M_2：薄膜 2
A：蝕刻劑
電流
$A + me^- \to A^{m-}$
$M_2 \to M_2^{a+} + ae^-$
$M_1 \to M_1^{b+} + be^-$
I_2
I_1
E_2 E_1
電位
電流
$A + me^- \to A^{m-}$
$M_2 \to M_2^{a+} + ae^-$
$M_1 \to M_1^{b+} + be^-$
I_2
E_2
電位
雖然蝕刻電流 $I_2 > I_1$，但兩者接近，所以對兩種薄膜的蝕刻選擇率略大於 50%，且薄膜 2 較易移除
蝕刻電流 $I_2 \gg I_1$，所以對兩種薄膜的蝕刻選擇率接近 100%，薄膜 2 被移除時，薄膜 1 幾乎不會耗損，所以 A 爲良好的蝕刻劑

4-27 銅製程

IC中的銅線路如何製作？

在晶圓上製作電晶體，必須從晶圓表面以下開始加工，之後才會陸續製作源極（source）、汲極（drain）、閘極氧化層（gate oxide）與閘極（gate），至此稱爲前段製程（front end process）。但因爲電晶體的密度極高，需要透過拉線才能有效供電操作，所以後段製程（back end process）致力於建立導線與導線間的絕緣層，稱爲內連線結構（interconnection）。

於 1990 年代之前，IC 中主要使用 Al-Cu 合金製作內連線。若使用純 Al 作爲導線材料，流通的電子會持續撞擊 Al 的晶粒，使之產生遷移，嚴重時將導致斷路；若使用純 Cu，進行乾式蝕刻後將會產生低揮發性的銅化合物，無法精確控制線寬。進入 1990 年代後，由於 Cu 的化學機械研磨（CMP）和雙鑲嵌（dual damascene）技術陸續成熟，多層連線的材料即改成 Cu，這兩種技術搭配電鍍銅，合稱爲銅製程。但 Cu 容易擴散至絕緣用的 SiO_2 中，所以還會使用 Ta 或 TaN 作爲阻障層（barrier layer）。使用銅製程可在電晶體上方構築十多層連線，如同立體道路般。

在水溶液中電鍍銅，不需要高溫與眞空環境，因而成本較低。鍍液的主成分是 $CuSO_4$，硫酸爲支撐電解質，晶圓連接至電源的負極，另放置一片純銅作爲陽極，以組成電鍍系統。操作時，晶圓會持續旋轉，電解液亦維持流動，Cu^{2+} 從陽極產生，並在陰極上消耗，理論上可維持穩定的 Cu^{2+} 濃度，採用定電壓或定電流操作皆可控制鍍膜速率。然而，電鍍之前要使晶圓表面具有導電性，常用的方法是濺鍍沉積出厚度爲 50～200 nm 的晶種層（seed layer），之後再進行電鍍塡孔與塡溝，鍍出的銅層將會超過溝渠的高度，之後再藉由化學機械研磨移除多餘的銅，以完成單層連線。

電鍍塡孔的標準是不殘留空洞與縫隙，故需由下至上（bottom-up）塡充導孔，稱爲超塡充（superfilling）。若採用傳統方法，在導孔開口處的沉積速率較快，電鍍後將形成懸凸（overhang）的狀態，使洞口提前封閉而留下空洞（void）；若使用側壁與底部具有相同速率的鍍膜方法，最終仍會留下隙縫。因此，唯有預先潤濕表面，並從底部向上成長銅膜，才能得到品質的導孔。目前採用的方案是調整鍍液成分，包括抑制劑、加速劑、平整劑、Cl^-。抑制劑和加速劑的分子尺寸有顯著差異，前者較大不易進入導孔深處，後者較小易於擴散至底部，所以孔底的沉積速率高，孔口的沉積速率低，進而形成由下而上的鍍膜效果。

除了考慮鍍液中各成分的質傳與反應，鍍液本身的流動也會影響沉積效果。一般用於孔洞塡充的電鍍槽包括槳式槽（paddle cell）和噴流槽（fountain cell），前者的晶圓垂直液面放入槽中，兩極之間設置一片槳板，操作時會往復運動使鍍液流向陰極，以得到可控制的層流（laminar flow）狀態；後者的晶圓則會水平放置並連接旋轉馬達，電鍍液從軸心注入槽內，因此在陰極表面的流動模式類似旋轉盤電極（rotating disc electrode），也屬於可控制的流動模式。

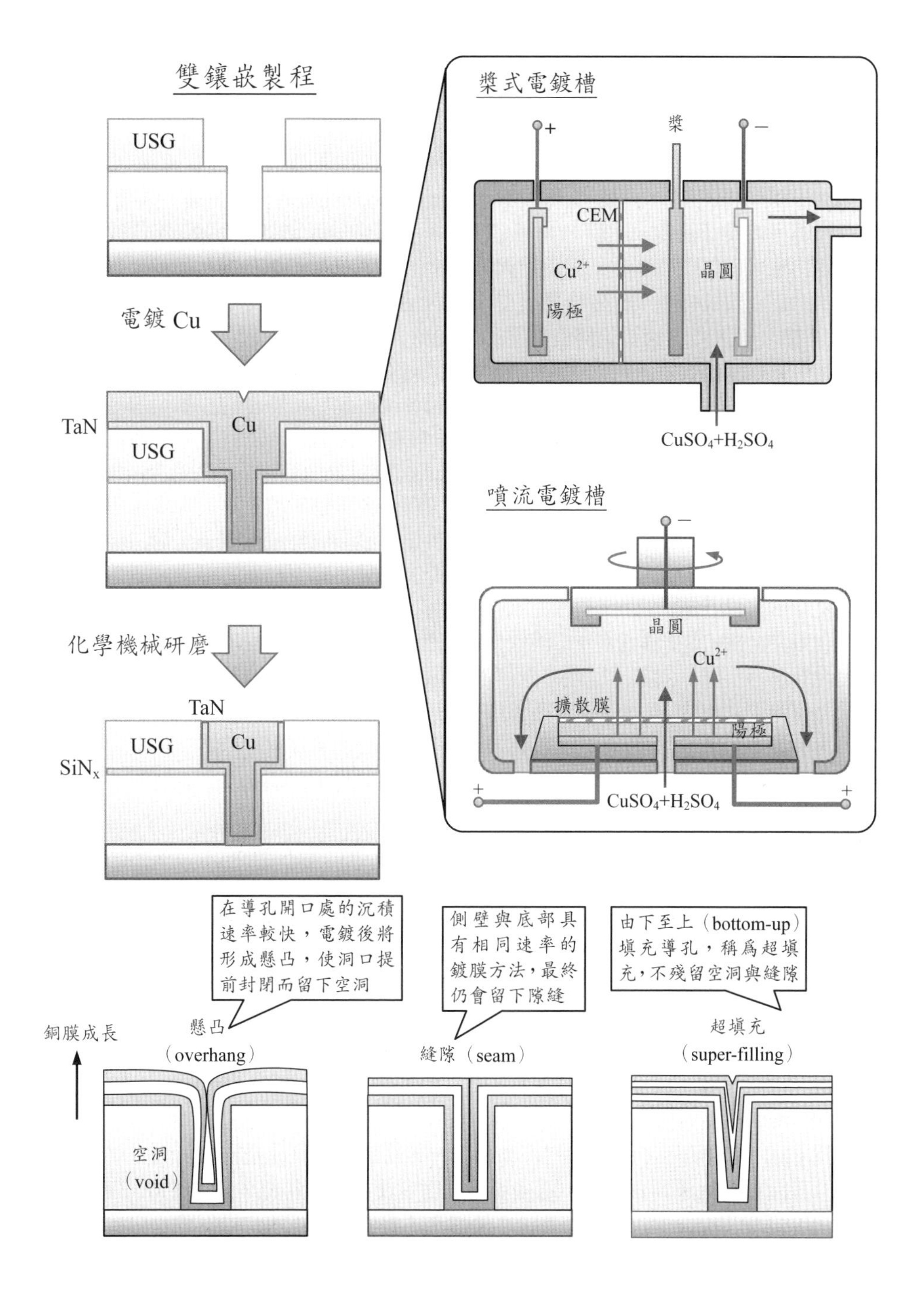
雙鑲嵌製程
USG
電鍍 Cu
TaN
Cu
USG
化學機械研磨
TaN
USG
Cu
SiNx
槳式電鍍槽
+
槳
−
CEM
Cu2+
陽極
晶圓
CuSO4+H2SO4
噴流電鍍槽
−
晶圓
Cu2+
擴散膜
陽極
+
CuSO4+H2SO4
+
在導孔開口處的沉積速率較快，電鍍後將形成懸凸，使洞口提前封閉而留下空洞
側壁與底部具有相同速率的鍍膜方法，最終仍會留下隙縫
由下至上（bottom-up）填充導孔，稱爲超填充，不殘留空洞與縫隙
銅膜成長
懸凸（overhang）
縫隙（seam）
超填充（super-filling）
空洞（void）

4-28 化學機械研磨

如何在電晶體上方堆疊十層金屬連線？

約於 1990 年代中期，化學機械研磨（chemical mechanical polishing，簡稱 CMP）製程已經獲得廣泛使用，當時已可用於磨除介電層和鎢；但進入 1990 年代的後期，更重要的應用出現在銅製程，因爲雙鑲嵌技術被引入，除了填充導孔和溝渠以外，過度沉積的銅必須被移除，移除後還需要使表面足夠平坦，因此採用了 CMP 製程。

CMP 的系統包含一座可旋轉的大平台，平台上安置研磨墊，待研磨的晶圓則被較小的旋轉載具夾住，將晶圓表面壓在研磨墊上。操作時會注入研磨漿料，研磨墊與晶圓間的壓力 p 將會決定一部分機械作用，晶圓載具相對於研磨墊的移動則決定另一部分作用。CMP 的化學作用主要來自於研磨漿料對銅的反應，漿料中除了溶劑還包含研磨粒子、氧化劑、錯合劑、緩衝劑、腐蝕抑制劑、粒子穩定劑與界面活性劑等。氧化劑和緩衝劑將會控制銅的反應速率，移除過程包含兩個步驟，第一步是由氧化劑和銅反應，且在緩衝劑的調節下，表面會形成氧化銅而非溶解成銅離子；第二步則由外部壓力與研磨粒子共同作用，刮除表面的軟質氧化層，直至底部的銅暴露於漿料中，之後又會重覆進行第一步，銅層因而逐漸變薄，而且留下更平坦的表面。

氧化劑在 CMP 中扮演重要的角色，其標準電位必須正於形成氧化銅的電位，才能自發性地進行反應，故其原理類似於腐蝕，但必須控制反應產物爲氧化銅，故可參考從熱力學關係建立的 $E-$pH 圖。從圖中可發現，無外加電位下，約於 pH = 8～12 之間，可形成 Cu_2O。早期開發的 Cu CMP 漿料中，加入了 HNO_3 作爲氧化劑，但酸性環境中，傾向形成 Cu^{2+}，即使研磨仍不足以產生良好的平坦性，所以近期不再使用 HNO_3 作爲氧化劑。

鹼性的 H_2O_2 溶液可以協助形成鈍化層，因此成爲 CMP 漿料中的主成分。若將 pH 値適當控制，表面的鈍化層應爲 Cu_2O，此時若再加入甘胺酸（glycine，H_2N-CH_2COOH）等錯合劑，則可使鈍化層的結構鬆散，更容易被機械力刮除。鈍化層的結構密度還與 H_2O_2 的濃度有關，當 H_2O_2 的濃度高時，鈍化層厚且緻密，會降低移除速率。爲了減少銅直接溶解，也常使用緩蝕劑 BTA（benzotriazole，苯並三唑），以調節移除速率。上述主要解釋 CMP 中的化學作用，但加入機械作用後，會更促進金屬腐蝕。透過開環電位（open circuit potential，簡稱 OCP）的測量可分析 CMP 的機械效應，測量中有一段期間施加應力，有一段期間不施加應力，透過兩者的 OCP 差異，即可推測機械效應。

因爲 CMP 製程使用了高硬度的研磨粒子，容易導致刮痕或殘留物，而且移除的材料也有可能重新沉澱到表面上，這些現象反而會使表面更粗糙，藉由 CMP 後清洗程序（post-CMP cleaning）可加以去除。後清洗主要使用超純水沖刷，或藉由超音波震盪，以去除附著力較弱的殘留物。但有些殘留物經乾燥後可能會與晶圓表面產生化學鍵結，所以還需要透過 NH_4OH、HF 和界面活性劑使其脫離。

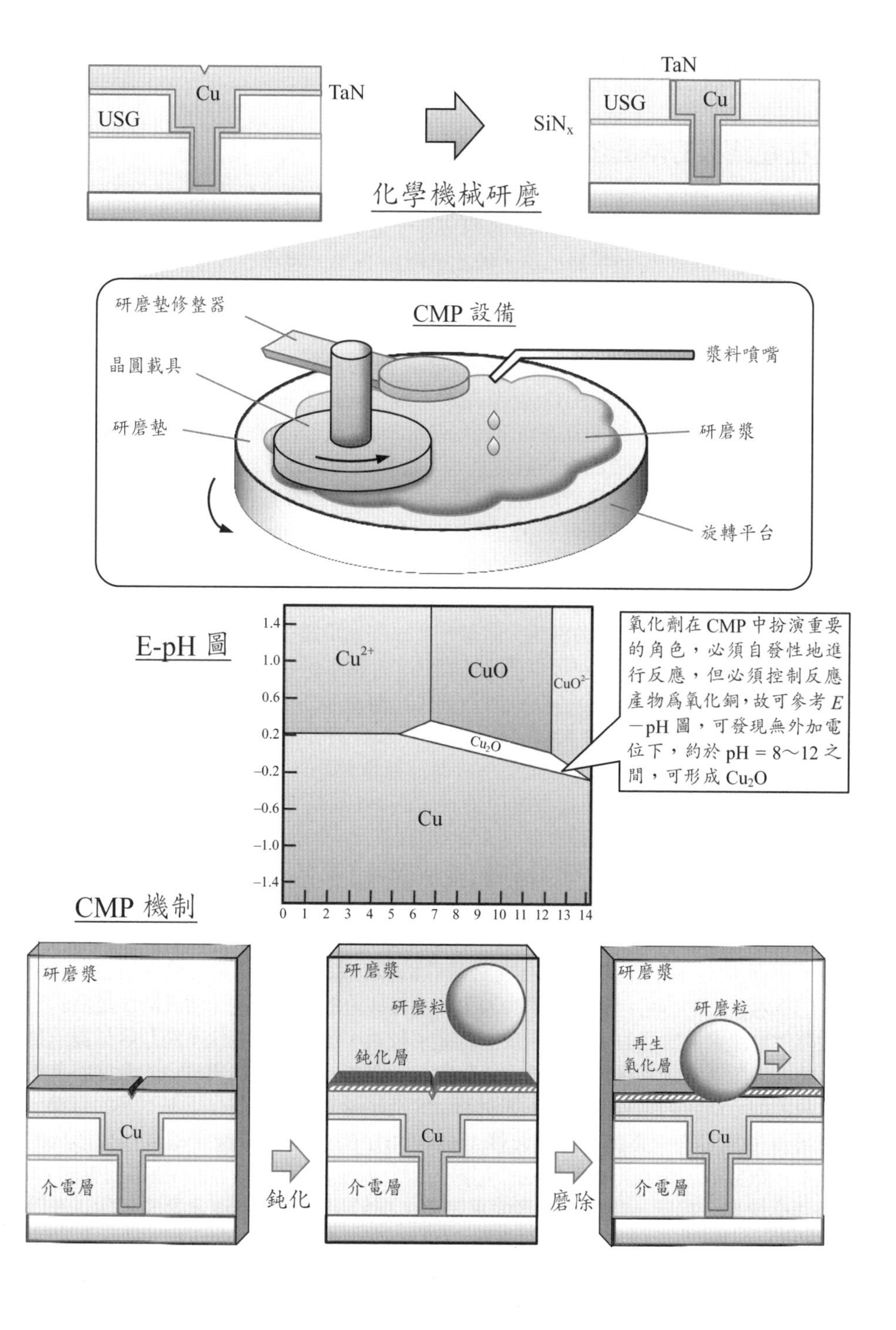

TaN
Cu
USG
SiN$_x$
化學機械研磨
CMP 設備
研磨墊修整器
晶圓載具
研磨墊
漿料噴嘴
研磨漿
旋轉平台
E-pH 圖
Cu^{2+}
CuO
CuO^{2-}
Cu_2O
Cu
氧化劑在CMP中扮演重要的角色，必須自發性地進行反應，但必須控制反應產物爲氧化銅，故可參考E－pH圖，可發現無外加電位下，約於pH = 8～12之間，可形成Cu_2O
CMP 機制
研磨漿
研磨粒
鈍化層
再生氧化層
Cu
介電層
鈍化
磨除

4-29 電路板通孔電鍍

如何在電路板的兩面製作相連的線路？

印刷電路板（printed circuit board，簡稱 PCB）是由絕緣基板與表面配線所組成，其功用是支撐並連接不同電子元件，以構成運作電路。傳統的電路板採用印刷阻劑的製程，再透過蝕刻而得到所需線路，因此被稱爲 PCB，現今已改採壓膜、曝光顯影與蝕刻來製作線路。早期 PCB 的線路只安排在一面，但至 1953 年，Motorola 公司開發出基板兩面都有佈線的技術，但兩面的導線必須透過導孔（via）相連，導孔中的導線則依靠電鍍法製作，此概念後來還擴展成多層電路板。當基板中的可利用面積提高後，更複雜的電路都可以製作，例如電腦主機板使用了 8 層線路。

導孔可分成三類，包括通孔（through via）、埋孔（buried via）與盲孔（blind via），第一類是發展出雙面板的關鍵技術，是指從電路板的一面鑽孔至另一面後，再將此通孔塡入導體，以完成兩面線路的連接。這三類導孔在塡充時，都使用到電化學技術，埋孔與盲孔電鍍屬於相同製程，通孔電鍍（plating through hole，簡稱 PTH）則屬於另一種製程。

進入通孔電鍍前必須先整孔，以提升鍍 Cu 的附著力。由於環氧樹脂基板本身帶負電，將會排斥鍍膜時所用的負電活化膠體，所以經過陽離子型界面活性劑處理後，使親水端向外而轉爲帶正電，可吸引活化膠體粒子。接著進行表面敏化（sensitization）與活化步驟，敏化處理是指基板浸泡在 $SnCl_2$ 溶液中，使表面吸附上含有 Sn^{2+} 的負電錯合物，此時再浸泡於 $PdCl_2$ 的溶液中，Sn^{2+} 將會氧化成可溶性的 Sn^{4+}，Pd^{2+} 則還原成固態的 Pd，表面因而活化，可進行無電鍍銅。然而，原本吸附的膠體粒子仍被 $SnCl_3^-$ 包覆，還需要剝殼程序使其中的 Pd 暴露，此步驟稱爲後活化（post activation）。這時必須浸泡在含有 H_2SO_4 或 HF 的溶液中，以溶解膠體的外殼，加速無電鍍的執行。無電鍍銅可提供電鍍塡孔的晶種層，產生晶種層後，即可連接電源進行電鍍。

早期的通孔電鍍只需要在孔壁上製作鍍層，但今日的 PCB 要求更細且電阻更低的導線，因而需要將通孔全部塡滿。電鍍塡孔的概念類似鑲嵌，其效果取決於鍍液配方，因爲適宜的配方可以調整反應動力學和活性成分的質量輸送。塡孔時，鍍液的均鍍性雖然會決定鍍層品質，但在洞口處的曲率較大，成長速率較快，所以容易提前封口，使孔中留下空洞。在鍍液中加入平整劑後，這些成分在洞口與洞內的濃度將有差異，故可加速洞內的電鍍速率，或抑制洞口的沉積速率，最終製作出無空洞的導線。

電鍍液中常用的平整劑屬於季銨鹽，它是 NH_4^+ 的四個 H 皆被烴基取代後形成的陽離子。電鍍時，平整劑會吸附在凸起區，因此產生局部抑制作用，使凹陷處的 Cu 成長速率快於凸起區，最終導致表面更平整。由於平整劑本身也會還原，所以在凸起區會與銅還原競爭電子，致使此區的沉積速率較低，但平整劑也將減少。另一方面，由於平整劑需要質傳才能進入通孔內部，所以孔壁中點的濃度會比孔口低，終而在此處鍍出較厚的銅膜。電鍍時間足夠後，孔壁中點四周的銅膜將會相連，使通孔轉爲兩個盲孔，由於此時鍍物截面類似蝴蝶的外型，因而被稱爲蝴蝶技術（butterfly technology）。

印刷電路板之導孔

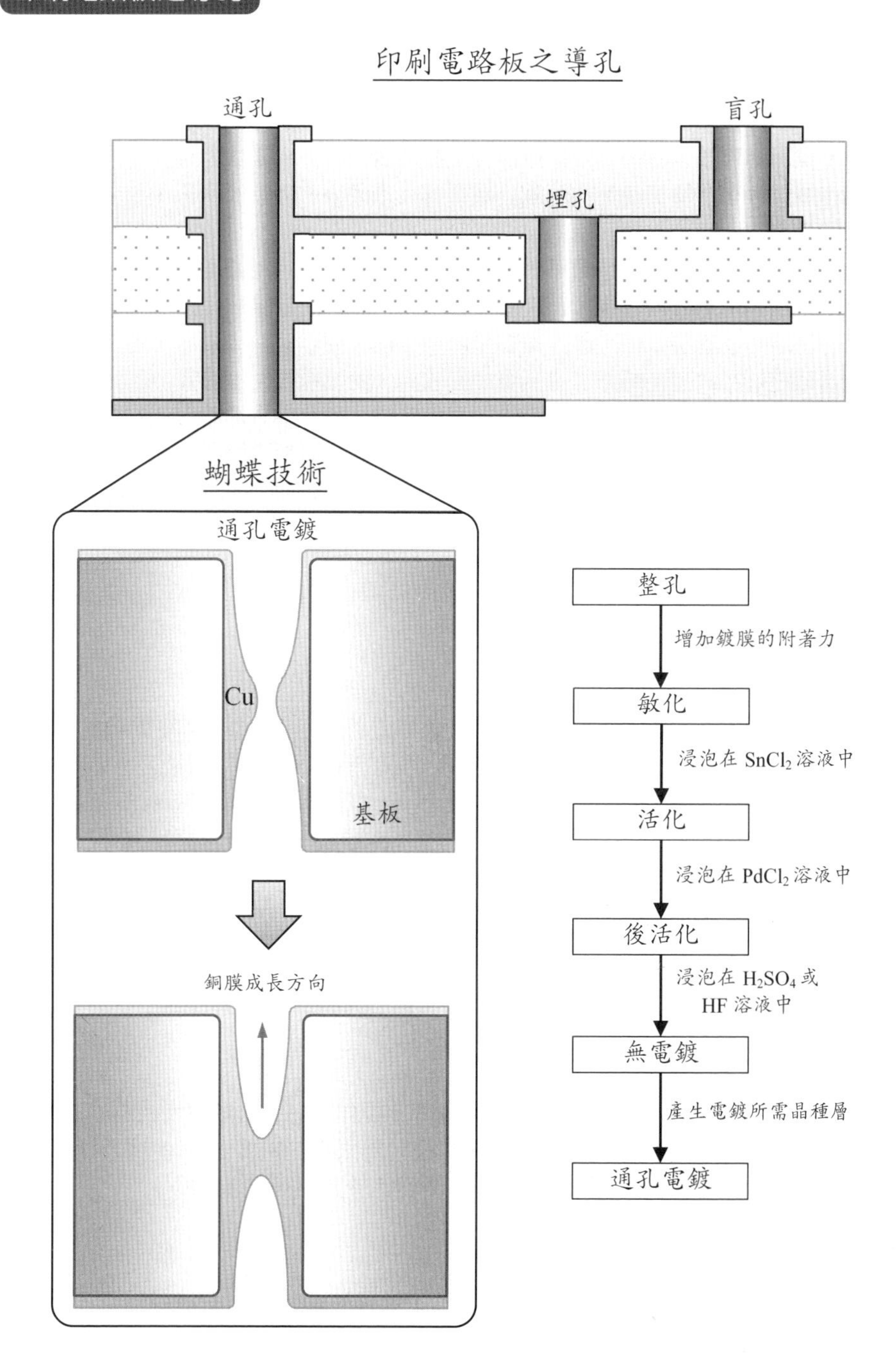
印刷電路板之導孔
通孔
盲孔
埋孔
蝴蝶技術
通孔電鍍
Cu
基板
銅膜成長方向
整孔
增加鍍膜的附著力
敏化
浸泡在 $SnCl_2$ 溶液中
活化
浸泡在 $PdCl_2$ 溶液中
後活化
浸泡在 H_2SO_4 或
HF 溶液中
無電鍍
產生電鍍所需晶種層
通孔電鍍

4-30 電解回收

如何回收廢水中的有價金屬？

含重金屬的廢水多來自電鍍、顯影和蝕刻等工業製程，其中的有價值重金屬已成爲循環經濟探討的對象。傳統技術是以混凝沉澱法爲主，但會產生大量的有害汙泥，若使用鹼金屬離子來交換，留下的溶液仍然含有高量鹽分，因此採用電化學方法將金屬回收並純化，才能達成淨水回用的目標。

電化學方法中的主要試劑是電子，屬於潔淨的試劑，而且所需溫度較低，因此更具能量效率，甚至可以直接在生產線上處理排出液，以分解汙染物或回收有價物。利用電化學方法處理金屬廢水時，最大優點是將金屬離子轉變成有價固體，尤其適用於貴金屬。進行電解回收時，將施加直流電於回收槽，使陰極發生金屬還原的反應。若欲處理金屬濃度較高的電鍍廢液，可用平板式電解槽；若欲處理濃度較低的清洗廢液，則可使用流體化床電解槽。在回收過程中，陽極所發生的反應是電解水產生氧氣，陰極的可能反應包括：

$$M^{n+} + ne^- \rightarrow M \tag{4.39}$$

$$2H^+ + 2e^- \rightarrow H_2 \tag{4.40}$$

$$2H_2O + 2e^- \rightarrow H_2 + 2OH^- \qquad (4.40)$$

其中 M 代表回收的金屬，M^{n+} 是廢水中的金屬離子。產生 H_2 是金屬回收的主要競爭反應。因此，施加到陰極的電位除了考慮金屬離子的還原以外，是否會促使 H_2 生成，也成爲影響回收效率的關鍵因素。由此可知，電解回收金屬與電解冶金類似，主要差異在於前者的電解液中通常僅含有低濃度的金屬，所以回收程序比提煉程序更困難，解決的對策是增加電極的比表面積或提升電解槽的質傳速率，兩者的目的都是爲了提高極限電流，進而增加回收效率。

巨觀而言，電解回收的速率可從法拉第定律來估計，已知欲回收金屬的分子量爲 M，所帶電價爲 n，電流效率爲 μ_{CE}，則其瞬時回收速率將正比於總電流 I：

$$\frac{dW}{dt} = \mu_{CE}\frac{MI}{nF} \tag{4.42}$$

其中 W 爲回收金屬的重量。爲了提高回收速率，操作時必須盡量增大總電流 I，所以大部分的電解回收皆操作在質傳控制下，以達到極限電流密度 i_{lim}，使回收速率取決於金屬離子移動到電極表面之速率，且此速率正比於金屬離子之濃度 c：

$$\frac{dW}{dt} = \mu_{CE}\frac{Mi_{\text{lim}}A}{nF} = \mu_{CE}MAk_m c \tag{4.43}$$

其中 A 是陰極的面積，k_m 是質傳係數。由此可發現，增加電極面積可以提升回收速率，例如採用多孔電極或碳纖維網狀電極時，皆使反應表面積超過同尺寸的平板電極，故能提高回收速率。但在使用此類電極時，陰極的孔洞易被析出的金屬堵塞，需要特別維護保養。

平板式電解回收槽

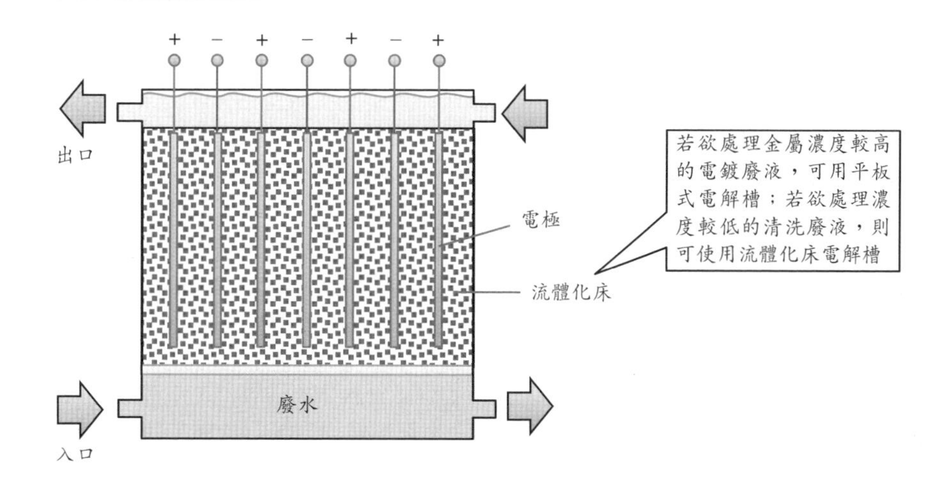

旋轉圓柱電解回收槽

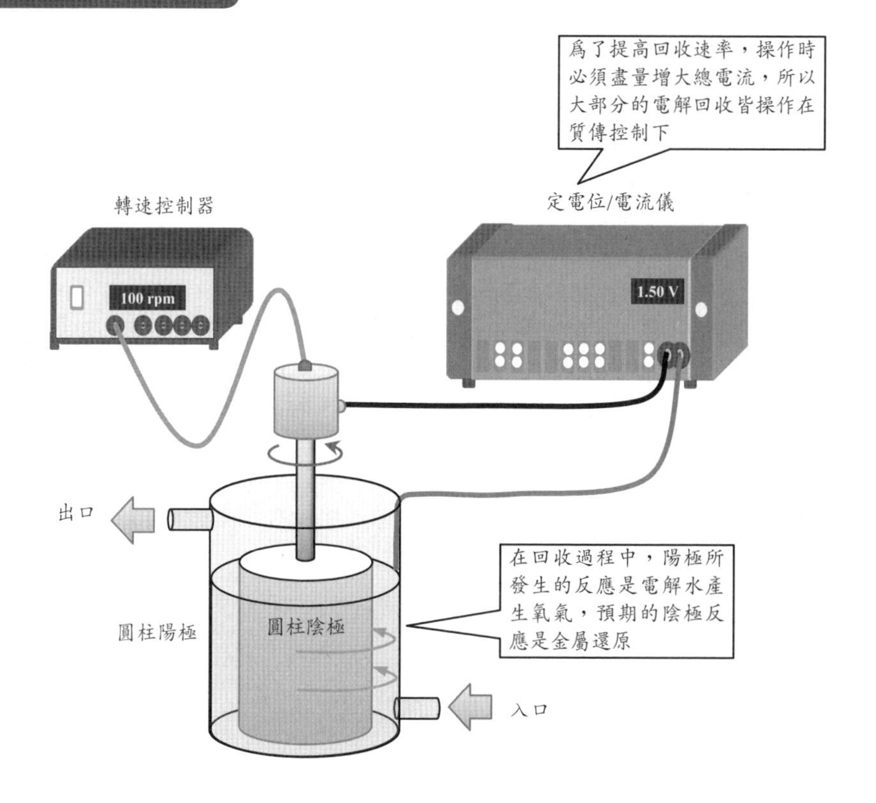

4-31 電浮除與電混凝

如何使廢水中的汙染物上浮或下沉？

電化學浮除法常用於處理石化工廠、機械工廠或食品工廠產生的含油汙水或懸浮物廢液，可去除的汙染物種類多，且最終形成的汙泥較少，因此深具應用潛力。此技術融合了電學、流體力學和電化學原理，主要藉由電場的誘導使粒子產生偶極矩，且在不通入空氣的情況下，利用電解產生的氣泡來結合汙染物，帶領汙染物浮至液面，另加以刮除，同時在處理槽的底部排出淨水。

在電浮除法的裝置中，陰陽兩極被水平放置在槽底，兩者間距很小，但因爲廢水的導電度較低，兩極之間仍需施加 5 V 以上的電壓，但所用電極只提供電解水。從反應機制的觀點，電浮除法還可概分爲電解浮除（electroflotation）與電聚浮除（electroaggregation and floatation）。常用的陰極材料是不鏽鋼網，電解水後只會產生 H_2，陽極材料不溶解，常用石墨、鈦鍍白金網或鈦鍍二氧化鉛網，期望只電解水產生 O_2，廢水中的汙染物被這些氣泡包覆而上浮至水面，達成去除效果。一般電解生成的 O_2 和 H_2 氣泡皆非常微小，容易接觸雜質。透過調整電流、電極材料、pH 值和溫度，即可改變產氣速率及氣泡尺寸，一般氣泡上升速度介於 1.5～4.0 cm/s 之間。電解產氣的過程包括氣泡的形成、成長和脫離。氣泡的生成屬於新相形成，相關於電極表面的粗糙度，也相關於氣體的溶解、過飽和與擴散等因素，其過程十分複雜。氣泡成長時，會以中等氣泡爲核心來兼併周圍小氣泡，或透過氣泡的滑移而聚合。氣泡的脫離發生在浮力大於附著力時，脫離的臨界尺寸與電解條件或電極表面狀態有關。

電混凝程序則是在待處理的溶液中置入鋁或鐵，施加電壓後溶出 Al^{3+} 或 Fe^{2+}，使細微粒子發生凝聚而沉澱，達到分離效果。以鋁電極爲例，生成的 Al^{3+} 將會轉變成 $Al(OH)_3$ 膠體，這些膠體與雜質凝聚後，混凝物可繼續捕捉其他膠體而形成膠羽，各膠羽之間架橋結合後，最終將沉澱至槽底。此外，水也可能被電解，產生的氣泡將會擾動廢液，促使不穩定的顆粒發生混凝而沉澱。對於鐵電極，生成的 Fe^{2+} 會轉變成 $Fe(OH)_2$ 膠體，或在酸性廢液中，Fe^{2+} 再氧化成 Fe^{3+}，形成 $Fe(OH)_3$ 膠體。在陰極處，一般只會產生 H_2，若廢液中有低活性的金屬離子，則可能在陰極析出。

總結電混凝法的優點，包含設備簡單，儀器操作方便；廢水處理過後通常可呈現清澈無色的外觀；處理完的沉降物多爲氫氧化物，所以汙泥量較少；所形成的凝聚物可經由過濾而快速分離；相比於化學混凝，無須添加藥劑，故不會衍生二次汙染；電解產生的氣泡具有浮除作用，能促進汙染物之移除。

電浮除槽

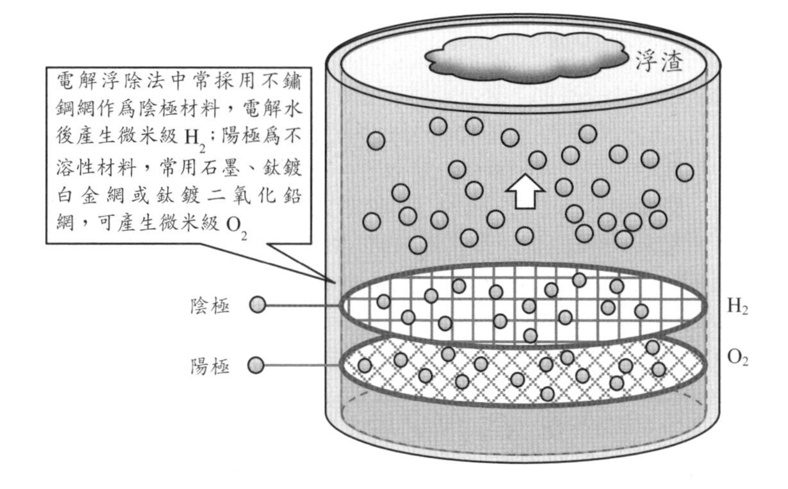

電混凝程序是在溶液中置入鋁，施加電壓後溶出 Al^{3+}，Al^{3+} 再轉變成 $Al(OH)_3$ 膠體，這些膠體將與雜質凝聚，混凝物繼續捕捉其他膠體而形成膠羽，最終將沉澱至槽底

電混凝槽

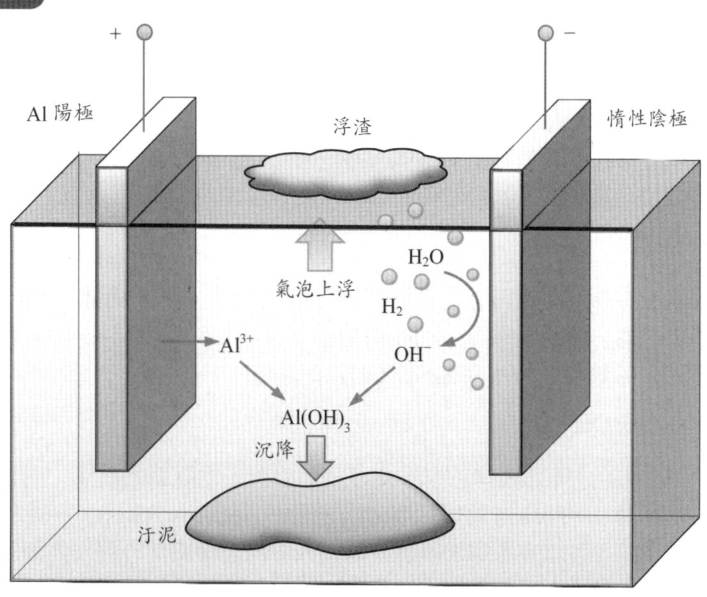

4-32 電化學降解

如何直接分解廢水中的汙染物？

含有汙染物之廢水會對環境造成嚴重衝擊，所以必須透過化學、物理或生物降解方式來處理，其中以化學方法的效果最佳。在化學方法中，又以通電降解最具潛力，其中還可細分爲直接氧化與間接氧化。直接氧化法是指廢水中的無機或有機汙染物可被氧化而分解，例如 CN^-、鉻化物、硫化物、染料、苯或酚等。間接氧化法則是先在陽極生成強氧化性成分，再用來分解汙染物，例如生成 Cl_2 和 HClO 可有效分解有機物。

另有一種間接氧化法稱爲高級氧化程序（advanced oxidation process，簡稱 AOP），是對廢水輸入電能或輻射能，使水中產生自由基 ·OH，然後再分解有機汙染物。依能量來源，AOP 可分爲電解法、震波法、臭氧氧化法、光催化法、紫外線照射法、芬頓（Fenton）法與電漿法。·OH 具有很強的氧化力，高於 O_3，也遠高於其他常用的 H_2O_2 或 HClO 等氧化劑，在水溶液中僅次於 F_2。產生 ·OH 的方法包括混合 Fe^{2+} 和 H_2O_2，此稱爲芬頓試劑（Fenton reagent），也可使用紫外光照射含有 O_3 或 H_2O_2 的溶液、照射 TiO_2 等光觸媒，或照射芬頓試劑而發生光芬頓反應（photo-Fenton reaction）。

芬頓反應可以結合電解技術，稱爲電芬頓程序（electro-Fenton process），亦即其中一種成分直接來自電解反應，操作前不需添加，或操作前先添加，接著利用電解反覆再生。例如使用 Fe^{2+} 再生法，其中的 Fe^{2+} 和 H_2O_2 須在操作前加入廢水，但反應後生成的 Fe^{3+} 會在陰極重新還原回 Fe^{2+}；或使用 Fe 電極氧化法，以 Fe 爲犧牲陽極，通電後不斷產生 Fe^{2+}，與外加的 H_2O_2 反應，陰極則放置在另一容器中，兩極的溶液以交換膜或鹽橋相隔，可使陽極區維持酸性，避免 $Fe(OH)_3$ 沉澱成爲汙泥；也可使用 O_2 注入法，在陰極使 O_2 反應成 H_2O_2，再促使 H_2O_2 與 Fe^{2+} 反應，然而還原產生 H_2O_2 的反應速率慢，是最大的缺點。

另一方面，使用光觸媒材料進行光電化學分解也是處理汙水的新技術。自從 1972 年，藤嶋昭與本多健一發表了光分解水之研究後，證實在 TiO_2 電極上生成 O_2：

$$TiO_2 + h\nu \rightleftharpoons TiO_2^* + h^+ + e^- \quad (4.44)$$

其中 h 爲 Planck 常數，n 爲入射光的頻率，而 $h\nu$ 可代表光子的能量，因此 TiO_2 接受照射後，價帶的電子躍遷至導帶，而在價帶留下電洞 h^+。若此時的 TiO_2 表面有水分附著，則此電洞 h^+ 將會分解水而生成 ·OH：

$$H_2O + h^+ \rightleftharpoons \cdot OH + H^+ \quad (4.45)$$

接著即可利用 ·OH 分解有機物。由於此程序必須照光才能驅動反應，而且反應前後半導體材料並無損失，所以這類材料被稱爲光觸媒（photo-catalyst）。此外，光生電子也具有強反應性，可以傳遞到半導體表面的吸附物而促使其分解。然而，一般光觸媒的光電轉換效率並不高，而且使用後也難以回收，致使處理效率不理想。若使用鍛燒或塗佈的方法將其固定於透明基板，雖然可以重複使用，但其活性面積將會大幅縮減，使分解汙染物的速率無法加快，所以仍待改良。

電芬頓程序

再生 Fe^{2+} 法

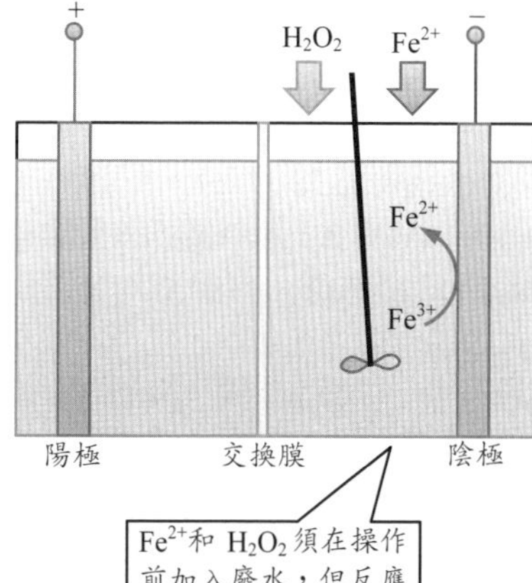

Fe^{2+}和 H_2O_2 須在操作前加入廢水，但反應後生成的 Fe^{3+}會在陰極重新還原回 Fe^{2+}

Fe 陽極法

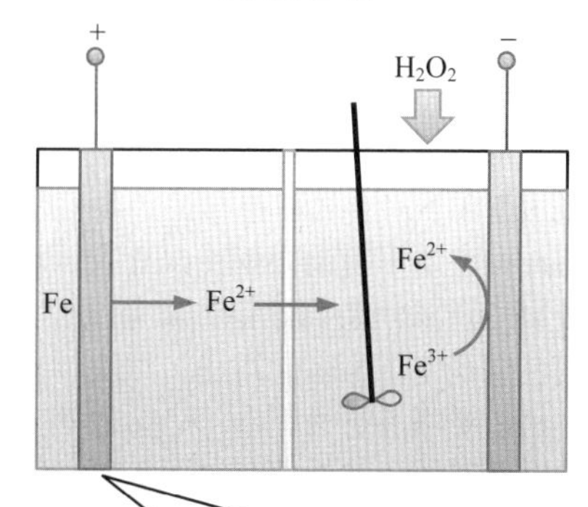

以 Fe 爲犧牲陽極，通電後不斷產生 Fe^{2+}，與外加的 H_2O_2 反應，陰極則放置在另一容器中，兩極的溶液以交換膜或鹽橋相隔，可使陽極區維持酸性，避免 $Fe(OH)_3$ 沉澱成爲汙泥

O_2 注入法

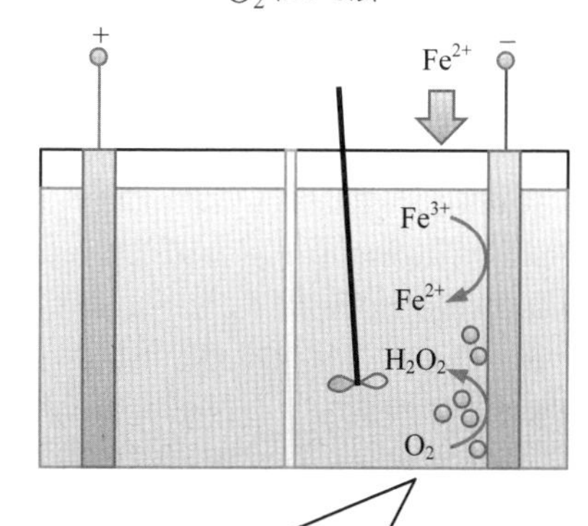

注入 O_2，在陰極使其反應成 H_2O_2，再促使 H_2O_2 與外加的 Fe^{2+}反應，然而還原產生 H_2O_2 的反應速率慢，是最大的缺點

Fe 陽極結合 O_2 注入法

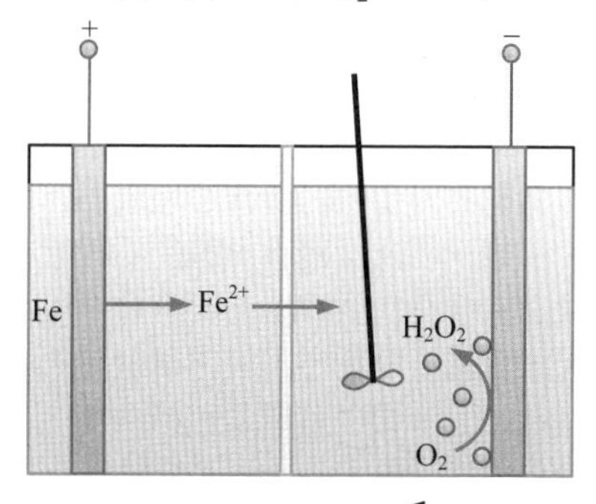

注入 O_2，在陰極使其反應成 H_2O_2，再促使 H_2O_2 與陽極產生的 Fe^{2+} 反應

4-33 電化學整治土壤

如何去除土壤中的汙染物？

近年來發展出一種以電動力學（electrokinetics）爲主，電解反應（electrolysis）爲輔的電化學土壤整治技術，可以去除土壤中的汙染物。由於施加電場於土壤會引發電滲透現象，進而造成離子移動，故可應用於土壤整治。在 1980 年，Hamnet 曾對農田通電，發現 Na^+ 會往陰極移動，而 Cl^- 會朝陽極移動，因而能去除鹽分。在 1985 年，Shmakin 也運用電動力學法來探勘土壤中的 Cu、Ni、Co 與 Au 等金屬，測量陰極區的金屬含量來判斷此礦區的藏量。在 1987 年，Renaud 和 Probstein 發表一種藉由電滲透現象穩定汙染區的想法，以陰陽極包圍汙染區，陽極排列在內圈，陰極排列在外圈，以引導電滲透流朝向汙染區之外，進而降低局部水位且壓密土壤，以防止汙染區內的重金屬離子往外擴散。這些研究都指出，電動力學現象可以移動土壤中含有的金屬。到了 1990 年代，電化學技術移除多種重金屬或有機汙染物已被證實可行。

電化學整治方法結合了電化學反應與電動力學，以去除土壤中的汙染物，其中發生的電化學反應是指陰陽極表面的氧化還原，而電動力學現象則以電滲透爲主，除了物質輸送與孔隙內的流動，在土壤孔壁的離子交換也是不可或缺的步驟。在整治程序中，首要步驟是通電，使陽極產生 H^+，並同時生成 O_2，在陰極則可能生成 H_2，或發生金屬還原。生成的 H^+ 將隨著電滲透流往陰極移動，途中不斷以吸附交換的方式釋放出附著於土壤表面的金屬，這些金屬也會隨著電滲透流移至陰極區，最終被收集而離開土壤。

在土壤中，所含成分會受到電壓差、濃度差與水壓差的驅動，分別產生電遷移、擴散與對流式的物質輸送。此程序的對流驅動力來自於外加電場，屬於強制對流，且可歸類爲電動力學中的電滲透現象。在電場作用下，電解液將會沿著靜止的帶電表面流動，例如一根表面帶有負電的毛細管內，管壁會吸附一些陽離子，若施加電場，這些陽離子將會移向陰極，同時還會拖曳電解液，導致朝向陰極的對流。

另因金屬汙染物在溶液中可能發生多種化學反應，以不同的狀態留滯於土壤中，例如在孔隙溶液相中有離子和錯合物，在孔壁則有吸附物與沉澱物。它們參與的化學反應分爲勻相（homogeneous）與非勻相（heterogeneous）兩類，前者包括離子錯合與酸鹼中和，後者則包含吸附離子交換與氫氧化物沉澱。尤其在陰極附近，因爲電解水而升高 pH 值，更容易發生沉澱反應，使沉澱物堵塞土壤中的孔洞，減少流量，降低移除效率。爲了避免形成沉澱物，多種改良方案被提出，例如以適當 pH 值的緩衝溶液來清洗土壤；加入一段緩衝空間來間隔陰極電極與土壤試體，以避免沉澱反應發生在土壤內部；在陰極處加入陽離子交換膜，使 OH^- 不會進入土壤中。然而，添加緩衝液偏離了電化學處理法不加入藥劑的原則，故不適合現地使用。發展至今，電化學技術已用於移除地下水或土壤中的重金屬，同時也用於去除有機物和輻射物。

電化學整治土壤

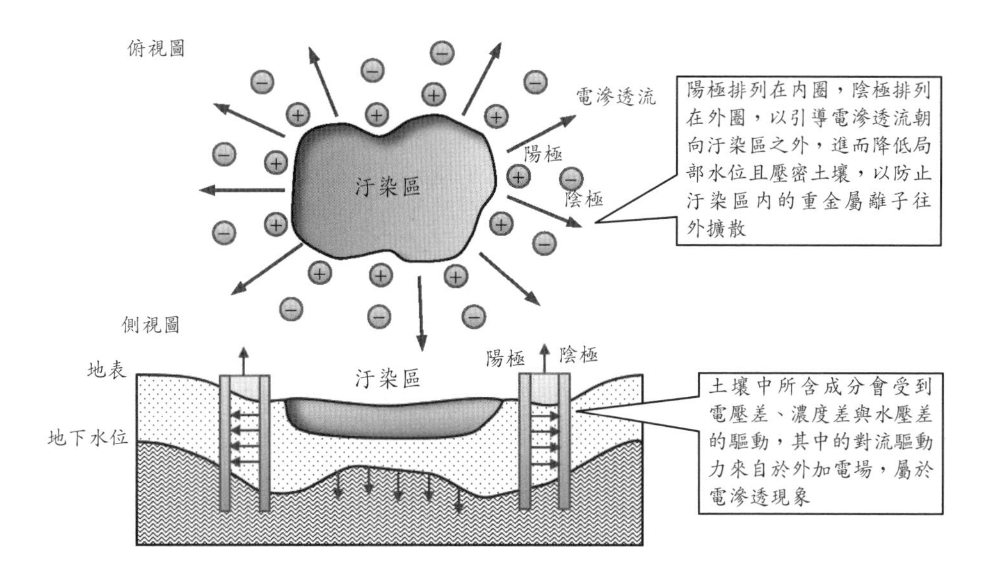

整治機制

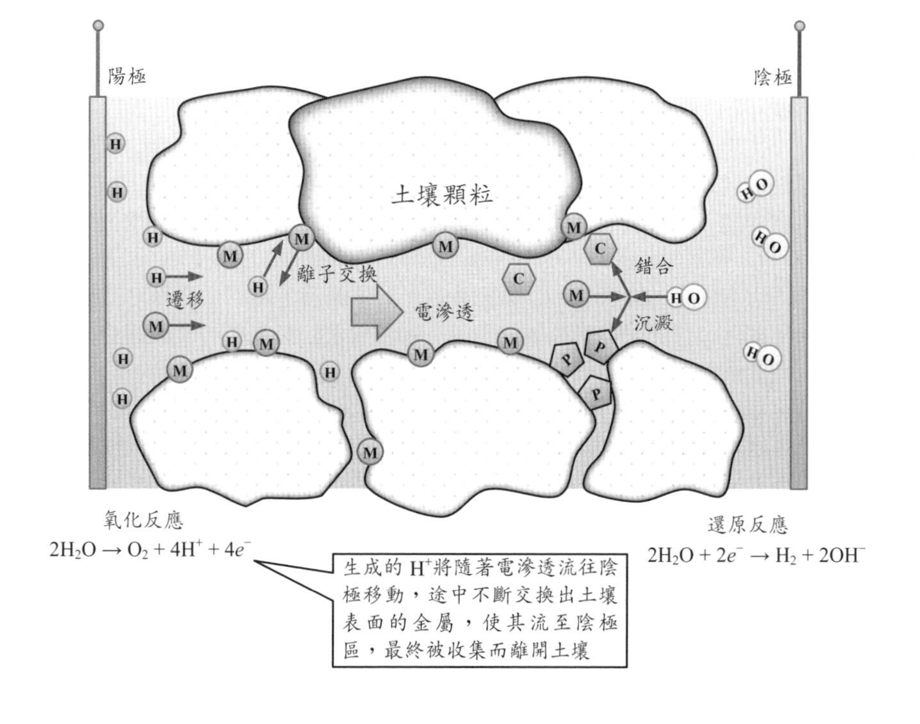

4-34 電透析

如何分離海水中的鹽分？

電透析技術（electrodialysis）已應用於工業中，是結合電場驅動與薄膜分離的有效技術。電透析槽被施加了直流電場後，溶液中的陰陽離子將分別朝相反方向遷移，若在溶液中安置離子交換膜，只允許特定離子通過，即可達到分離溶質或濃縮溶液的目的。目前電透析技術主要用於淡化海水、處理廢水、濃縮鹽類溶液、去除食品中的鹽分或有機酸，以及萃取中草藥。操作時只需要通電，藥劑用量少，操作方便，不會排出汙染物，因此極具應用潛力。

電透析槽是由陰陽極、數片離子交換膜和數個板框所組成，陰陽極放置於兩側，並連接電源，以提供電壓，每兩個板框之間會緊密夾住一片離子交換膜，板框內則爲溶液的流道。離子交換膜是一種具有網絡結構的薄膜，可分爲陽離子交換膜（CEM）與陰離子交換膜（AEM），前者帶有陰離子基，所以只能讓陽離子穿透，而排斥陰離子；後者則帶有陽離子基，所以只能讓陰離子穿透，而排斥陰離子。

組裝電透析槽時，最接近陰極的板框必須安置陽離子交換膜，而最接近陽極的板框必須安置陰離子交換膜，中間的區域則以交替排列的方式安置兩種交換膜。鹽水溶液被輸入後，Na^+ 將會受到陰極吸引而往陽離子交換膜的方向接近，並穿透至隔壁的板框中，Cl^- 則受到陽極吸引而往陰離子交換膜的方向接近，亦穿透至隔壁的板框中，最終將使輸入的溶液獲得稀釋，而被稀釋溶液的兩側因爲接收了兩種離子而增濃。若以鹽水淡化爲目標，則被稀釋的溶液是主產品；若以濃縮製鹽爲目標，則被增濃的溶液是主產品。通常經過電透析操作，鹽分含量可從 1000～3000 ppm 降低至 500 ppm，其稀釋效應取決於交換膜的特性和操作電壓或電流。

在陰極上，主要的反應是電解水產生 H_2 和 OH^-；在陽極上，通常會使用不參與反應的鈍性電極，所以可能的反應是電解水產生 O_2 和 H^+，或 Cl^- 被氧化成 Cl_2。

經過長期操作後，交換膜的外側易結垢，其組成可能是無機物或有機物，此時需要添加 HCl 或 H_2O_2 等藥劑來清除。另有一種方案稱爲倒極式電滲透操作（electrodialysis reversal，簡稱 EDR），亦即定時切換陰陽極，可避免發生結垢，進而增長電滲透槽的使用壽命。此外，爲了降低交換膜的電阻，通常會使用較高的溶液流速沖刷交換膜的兩側，以避免溶液滯留，但流速過大時，陰陽離子分離的效果會降低。

除了溶液除鹽或濃縮以外，電透析法也用於廢水處理，例如電鍍廠的含 Ni 廢水或含 Cu 廢水經過電透析處理後，可使金屬陽離子脫離溶液，且能回用於原本的製程中。對於一些含有鈍性鹽份的廢水，例如 Na_2SO_4 溶液，經過電透析處理後，可以分別在陽極室和陰極室取得 H_2SO_4 和 NaOH，並使廢液中的 Na_2SO_4 含量被稀釋。

電透析程序

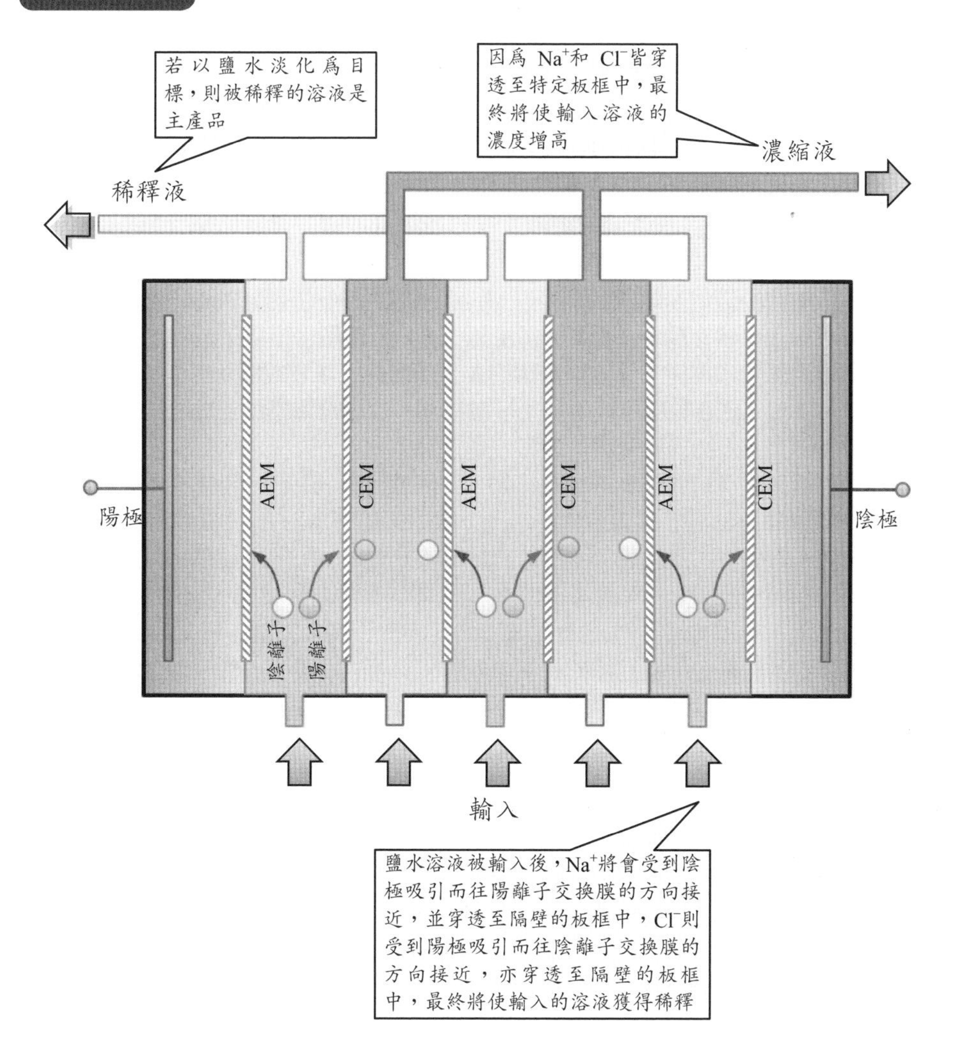

陽離子交換膜（CEM）：帶有陰離子基，所以只能讓陽離子穿透，而排斥陰離子

陰離子交換膜（AEM）：帶有陽離子基，所以只能讓陰離子穿透，而排斥陰離子

4-35 離子選擇電極

如何測量特定離子的濃度？

測量電極的電位時，需要伏特計和參考電極，從伏特計測得的電壓推算出工作電極的電位，而此電位又常與待測物的物化性質相關，因而能從工作電極電位再推算出該性質，目前最常應用的對象是推測溶液或氣體中的特定成分含量。在已經商品化的電位感測器中，基於濃度差電池之原理所設計的離子選擇電極（ion-selective electrode，簡稱 ISE）被應用最廣。

ISE 通常會製成管狀結構，管底包覆一片與待測物接觸的薄膜（membrane），管內盛裝電解液和一支參考電極。測量時需要另一支參考電極，但為了區別，不接觸待測溶液者稱為內部參考電極，會接觸待測溶液者稱為外部參考電極。ISE 中最關鍵的材料是薄膜，必須允許目標離子吸附其上，所以 ISE 也稱為薄膜指示電極。常用的薄膜材料可分為三類，包括固態薄膜、液體－高分子膜、透氣膜。

常用的固體薄膜材料為玻璃或難溶鹽類，可用於測量 pH 值；液體－高分子膜通常由疏水材料製成，可用於感測 NO_3^-、Cu^{2+}、BF_4^- 或 K^+ 等離子；透氣膜可以感測溶於水中的氣體，例如聚四氟乙烯（商標名為鐵氟龍）允許 NH_3、CO_2 和 SO_2 穿透，內部電解液的 pH 值因而改變，再透過 pH 電極之測量，即可推算外部的氣體含量。

操作 ISE 時，目標離子會先吸附在薄膜的外表面，例如陽離子吸附後，會排斥薄膜另一側表面的陽離子，並且提升內部參考電極周圍的陽離子含量，因而出現電位變化，此時 ISE 相對於外部參考電極的電壓改變，可用以反映待測溶液的離子活性。

理想的 ISE 能迅速平衡，且其電位只受目標離子的影響，故能呈現濃度對數與電位之間的線性關係，亦即符合 Nernst 方程式。然而，實際的 ISE 仍會面臨其他離子的干擾，使測量結果些微偏離理論值。若待測離子的活性為 a_i，價數為 n_i，干擾離子的活性為 a_j，價數為 n_j，則在固定溫度 T 下，可測得的電位 E 為：

$$E = C + \frac{RT}{n_i F}\ln(a_i + \sum_j K_j a_j^{n_i/n_j}) \tag{4.46}$$

其中 C 為常數，K_j 為干擾離子的選擇性係數。然須注意，從 ISE 測量的電位只能推算出活性，而非濃度。欲求得濃度，還需要知道活性係數，但活性係數會隨著濃度而變，唯有提高溶液的離子強度才能使活性係數的變化縮小。因此，在待測溶液中添加干擾係數 K_j 極小的電解質，即可增進濃度對數和測得電位間的線性關係。

ISE 除了常用於感測陽離子外，也適用於陰離子，例如使用單晶的 LaF_3 薄膜可偵測 F^-，使用多晶的 Ag_2S 薄膜可偵測 S^{2-}。此外，若採用透氣膜，ISE 還可用於感測氣體。

離子選擇電極

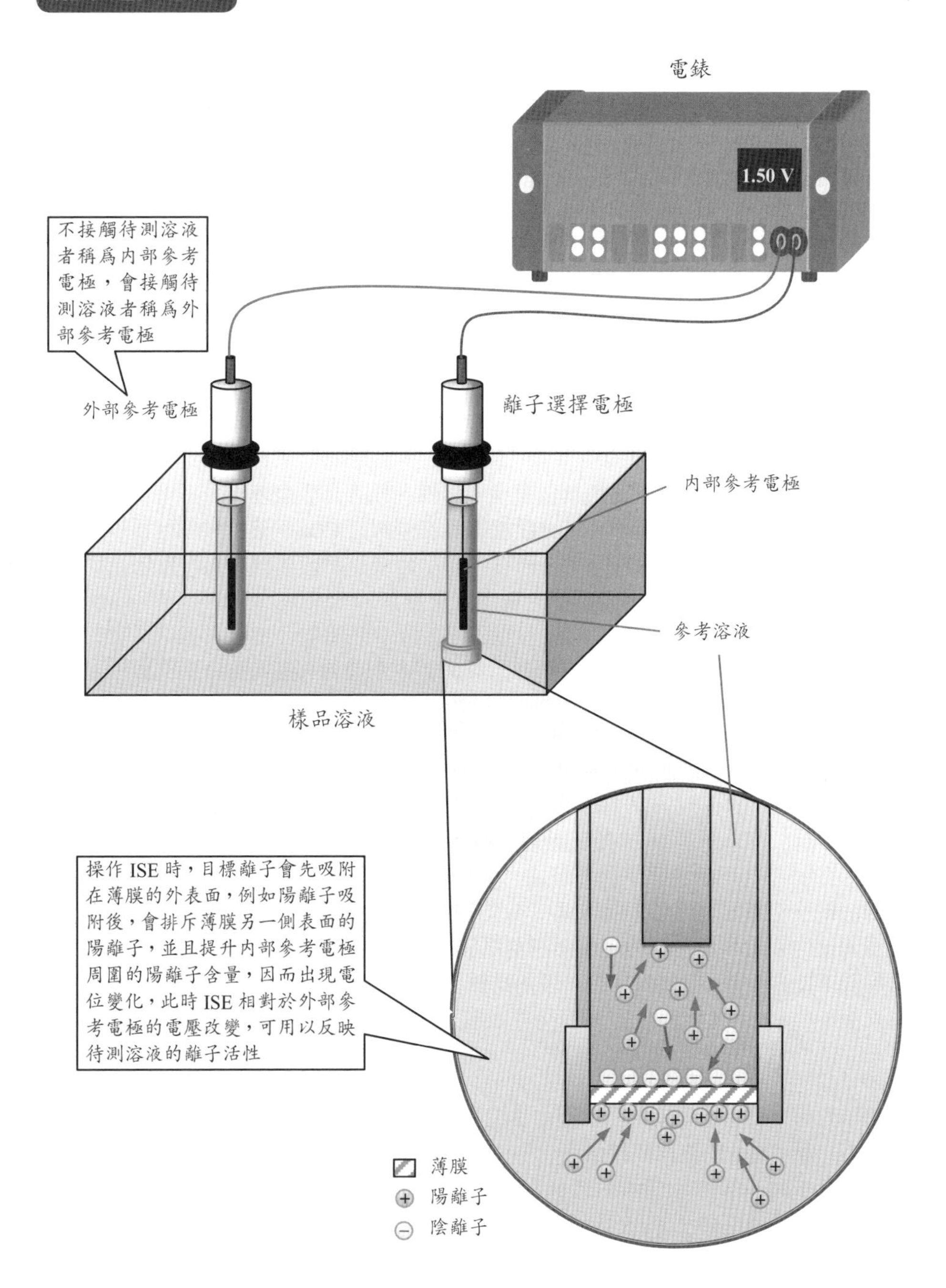
電錶
1.50 V
不接觸待測溶液者稱爲內部參考電極，會接觸待測溶液者稱爲外部參考電極
外部參考電極
離子選擇電極
內部參考電極
參考溶液
樣品溶液
操作ISE時，目標離子會先吸附在薄膜的外表面，例如陽離子吸附後，會排斥薄膜另一側表面的陽離子，並且提升內部參考電極周圍的陽離子含量，因而出現電位變化，此時ISE相對於外部參考電極的電壓改變，可用以反映待測溶液的離子活性
薄膜
陽離子
陰離子

4-36 氣體感測器

如何偵測室內的二氧化碳濃度？

若採用透氣膜，ISE 還可用於感測氣體，例如使用 PTFE 疏水性薄膜，可允許 CO_2 穿透，但不會使管內的溶液滲漏，故可用於偵測 CO_2。當 CO_2 穿透 PTFE 而進入管內後，將會發生水解：

$$CO_2 + H_2O \rightarrow H^+ + HCO_3^- \quad (4.47)$$

若管內溶液已含有過量的 HCO_3^-，則 H^+ 和 CO_2 的活性將成正比，此時只需在管內放置一支 pH 感測電極和一支 Ag/AgCl 參考電極，透過兩極的電位差，即可換算出 pH 值變化，以及 CO_2 的活性。運用類似的方法還可以偵測 NH_3、H_2S、SO_2 和 HF 等氣體，因爲這些氣體都會發生水解而改變特定離子的濃度，只要在感測管內放置對應的 ISE 即可偵測此離子，並換算出目標氣體的濃度。

電化學感測器依訊號轉換的結果可分爲電位、電流和電導感測器，最常用的電位感測器中，除了 ISE，還有固態電解質電極，因爲在某些高溫環境中，不適合使用含有水溶液的 ISE。目前已開發的感測用固態電解質包括對 CO_2 敏感的碳酸鹽膜、對 NO_x 敏感的硝酸鹽膜和對 O_2 敏感的氧化物膜，都可製成小型感測器。以烴類化合物感測器爲例，在固態電解質的兩側都接上電極，電極 A 可催化烴類化合物發生燃燒而形成 CO_2 和 H_2O，另一電極 B 則不會引發燃燒，故當烴類化合物流入感測區時，兩電極的 O_2 分壓接近，但 H_2O 的分壓卻會因燃燒而產生差異，進而導致兩電極出現電壓 ΔE：

$$\Delta E = \frac{RT}{2F}\ln\left(\frac{p_A}{p_B}\right) \quad (4.48)$$

其中和 p_A 和 p_B 分別是 H_2O 在電極 A 和 B 的表面分壓。因此，從測量出的 ΔE 可推得 H_2O 的分壓，再透過化學計量關係，可進一步求出氣體中的烴類化合物含量。

對於電流感測器，除了工作電極和參考電極外，還必須放入對應電極，再以安培計測量電流的變化，最常見的電流感測器用於偵測空氣中的 CO，偵測器中使用的薄膜材料爲 PTFE，可允許 CO 穿透，膜內爲強酸溶液，當 CO 接近工作電極時會發生氧化反應：

$$CO + H_2O \rightarrow CO_2 + 2H^+ + 2e^- \quad (4.49)$$

所釋出的電子將會流向安培計，藉由法拉第定律可換算出 CO 的含量。

另有一種 Clark 感測器用於偵測水中溶解的 O_2，其組成包含 Ag 陽極、Pt 陰極和可透氣的 Teflon 薄膜，感測器內裝有 HCl 溶液。檢測時，O_2 從待測溶液端穿透薄膜，此時在兩極間會施加 1.5 V 的電壓，驅使 O_2 在陰極還原成 H_2O，在陽極則是 Ag 氧化成 AgCl。當操作電壓比較高時，O_2 還原的程序將會落於質傳控制區，使反應產生的電流正比於 O_2 含量，更方便於推算。

二氧化碳感測器

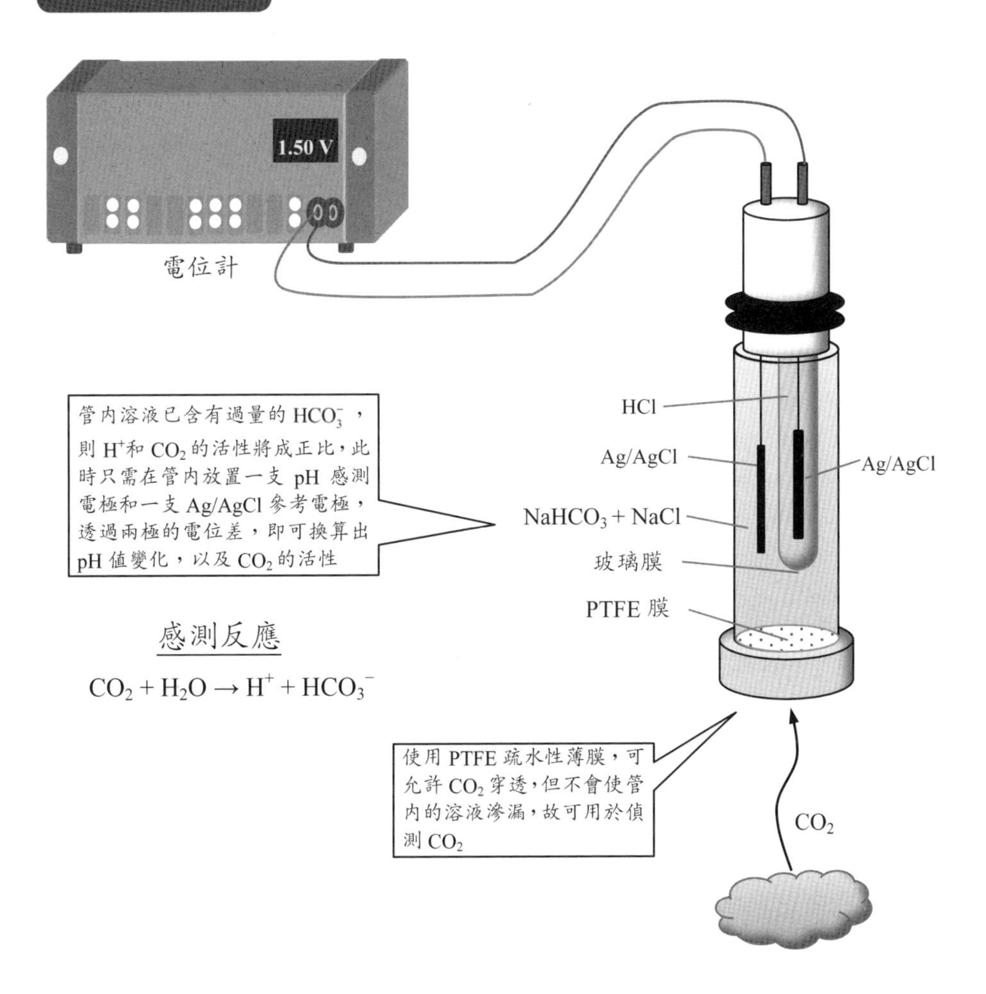

[附註]

在某些高溫環境中，不適合使用含有水溶液的 ISE。目前已開發的感測用固態電解質包括對 CO_2 敏感的碳酸鹽膜、對 NO_x 敏感的硝酸鹽膜和對 O_2 敏感的氧化物膜，都可製成小型感測器

4-37 離子感測場效電晶體

如何偵測溶液的酸鹼度？

感測器可設計成三電極結構，也可採用四電極結構，亦即同時使用場效電晶體（field-effect transistor，簡稱 FET）與參考電極，此類經由化學特性轉換成電特性的元件又可稱爲化學感測場效電晶體（chemically-sensitive field-effect transistor，簡稱 ChemFET）。

典型的 FET 中擁有三個電極，分別爲閘極（gate）、源極（source）和汲極（drain），閘極下方有介電層（gate insulator），源極和汲極之間爲半導體構成的通道。操作時必須先對閘極施加偏壓，使介電層下方的半導體通道感應出相反電荷，這些電荷恰可連接源極與汲極，若此時源極對汲極具有電位差，則可在這兩極之間形成電流。在積體電路（IC）製程中，源極、汲極與電荷通道皆由矽晶構成，差別只在於前兩者被高量的異質原子摻雜成導電區。此概念應用於化學感測時，傳統的 FET 結構將略作修改，在閘極的正上方將增加一層感測薄膜，並使待測溶液接觸感測薄膜，溶液中置入參考電極，因而構成四電極系統。當待測溶液改變時，感測薄膜中的受體分子（receptor）會結合溶液中的特定成分，改變薄膜兩側的電位差，致使流向汲極的電流產生變化。若特定成分屬於離子，則稱爲離子感測場效電晶體（ion-sensitive field-effect transistor，簡稱 ISFET）。

ISFET 可用於測量 pH 值，此裝置的感測薄膜可結合閘極介電層，並由待測溶液扮演閘極，使介電層與溶液接觸的界面上吸附一層離子，常用的閘極介電層包括 SiO_2、SiN_x、Al_2O_3、Ta_2O_5。使用 SiO_2 時，表面的 OH 基將會發生水解或 H^+ 吸附，因而改變了閘極介電層的表面電荷：

$$-Si-OH+H_2O \rightleftharpoons -Si-O^- + H_3O^+ \quad (4.50)$$

$$-Si-OH+H_3O^+ \rightleftharpoons -Si-OH_2^+ + H_2O \quad (4.51)$$

操作 ISFET 時，其臨界電壓（threshold voltage）會隨介電層的表面電荷密度而變，此電荷密度又受到溶液 pH 值的影響。所以經過標定後，即可使用 ISFET 的電性推測出 pH 值。ISFET 的最大優點是尺寸小，可製成微米級以下的感測器，但其關鍵技術並非 FET 的製作，而是參考電極的微型化，因爲傳統的管狀參考電極無法用於微型 ISFET 中。

目前開發出的 ISFET 已可用於偵測多種離子，而且以陽離子的應用較多。只要採用適當的薄膜材料，對目標物的反應具有可逆性，ChemFET 也能用於感測氣體，例如聚苯胺（polyaniline）薄膜可吸附並感測 NH_3。若 ChemFET 的閘級上塗佈一層免疫抗體，還可用於感測抗原；反之，閘級上塗佈一層抗原，則可用於感測抗體。

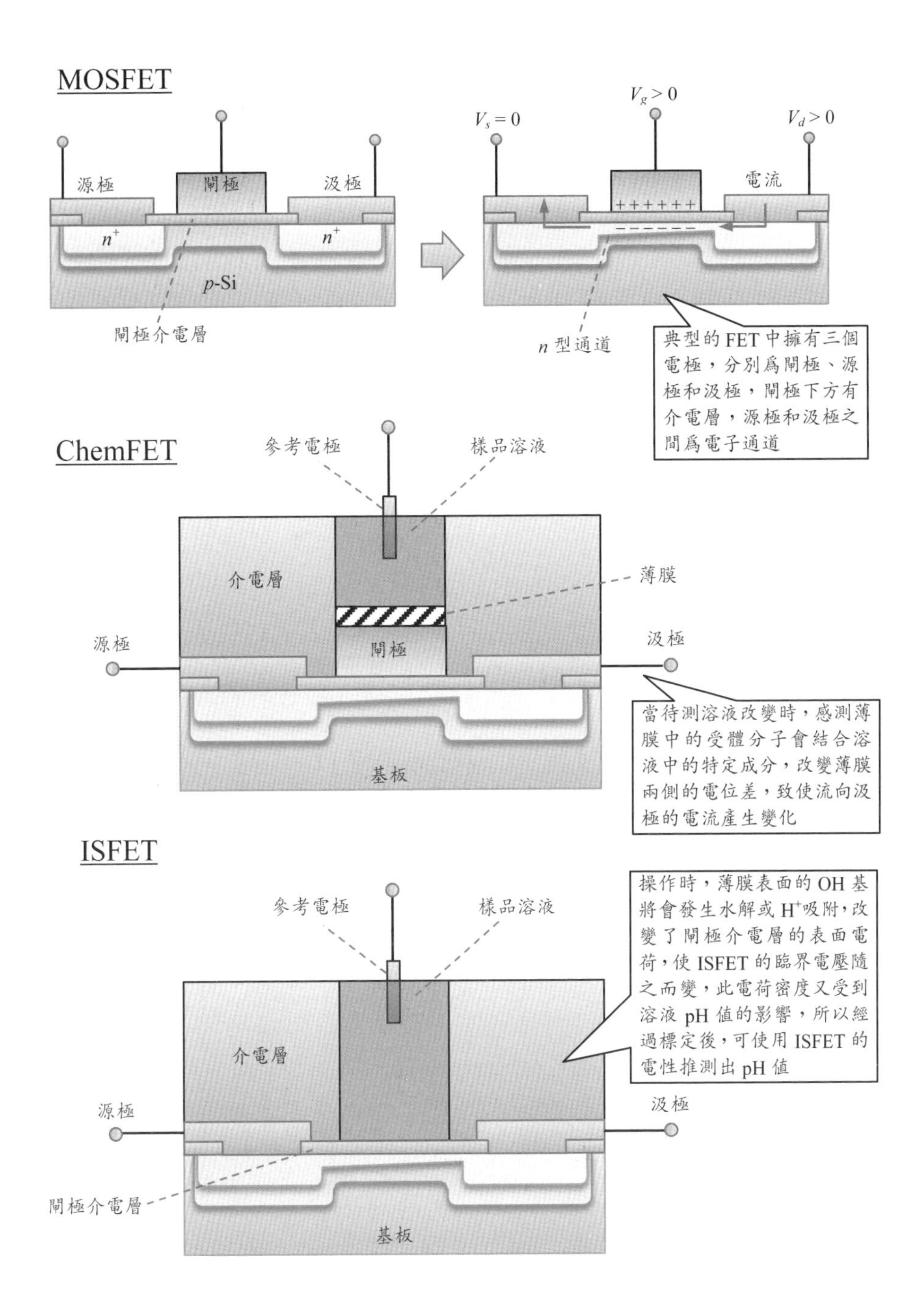
MOSFET
源極
閘極
汲極
n^+
n^+
p-Si
閘極介電層
$V_s = 0$
$V_g > 0$
$V_d > 0$
電流
n 型通道
典型的FET中擁有三個電極，分別爲閘極、源極和汲極，閘極下方有介電層，源極和汲極之間爲電子通道
ChemFET
參考電極
樣品溶液
介電層
薄膜
源極
閘極
汲極
基板
當待測溶液改變時，感測薄膜中的受體分子會結合溶液中的特定成分，改變薄膜兩側的電位差，致使流向汲極的電流產生變化
ISFET
參考電極
樣品溶液
操作時，薄膜表面的OH基將會發生水解或H^+吸附，改變了閘極介電層的表面電荷，使ISFET的臨界電壓隨之而變，此電荷密度又受到溶液pH值的影響，所以經過標定後，可使用ISFET的電性推測出pH值
介電層
源極
汲極
閘極介電層
基板

第5章
總結

本章將總結電化學的原理與應用，說明程序設計的執行和未來趨勢的發展。

5-1 電化學反應器設計

如何設計一個電化學反應器？

電化學反應器的設計雖然取決於用途，但仍必須依據基本原理，從活性成分的輸送速率，電極表面的電催化能力，到非勻相的電子轉移速率，皆影響著反應的效果。此外，反應器的結構與操作也相關於生產目標，可供選擇的項目包括：

(1)操作模式：可採用批次操作、批次循環操作、單程連續操作或多級連續操作。

(2)反應器外殼：可以選擇密閉式或開放式。

(3)電解液區：可選擇陰陽兩極共用電解液，或以隔離膜區分出陽極室和陰極室。

(4)電極數目：陰陽極的數量可以相同，也可以一多一少。

(5)電極間距：可使用電解液隔開兩極，或電極直接接觸隔離膜，成爲零間距電化學池（zero-gap cell）。

(6)電位施加：可使用單極性（monopolar）或雙極性（bipolar）模式，前者是每個電極都需要連接到電源，後者則是多組陰陽極排列完，只有邊緣的電極材料連接到電源，所以單極模式的電源需要提供高電流，雙極模式需要提供高電壓。

(7)電極結構：可選擇二維表面或三維表面進行反應，後者通常也稱爲多孔電極。

(8)電極相對電解液的運動：可選擇兩者皆靜止、動態電極或動態電解液的操作。

除了特定的設計目標，還有一些通用性原則必須被滿足，例如以下：

(1)反應器結構：牽涉到裝置成本或操作成本，設計愈簡單將使成本愈低。

(2)操作模式：使程序擁有再現性，並易於分離出產物。

(3)擴充性：可適用於不同的生產程序，且符合規模增大時的需求。

(4)操作範圍：提供均勻的電位與電流分布，以提升產品的選擇性；提供夠大的電極面積對電解液體積之比例，以適用於緩慢的反應。

(5)模組化：電極、器壁或隔離膜等材料皆可更換，攪拌機或馬達可以選擇性使用，即可有效地控制成本。

爲了能更有效地控制成本，在電化學反應器的設計中，還可採用數學模擬的工具。因爲完全依靠實驗，將會耗費許多試誤的成本，若採用電腦模擬的方法，可以快速預測改變設計後的結果，或尋找出最佳化條件。然而，輸送現象、化學、電學的共同作用使問題變得複雜，早期的電腦受限於計算能力與記憶體，無法有效提供解答，僅能求得簡化型問題的電流電位分布，但隨著電腦科技的進步，現在已可快速解答電流、電位與濃度之分布，提供具有參考價值的設計驗證。

上述的反應器設計原則皆朝向共同的目標，這些方向包括降低成本、提升品質、減少排放、友善環境。然而，這四項目標可能彼此衝突，例如增進產品品質或考慮環境永續時，往往提升操作成本。爲了兼顧這些挑戰，開發新的材料、構想和操作模式都是可行的方向，例如採用奈米材料進行防蝕，使用微生物燃料電池可以同時發電且去除有機汙染物，結合燃料電池與電解槽可以節省能源。

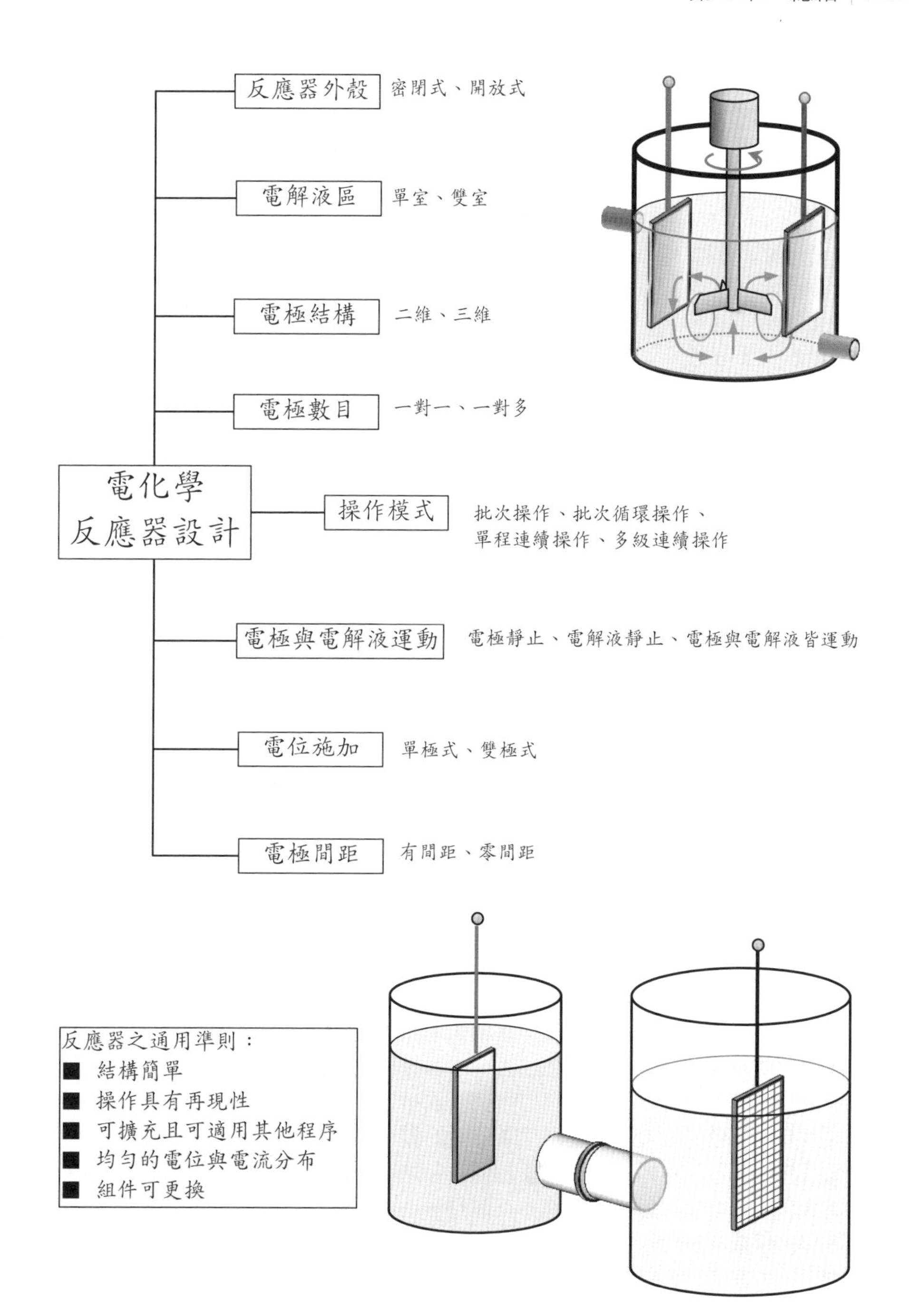

反應器外殼
密閉式、開放式
電解液區
單室、雙室
電極結構
二維、三維
電極數目
一對一、一對多
電化學
反應器設計
操作模式
批次操作、批次循環操作、
單程連續操作、多級連續操作
電極與電解液運動
電極靜止、電解液靜止、電極與電解液皆運動
電位施加
單極式、雙極式
電極間距
有間距、零間距
反應器之通用準則：
■ 結構簡單
■ 操作具有再現性
■ 可擴充且可適用其他程序
■ 均勻的電位與電流分布
■ 組件可更換

5-2 電化學程序設計

建造電化學工廠需要經過哪些考量？

設計電化學程序時，將以經濟效益作爲首要目標，但其中牽涉了利潤、成本、能源消耗或生產速率等因素，所以著眼不同觀點可能導致不同方案，並形成不同的操作條件，例如施加電位、施加電流、反應物種類、濃度、溫度或壓力等項目，而且各條件之間還會相互牽連。爲了有效評估電化學程序的可行性，常用指標包括產率、轉化率、選擇率、電流效率、能源效率與產品品質。但須注意，電化學程序往往只是整體生產流程中的一部分，所以經濟評估仍須聚焦於整體效益，亦即整體程序存在最佳方案時，電化學槽未必處於最佳化狀態，因此程序設計者必須同時掌握材料科學、電化學、輸送現象、化學反應工程與成本計算，才能將實驗室的測試規模擴大到工業量產規模。

對於一間採用電化學程序的工廠，在建廠之前需要先計算投資報酬率，一般從生產端可掌控的是總成本，其中包含三個項目，分別爲土地成本、固定成本與工作成本。固定成本是指建置反應器、分離器、控制系統等軟硬體的費用，工作成本則是指原料與能源的費用。爲了能夠獲利，必須選用合適的製程以降低成本，再制定合宜的產品售量，進行市場評估後才決定工廠規模，並依此設計程序。設計之中還要包含入經濟評估，預判可行後先建置試量產工廠（pilot plant），從中收集數據，不斷修正製程參數或方案，使產品達到預設規格。評估階段通常要求迅速且節約，除了必須進行小規模反應器的實驗，還可同時展開大規模反應器的數學模擬，以驗證設計並協助後續的規模放大（scale up）。建造大型量產工廠後，製程改善仍要不斷進行，以配合技術或市場的變遷。從實驗室技術移轉到量產工廠之間，必定涉及反應器的放大，預期有多種特性會變化，此時需要規模放大的理論來輔助設計需求。

規模放大的原理是指系統中每一項組件都能藉由相似性原理而能擴大到最終目標，使大型系統能夠維持相似的物化特性。對於化學工程案例，透過特定的無因次數可描述結構幾何、動力學、熱力學和化學反應的特性，這些無因次數若能維持一致，則可將尺寸不同的系統視爲相似。但在電化學程序中，除了上述條件外，還需要考慮電學特性。規模放大不單純是尺寸放大，因爲材料的物性理應具有上限，甚至不同特性被增加的倍率不一致，例如體積倍率與表面積倍率不同，有些物性依據體積，有些則依據表面積，致使放大後衍生出生產效能的偏差。因此，放大電化學程序時，需要掌握輸送相似性、反應相似性、電學相似性和熱學相似性，才能使大型系統的物質輸送、電流分布、能量消耗、生產速率、散熱管理都能符合目標，並相似於小型系統。然而，這幾種準則常會互相牽連，難以獨立設定。例如電化學反應器最常被操作在質傳控制下，但電極上各位置的質傳係數卻相異，而且還會隨溶液流速而變，因此大小型反應器無法完全直接類比，需要透過數學模擬才能評估其差異。在電流與電位分布上亦同，因爲反應動力學牽涉過電位，電解液的質傳牽涉電流，兩者皆影響到產品品質與能量效率。因此可知，鉅細靡遺地依照外型來放大規模，實際上不經濟且不可行，時常需要微調設計或外加裝置。

電化學程序設計

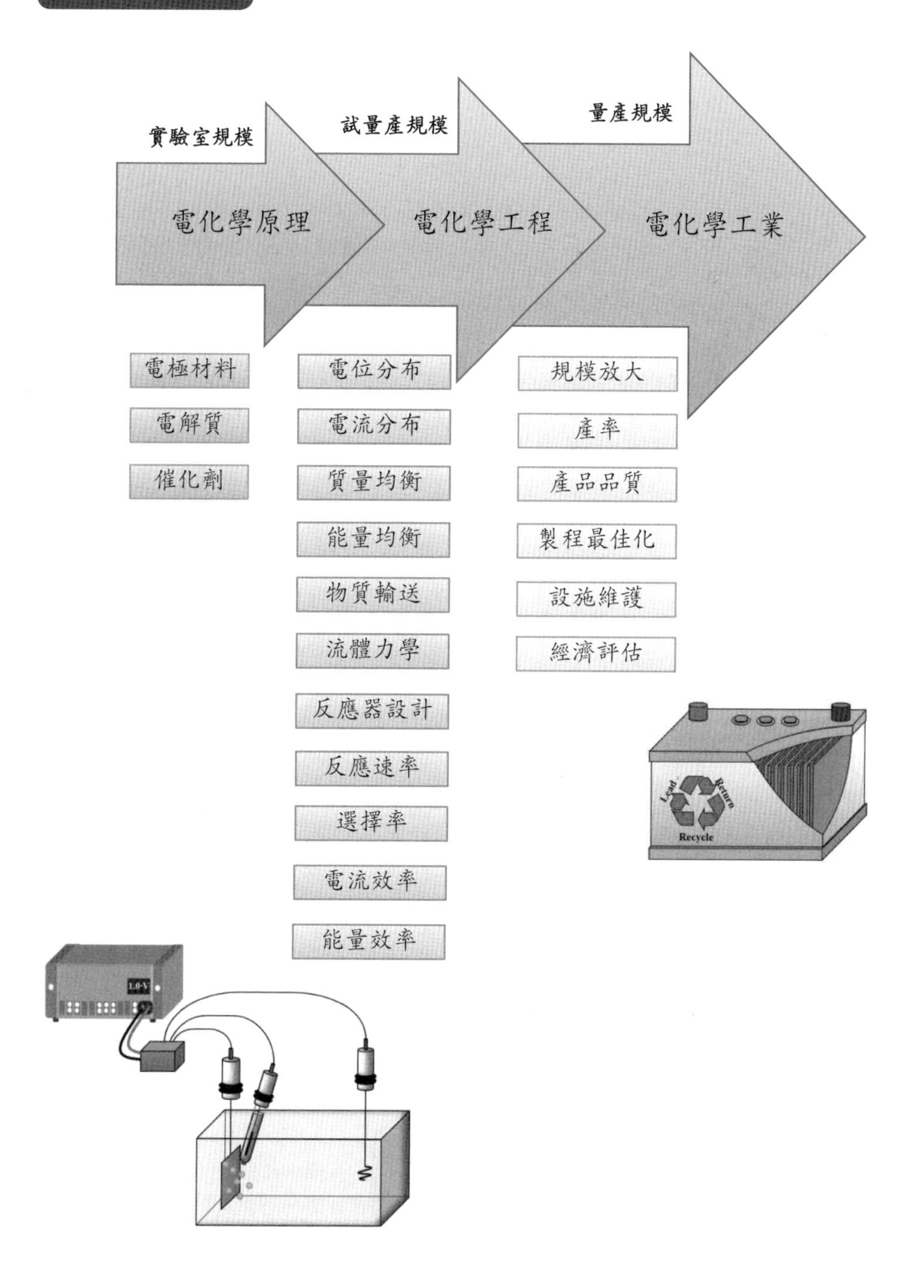
實驗室規模
試量產規模
量產規模
電化學原理
電化學工程
電化學工業
電極材料
電解質
催化劑
電位分布
電流分布
質量均衡
能量均衡
物質輸送
流體力學
反應器設計
反應速率
選擇率
電流效率
能量效率
規模放大
產率
產品品質
製程最佳化
設施維護
經濟評估
Lead
Return
Recycle

5-3 電化學發展趨勢

未來的電化學工程可能朝向何處發展？

電化學工程的應用可以略分成兩類，第一是電能轉換成化學能，第二是化學能轉換成電能。但發展至今，這兩種應用已不再相互獨立，而是形成合作的關係，使電化學系統成爲既可儲能又可發電的設備。

對於第一類應用，通常出現在大規模的化學品生產中，例如鹼氯工業、煉鋁工業、電解精煉工業等，因而成爲能量密集式產業，使電能成本大幅影響產品獲利，所以這類應用的發展方向都包含了節電技術。另一種促使此類應用進行技術改良的原因基於環境永續，因爲能量效率不高或反應材料不當時，導致的發電排碳量或生產排碳量皆高，隨著全球朝向減碳目標而推出的碳稅或碳費等政策，未來的製造成本將會繼續攀高。因此，許多研究者開始構思提高能量效率的應用方案。以電解鹽水爲例，傳統的方法可在陰極產生 H_2 和 NaOH，但所需電壓爲 2 V 以上。經過改良後，採用氧氣去極化電極（oxygen depolarized cathode），可使通入的 O_2 還原成 OH^-，將電壓降低到大約 1 V，有效提升了能量效率。然而，更換電極後的支出與減低耗電的獲益，還需要再權衡。

對於第二類應用，皆出現在能源產業中，例如一次電池、二次電池、燃料電池、液流電池、超電容等，其產品提供了能量轉換與儲存的功能。在用電量持續成長的時代，研究者與產業界一定會投入大量資源來發展能源科技，主要推動的方向包括裝置效能與資源循環，兩者皆以材料爲主軸。新開發的電極、電解質、隔離膜、集流體與外殼材料，將共同決定能源產品的效能、安全性、耐用性、可再利用性、環境衝擊性。基於能源產品的特性差異，每種電池或電容將逐漸進入各自的利基市場，因此組合運用不同的電池或電容，也能發揮更高的效能。在研發方面，材料、化學、電磁學、數值模擬的結合也非常重要，因爲從電極界面的反應探討到電池或電容產品，已經成爲跨領域整合的研究課題。

上述這兩類應用也可以相互結合，發展成新技術。例如鹼氯工業中的其中一種產品是 H_2，燃料電池中的其中一種原料也是 H_2，如果連接一個鹽水電解槽和一個氫燃料電池，從製氯工業的角度，可以節省大約 20% 的耗電量，也是值得發展的方案。相似地，在汙泥中放置微生物燃料電池，可以同時獲得電化學降解有機物和化學能轉電能的功用，所得電能又再應用於進行環境整治的電解槽。解決 CO_2 導致的環境問題，除了開發減排技術，也可以發展捕捉與還原技術。目前提出的 CO_2 還原方法非常依賴催化性電極，也密切相關於電解槽的設計，但有許多研究仍處於起步階段，未來還要經歷規模放大的步驟，以及相關技術的整合。

總結以上，電化學應用技術的發展目標涵蓋提升品質、節約能源、降低排放、友善環境，目前的研究顯示這些方向可能彼此衝突，但也有機會相輔相成。達成上述目標不僅需要對電化學原理的深入了解，也需要對電化學分析的透徹熟稔，還需要對電化學應用的別具匠心。

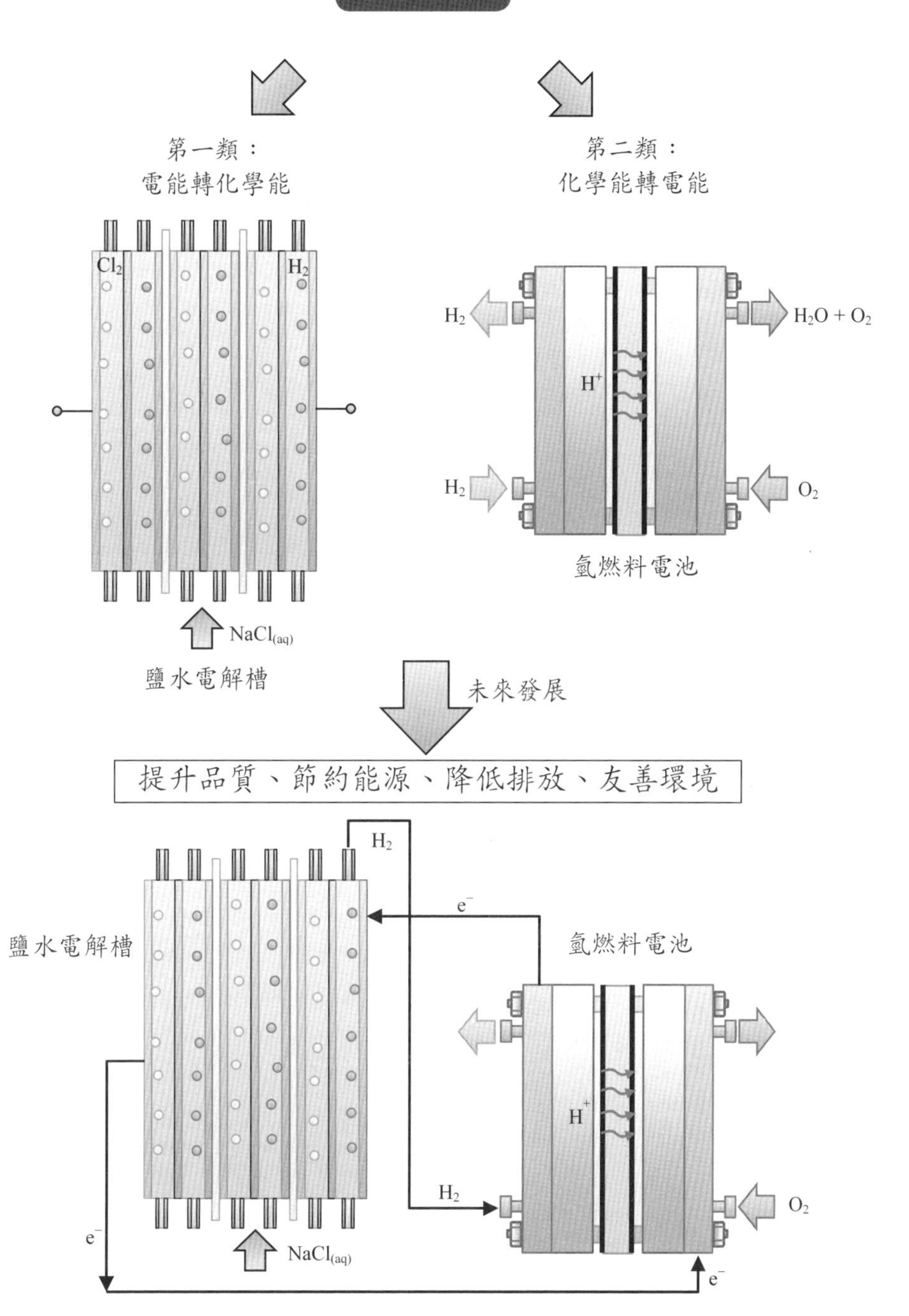

電化學應用
第一類：
電能轉化學能
第二類：
化學能轉電能
Cl2
H2
NaCl(aq)
鹽水電解槽
H2
H2O + O2
H+
H2
O2
氫燃料電池
未來發展
提升品質、節約能源、降低排放、友善環境
H2
e−
鹽水電解槽
氫燃料電池
H+
H2
O2
e−
NaCl(aq)
e−

附錄

常見反應之標準還原電位與物理能階

Reaction	Potential vs. SHE (V)	Potential vs. SCE (V)	Physical scale (eV)
$Li^+ + e^- \rightleftharpoons Li$	−3.05	−3.32	−1.40
$K^+ + e^- \rightleftharpoons K$	−2.92	−3.19	−1.52
$Ba^{2+} + 2e^- \rightleftharpoons Ba$	−2.92	−3.19	−1.52
$Ca^{2+} + 2e^- \rightleftharpoons Ca$	−2.76	−3.03	−1.68
$Na^+ + e^- \rightleftharpoons Na$	−2.71	−2.98	−1.73
$Mg^{2+} + 2e^- \rightleftharpoons Mg$	−2.38	−2.65	−2.06
$Al^{3+} + 3e^- \rightleftharpoons Al$	−1.71	−1.98	−2.73
$Mn^{2+} + 2e^- \rightleftharpoons Mn$	−1.05	−1.32	−3.39
$2H_2O + 2e^- \rightleftharpoons H_2 + 2OH^-$	−0.828	−1.096	−3.61
$Zn^{2+} + 2e^- \rightleftharpoons Zn$	−0.763	−1.031	−3.68
$Cr^{3+} + 3e^- \rightleftharpoons Cr$	−0.710	−0.978	−3.73
$Ca^{3+} + 3e^- \rightleftharpoons Ga$	−0.520	−0.788	−3.92
$S + 2e^- \rightleftharpoons S^{2-}$	−0.510	−0.778	−3.93
$Fe^{2+} + 2e^- \rightleftharpoons Fe$	−0.441	−0.709	−4.00
$Cd^{2+} + 2e^- \rightleftharpoons Cd$	−0.400	−0.668	−4.04
$In^{3+} + 3e^- \rightleftharpoons In$	−0.340	−0.608	−4.10
$Ni^{2+} + 2e^- \rightleftharpoons Ni$	−0.236	−0.504	−4.20
$Sn^{2+} + 2e^- \rightleftharpoons Sn$	−0.136	−0.404	−4.30
$Pb^{2+} + 2e^- \rightleftharpoons Pb$	−0.126	−0.394	−4.31
$Fe^{2+} + 3e^- \rightleftharpoons Fe$	−0.045	−0.313	−4.40
$2H^+ + 2e^- \rightleftharpoons H_2$	0.000	−0.268	−4.44
$Sn^{4+} + 2e^- \rightleftharpoons Sn^{2+}$	+0.154	−0.114	−4.59
$AgCl + e^- \rightleftharpoons Ag + Cl^-$	+0.222	−0.046	−4.66
$Hg_2Cl_2 + 2e^- \rightleftharpoons 2Hg + 2Cl^-$	+0.268	0.000	−4.71

Reaction	Potential vs. SHE (V)	Potential vs. SCE (V)	Physical scale (eV)
$Cu^{2+} + 2e^- \rightleftharpoons Cu$	+0.337	+0.069	−4.78
$Fe(CN)_6^{3-} + e^- \rightleftharpoons Fe(CN)_6^{4-}$	+0.360	+0.092	−4.80
$O_2 + 2H_2O + 4e^- \rightleftharpoons 4OH^-$	+0.401	+0.133	−4.84
$Cu^+ + e^- \rightleftharpoons Cu$	+0.521	+0.253	−4.96
$I_2 + 2e^- \rightleftharpoons 2I^-$	+0.536	+0.268	−4.97
$O_2 + 2H^+ + 2e^- \rightleftharpoons H_2O_2$	+0.682	+0.414	−5.12
$Fe^{3+} + e^- \rightleftharpoons Fe^{2+}$	+0.771	+0.503	−5.21
$Hg_2^{2+} + 2e^- \rightleftharpoons 2Hg$	+0.796	+0.528	−5.24
$Ag^+ + e^- \rightleftharpoons Ag$	+0.799	+0.531	−5.24
$Pd^{2+} + 2e^- \rightleftharpoons Pd$	+0.987	+0.719	−5.43
$Br_2 + 2e^- \rightleftharpoons Br^-$	+1.065	+0.797	−5.51
$Pt^{2+} + 2e^- \rightleftharpoons Pt$	+1.20	+0.932	−5.64
$O_2 + 4H^+ + 4e^- \rightleftharpoons H_2O$	+1.23	+0.962	−5.67
$Cl_2 + 2e^- \rightleftharpoons 2Cl^-$	+1.36	+1.09	−5.80
$Au^{3+} + 3e^- \rightleftharpoons Au$	+1.42	+1.15	−5.86
$PbO_2 + 4H^+ + e^- \rightleftharpoons Pb^{2+} + 2H_2O$	+1.46	+1.19	−5.90
$MnO_4^- + 8H^+ + 5e^- \rightleftharpoons Mn^{2+} + 4H_2O$	+1.51	+1.24	−5.95
$Ce^{4+} + e^- \rightleftharpoons Ce^{3+}$	+1.61	+1.34	−6.05
$H_2O_2 + 2H^+ + 2e^- \rightleftharpoons 2H_2O$	+1.77	+1.50	−6.21
$Au^+ + e^- \rightleftharpoons Au$	+1.86	+1.59	−6.30
$F_2 + 2e^- \rightleftharpoons 2F^-$	+1.87	+1.60	−6.31

參考資料

[1] A. Alemany, Ph. Marty and J. P. Thibault, **Transfer Phenomena in Magnetohydrodynamic and Electroconducting Flows**, Springer Science+Business Media Dordrecht, 1999.

[2] A. C. West, **Electrochemistry and Electrochemical Engineering: An Introduction**, Columbia University, New York, 2012.

[3] A. Franco, M. L. Doublet and W. G. Bessler, **Physical Multiscale Modeling and Numerical Simulation of Electrochemical Devices for Energy Conversion and Storage**, Springer-Verlag London, 2016.

[4] A. J. Bard and L. R. Faulkner, **Electrochemical Methods: Fundamentals and Applications**, Wiley, 2001.

[5] A. J. Bard, G. Inzelt and F. Scholz, **Electrochemical Dictionary**, 2nd ed., Springer-Verlag, Berlin Heidelberg, 2012.

[6] A. Ruszaj (2017) Electrochemical machining-state of the art and direction of development, *Mechanik*, **12**, 188.

[7] B. Bird,W. E. Stewart and E. N. Lightfoot, **Transport Phenomena**, 2nd ed., John Wiley & Sons Inc., 2006.

[8] B. Oldham, J. C. Myland and A. M. Bond, **Electrochemical Science and Technology: Fundamentals and Applications**, John Wiley & Sons, Ltd., 2012.

[9] B. Scrosati, K. M. Abraham, W. Van Schalkwijk and J. Hassoun, **Lithium Batteries-Advanced Technologies and Applications**, John Wiley & Sons, Inc., 2013.

[10] B. Tailor, A. Agrawal, S. S. Joshi (2013) Evolution of electrochemical finishing processes through cross innovations and modeling, *International Journal of Machine Tools & Manufacture*, **66**, 15-36.

[11] C. Comninellis and G. Chen, **Electrochemistry for the Environment**, Springer Science+Business Media, LLC, 2010.

[12] C. Glaize and S. Geniès, **Lithium Batteries and Other Electrochemical Storage Systems**, ISTE Ltd and John Wiley & Sons, Inc., 2013.

[13] C. H. Hamann, A. Hamnett and W. Vielstich, **Electrochemistry**, 2nd ed., Wiley-VCH, Weinheim, Germany, 2007.

[14] C. Lefrou, P. Fabry and J.-C. Poignet, **Electrochemistry: The Basics, With Examples**, Springer, Heidelberg, Germany, 2012.

[15] C. Nguyen, C. Y. Lee, L. Chang, F. J. Chen and C. S. Lin (2012) The Relationship between Nano Crystallite Structure and Internal Stress in Ni Coatings Electrodeposited by Watts Bath Electrolyte Mixed with Supercritical CO2, *Journal of The Electrochem-*

ical Society, **159 (6)**, D393-D399.

[16] D. Linden and T. B. Reddy, **Handbook of Batteries**, 3rd ed., The McGraw-Hill Companies, Inc., 2002.

[17] D. Pletcher and F. C. Walsh, **Industrial Electrochemistry**, 2nd ed., Blackie Academic & Professiona l, 1993.

[18] D. Pletcher, **A First Course in Electrode Processes**, RSC Publishing, Cambridge, United Kingdom, 2009.

[19] D. Pletcher, Z.-Q. Tian and D. E. Williams, **Developments in Electrochemistry**, John Wiley & Sons, Ltd., 2014.

[20] E. Barsoukov and J. R. Macdonald, **Impedance Spectroscopy Theory, Experiment, and Applications**, 2nd ed., John Wiley & Sons, Inc., 2005.

[21] E. Conway, **Electrochemical Supercapacitors**, Kluwer Academic/Plenum Publishers, 1999.

[22] E. Gileadi, **Physical Electrochemistry: Fundamentals, Techniques and Applications**, Wiley-VCH, Weinheim, Germany, 2011.

[23] E. Orazem and B. Tribollet, **Electrochemical Impedance Spectroscopy**, John Wiley & Sons, Inc., 2008.

[24] F. Goodridge and K. Scott, **Electrochemical Process Engineering**, Plenum Press, New York, 1995.

[25] F. Klocke, M. Zeis, S. Harst, A. Klink, D. Veselovac, M. Baumgärtner (2013) Modeling and simulation of the electrochemical machining (ECM) material removal process for the manufacture of aero engine components, *Procedia CIRP*, **8**, 265-270.

[26] F. Klocke, M. Zeis, S. Harst, A. Klink, D. Veselovac, M. Baumgärtner (2013) Modeling and simulation of the electrochemical machining (ECM) material removal process for the manufacture of aero engine components, *Procedia CIRP*, **8**, 265-270.

[27] G. Compton, E. Laborda and K. R. Ward , **Understanding Voltammetry: Simulation of Electrode Processes**, Imperial College Press, 2014.

[28] G. O. Mallory and J. B. Hajdu, **Electroless Plating: Fundamentals and applications**, Noyes Publications Mnlliam Andrew Publishing, LLC., 1991.

[29] G. Pistoia, **Lithium Batteries-Science and Technology**, Springer Science+Business Media, LLC, 2003.

[30] G. Prentice, **Electrochemical Engineering Principles**, Prentice Hall, Upper Saddle River, NJ, 1990.

[31] G. Z. Kyzas and K. A. Matis (2016) Electroflotation process: A review, *Journal of Molecular Liquids*, **220**, 657-664.

[32] G.-W. Chang, B.-H. Yan, R.-T. Hsu (2002) Study on cylindrical magnetic abrasive finishing using unbonded magnetic abrasives, *International Journal of Machine Tools & Manufacture*, **42**, 575-583.

[33] H. M. Jacob, **Electrokinetic Transport Phenomena**, AOSTRA, Canada, 1994.

[34] H. Masliyah and S. Bhattacharjee, **Electrokinetic and Colloid Transport Phenomena**, JohnWiley & Sons, Inc., 2006.

[35] H. Wendt and G. Kreysa, **Electrochemical Engineering**, Springer-Verlag, Berlin Heidelberg GmbH, 1999.

[36] H. Xiao, **Introduction to Semiconductor Manufacturing Technology**, 2nd ed., Society of Photo Optical, 2012.

[37] H. Yoshida, M. Sone, A. Mizushima, H. Yan, H. Wakabayashi, K. Abe, X. T. Tao, S. Ichihara and S. Miyata (2003) Application of emulsion of dense carbon dioxide in electroplating solution with nonionic surfactants for nickel electroplating, *Surface and Coatings Technology*, **173(2-3)**, 285-292.

[38] H.-J. Lewerenz and L. Peter, **Photoelectrochemical Water Splitting: Materials, Processes and Architectures**, The Royal Society of Chemistry, 2013.

[39] J. Fricke, **The World of Batteries-Function, Systems, Disposal**, Gemeinsames Rücknahmesystem, 2007. (www.grs-batterien.de)

[40] J. Newman and K. E. Thomas-Alyea, **Electrochemical Systems**, 3rd ed., John Wiley & Sons, Inc., 2004.

[41] J. O' M. Bockris and A. K. N. Reddy, **Volume 1- Modern Electrochemistry: Ionics**, 2nd ed., Plenum Press, New York, 1998.

[42] J. O' M. Bockris and A. K. N. Reddy, **Volume 2B- Modern Electrochemistry: Electrodics in Chemistry, Engineering, Biology, and Environmental Science**, 2nd ed., Plenum Press, New York, 2000.

[43] J. O' M. Bockris, A. K. N. Reddy and M. Gamboa-Aldeco, **Volume 2A- Modern Electrochemistry: Fundamentals of Electrodics**, 2nd ed., Plenum Press, New York, 2000.

[44] J. Swain (2010) The then and now of electropolishing, *Surface World*, 30-36.

[45] J. Wang, **Analytical Electrochemistry**, 3rd ed., Wiley-VCH, Hoboken, NJ, 2006.

[46] J.-K. Park, **Principles and Applications of Lithium Secondary Batteries**, Wiley-VCH Verlag & Co., 2012.

[47] J.-M. Tarascon and P. Simon, **Electrochemical Energy Storage**, ISTE Ltd. and John Wiley & Sons, Inc., 2015.

[48] Julien, A. Mauger, A. Vijh and K. Zaghib, **Lithium Batteries- Science and Technology**, Springer International Publishing Switzerland, 2016.

[49] K. Izutsu, **Electrochemistry in Nonaqueous Solutions**, Wiley-VCH Verlag GmbH, 2002.

[50] K. Kondo, R. N. Akolkar, D. P. Barkey and M. Yokoi, **Copper Electrodeposition for Nanofabrication of Electronics Devices**, Springer Science+Business Media, New York, 2014.

[51] K. P. Rajurkar, M. M. Sundaram, A. P. Malshe (2013) Review of electrochemical and electrodischarge machining, *Procedia CIRP*, **6**, 13-26.

[52] K. Scott, **Electrochemical Reaction Engineering**, Academic Press, 1991.

[53] K.-Y. Chan and C.-Y. Li, **Electrochemically Enabled Sustainability Devices, Materials and Mechanismsfor Energy Conversion**, Taylor & Francis Group, LLC, 2014.

[54] Keigler, Z. Liu, J. Chiu and J. Drexler (2008) Sematech 3D Equipment Challenges: 300mm Copper Plating, *Equipment Challenges for 3D Interconnect*.

[55] Koryta, J. Dvorak and L. Kavan, **Principles of Electrochemistry**, 2nd ed., John Wiley & Sons, Ltd. 1993.

[56] Kreysa, K.-I. Ota and R. F. Savinell, **Encyclopedia of Applied Electrochemistry**, Springer Science+Business Media, New York, 2014.

[57] M. A. Brett and A. M. O. Brett, **Electrochemistry: Principles, Methods, and Applications**, Oxford University Press Inc., New York, 1993.

[58] M. Paunovic and M. Schlesinger, **Fundamentals of Electrochemical Deposition**, John Wiley & Sons, Inc., 2006.

[59] M. Schlesinger and M. Paunovic, **Modern Electroplating**, 5th ed., John Wiley & Sons, Inc., New Jersey, 2010.

[60] M. Schlesinger, **Applications of Electrochemistry in Medicine**, Springer Science+Business Media, New York, 2013.

[61] M.-C. Péra, D. Hissel, H. Gualous and C. Turpin, **Electrochemical Components**, ISTE Ltd. and John Wiley & Sons, Inc., 2013.

[62] N. Kularatna, **Energy Storage Devices for Electronic Systems**, Elsevier Inc., 2015.

[63] N. Perez, **Electrochemistry and Corrosion Science**, Kluwer Academic Publishers, Boston, 2004.

[64] N. Sato, **Electrochemistry at Metal and Semiconductor Electrodes**, Elsevier, 1998.

[65] N. Yabuuchi, K. Kubota, M. Dahbi and S. Komaba, Research Development on Sodium-Ion Batteries, *Chemical Review*, **114 (23)**, 11636-11682, 2014.

[66] P. Atkins and J. de Paula, **Physical Chemistry**, 10th ed., Oxford University Press, 2014.

[67] P. Monk, **Fundamentals of Electroanalytical Chemistry**, John Wiley & Sons Ltd., 2001.

[68] R. Eggins, **Chemical Sensors and Biosensors**, John Wiley & Sons, Ltd., 2002.

[69] R. Memming, **Semiconductor Electrochemistry**, WILEY-VCH Verlag GmbH, 2001.

[70] R. Zito, **Energy Storage- A New Approach**, Scrivener Publishing LLC, 2010.

[71] S. Asai (2000) Recent development and prospect of electromagnetic processing of materials, *Science and Technology of Advanced Materials*, **1(4)**, 191-200.

[72] S. Babu, **Advances in Chemical Mechanical Planarization (CMP)**, Elsevier Ltd., 2016.

[73] S. Bagotsky, **Fundamentals of Electrochemistry**, 2nd ed., John Wiley & Sons, Inc., Hoboken, NJ, 2006.

[74] S. N. Lvov, **Introduction to Electrochemical Science and Engineering**, Taylor & Francis Group, LLC, 2015.

[75] S. R. Morrison, **Electrochemistry at Semiconductor and Oxidized Metal Electrodes**, Plenum Press, 1988.

[76] S. S. Djokic, **Electrodeposition and Surface Finishing: Fundamentals and Applications**, Springer Science+Business Media, New York, 2014.

[77] S.-I. Pyun, H.-C. Shin, J.-W. Lee and J.-Y. Go, **Electrochemistry of Insertion Materials for Hydrogen and Lithium**, Springer-Verlag Berlin Heidelberg, 2012.

[78] T. Shinmura, K. Takazawa, E. Hatano (1985) Study on magnetic-abrasive process - application to plane finishing, *Bulletin of the Japan Society of Precision Engineering*, **19(4)**, 289-291.

[79] W. Plieth, **Electrochemistry for Materials Science**, Elsevier, 2008.

[80] W. R. Whitney (1903) The corrosion of iron, *Journal of the American Chemical Society*, **25(4)**, 394-406.

[81] W. Schmickler, **Interfacial Electrochemistry**, Oxford University Press, New York, 1996.

[82] X. Yuan, H. Liu and J. Zhang, **Lithium-Ion Batteries- Advanced Materials and Technologies**, Taylor & Francis Group, LLC, 2012.

[83] Y. Bu and J.-P. Ao (2017) A review on photoelectrochemical cathodic protection semiconductor thin films for metals, *Green Energy & Environment*, **2(4)**, 331-362.

[84] Y. Li, **Microelectronic Applications of Chemical Mechanical Planarization**, John Wiley & Sons, Inc., New Jersey, 2008.

[85] Y. Wang, Y. Song and Y. Xia, Electrochemical capacitors: mechanism, materials, systems, characterization and applications, *Chemical Review*, **45**, 5925-5950, 2016.

[86] Z. Chen, H. N. Dinh and E. Miller, **Photoelectrochemical Water Splitting: Standards, Experimental Methods, and Protocols**, Springer, 2013.

[87] Z. Zhang and S.-S. Zhang, **Rechargeable Batteries Materials, Technologies and New Trends**, Springer International Publishing Switzerland, 2015.

[88] 上海空間電源研究所，**化學電源技術**，科學出版社，2015。

[89] 牛利、包宇、劉振邦，**電化學分析儀器設計與應用**，化學工業出版社，2021。

[90] 田中群，**譜學電化學**，化學工業出版社，2020。

[91] 田福助，**電化學－理論與應用**，高立出版社，2004。

[92] 吳輝煌，**電化學工程基礎**，化學工業出版社，2008。

[93] 林律吟，**以鈦板爲可撓基材之染料敏化太陽能電池：光物理和光電化學研究**，國立臺灣大學化學工程學研究所博士論文，2012。

[94] 林律吟，**超級電容器材料與元件**，化學，77 卷 3 期，249-260，2019。

[95] 施正雄，**化學感測器**，五南出版社，2015。
[96] 郁仁貽，**實用理論電化學**，徐氏文教基金會，1996。
[97] 唐長斌、薛娟琴，**冶金電化學原理**，冶金工業出版社，2013。
[98] 孫世剛、陳勝利，**電催化**，化學工業出版社，2013。
[99] 徐家文，**電化學加工技術：原理、工藝及應用**，國防工業出版社，2008。
[100] 晏成林，**原位電化學表徵原理、方法及應用**，化學工業出版社，2020。
[101] 袁國輝，**電化學電容器**，化學工業出版社，2006。
[102] 張華民，**液流電池技術**，化學工業出版社，2015。
[103] 張學元、王鳳平、呂佳，**實驗電化學**，化學工業出版社，2020。
[104] 張鑒清，**電化學測試技術**，化學工業出版社，2010。
[105] 曹楚南，**悄悄進行的破壞**，牛頓出版公司，2001。
[106] 曹鳳國，**電化學加工**，化學工業出版社，2014。
[107] 郭鶴桐、姚素薇，**基礎電化學及其測量**，化學工業出版社，2009。
[108] 陳利生、余宇楠，**濕法冶金：電解技術**，冶金工業出版社，2011。
[109] 陳治良，**電鍍合金技術及應用**，化學工業出版社，2016。
[110] 陸天虹，**能源電化學**，化學工業出版社，2014。
[111] 陸天虹，**能源電化學**，化學工業出版社，2014。
[112] 馮玉杰、李曉岩、尤宏、丁凡，**電化學技術在環境工程中的應用**，化學工業出版社，2002。
[113] 黃瑞雄、陳裕華，**銅電鍍製程於矽導通孔技術之應用**，化工技術，18 卷，114-130，2010。
[114] 楊勇，**固態電化學**，化學工業出版社，2016。
[115] 楊綺琴，方北龍，童葉翔，**應用電化學**，第二版，中山大學出版社，2004。
[116] 萬其超，**電化學之原理與應用**，徐氏文教基金會，1996。
[117] 蔡子萱，**化學機械研磨銅之研磨液與研磨模式研究**，國立臺灣大學化學工程學研究所博士論文，2002。
[118] 蔡子萱、顏溪成，**電化學技術在半導體銅製程中的應用**，化工技術，15 卷，95-111，2007。
[119] 謝德明、童少平、樓白楊，**工業電化學基礎**，化學工業出版社，2009。
[120] 謝靜怡、李永峰、鄭陽，**環境生物電化學原理與應用**，哈爾濱工業大學出版社，2014。
[121] 鮮祺振，**金屬腐蝕及其控制**，徐氏文教基金會，2014。
[122] 顏銘瑤、竇唯平，**IC 系統封裝之銅金屬化技術的現況與未來**，化工技術，14 卷，100-113，2006。

國家圖書館出版品預行編目(CIP)資料

圖解電化學／吳永富，林律吟著.--初版.--臺北市：五南圖書出版股份有限公司，2024.01
面；　公分
ISBN 978-626-366-845-4(平裝)

1.CST: 電化學

348.5　　112020615

5BM3

圖解電化學

作　　者— 吳永富（57.5）、林律吟
發 行 人— 楊榮川
總 經 理— 楊士清
總 編 輯— 楊秀麗
副總編輯— 王正華
責任編輯— 張維文
封面設計— 姚孝慈
出 版 者— 五南圖書出版股份有限公司
地　　址：106台北市大安區和平東路二段339號4樓
電　　話：(02)2705-5066　　傳　　真：(02)2706-6100
網　　址：https://www.wunan.com.tw
電子郵件：wunan@wunan.com.tw
劃撥帳號：01068953
戶　　名：五南圖書出版股份有限公司
法律顧問　林勝安律師
出版日期　2024年1月初版一刷
定　　價　新臺幣400元